教育部高职高专材料类专业教学指导委员会工程材料与成形工艺类专业规划教材

JIAOYUBUGAOZHIGAOZHUANCAILIAOLEIZHUANYE
JIAOXUEZHIDAOWEIYUANHUI
GONGCHENGCAILIAOYUCHENGXINGGONGYILEIZHUANYEGUIHUAJIAOCAI

铸造生产与工艺工装设计

韩小峰 / 主编　丁振波 / 副主编　曹瑜强 / 主审

中南大學出版社
www.csupress.com.cn

内容简介

本书由概述、铸造砂处理、造型及制芯、浇注系统设计、冒口及补缩系统设计、铸造工艺设计、铸造工艺装备设计及选用、铸造生产工艺过程控制等内容组成，内容涵盖砂型铸造生产工艺全过程。深入浅出、精练、实用、紧密联系铸造企业生产实际。

与传统教材相比，加大了树脂砂应用技术的内容。在绪论部分引入铸造生产过程和工艺过程的概念，常用造型材料和造型制芯部分增加了树脂砂再生回用技术及其造型方法。专门针对企业广泛使用的呋喃树脂自硬砂铸造技术，提供了内容翔实的质量控制案例分析。将铸造生产工艺与铸造设备紧密联系，便于理解和学习。

本书针对铸造生产技术领域高等职业教育进行内容设计，也特别适合铸造企业员工培训使用。

教育部高职高专材料类专业教学指导委员会
工程材料与成形工艺类专业规划教材编审委员会

（排名不分先后）

图书在版编目(CIP)数据

铸造生产与工艺工装设计/韩小峰主编.—长沙:
中南大学出版社,2010.10
ISBN 978-7-5487-0111-8

Ⅰ.铸...　Ⅱ.韩...　Ⅲ.砂型铸造-工艺设计　Ⅳ.TG242

中国版本图书馆 CIP 数据核字(2010)第 181226 号

铸造生产与工艺工装设计

主　编　韩小峰
副主编　丁振波

□责任编辑　谭　平
□责任印制　周　颖
□出版发行　中南大学出版社
　社址:长沙市麓山南路　　邮编:410083
　发行科电话:0731-88876770　　传真:0731-88710482
□印　　装　长沙市宏发印刷厂

□开　　本　787×1092　1/16　□印张 20.75　□字数 515 千字
□版　　次　2010 年 10 月第 1 版　□2010 年 10 月第 1 次印刷
□书　　号　ISBN 978-7-5487-0111-8
□定　　价　35.00 元

图书出现印装问题,请与出版社调换

总　序

当前，高等职业教育改革方兴未艾，各院校积极贯彻落实教育部《关于全面提高高等职业教育教学质量的若干意见》(教高[2006]16号文)和教育部、财政部《关于实施国家示范性高等职业院校建设计划，加快高等职业教育改革与发展的意见》(教高[2006]14号文)文件精神，探索“工学结合”的改革发展之路，取得了很多很好的教学成果。

教育部高等学校高职高专材料类专业教学指导委员会工程材料与成形工艺分委员会，主要负责工程材料及成形工艺类专业与课程改革建设的指导工作。分教指委组织编写了《高职高专工程材料与成形工艺类专业教学规范(试行)》，并已由中南大学出版社正式出版，向全国推广发行，它是对高职院校教学改革的阶段性探索和成果的总结，对开办相关专业的院校有较好的指导意义和参考价值。为了适应工程材料与成形工艺类专业教学改革的新形势，分教指委还积极开展了工程材料与成形工艺类专业高职高专规划教材的建设工作，并成立了高职高专工程材料与成形工艺类专业规划教材编审委员会，编审委员会由教指委委员、分指委专家、企业专家及教学名师组成。教指委及规划教材编审委员会在长沙中南大学召开了教材建设研讨会，会上讨论了焊接技术及自动化专业、金属材料热处理专业、材料成形与控制技术专业(铸造方向、锻压方向、铸热复合)以及工程材料与成形工艺基础等一系列教材的编写大纲，统一了整套书的编写思路、定位、特色、编写模式、体例等。

历经几年的努力，这套教材终于与读者见面了，它凝结了全体编写者与组织者的心血，体现了广大编写者对教育部“质量工程”精神的深刻体会和对当代高等职业教育改革精神及规律的准确把握。

本套教材体系完整、内容丰富。归纳起来，有如下特色：①根据教育部高等学校高职高专材料类专业教学指导委员会工程材料与成形工艺类专业制定的教学规划和课程标准组织编写；②统一规划，结构严谨，体现科学性、创新性、应用性；③贯彻以工作过程和行动为导向，工学结合的教育理念；④以专业技能培养为主线，构建专业知识与职业资格认证、社会能力、方法能力培养相结合的课程体系；⑤注重创新，反映工程材料与成形工艺领域的新知识、新技术、新工艺、新方法和新标准；⑥教材体系立体化，提供电子课件、电子教案、教学与学习指导、教学大纲、考试大纲、题库、案例素材等教学资源平台。

教材的生命力在于质量与特色，希望本系列教材编审委员会及出版社能做到与时俱进，根据高职高专教育改革和发展的形势及产业调整、专业技术发展的趋势，不断对教材进行修订、改进、完善，精益求精，使之更好地适应高职人才培养的需要，也希望他们能够一如既往地依靠业内专家，与科研、教学、产业第一线人员紧密结合，加强合作，不断开拓，出版更多的精品教材，为高职教育提供优质的教学资源和服务。

衷心希望这套教材能在我国材料类高职高专教育中充分发挥它的作用，也期待着在这套教材的哺育下，一大批高素质、应用型、高技能人才能脱颖而出，为经济社会发展和企业发展建功立业。

王纪安

2010 年 1 月 18 日

王纪安：教授，教育部高等学校高职高专材料类专业教学指导委员会委员，工程材料与成形工艺分委员会主任。

前 言

本书是教育部高等学校高职高专材料类专业教学指导委员会工程材料及成形工艺类专业规划教材。依据《教育部高等学校高职高专材料类专业教学规范》、《高职材料成形与控制技术专业职业岗位标准》的要求编写，力求体现高等职业教育的特点，总结近年来铸造行业和高等职业教育两方面发展成果，凸显职业教育为行业、企业服务的宗旨。

本教材尊重学生的认知规律和职业发展规律，按照认知砂型铸造车间、生产铸件、编制工艺及设计工装、实施铸件质量控制的人才培养过程设计教学内容，便于教师教学和课程开发。与传统教材相比，在内容安排时，引入了企业广泛采用的树脂砂铸造工艺技术成果，更加注重生产流程的顺序以及岗位工作过程。运用案例，介绍了呋喃树脂砂铸造质量控制方法。针对技能水平要求较高的部分，详尽描述了工作方法和操作步骤。

本教材共七章，主要内容包括概述(铸造车间及铸造职业技术)、铸造砂处理、造型及制芯、浇注系统设计、冒口及补缩系统设计、铸造工艺设计、铸造工艺装备设计及选用、铸造生产工艺过程控制。由陕西工业职业技术学院韩小峰任主编，曹瑜强教授主审。其中绪论，第1、2、3、6、7章由韩小峰编写；第4章由陕西工业技术学院李明编写；第5章由包头职业技术学院丁振波编写。西安维美德造纸机械有限公司高级工程师姚青为本教材编写提供了大量翔实的工艺技术参数和工程经验，在此表示衷心感谢。

由于编者水平有限，难免存在疏漏和不妥之处，恳请铸造技术专家、教师及广大读者提出批评指正意见。

编 者

2010年8月

目 录

概 述

0.1 铸造生产过程

生产过程是指产品由原材料到成品之间各个相互联系的劳动过程的总和。一个工厂的生产过程，又可分为各个车间的生产过程。工艺过程是指在生产过程中，与原材料变为成品直接有关的过程。工艺过程是由一道一道的工序组成的，每一道工序又分为若干个工作步骤，称为工步。

0.1.1 铸造生产过程

铸造是指熔炼金属、制造铸型，并将熔融金属浇入铸型，冷却凝固后获得一定形状和性能铸件的材料成型方法，其生产过程可以分为生产准备、工艺过程、产品管理三个阶段。

铸造生产准备主要包括铸造工艺技术文件、铸造设备及工艺装备、原材料（耐火材料和合金）、生产人员等方面。工艺过程是指与铸件形成直接有关的过程，如造型、制芯、熔炼、浇注等。产品管理是指铸件的喷漆、包装、入库及转运等。砂型铸造生产工艺流程如图0－1 所示。

0.1.2 铸造生产纲领

某种铸件（包括备品和废品在内）的年产量称为该铸件的年生产纲领。铸件的年生产纲领是制定工艺规程、选用工艺装备、确定生产类型和生产组织形式的依据。

生产纲领可用下式计算

$$N = Q(1 + a\% + b\%)$$

式中 N——某铸件的年生产纲领/件；

Q——某铸件年产量或订单中约定的某铸件的年产量/件；

$a\%$——备品的百分率；

$b\%$——废品的百分率。

在进行铸造车间的规划设计时，一般依据车间生产纲领。对于大批大量生产的铸造车间，根据工厂生产铸件明细表确定精确生产纲领，铸造车间的生产纲领包括：产品名称和产量，铸件种类量及外协件数量等。

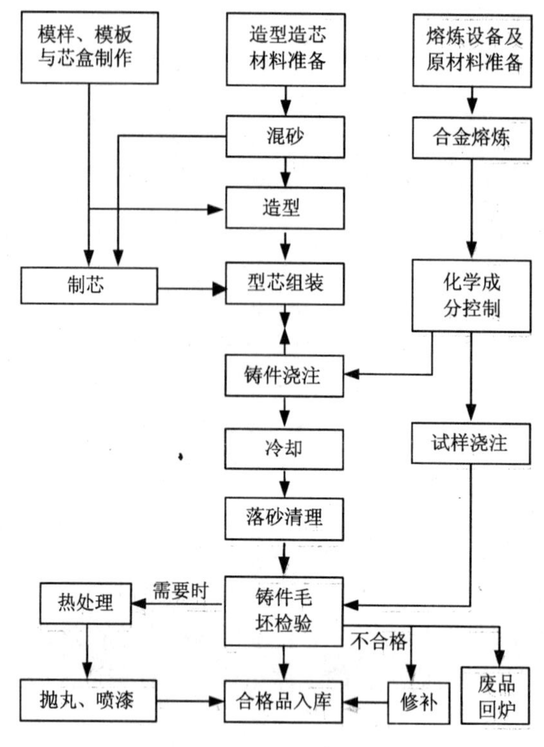

图 0-1　砂型铸造生产工艺流程

0.1.3　铸造生产类型

一般地，机械制造业的生产类型分为三种类型：单件生产、成批生产和大量生产。

单件生产是指每一种产品仅生产一个或少数几个，而且很少再重复生产。例如，重型产品和新产品试制都属于单件生产。在单件生产时，一般多采用通用设备和工装，甚至更多的采用手工方法进行生产，对工人的技术水平要求较高。

成批生产是指一年当中分批分次地生产相同的产品，呈周期性重复。每批次生产的产品数量称为批量。根据批量大小又分为小批量、中批量和大批量生产。在成批生产中，采用通用设备及工装，也采用高效率的专用设备及工装。对工人的技术水平要求比单件生产时的要求较低。

大量生产是指常年不间断地重复生产某一种产品。在大量生产中，尽量采用专用设备、自动化设备及专用工装。由于自动化程度较高，对操作工人的技术水平要求较低，但是对设备的调整、维护人员技术水平要求较高。

在生产上，一般按照生产纲领的大小、产品大小及其复杂程度确定相应规模的生产类型。表 0-1 给出了生产纲领与生产类型之间的大致关系，可供参考。

表 0－1 生产纲领与生产类型之间的关系

生产类型		产品的年生产纲领		
		重型产品（30kg 以上）	中型产品（4～30kg 以上）	小型产品（4kg 以下）
单件生产		<5	<10	<100
成批生产	小批生产	5～100	10～200	100～500
	中批生产	100～300	200～500	500～5000
	大批生产	300～1000	500～5000	5000～50000
大量生产		>1000	>5000	>50000

0.1.4 铸造生产的组织形式

在确定铸件的生产纲领以后，可依据表 0－1 确定生产类型。再根据生产类型确定相应的生产组织形式。铸造车间一般采用流水线生产组织形式，其中大批大量生产时采用自动化流水线，中小批量采用机械化流水线，单件小批生产采用手工生产或机群式的生产组织形式。

0.2 铸造工艺过程

0.2.1 铸造工艺过程

不同的铸造方法其工艺过程不同。砂型铸造工艺过程如图 0－2 所示。

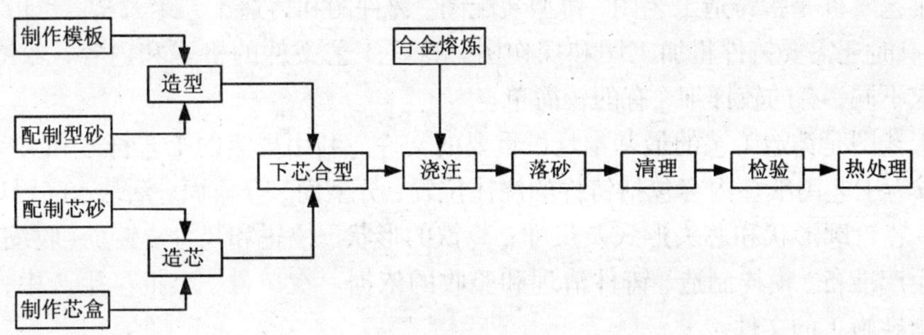

图 0－2 砂型铸造生产工艺过程

1）铸造工序

工艺过程是由工序组成的。铸造工序是指由一个或一组工人，在一台设备（或在其他设备及工作场地）上，对一个铸件（或同时对几个铸件）所连续完成的那部分工艺过程。图 0－2 中的砂型铸造工艺过程分为 13 道工序，每一道工序完成确定的工作内容。但是，工序的划分与生产的组织形式有关。比如下芯，在手工生产时与造型、合型同在一道工序，在自动化生产线上它可能是单独的一道工序。工序不仅是制定工艺过程的基本单元，也是制定劳动定额、配备工人、安排作业计划和进行质量控制的基本单元。

2)铸造工步

工序还可以进一步划分为工步，也可以理解为工作步骤。工步是指在一道工序中，通过若干个步骤完成的那部分工艺过程。比如手工造型时，放置模样、放置砂箱、填砂、舂实、翻箱等都是一道造型工序中一个一个的工步。

3)铸造工位

完成同样一道工序，可以在一个或几个工作位置进行，一个工作位置称为一个工位。比如在机器造型时，由于采用的造型机不同，造上箱和造下箱可以分别在两台造型机上进行。这时，两台造型机各占一个工位。如果在同一台造型机上同时完成造上箱和造下箱，此时，造型只有一个工位。

0.2.2 铸造工艺规程

铸造工艺规程包括铸造工艺守则(操作规程)和铸造工艺文件两部分。

1)铸造工艺守则

铸造工艺守则一般是以条款的形式来表达的，它对工人共同性的操作做了具体的规定，不因铸件的变换而变更，所以，它是铸造车间通用的技术文件。铸造工艺守则的种类和内容，可根据铸造车间的具体生产情况制定。

常规的铸造工艺守则有配砂工艺守则、造型工艺守则、制芯工艺守则、烘干工艺守则、合箱工艺守则、熔炼工艺守则、浇注工艺守则、落砂工艺守则、水爆清砂工艺守则(或水力清砂守则)、铸件清铲工艺守则、铸件焊补工艺守则和铸件热处理工艺守则等。

上面举出的铸造工艺守则，还可细分，例如按铸件金属材料的不同，熔炼工艺守则又可分为铸铁熔炼工艺守则、铸钢熔炼工艺守则、有色金属熔炼工艺守则等。

2)铸造工艺文件

铸造工艺文件是指铸造工艺图、铸型装配图、铸件图和铸造工艺卡片等，也可以称为“三图一卡”，有时还需要铸件粗加工图和探伤图。这些工艺文件的格式和内容，随铸件的结构和技术要求不同，有的较详细，有的较简单。

铸造工艺图是铸造工艺的最基本且最重要的文件。利用规定的工艺符号和文字绘制在零件图上，成为工艺图纸。内容包括铸件的浇注位置、分型面、分模面、活块、浇冒口系统、工艺参数；砂芯轮廓形状和芯头形式及尺寸；冷铁的形状、位置和尺寸；铸筋(收缩筋、拉筋)等。它是生产准备、模样制造、铸件清理和验收的依据。在单件、小批量生产中，铸造工艺图是直接指导施工的文件。

铸型装配图是根据铸造工艺图绘制的，它表明经装配合箱后的铸型的结构。在图中必须注明砂芯在砂型中的装配位置和装配方法、加固方法、装配顺序、气体从砂芯中导出的方向和方法、浇注系统的构造、冒口、出气孔与冷铁的配置等等，使工人在造型和配箱时能按照上述的工艺顺序合理地进行操作，从而更好地保证铸件质量。对于复杂的、要求严格的铸件或进行新产品试制时，以及大批量生产的铸件，可以绘制铸型装配图。

铸件图也是根据铸造工艺图绘制的，它表明铸件的形状和主要尺寸。图上还标注有机械加工余量、铸件的技术条件(硬度、尺寸偏差、允许存在或允许焊补的铸造缺陷及其他特殊要求)和检验方法等。铸件图是进行技术检验、铸件清理和成品检验的依据，也是机械加工、设计与制造工艺装备的依据。重要的或是大批量首次生产的铸件，一般都要绘制铸件图。

铸造工艺卡片制成表格形式，其中列有铸件、造型、合箱、浇注等方面的重要工艺数据和说明。例如，铸件所用的金属材料的牌号和铸件重量、砂箱尺寸、造型材料、烘干温度和时间、铸件在铸型中冷却时间等。所以，工艺卡片也是重要的工艺文件。由于各工厂生产条件不同，产品及生产批量不同，所使用的工艺卡形式有很大差异，使用时应遵循相关企业标准。

0.3 铸造车间概述

0.3.1 铸造车间的组成及其功能

铸造车间一般由生产工部、辅助工部、办公室、仓库、生活间等组成，各组成部分的作用见表0-2。

表0-2 铸造车间的组成及其功能

铸造车间组成名称	功能及作用	备注
生产工部	完成铸件的主要生产过程	包括熔化工部、造型工部、造芯工部、砂处理工部、清理工部
辅助工部	完成生产的准备和辅助工作	包括炉料及造型材料等材料的准备、设备维护、工装维修、砂型性能试验室、材料分析室等
仓库	原材料、铸件及工装设备的贮藏	包括炉料库、造型材料库、铸件成品库、模具库、砂箱库等
办公室	行政管理人员、工程技术人员工作室	包括行政办公室、技术人员室、技术资料室、会议室等
生活间	工作期间工作人员的生活用具的存放	更衣室、厕所、浴室、休息室等

0.3.2 铸造车间的分类

铸造车间可以按照不同的特征分类，其主要分类方法见表0-3。

表0-3 铸造车间的分类

主要分类方法	车间名称	备注
按生产铸件方法分类	砂型铸造车间	又可分黏土砂车间、树脂砂车间、水玻璃砂车间等
	特种铸造车间	又可分熔模铸造车间、压力铸造车间、离心铸造车间、金属型铸造车间等
按金属材料种类分类	铸铁铸造车间	又可分：灰铸铁车间、球墨铸铁车间、可锻铸铁车间、特种铸铁车间等
	铸钢铸造车间	又可分碳素钢铸造车间、合金钢铸造车间等
	非铁合金铸造车间	又可分铜合金铸造车间、铝合金铸造车间、镁合金铸造车间等

续表 0－3

主要分类方法	车间名称	备　注
按生产批量分类	单件小批生产铸造车间	年产小型铸件1000件以下;中型件500件以下;大型件100件以下
	成批生产铸造车间	年产小型铸件1000～5000件;中型件500件以上;大型件100件以上
	大批大量生产铸造车间	年产小型铸件10000件以上;中型件5000件以上;大型件1000件以上
按铸件质量分类	小型铸造车间	年产量3000t以下
	中型铸造车间	年产量3000～9000t
	大型铸造车间	年产量9000t以上
按机械化与程度分类	手工生产铸造车间	由人工采用简单工具进行生产
	简单机械化铸造车间	造型、砂处理、冲天炉加料、落砂等主要生产工序用机械设备完成,其余生产过程由人工完成
	机械化铸造车间	生产过程和运输工作都用机械设备完成,工人进行控制操纵
	自动化铸造车间	由设备组成自动生产线,生产过程由各种设备、仪表及控制系统自动完成。工人的作用是监视设备运行、排除故障、维护设备等

0.3.3　铸造车间工作制度

铸造车间的工作制度分两种：阶段工作制与平行工作制。阶段工作制是在同一工作地点，不同时间顺序下完成不同的生产工序。这种工作制度适用于手工单件小批量生产，并在地面上浇注的铸造车间。其缺点是生产周期长，占地面积较大。它根据循环周期的长短可分为每昼夜两次循环、每昼夜一次循环等。

平行工作制的特点是在不同的地点，在同一时间完成不同的工作内容。它主要适用于采用铸型输送器的机械化铸造车间。其优点是生产率高，车间面积利用率高。平行工作制按其在一昼夜中所进行的班次，分为一班、二班、三班平行工作制。

0.3.4　铸造车间的工作时间

工作时间总数可分为公称工作时间总数和实际工作时间总数两种。公称工作时间总数等于法定工作日乘以每个工作日的工作时数，它是不计时间损失的工作时间总数。实际工作时间总数等于公称工作时间总数减去时间损失（即设备维修时停工的时间损失、工人休假的时间损失等）。我国机械工厂的工作时间总数见表0－4。

表 0－4 铸造车间的公称工作时间总数

序号	工作制度	全年工作日	每班工作小时			年公称小时数		
			第一班	第二班	第三班	一班制	二班制	三班制
1	铸造车间阶段工作制	251	8	8	7	2008	4016	5773
2	铸造车间平行工作制	251	8	8	8	2008	4016	6024
3	铸造车间连续工作制	355	8	8	8			8520
4	铸造车间全年连续工作制	365	8	8	8		8760	
5	有色铸造车间的熔化工部	251	6	6	6	1506	3012	4518

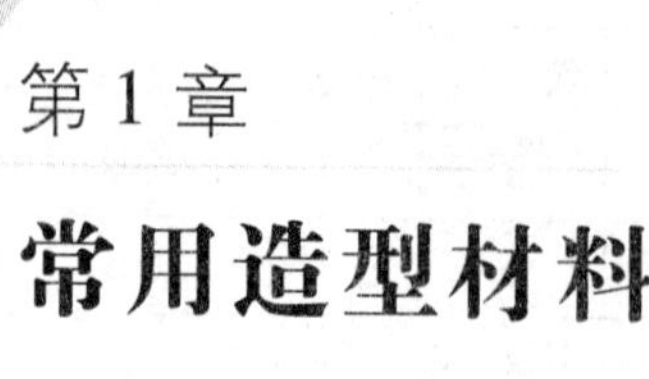

第1章 常用造型材料

1.1 铸造型砂种类及其性能要求

1.1.1 铸造型砂的种类及其组成

凡用来制作铸型的原材料以及由各种原材料所混制成的混合物统称为造型材料。制作砂型的混合物称为型砂，制作砂芯的混合物称为芯砂，涂敷在型腔或砂芯表面的混合物称为涂料。铸造型（芯）砂一般是由原砂、粘接剂和附加物三部分组成的。按照粘接剂的种类不同，铸造型（芯）砂分为黏土砂、树脂砂、油砂、水玻璃砂、合脂砂等。

1）黏土砂的组成及应用

用黏土作粘结剂的型砂称为黏土砂，黏土砂的组成包括原砂、黏土和水、附加物。原砂是型砂的基料，占90%左右。黏土是型砂的粘结剂，它在干态时没有粘结性，只有与水混合后形成黏土胶体，以薄膜形式覆盖在砂粒表面，把松散的砂粒联结起来，使型砂具有一定的强度。加入的附加物如煤粉、重油、木屑等用来改善型砂的某些性能。黏土砂根据用途不同，可分为面砂、背砂和单一砂。面砂是指特殊配制的，在造型时铺覆在模样表面上构成型腔表面层的型砂。背砂是指面砂背后用于充填加固的型砂，又叫填充砂。如果型砂不分面砂和背砂，只用一种型砂来造型，这种型砂就叫单一砂。

用黏土砂制作的铸型称为黏土砂型，黏土砂型根据在合型和浇注时的状态不同可分为湿型、干型和表面烘干型。三者之间的主要差别是：湿型是造好的砂型不经烘干，直接浇入高温液态金属。干型是在合型和浇注前将整个砂型送入烘干窑中烘干。表面烘干型是在浇注前对型腔表层用适当方法烘干一定深度。

湿型铸造法的基本特点是砂型（芯）无需烘干，不存在硬化过程。其主要优点是生产灵活性大，生产率高，生产周期短，便于组织流水生产，易于实现生产过程的机械化和自动化；材料成本低；节省了烘干设备、燃料、电力及车间生产面积；延长了砂箱使用寿命；容易落砂等。但是，采用湿型铸造，容易使铸件产生如夹砂结疤、鼠尾、粘砂、气孔、砂眼、胀砂等缺陷。湿型铸造主要用于500 kg以下的铸件，在机械化流水生产和手工造型中均可应用。手工造型时，主要用于几十千克以下的小件。

表干型烘干的深度一般为5～20 mm，或将砂型、砂芯自然干燥24～48 h后再合型浇注。它与湿型相比，表面层强度高、湿度小，因而浇注质量较大的铸件时不易产生气孔、粘砂、夹砂、冲砂等缺陷。

干型使铸件减少气孔、砂眼、粘砂、夹砂等缺陷，采用涂料可进一步改善铸件的表面质量。但干型铸造需要烘干设备，增加燃料消耗，增加吊车作业次数，延长生产周期，缩短砂箱使用寿命，使铸件的成本增加，生产率降低，干型落砂比较困难，还会产生大量灰尘。因此黏土干型主要用于铸件表面质量要求高，或结构特别复杂的单件或小批生产及大型、重型铸件。

2）树脂砂的组成及应用

广义地讲，可以作为塑料制品加工原料的任何聚合物都称为树脂。目前，铸造用树脂粘接剂的种类繁多，但主要有三大体系，即呋喃树脂、酚醛树脂和脲烷树脂。生产中使用最多的是呋喃树脂。树脂砂是以树脂为粘结剂配制的型（芯）砂，其组成包括原砂、树脂和固化剂、附加物等。

固化剂也称硬化剂，是通过催化作用加速树脂硬化过程。常用的硬化方式有：

（1）酸硬化。使用磷酸、苯磺酸、对甲苯磺酸、二甲苯磺酸等。

（2）酯硬化。使用乙酸乙酯、硫酸乙酯等。

（3）气体硬化。使用三乙胺、乙二胺或SO_2等。

树脂砂硬化的方式有自硬、加热硬化以及吹气（雾）硬化等冷硬方法。

树脂砂中经常也加入一些附加物，如硅烷（偶联剂）、膨润土、氧化铁粉等，以改善某方面的性能。

3）水玻璃砂的组成及应用

水玻璃是各种聚硅酸盐水溶液的通称。铸造上最常用的是钠水玻璃，因其来源充足，价格便宜。钠水玻璃的分子式为$Na_2O \cdot mSiO_2 \cdot nH_2O$，此化学式只表示三个组成物质的量的相互比例。其商品名称为“泡花碱”，化学名称为水溶性硅酸钠溶液。硅酸钠是弱酸强碱盐，干态时为白色或灰白色团块或粉末，溶于水时，纯的水玻璃外观为无色透明的粘性液体。由于含铁盐而呈灰色、黄绿色或淡黄色。pH一般为11～13。

水玻璃砂是以水玻璃作粘接剂的造型制芯混合料，其组成包括原砂、水玻璃和固化剂、附加物等。水玻璃砂的硬化方式有：

（1）物理硬化法。用自然干燥或加热、吹压缩空气等方法使水玻璃砂硬化的方法称为物理硬化法，实质是采用一定的方法使水玻璃砂型（芯）脱水而硬化。自然干燥硬化法是将水玻璃砂型停放在空气中，由于水分蒸发和自行吸收空气中的CO_2而硬化。但硬化时间长，并且硬化层较浅，故很少采用。

加热硬化法可利用烘窑、煤气燃烧或移动式烘炉对砂型（芯）加热，既可利用炉温蒸发砂型（芯）中的水分，又可利用炉气中的CO_2来促进水玻璃砂型硬化。这种方法无需将水分完全烘干就能使砂型（芯）表面获得很高的强度。用加热硬化的砂型（芯）生产的铸件，质量稳定，不容易产生气孔、砂眼等缺陷。但会增加劳动强度，延长生产周期，需要加热设备，且硬化时间比吹CO_2的时间长。

（2）CO_2硬化法。向水玻璃砂制成的砂型（芯）中吹入CO_2气体，在很短时间内就可以使型（芯）砂硬化，这种方法称为CO_2硬化法。通常把用CO_2硬化的水玻璃砂称为CO_2砂，它被广泛应用在铸钢件的生产上。

为了在起模前硬化，提高铸件精度，同时尽量减少砂型(芯)中的残留水分，稳定铸件质量，在生产中常将 CO_2 和加热硬化联合使用。

(3)真空置换法。它是将已完成的铸型和型芯送入真空容器内，进行抽真空脱水，当容器内抽真空压力达到2.7~1.33 kPa时，停止抽气，并随之充入 CO_2 气体，压力控制在20~30 kPa，保持30~40 s即完成硬化过程的硬化方法。

(4)酯硬化法。将有机酯作为固化剂加入水玻璃砂，促进硬化过程。常用的脂包括甘油-醋酸酯、甘油双醋酸酯、甘油三醋酸酯、乙二醇二醋酸酯、丙二醇碳酸酯、二甘醇二醋酸酯等等。在满足型砂强度条件下，相对 CO_2 砂来说，可大幅度降低水玻璃加入量，溃散性大大改善，旧砂回用再生就不再困难。

4)油砂的组成及应用

油砂是用干性或半干性植物油及其他矿物油替代品作粘接剂的型芯砂，其组成包括原砂、植物油或矿物油、附加物等。油砂是在“有氧加热”条件下硬化的，其实质是具有双键的植物油分子在供氧的条件下通过加热后经过氧化聚合反应形成网状结构，使分子增大从而实现固化或硬化以起到粘接作用。

铸造上最常用植物油为桐油、亚麻油及改性米糠油等。油砂中加入水溶性附加物，南方常加糊精，北方常加黏土、纸浆残液等，以改善油砂某方面的性能。国内曾先后研究和使用过石油沥青乳浊液、减压渣油、合成脂肪酸蒸馏残渣(简称合脂)等矿物油粘结剂。

油砂多用于制作薄细和形状复杂的型芯，可使铸件获得光洁内腔。

5)合脂砂的组成及应用

以合脂作为粘结剂配制的芯砂称为合脂砂，其组成包括原砂、合脂及溶剂、附加物等。合脂粘结剂是一种有机的、憎水的、干强度高的芯砂粘结材料，在常温下为膏状物，低温时结为固体，使用时必须用煤油、油漆溶剂油等溶剂加以稀释。合脂砂中通常加入膨润土、糊精、纸浆残液等附加物以改善某方面的性能。

合脂砂需要采用高温入炉，快速加热，使砂芯表面层迅速硬化实现其粘接能力，其硬化机理主要靠烃基和羧基的缩聚反应生成复杂的网状结构，使分子增大而形成坚韧固体，通常称为烘干。

1.1.2 铸造型砂的性能要求及其影响因素

1)紧实度及砂型硬度

型砂被紧实的程度通常称为紧实度，可以用单位体积内型砂的重量表示，即

$$\delta = \frac{G}{V} \tag{1-1}$$

式中 δ——型砂的紧实度(g/cm^3 或 t/m^3)

G——型砂的重量(g或t)

V——型砂的体积(cm^3 或 m^3)

型砂紧实度和物理学中密度的单位相同而概念不同，因为型砂体积中包含了砂粒间的空隙。

下面是几种常见型砂的紧实度数值：十分松散的型砂，1.2~1.3 g/cm^3；一般紧实的型砂，

1.55 ~1.7 g/cm³；高压紧实后的型砂，1.6 ~1.8 g/cm³；非常紧密的型砂，1.8 ~1.9 g/cm³。

在实际生产中，测量型砂的紧实程度时，常采用砂型硬度计。砂型硬度计可分为A、B、C三种形式。其中，A、B型的压头为球形，用于测量一般砂型。C型硬度计的压头为锥形，用于测量高硬度砂型。使用砂型硬度计测量型砂紧实程度比较方便，而且不用破坏型腔表面。其缺点是不能测量砂型内部的紧实度。

型砂的紧实度对起模的难易程度及砂型的强度、透气性等其他性能具有重要的影响。

2)湿度与紧实率

湿度是指黏土砂的干湿程度，一般用含水量表示。紧实率是指黏土湿型砂用1 MPa的压力压实或者在锤击式制样机上打击三次，其试样体积在紧实前后的变化百分率，用试样紧实前后高度变化的百分数表示。

试验证明，紧实率与型砂的含水量(湿度)成正比例关系。通常控制紧实率被用来检查黏土砂含水量是否合适，即混砂时的加水量应按固定的紧实率范围来控制。通常的手工和机器造型用型砂，最适宜干湿状态的紧实率接近50%，高压造型和气冲造型时为35% ~45%，挤压造型时为35% ~40%。

3)湿强度

在外力作用下，砂型达到破坏时，单位面积上所承受的力称为强度。型(芯)砂在湿态时的强度称为湿强度。湿强度包括湿拉强度、湿压强度、湿剪强度、湿劈(抗裂)强度。它反映的是黏土湿型砂以及未经硬化的树脂砂、水玻璃砂、油砂、合脂砂等抵抗破坏的能力。如果型(芯)砂的湿强度不足，在起模、翻箱、合型及搬运过程中会造成塌箱。在浇注时，则可能承受不住金属液的冲刷而冲坏铸型表面，使铸件产生砂眼，甚至造成跑火。树脂砂由于未经硬化而湿强度很低，造型时不能立即起模。需要经过一段时间硬化后才能起模，这是树脂砂与黏土砂造型工艺的差别之一。

对于黏土砂而言，影响湿强度的因素主要有：

(1)原砂的颗粒特性。在黏土加入量、含水量、混砂质量、紧实度等条件相同时，砂粒越细、粒度越不均匀，则型砂质点间的接触面积越大，湿强度越高。从颗粒形状而言，圆形砂容易紧实，故湿强度较高。当增加紧实力时，尖角形砂粒间接触面积大，可得到更高的湿强度。

(2)黏土加入量和含水量。当水分适当时，黏土加入量增加，型砂湿强度提高。但是黏土含量达到一定程度后造成混碾困难，容易结成团块，强度不再提高。当黏土含量一定时，膨润土砂的湿强度比普通黏土砂高得多。将钙基膨润土处理成钠基膨润土，湿强度也明显提高。当黏土含量一定时，随着水分含量的增加，型砂湿压强度增加到到一定程度后将出现下降。试验证明，当水土比(水与水和黏土的总量之比)为20%时，湿压强度出现最大值。

(3)混砂质量。取决于混砂时的混砂机类型、物料加入顺序和混砂时间。

(4)紧实度。随着紧实度的提高，则型砂质点间的接触面积越大，湿强度越高，但有一定限度。

(5)失效黏土及惰性粉尘。由于生产上黏土砂是循环使用的，失效黏土及惰性粉尘越来越多，造成湿拉强度和湿剪强度下降而湿压强度增加，型砂发脆，起模时容易损坏砂型。

4)干强度

干强度是指黏土砂经烘干后，或者对于树脂砂、油砂等经过硬化后所测得的强度。对于黏土砂干型、表面干型、干芯等经过烘干处理，自由水和吸附水逸失，质点相互靠近，附着力增加，干强度比湿强度明显提高。影响黏土砂干强度的因素包括：

(1)黏土种类及其加入量。在相同的黏土加入量和含水量情况下，一般膨润土砂的干强度高于普通黏土砂。但是实际生产中，由于型砂中膨润土的用量和水分均较低，并且膨润土砂在100～200℃烘干时失水集中，容易造成砂型和砂芯开裂，故实际干强度低于普通黏土。

(2)原有含水量。砂型烘干前的含水量增加，更能充分发挥黏土的粘接作用，强度较高。

(3)紧实度。增加紧实度，可提高砂型干强度。

5)热湿拉强度

黏土湿砂型在浇注时，由于高温急热造成水分向内部迁移，在砂型表面以下形成了高湿度凝聚层，此砂层的抗拉强度称为热湿拉强度。由于该层湿度一般提高50%以上，使湿拉强度下降，容易引起铸型开裂，产生夹砂缺陷。热湿拉强度更符合湿型砂在实际工作条件下抵抗破坏的能力。影响热湿拉强度的因素包括：

(1)黏土种类。钠基膨润土热湿拉强度最高，钙基活化膨润土次之，普通黏土最低。

(2)黏土含量。当黏土含量增加时，热湿拉强度提高。

(3)紧实度。当紧实度提高后，其热湿拉强度也相应提高。

(4)原砂颗粒特性。粒度较大、尖角型砂较多时(角形系数小)，热湿拉强度较高。

(5)附加物。在型砂中加入面粉、糊精等附加物可提高热湿拉强度。

(6)混砂机类型。具有揉搓功能的混砂机混砂后，热湿拉强度提高。

6)高温强度

型砂在高温作用下测得的强度称为高温强度。高温强度太低，砂型在金属液的作用下可能发生型壁移动，造成铸件尺寸变化，同时会引起铸件变形和裂纹、缩孔、缩松等缺陷。例如，球墨铸铁在凝固过程中出现石墨膨胀，对铸型产生压力而可能发生型壁移动，因而对铸型的高温强度要求较高，否则容易出现缩孔、缩松缺陷。

高温强度的测试一般是在模拟条件下进行的，随着加热温度的升高，砂型的高温强度逐渐增高，达到最大值后又很快下降。提高试样的湿强度和紧实度，都能使高温强度提高。膨润土和普通黏土砂的最高强度均出现在950～1000℃左右。随着黏土加入量和湿态水分的增加，热压强度会明显提高。

7)表面强度

铸型型腔和砂芯表层的强度称为表面强度，它能够反映铸型抵抗金属液冲刷的能力。表面强度与黏土种类有关，膨润土比普通黏土砂的表面强度高。增加黏土和水的加入量，加入糖浆、糊精等附加物，提高紧实度，采用尖角形和粒度分散的原砂，均有利于提高铸型的表面强度。

8)残留强度和溃散性

型砂受高温作用后冷却至室温所具有的抗压强度称为残留强度。铸件冷却凝固后，型砂和芯砂从铸件上清除下来的难易程度称为溃散性，又称出砂性或落砂性。溃散性取决于型砂和芯砂的残留强度，残留强度低，溃散性好。

影响型砂和芯砂残留强度的因素有：

(1)粘接剂的种类及用量。黏土砂和树脂砂的残留强度低，溃散性好。但是，不同的黏土、不同的树脂之间相比，残留强度和溃散性也不同。钙基膨润土和普通黏土的残留强度低于膨润土。水玻璃砂溃散性较差，直接影响水玻璃砂的大量使用。

粘接剂的用量也影响残留强度及溃散性，一般来讲，粘接剂用量大时，型砂和芯砂的强度高，残留强度也高，溃散性较差。增加黏土砂和水分含量，使黏土砂的残留强度提高。

(2)加热温度。试验表明，黏土砂加热至高温强度最大值时的温度，冷却下来后残留强度最小。

(3)附加物。型砂和芯砂中加入改善溃散性的附加物，可降低残留强度。如黏土砂中加入木屑等。对于水玻璃砂，通过加入附加物改善溃散性，是目前水玻璃砂的研究方向之一。

9)耐火性及耐火度

型砂抵抗高温作用，而不被熔化、软化及烧结的能力称为耐火性。耐火性用烧结点来衡量，即耐火度。影响型砂耐火度的主要因素有：

(1)原砂。原砂的化学成分和矿物组成中有较多的低熔点物质，如 Na_2O、MgO、CaO、Fe_2O_3等均使耐火度降低。砂粒颗粒度大、角形系数小的原砂，其热容量大，比表面积小，吸收的热容量少，不易熔化，故粗砂、圆形砂的耐火度比细砂、尖角形砂、多角形砂的耐火度高。所以铸件越大，采用的原砂也越粗，这除了能改善透气性外，也提高了耐火度。

(2)黏土。黏土的耐火度比砂粒的耐火度低，增加型砂中黏土含量会降低型砂的耐火度。采用高粘结能力的黏土可减少黏土用量，相应提高了型砂的耐火度。

10)型砂流动性

型(芯)砂在外力或自重的作用下，沿模样(或芯盒表面)和砂粒间相对移动的能力称为流动性。流动性好的型砂可形成紧实度均匀、无局部疏松、轮廓清晰、表面光洁的型腔，这有助于防止机械粘砂，获得光洁的铸件。此外，还能减轻造型紧实砂时的劳动强度，提高生产率和便于实现造型、制芯过程的机械化。

11)可塑性与韧性

可塑性是指型砂造型时能够获得形状完整、轮廓清晰、尺寸准确的砂型的能力。可塑性是砂型铸造的基础条件。可塑性好的型(芯)砂，造型、起模、修型方便，铸件表面质量较高。型砂中黏土含量愈多，砂粒越细，可塑性就越好。一般情况下，凡是增加型砂湿强度的因素，均可使可塑性提高。

韧性是指型砂抵抗外力破坏的性能。韧性差的型砂起模时铸型容易损坏。增加黏土加入量和相应地增加含水量可明显地提高型砂的韧性。型砂中失效黏土和粉尘的含量增加，将使型砂的变形量显著减小，韧性变差，起模困难。型砂的韧性用破碎指数来表示。

12)保存性

配制好的型砂和芯砂放置一段时间后，仍能保持其原有使用性能的能力称为保存性。黏土砂放置一段时间会失去水分，树脂砂会自行硬化，水玻璃砂会与空气中的 CO_2接触产生固化，这些都会影响型砂和芯砂的保存性。保存性一般用可使用时间来表示。

13)吸湿性

烘干或硬化后的砂型和砂芯吸收水分的能力称为吸湿性。砂型和砂芯在浇注前的存储过程中会吸收空气中的水分，使含水量增加，可能会导致铸件产生气孔或夹砂缺陷。吸湿性与型砂和芯砂中的水溶性材料以及放置时间、空气湿度等有关。

14)黏模性

造型或制芯时，型(芯)砂粘附在模样(或芯盒)表面的性质称为黏模性。黏模是由于型(芯)砂的粘结材料与模样表面的附着力超过了砂粒之间的粘结膜的凝聚力造成的，故黏模性与粘结材料和模具材料有关。润湿的黏土对木材的附着力比铁大，故木模比铁模易黏模。当型砂的温度高，模样的温度低时，因水气凝结，易发生黏模。黏土砂中含水量越高，黏土含量越低，越易发生黏模。为了减轻黏模，木质模样和木质芯盒表面应刷漆，或擦拭防黏模材料，如石墨粉、石松子粉、滑石粉、煤油等，降低型砂含水量，使用内聚力较大的钠基膨润土，型砂温度不宜过高。

15）发气性

发气性是指型砂或芯砂被加热时析出气体的能力，用单位重量型砂或芯砂被加热时产生的气体量（cm^3/g）来表示。影响发气性的因素主要有：

（1）发气物质。随着发气物质如黏土砂中的水分、木屑、重油等的增加，发气量增大；型砂和芯砂中添加有机粘接剂如糖浆、糊精等，发气量急剧增加。

（2）浇注温度。浇注温度高，促进了发气量的增加。

在考虑发气性时，大量发气的时刻和发气速度非常重要。如果大量发气出现在凝固初期，产生气孔的可能性较大。

16）透气性

紧实的型砂能让气体通过而逸出的能力称为透气性。在液体金属的热作用下，铸型产生大量气体，如果砂型、砂芯不具备良好的排气能力，浇注过程中就有可能发生呛火，使铸件产生气孔、浇不到等缺陷。砂型的排气能力，一方面靠冒口和穿透或不穿透的出气孔来提高，另一方面决定于型砂的透气性。

影响透气性的因素很多，主要包括：

（1）原砂。砂粒的大小、粒度分布、粒形、含泥量等都会影响透气性。使用圆形、粗颗粒、粒度均匀、含泥量少的原砂透气性较好。

（2）型砂紧实度及旧砂中的灰分。型砂紧实度越高，空隙越小透气性下降。但是，紧实度达到一定程度后，透气性变化不大。黏土砂中的煤粉、失效黏土、滑石粉等灰分含量高时，透气性下降。

（3）粘结剂种类及其加入量。粘接剂的种类及其高温时是否会发生燃烧、蒸发或分解，对透气性产生一定的影响。黏土、树脂和水玻璃等各种粘接剂加入量过多时，都会造成型砂空隙减小，透气性下降。

（4）附加物的种类及其加入量。黏土砂中的煤粉，树脂砂中加入氧化铁粉等附加物，对透气性有一定的影响。

（5）混砂工艺。混砂时粘结剂均匀地包覆在原砂表面，以及对型砂进行渗匀处理和松砂处理等可提高透气性。

（6）涂料状况及涂料层的厚度。不涂敷涂料的砂型的透气性高。涂料层厚度大，透气性差。涂料中的某些添加物高温燃烧后留下空隙，会改善透气性。

应该注意的是，不应误解为型砂透气性越高越好，因为，表明砂粒间孔隙直径较大，金属液易渗入砂粒间孔隙中，造成铸件表面粗糙和发生机械粘砂。为了使铸铁用湿型砂具有良好的抗机械粘砂性能并且能制得表面光洁的铸件，型砂除应有适宜的透气性外，还应含有煤粉或其他有机附加物（如重油、沥青等）。这些材料在浇注受热后，产生大量挥发物，在高温下进行气相分解，在砂粒表面沉积形成“光泽碳”，从而可以防止铸铁件表面机械粘砂，提高铸件表面光洁程度。

17）退让性

合金在冷却凝固过程中会发生收缩现象，此时要求铸型相关部位发生一定的变形或退让，否则，铸型会阻碍铸件收缩，使铸件内产生收缩应力（机械阻碍应力），甚至造成铸件开裂。这种型砂随着铸件收缩而减小其体积的能力称为退让性。

黏土型砂随黏土和水分含量的增加退让性下降。在型砂中加入木屑、焦碳粒等附加物时有助于提高退让性，尤其以木屑作用最为显著。在要求有较高退让性的砂芯（如管类铸件的砂芯）中，常使用稻草绳，因为铸件收缩时，草绳已烧掉，砂芯就不会阻碍铸件的收缩，清砂也比较容易。

18）复用性

复用性是指型砂能在保持原有性能的条件下反复使用的能力。由于砂粒反复热胀冷缩而破碎，黏土受热失去结构水而成为失效黏土（死黏土），使型砂性能不断恶化。对黏土砂而言，钠基膨润土的复用性最好，活化处理的膨润土较好，普通黏土次之，钙基膨润土的复用性最差。

据统计，生产 1t 铸件大约需要 5t 左右的树脂砂，由于复用性关系到砂型铸造的质量和成本，所以对型砂的回用和再生具有重要意义。

1.2　造型材料的选用及其性能检测

1.2.1　原砂的选用及其性能检测

1）原砂的质量指标及其检测

（1）主要成分含量。原砂中主要氧化物的含量，如硅砂中 SiO_2 的含量，镁砂中 MgO 的含量等指标，反映了原砂的纯度。原砂通常按其主要成分含量分级，表示其质量等级。

（2）含泥量。含泥量是铸造用砂中粒径小于 0.02 mm 颗粒的质量占砂样总质量的百分比。

含泥量的测定方法：

①称取烘干的试样（50 ±0.01）g，放入洗砂杯中，如图 1－1。加水 390 mL 和质量分数为 5% 的焦磷酸钠溶液 10 mL。

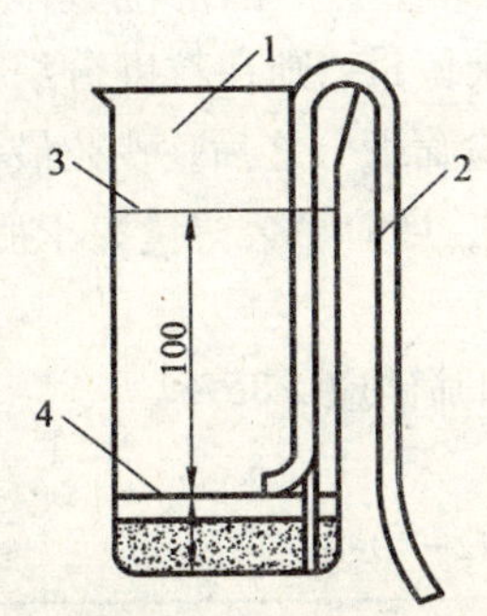

图 1－1　洗砂杯

1—洗砂杯；　2—虹吸管；
3—标准液面高度；　4—虹吸管标高

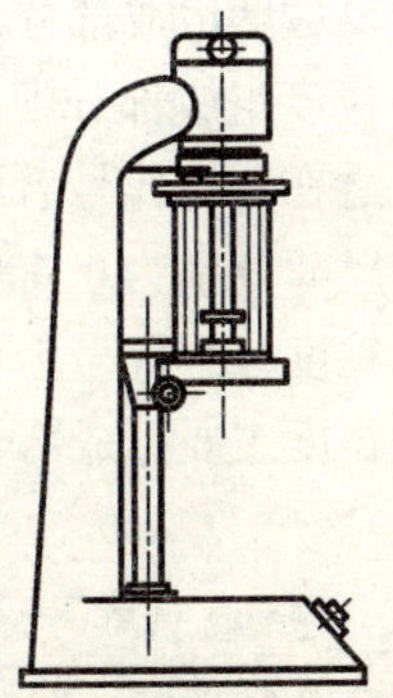

图 1－2　SXW 涡旋式洗砂机（GB2684－81）

②煮沸 3 ~5 min。

③将洗砂杯置于 SXW 涡旋式洗砂机上(如图 1 -2),搅拌 15 min。

④取下洗砂杯,加清水至标准高度 125 mm 处,用玻璃棒搅拌 30 s 后,静置 10 min,用虹吸管排除浑水。

⑤第二次加水至标准高度,重复④操作。

⑥第三次加水后的操作与⑤相同,但静置时间为 5 min,直至杯中的水透明为止。

⑦将试样和余水置于 ϕ100 mm 左右玻璃漏斗中的定量滤纸上过滤,待余水滤净,将试样连同滤纸移入玻璃皿中,在 140 ~160℃下烘干至恒重。

⑧将试样置于干燥器中冷却至室温,称其质量。原砂含泥量用下式计算:

$$含泥量(质量分数)=\frac{G_1-G_2}{G_1}\times 100\% \qquad (1-2)$$

式中 G_1——冲洗前试样的质量(g);

G_2——冲洗后试样的质量(g)。

(3)原砂的粒度及粒度分布。原砂的颗粒组成(即粒度)包括两个概念:砂粒的大小(粗细)和砂粒大小分布的集中程度。JB/T9156—1999 规定用一套共 11 个筛孔尺寸自大而小的铸造用试验筛来筛分已洗去泥分的干砂样,采用筛分法确定原砂的粒度及粒度分布。用于测试硅砂粒度的试验筛的筛子序号和筛孔尺寸见表 1 -1。

表 1 -1 铸造用试验筛序号和筛孔尺寸(JB/T9156—1999)

序号	1	2	3	4	5	6	7	8	9	10	11
筛孔尺寸(mm)	3.35	1.70	0.850	0.600	0.425	0.300	0.212	0.150	0.106	0.075	0.053
相当于旧标准的目数	6	12	20	30	40	50	70	100	140	200	270

GB/T9442—1998 规定了三筛制粒度表示方法,即按粒度分组,共分 9 组,见表 1 -2。将铸造用试验筛筛分后所得到的各筛子上砂子质量,选出余留量之和为最大值的相邻三筛,即得该砂样的主要粒度组成部分,用相邻三筛的中间筛孔尺寸小数点后的两位数作为粒度分组代号。在主要粒度组成部分中,如果前筛余留量大于后筛余留量,则在粒度分组代号后用字母 Q 表示,反之在分组代号后用字母 H 表示。例如,经试验筛筛分之后,砂粒最多的三个相邻筛子的筛孔尺寸分别为 0.600 mm、0.425 mm、0.300 mm,且前筛余留量大于后筛余留量,则这种原砂的粒度分组代号为 42Q。

铸造用砂粒度主要组成部分对三筛砂应≥75%,对于四筛砂应≥85%。

表 1 -2 铸造用硅砂粒度分组(GB/T9442—1998)

分组代号	主要粒度组成部分的筛孔尺寸(mm)	对应旧标准的代号
85	1.70 0.850 0.600	12/30
60	0.850 0.600 0.425	20/40
42	0.600 0.425 0.300	30/50

续表 1-2

分组代号	主要粒度组成部分的筛孔尺寸(mm)	对应旧标准的代号
30	0.425　0.300　0.212	40/70
21	0.300　0.212　0.150	50/100
15	0.212　0.150　0.106	70/140
10	0.150　0.106　0.075	100/200
07	0.106　0.075　0.053	140/270
05	0.075　0.053　底盘	—

粒度的测试方法：

①将砂样倒入按顺序叠放好的全套标准铸造用试验筛最上面的筛子上，并在筛砂机上固定好筛子，如图 1-3 所示。

②在 SSZ 振摆式筛砂机筛分 15 min(采用 SSD 电磁微振筛砂机筛分时间为 5 min)。

③取下筛子,依次将每个筛子上所余留的砂子分别倒在光滑干净的纸上,并用软毛刷仔细地从筛网的反面刷下夹在筛孔中的砂粒。

④称量每个筛子上的砂子的质量，并计算其所占试样质量的百分比，即得砂样的粒度分布值。试验后，将每个筛子及底盘上的砂子质量与含泥量相加，不应超过 (50 ± 1) g，否则应重新进行试验。若采用未经测定含泥量的砂样试验时，应称取 (50 ± 0.1) g砂样进行试验。

⑤计算每三个相邻筛上的砂子质量之和，选出余留量之和为最大时，即为主要粒度组成部分。

⑥主要粒度组成部分的三个相邻筛孔对应的粒度分组代号即为粒度。

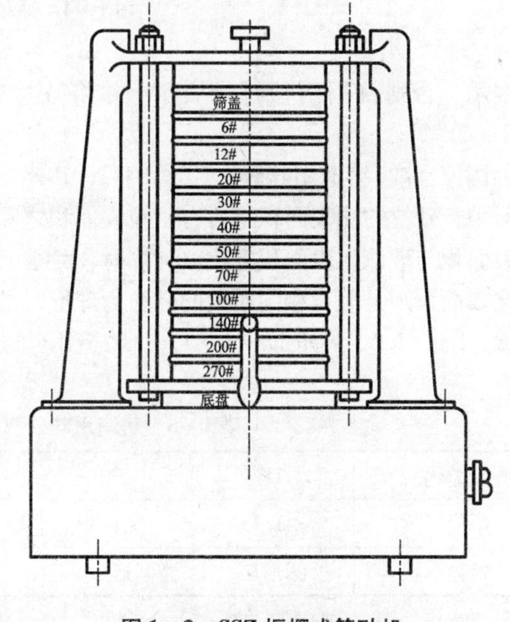

图 1-3　SSZ 振摆式筛砂机

⑦根据主要粒度组成部分三筛中前筛和后筛余留量的大小，确定粒度代号后面是 Q 还是 H。

(4)原砂的颗粒形状。用光学显微镜或扫描电子显微镜观察原砂的颗粒，可以清楚地看出各种砂粒的不同轮廓形状(即“粒形”)。如图 1-4 为铸造常用原砂的主要颗粒分类法。粒形从角形到半角形，不圆、但无锯齿状不平处到圆形分为六种，按圆球度分为三级。这是一种对铸造用砂粒形较细致的分类法。但铸造用原砂的粒形，以往只概略地分为圆形、钝角形(颗粒为多角形、且多为钝角)和尖角形三种(JB435-63)，分别用符号“○”、“□”、“△”表示。如果一种形状的原砂杂有其他形状的颗粒，只要不超过 1/3，就仍用主要颗粒的粒形符

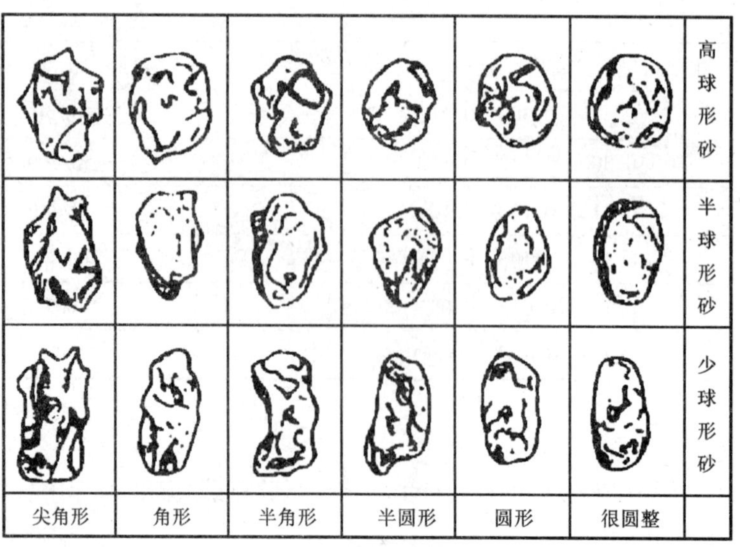

图1-4　原砂粒形分类法

号表示。否则就用两种符号表示，并将数量较多的粒形符号排在前面，例如“□-△”、“□-○”等。

国家标准《铸造用硅砂》(GB/T9442—1998)采用角形系数E来定量地反映铸造用硅砂的颗粒形貌。砂粒的比表面积是所有砂粒表面积之和与其质量之比，角形系数是铸造用硅砂的实际比表面积与理论比表面积之比。计算时，实际比表面积可用一定的方法测得(如透气性法)，理论比表面积则是假设相同质量的砂粒为球形时的比表面积。一般圆形砂$E=1.0\sim1.3$，多角形砂$E>1.3\sim1.6$，尖角形砂$E>1.6$。铸造用硅砂按角形系数分类及其代号，见表1-3。

表1-3　铸造用硅砂按角形系数分类及其代号

分类代号	15	30	45	63	90
角形系数	≤1.15	≤1.30	≤1.45	≤1.63	>1.63
颗粒形状	圆形○	椭圆形○-□	钝角形□	方角形□-△	尖角形△

对湿型砂而言，其他条件相同时原砂的颗粒形状越圆，型砂就越易紧实，但透气性越低；砂粒更靠近，粘结桥较多且完善，因而强度更高。树脂等化学粘结剂的型砂和芯砂，粒形对强度的影响尤为显著。在粘结剂加入量相同的情况下，用圆粒砂的试样紧实程度高，砂粒实际比表面积小，强度更高。对于树脂砂而言，相同质量的原砂角形系数越大，表面积大，树脂加入量大。

(5)耐火度。原砂烧结点即耐火度的测定方法如下：

①取适量烘干的砂样放在瓷舟中(约占瓷舟容积的1/2)。

②将瓷舟缓慢推入预热温度1000℃的炉膛中，推入深度应以瓷舟前端25 mm内受热温度最高，保温5 min。

③将瓷舟拿出，待冷却后用小针刺划砂样表面，并用放大镜观察。如果砂样表面松散，

尚未烧结，则另换一个新瓷舟和砂样，将炉温提高50℃重新试验。直至砂粒彼此联结，表面光亮，小针拨不动砂粒为止，此时的试验温度即为该砂样的烧结点。

当原砂烧结点低于1350℃时，可用硅碳棒管式加热炉，砂样放在普通瓷舟中即可。当烧结点高于1350℃时，可用管式炭粒炉，砂样放在石英舟或白金舟中。

(6)含水量。原砂中所含的水分与原砂质量的百分比，称为原砂的含水量。含水量的测定有快速法和标准法两种方法。

快速法测含水量的方法：

①称取试样(20 ±0.1) g，均匀铺放在盛砂盘中。

②将盛砂盘置于红外线烘干器内烘干6 ~10 min。

③取出后放在干燥器中冷却至室温，重新称量。

④按式(1 -3)计算原砂含水量

$$含水量(质量分数) = \frac{G_1 - G_2}{G_1} \times 100\% \qquad (1-3)$$

式中 G_1——烘干前试样的质量(g)；

G_2——烘干后试样的质量(g)。

标准法测含水量的方法：

①称取试样(50 ±0.01) g，置于玻璃皿中。

②在温度为105 ~110℃的电烤箱中烘干至恒重(烘干30 min，称其质量，然后每烘干15 min称量一次，直至相邻两次称量之间的差不超过0.02 g时，即为恒重)。

③将试样置于干燥器中冷却至室温，再进行称量。

④按式(1 -3)计算含水量。

(7)灼烧减量。试样中含化合水，碳酸盐、硫化物、有机物及其他易挥发性物质经1000 ~1500℃灼烧即分解挥发逸出，其失重量即为灼烧减量。

灼烧减量(质量百分数)的测定方法：

在恒重的铂坩埚中称取1 g试样，精确至0.0001 g，放入高温炉内，逐渐升温至1000 ~1050℃，并在该温度下保持30 min。取出在干燥器中冷却至室温，称重，反复灼烧(每次灼烧15 min)直至恒重，称其质量。按式(1 -4)计算灼烧减量：

$$灼烧减量(质量分数) = \frac{G_1 - G_2}{G} \times 100\% \qquad (1-4)$$

式中 G_1——灼烧前的试样和坩埚的重量(g)；

G_2——灼烧后的试样和坩埚的重量(g)；

G——试样的重量(g)。

(8)需酸值。需酸值是指中和50 g ±0.01 g砂中碱性物质所消耗的0.1 N① 盐酸溶液的毫升数，用来反映原砂中碱性物质的多少。这些碱性物质能与树脂自硬砂的酸性硬化剂发生反应，影响树脂砂的硬化性能和终强度。需酸值的测试方法：

①称取砂样(50 ±0.01) g，置于烧杯上，加入50 mL蒸馏水，用移液管加入50 mL 0.1N的HCl标准溶液。

---

① 1 N =(1 mol/L)六离子分数

②用表面皿将烧杯盖上，在磁力搅拌器上搅拌 5 min，然后静置 1 h。

③将此溶液用过滤纸滤入锥形瓶中，并用蒸馏水洗涤 5 次，每次用水 10 mL。

④滤液中加入 3 ~4 滴溴麝香草酚蓝指示剂，用 0.1N 的 NaOH 标准溶液滴定至蓝色。当蓝色保持 30 s 不变色时滴定结束。

⑤按式(1 -5)计算需酸值。

$$需酸值 = V_1 - V_2 \tag{1-5}$$

式中 V_1——加入 0.1N HCl 标准溶液的毫升数；

V_2——滴定时消耗 0.1N NaOH 标准溶液的毫升数。

2)铸造用原砂的种类

(1)铸造硅砂。铸造用硅砂是指 SiO_2 含量大于或等于 75%，直径在 0.053 ~3.35 mm 之间的石英砂粒。硅砂来源为岩石。岩石经自然风化破碎，再经水流或风力搬运迁移以及在此过程中的摩擦、撞击、沉积而成砂矿，称天然砂矿。直接由天然砂矿采集，经过水洗、擦洗、擦磨、浮选、分级，去除砂粒表面粘附的泥分和其他杂物，而得到总含泥量较低、含杂物较少、砂粒表面状态良好的铸造用砂称天然硅砂。这是铸造行业砂型铸造应用最广泛的铸造用砂砂种。

自然界的石英石或石英砂石，经人工破碎、筛选而得到的称为人工砂。一般 SiO_2 含量比天然砂高，为与天然砂区分，常称石英砂。其耐火度比较高，铸造有所采用。但因制备费用高，粒形多为尖角，应用越来越少。

硅砂中常含有的杂质有长石、云母、铁氧化物、碳酸盐及碱金属和碱土金属氧化物。硅砂的主要特性首先取决于主要组成石英(SiO_2)的特性，其含量越高，特性越显著。纯石英的熔点为 1713℃，属高硬度、高耐温耐火材料。

铸造用硅砂根据国家标准GB/T9442—1998 的规定，按 SiO_2 含量分级，见表 1 -4。铸造上推荐 SiO_2 含量大于或等于 80% 的硅砂，其含量越高，耐火度越高。

表 1 -4 铸造用硅砂按 SiO_2 含量分级表

分级代号	98	96	93	90	85
SiO_2 最少含量(质量分数,%)	≥98	≥96	≥93	≥90	≥85

铸造用硅砂根据国家标准 GB/T9442—1998 的规定，按含泥量分级，见表 1 -5。作为砂型铸造用砂，含泥量愈少，总分散度就小，粘接剂用量可减少，并保证有较好的型砂透气率。

表 1 -5 铸造用硅砂按含泥量分级表

分级代号	0.2	0.3	0.5	1.0	2.0
最大含泥量(质量分数,%)	≤0.2	≤0.3	≤0.5	≤1.0	≤2.0

表 1 -6 推荐了铸铁件和铸钢件应用铸造硅砂的等级。

表1-6 铸铁件和铸钢件用铸造硅砂的等级

项目	铸铁件用硅砂等级			铸钢件用硅砂等级		
	合格砂	一等砂	优等砂	合格砂	一等砂	优等砂
SiO_2最少含量(质量分数,%)	≥85~90	≥90~93	≥93	≥96~97	≥97~98	≥98
含泥量(质量分数,%)	≤1.0~0.7	≤0.7~0.3	≤0.3	≤1.0~0.5	≤0.5~0.2	≤0.2
角形系数	—	≤1.45~1.3	≤1.3	—	≤1.45	≤1.3

铸造用硅砂牌号的表示方法如下:(其他原砂参阅相关手册)

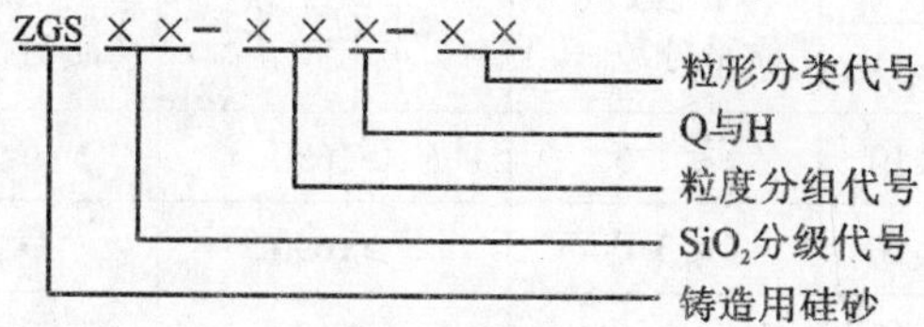

例:ZGS96—42Q—30

(2)镁砂。镁砂是天然菱镁矿石($MgCO_3$)经1550~1600℃高温煅烧而得的烧结块,再经破碎、筛选而成。其主要化学成分是MgO,因砂中含有SiO_2、CaO、Fe_2O_3等杂质,熔点约为1840℃,热膨胀率比硅砂小,蓄热系数比硅砂大1.5倍,莫氏硬度为4~4.5级,密度约为3.5 g/cm^3。它不与氧化铁或氧化锰相互作用,因而铸件不易产生粘砂缺陷。镁砂常用于生产锰钢铸件和其他高熔点的合金铸件,以及表面质量要求较高的铸钢件。根据国家标准GB/T2273—1998《烧结镁砂》规定,普通镁砂的技术指标见表1-7。

表1-7 普通镁砂的技术指标

镁砂牌号	化学成分(质量分数,%)			灼烧减量(质量分数,%)≤	颗粒体积密度(g/cm^3)≥
	MgO≥	SiO_2≤	CaO≤		
MS-96A	96	1.0	—	0.3	3.30
MS-96B	96	1.5	—	0.3	3.25
MS-95A	95	2.0	1.6	0.3	3.25
MS-95B	95	2.2	1.6	0.3	3.20
MS-93A	93	3.0	1.6	0.3	3.20
MS-93B	93	3.5	1.6	0.3	3.18
MS-90A	90	4.0	1.6	0.3	3.20
MS-90B	90	4.8	2.0	0.3	3.18
MS-88	88	4.0	5.0	0.5	—
MS-87	87	7.0	2.0	0.5	3.20
MS-84	84	9.0	2.0	0.5	3.20
MS-83	83	5.0	5.0	0.8	—

(3)橄榄石砂。铸造用橄榄石砂包括镁橄榄石砂(Mg_2SiO_4)和铁橄榄石砂(Fe_2SiO_4)。镁橄榄石砂耐火度可达1910℃，铁橄榄石砂的耐火度为1700~1800℃。橄榄石砂的密度为3.2~3.6 g/cm^3，莫氏硬度为6~7级。热膨胀量较硅砂小，且均匀膨胀，无相变。橄榄石砂不含游离SiO_2，故无硅尘危害，且不与铁和锰的氧化物反应，具有较强的抗金属氧化物侵蚀的能力，用于铸造高锰钢铸件时，可获得较好的表面质量。根据机械行业标准JB/T6985—1993《铸造用镁橄榄石砂》规定，镁橄榄石砂按其物化性能分为3级，见表1-8。按其粒度分为5级，见表1-9。

表1-8　镁橄榄石砂按物理化学性能分级

等级	化学成分(质量分数,%)			灼烧减量(质量分数,%)	耐火度/℃	泥分(质量分数,%)	水分(质量分数,%)
	MgO	SiO_2	Fe_2O_3				
1	≥47	≤40	≤10	≤1.5	≥1690	≤0.5	≤0.5
2	≥44	≤41	≤10	≤3.0	≥1690	≤0.5	≤0.5
3	≥42	≤44	≤10	≤3.0	≥1690	≤0.5	≤1.0

表1-9　镁橄榄石砂按粒度分级

<table>
<tr><th rowspan="2">粒度</th><th colspan="9">筛孔尺寸(mm)及筛上余留量(%)</th></tr>
<tr><th>0.85</th><th>0.60</th><th>0.425</th><th>0.300</th><th>0.212</th><th>0.150</th><th>0.106</th><th>0.075</th><th>0.053</th></tr>
<tr><td>42</td><td>≤15</td><td colspan="3">≥75</td><td colspan="5">≤10</td></tr>
<tr><td>30</td><td colspan="2">≤15</td><td colspan="3">≥75</td><td colspan="4">≤10</td></tr>
<tr><td>21</td><td colspan="3">≤15</td><td colspan="3">≥75</td><td colspan="3">≤10</td></tr>
<tr><td>15</td><td colspan="4">≤15</td><td colspan="3">≥75</td><td colspan="2">≤10</td></tr>
<tr><td>10</td><td colspan="5">≤15</td><td colspan="3">≥75</td><td>≤10</td></tr>
</table>

(4)铬铁矿砂。铬铁矿砂的主要化学成分是$Cr_2O_3 \cdot Fe_2O_3$，密度为4~4.8 g/cm^3，熔点为1450~1480℃，热导率比硅砂高几倍，热膨胀率小，不与氧化铁起化学作用。一般用作大型铸钢件或合金钢铸件的面砂、芯砂或涂料。

根据机械行业标准JB/T6984—1993《铸造用铬铁矿砂》规定，铬铁矿砂按其物化性能分为2级，见表1-10。按其粒度组成分为3级，见表1-11。

表1-10　铬铁矿砂按物理化学性能分级

<table>
<tr><th rowspan="2">等级</th><th colspan="3">化学成分(质量分数,%)</th><th rowspan="2">灼烧减量(质量分数,%)</th><th rowspan="2">耐火度(℃)</th><th rowspan="2">水分(质量分数,%)</th></tr>
<tr><th>Cr_2O_3</th><th>SiO_2</th><th>Fe_2O_3</th></tr>
<tr><td>1</td><td>≥45</td><td>≤3</td><td>≤1</td><td>≤0.5</td><td rowspan="2">1600~1800</td><td rowspan="2">≤0.5</td></tr>
<tr><td>2</td><td>≥35</td><td>≤5</td><td>≤2</td><td>≤1.0</td></tr>
</table>

表 1－11　铬铁矿砂按粒度分级

序号	粒度	筛孔尺寸(mm)	三筛余留量之和（质量分数,%）	中间筛余留量之和（质量分数,%）	底盘余留量之和（质量分数,%）
1	21	0.300，0.212，0.150	≥75	≥25	<2
2	15	0.212，0.150，0.106			
3	10	0.150，0.106，0.075			

(5) 石灰石砂。石灰石砂以石灰石为主要成分的矿岩，经过机械破碎，除去细粉，筛选分级后制成铸造用砂。其主要化学成分是 $CaCO_3$，含游离 SiO_2 量一般不大于 5%。市场上的石灰石砂按原料的矿物组成划分，大致可分为石灰石类型、大理石类型和白云石类型三种。最常见的石灰石砂是白色或灰白色的多角形颗粒，杂质也会将石灰石砂染成浅黄、浅红、灰黑、黄褐等色。

目前，国内主要用作生产铸钢件的型砂和芯砂，具有不粘砂、易清理的优点。

①石灰石砂的高温特性。石灰石、白云石经过煅烧后，其耐火度都比石英高，这使得石灰石砂有可能代替硅砂用做铸钢型砂。但用做造型材料的石灰石砂是未经煅烧的原矿，其主要组分碳酸盐在高温受热时会分解、粉化并产生较多的 CO_2 气体，这是石灰石砂的一个特点，见表 1－12。

表 1－12　石灰石砂的热解温度和发气量

原砂类型	石灰石	大理石	白云石
热解温度(℃)	914	921	795 ~ 921
砂总发气量($mL \cdot g^{-1}$)	222.4	222.4	120.7 ~ 241.5

②化学成分控制。根据化学成分，铸造用的石灰石砂可分为以下几级，见表 1－13。

表 1－13　石灰石砂的化学成分(质量分数,%)及质量等级

原砂类型	级别	CaO	MgO	SiO_2
石灰石及大理石	1	≥52	—	—
	2	≥50	<2.0	<2.0
	3	≥48	<4.0	<3.0
	4	≥45	<8.0	<6.0
白云石	—	≥35	9 ~ 17	<3.0

③粒度控制。参照 GB/T9442—1998《铸造用硅砂》的规定，结合使用实践，将铸造用石灰石砂的粒度按三筛制分为 5 组，即 20/40、30/50、40/70、50/100、70/140。有些工厂采用四筛制(粒径 0.85 ~ 0.30 mm 和 0.6 ~ 0.212 mm 两种)和五筛制(0.85 ~ 0.212 mm)。

④粒形控制。石灰石砂的颗粒形状应是多角形。柱状、条片状、尖角状砂粒则不宜使用。

(6)刚玉。刚玉是高纯度的 Al_2O_3，它是高铝矾土经粉碎、洗涤后在电炉内于 2000～2400℃高温下熔炼，或以优质氧化铝粉经电熔再结晶而制得。纯刚玉的耐火度为 1850～2050℃，莫氏硬度约为 9 级，热导率比硅砂约高一倍，热膨胀率比硅砂约小一倍。由于其结构致密，能抗酸和碱的浸蚀。由于价格贵，仅用于精度高、表面粗糙度低的大型铸钢件，特别是合金钢铸件的型(芯)砂的面砂、涂膏和涂料。

(7)锆砂。锆砂的主要化学成分是硅酸锆($ZrSiO_4$)，纯的锆砂是从海砂中经过重力选矿去除杂质、磁力选矿去除含铁杂质、电力选矿去除反射性物质等工艺精选出来的，其出品率仅为千分之几，所以锆砂价格较贵。锆砂熔点约为 2400℃，莫氏硬度为 7～8 级，密度为 4.5～4.7 g/cm^3，热膨胀率只有硅砂的 1/6～1/3，因而可减少夹砂缺陷。锆砂的导热性极好，可加速铸件的凝固，有利于防止大型铸件粘砂。锆砂可用作铸钢件或合金钢铸件的型砂、芯砂或涂料。

(8)耐火熟料。在 1200～1500℃高温下焙烧过的硬质黏土(如铝矾土、高岭土)称为耐火熟料。为多孔性材料，密度约为 1.45 g/cm^3，熟料的热膨胀率小，耐火度高，铁及其氧化物对它的浸润性较小。可作为铸造大型碳素钢铸件的涂料和熔模铸造的制壳材料。

(9)碳质材料。碳质材料主要指石墨及废石墨电极、坩埚破碎筛分后的碴块以及焦碳碴(冲天炉打炉后未烧掉的焦碳破碎成颗粒)，属于中性材料，化学活性很低，不被金属液和金属氧化物浸润，耐火度高(一般工业用石墨的熔点约为 2100℃)，导热性好，热容量大，热膨胀率很低。这些特点有利于防止铸件产生粘砂、夹砂缺陷，有时还可用作面砂代替冷铁。

3)原砂的选用

(1)原砂种类的选用。选择原砂种类时，依据的基础条件包括：合金种类、浇注温度、金属液中熔渣或氧化物的酸碱性、型腔内的气氛、铸件尺寸精度等级、铸件冷却速度控制等。根据这些条件，结合原砂的耐火度、热导率、线膨胀系数以及高温稳定性等性能和技术指标做出选择。

在所有原砂中，应用最广泛、成本较低的是硅砂。对于硅砂不太适合的场合，也可以考虑使用合适的涂料加以解决。

(2)原砂质量等级的选择。主要是确定原砂中主要成分的含量、含泥量、灼烧减量等。

(3)颗粒的选择。颗粒选择是指确定原砂的粒形、粒度及其分布。主要依据型砂用途(面砂和背砂)、造型方法(手工造型和及其造型)、粘接剂类型、铸件大小及其表面质量、紧实度和透气性要求等。

4)硅砂的选用

铸铁的浇注温度一般在 1400℃左右，因而对原砂耐火度的要求比铸钢件低。铸铁件用原砂的范围较宽，大件可用按 SiO_2 含量 93、90 号硅砂，小件可用 85 号硅砂。刷涂料的干型和表干型多用粒度较粗的原砂，如表干型可选用 85、60、42 号粒度，干型可选用 60、42、30 号粒度。湿型宜用较细的原砂，对一些表面质量要求特别高的不加工小件，应选用特细原砂，可选用 21、15、10 号粒度。

铸钢的浇注温度高达 1500℃左右，钢液含碳量较低，型腔中缺乏防止金属氧化物的强还原性气氛，在与铸型接触的界面上金属容易氧化，生成 FeO 和其他金属氧化物，因而较易与型砂中的杂质进行化学反应而造成化学粘砂。所以要求原砂中 SiO_2 含量应较高，有害杂质应严格控制。铸钢件的浇注温度越高，壁厚越厚，则对原砂中 SiO_2 含量的要求就越高。可选 SiO_2 含量98、96号，对于大型铸钢件，可采用人工破碎、筛分的人工硅砂。

铸铜的浇注温度为1200℃左右，对原砂化学成分要求不高。铜合金流动性好，容易钻入砂粒间孔隙内，发生机械粘砂，因此采用较细的原砂，可选用07、10、15号粒度，并要求粒度比较均匀。铝合金的浇注温度一般不超过700~800℃，对原砂化学成分无特殊要求，但这类铸件要求表面光洁，常选用10、15号的细粒砂和特细砂。

用树脂作为粘结剂的型砂，选用原砂时最好不用海砂，因为海砂含有碱金属等夹杂物，会与树脂发生化学作用，使树脂砂性能恶化和不稳定。树脂砂用硅砂原砂的技术指标见表1－14。

表1－14　树脂砂用硅砂原砂的技术指标与应用

应用范围		粒度组别	SiO_2 含量(%)	含泥量(%)	含水量(%)	微粉含量(%)	需酸值
材质	铸件类型						
铸钢	大型	42	>97	<0.2	<0.1~0.2	<0.5~1	<5
		30	>97	<0.2	<0.1~0.2	<0.5~1	<5
	大中型	30	>96	<0.2	<0.1~0.2	<0.5~1	<5
	中小型	21	>96	<0.2~0.3	<0.1~0.2	<0.5~1	<5
铸铁	大、中型	30	>9	<0.2	<0.1~0.2	<0.5~1	<5
		21	>90	<0.2~0.3	<0.1~0.2	<0.5~1	<5
	一般铸件	21	>90	<0.2~0.3	<0.1~0.2	<0.5~1	<5
		10	>90	<0.3	<0.1~0.2	<0.5~1	<5
有色合金	各类铸件	15	>85	<0.2~0.3	<0.1~0.2	<0.5~1	<5
		10	>85	<0.3	<0.1~0.2	<0.5~1	<5

水玻璃砂对原砂的技术要求见表1－15。

表1－15　水玻璃砂对原砂的技术要求

铸造合金	硅砂粒度组别	SiO_2 含量(%)	含泥量(%)	含水量(%)	微粉含量(%)	角形系数
铸钢	30	≥97	≤0.5	≤0.5	≤3.0	≤1.4
	21					
铸铁	21	≥90				
	15					

油砂及合脂砂用原砂的粒度一般使用30组、21组和15组。同时，同样重量的铸钢件比铸铁件原砂粒度大一个组别。其他指标可参照水玻璃砂选取。

1.2.2 黏土的选用及其性能检测

1）铸造用黏土的种类

黏土是由各种含有铝硅酸盐矿物的岩石经过长期的风化、热液蚀变或沉积变质作用等生成的，主要是由细小结晶质的黏土矿物所组成的土状材料。铸造用黏土是型砂的一种主要粘结剂，资源丰富，价格低廉，应用广泛。黏土被水湿润后具有粘结性和可塑性。烘干后硬结，具有干强度，而硬结的黏土加水后又能恢复粘结性和可塑性，因而具有较好的复用性。

各种黏土矿物主要是含水的铝硅酸盐，化学式可简写成：$mAl_2O_3 \cdot nSiO_2 \cdot xH_2O$。通常根据所含黏土矿物种类不同，将黏土分为铸造用膨润土和普通黏土两大类。耐火度高的普通黏土叫耐火黏土，用符号 N 表示。膨润土用符号 P 表示。

铸造黏土经过高温烘烤会被烧结，成为失效黏土，如同建筑用黏土砖粉末，不能再加水恢复其粘接能力及可塑性。黏土砂经过反复使用后，失效黏土越来越多，性能下降。普通黏土和膨润土受热后的变化见表 1－16。

表 1－16　普通黏土和膨润土受热后的变化

加热温度（℃）	高岭石（普通黏土）	蒙脱石（膨润土）
>100	自由水蒸发	自由水蒸发
100～200	少量失去吸附水	吸附水、分子层间水失水显著 体积急剧收缩，强度提高
400～600	失去结构水，黏土失效	—
600～800	—	失去结构水，黏土失效
1200～1300	—	熔化，强度消失
1650～1775	熔化，强度消失	—

（1）铸造用普通黏土。俗称白泥，呈白色或灰白色。主要成分为高岭石类黏土矿物，化学式为 $Al_2O_3 \cdot 2SiO_2 \cdot 2H_2O$。其主要特点是晶体粗大，比表面积小，只有表面吸水，吸水膨胀小，塑性及粘结性差，干压强度高，流动性好，溃散性好。

根据行业标准 JB/T9277—1999 规定，铸造用黏土分级情况及技术要求如下：

①普通黏土按耐火度分级。按耐火度分为两二级，见表 1－17。高耐火度适用于铸钢件，低耐火度适用于铸铁件。

表 1－17　铸造用普通黏土按耐火度分级

等级	高耐火度	低耐火度
等级代号	G	D
耐火度	>1580℃	1530～1580℃

②普通黏土按湿压强度值分级。分为三级，见表 1－18。

表 1－18　铸造用普通黏土按湿压强度值分级

等级代号	5	3	2
工艺试样湿压强度(kPa)	>50	>30～50	20～30

③普通黏土按干压强度值分级。分为三级，见表 1－19。

表 1－19　铸造用普通黏土按干压强度值分级

等级代号	50	30	20
工艺试样干压强度(kPa)	>500	>300～500	200～300

④普通黏土的牌号。普通黏土的牌号以耐火度等级和强度等级表示。例如，高耐火度的黏土湿压强度值为 30～50 kPa、干压强度值 >500 kPa，其牌号为 NG－3－50。

⑤普通黏土的技术要求。各牌号的普通黏土，其含水量不大于 10%（质量分数）；其质量的 95% 以上应能通过筛孔尺寸为 0.106 mm 的铸造用试验筛。

（2）铸造用膨润土。膨润土主要成分为蒙脱石类黏土矿物，呈黄绿色。其蒙脱石含量应 ≥50%，蒙脱石的化学式为 $Al_2O_3 \cdot 4SiO_2 \cdot H_2O \cdot nH_2O$（式中 nH_2O 是层间水）。晶体细小，比表面积大，吸水多，而且有层间吸水，膨胀大，粘结性好，但湿润较慢。湿压、热湿拉强度高。膨润土按其蒙脱石所吸附的交换性阳离子分为钙基（Mg^{2+}、Ca^{2+}）和钠基（Na^+、K^+）膨润土，而后者在吸水率、膨胀率、热稳定性、可塑性、强度、抗夹砂能力方面较好，但国内资源以钙基为主。

钙基膨润土的活化处理：在钙基膨润土中加入活化剂 Na_2CO_3，以 Na^+ 去置换 Ca^{2+}，使钙基膨润土活化为钠基膨润土。铸造厂在混砂时加入碳酸钠或其水溶液来完成，通常碳酸钠加入量为膨润土的 3% 左右，准确的加入量应通过试验确定。

①膨润土的分类。根据行业标准 JB/T9277—1999 规定，铸造用膨润土按其主要交换阳离子分为四类，见表 1－20。根据膨润土的 pH 值，分为酸性和碱性，分别用“S”和“J”表示。

表 1－20　膨润土的分类

分类	钠膨润土	钙膨润土	钠钙膨润土	钙钠膨润土
代号	PNa	PCa	PNaCa	PCaNa

②膨润土按湿压强度值分级。分为四级，见表 1－21。

表 1－21　膨润土按湿压强度值分级

等级代号	10	7	5	3
工艺试样湿压强度(kPa)	>100	>70～100	>50～70	30～50

③膨润土按热湿拉强度值分级。分为四级，见表 1-22。

表 1-22　膨润土按热湿拉强度值分级

等级代号	25	20	15	5
工艺试样热湿拉强度(kPa)	>2.5	>2.0~2.5	>1.5~2.0	0.5~1.5

④膨润土的牌号。膨润土的牌号以交换阳离子、酸碱性和湿压强度、热湿拉强度等级表示。例如，湿压强度值为 30~50 kPa，热湿拉强度值为 0.5~1.5 kPa 的酸性钙基膨润土牌号为 PCaS-3-5。

⑤膨润土的技术要求。各种牌号的铸造用膨润土，每 100 g 膨润土吸附亚甲基蓝量应稳定在 20 g 以上；含水量(质量分数)应不大于 12%，冬季允许不大于 15%；其质量的 95% 以上应能通过筛孔尺寸为 0.075 mm 的铸造用试验筛；膨润值及工艺试样湿压强度应数值稳定。

2)黏土的选用

黏土砂湿型和表面烘干型一般选用膨润土。湿型砂使用钠基膨润土可以提高其热湿黏结力和焙烧后黏结力。具有大平面的铸件，为减少铸件的夹砂缺陷，应选用钠基膨润土。但是，钙基膨润土型砂具有易混碾、流动性好、落砂容易、旧砂中团块少等优点，且价格低廉。因此，不应理解为只有钠基膨润土才是高质量膨润土。对于生产中小铸铁件的工厂而言，湿型铸铁件型砂中含有煤粉等附加物和使用含 SiO_2 较低的原砂，在能防止夹砂结疤的情况下，使用钙基膨润土常可以取得良好的效果。必要时可将钠基膨润土和钙基膨润土混合使用，充分发挥两类膨润土的特点，以取得较好的综合效果，也可将膨润土与普通黏土混合使用。在手工造型生产大型铸钢件采用干型时，应选用耐火度高的优质普通黏土。

3)黏土的性能检测

黏土性能检测时，采用“四分法”选取试样，试验所需样品多少，可根据试验项目确定，但不得少于 1 kg。试料需在 105~110℃烘干 2 h(试料厚度不大于 15 mm)，然后将烘干的试料存于干燥器内，以备试验。

(1)膨胀倍数的测定。膨润土具有很强的吸湿性，能吸附相当于自身体积 8~20 倍的水而膨胀至 30 倍，膨胀倍数大小与膨润土矿的属性和蒙脱石含量有关。

①称取经烘干并通过 0.15 mm 筛的黏土试料(1±0.1) g，倒入直径为 25 mm、容量为 100 mL 的带塞量筒内。

②注入蒸馏水至 75 mL 处，用玻璃棒搅拌使试料完全分散。

③加入 25 mL 浓度为 1N 的 HCl 溶液，盖上塞子，直立摇晃 2~3 min。

④静置 24 h，读出沉淀物与清水界面的刻度，这个刻度值就是黏土的膨胀倍数。

(2)膨润值的测定。膨润土与水按比例混合后，加适量 NH_4Cl 溶液，使膨润土悬浮后凝聚成凝胶体，该凝胶体的体积称为膨润值，也叫胶质价。胶质价反映了膨润土颗粒分散与水化程度，是分散性、亲水性和膨胀性的综合表现。钠基比钙基、酸性膨润土的胶质价高，同一属型的膨润土，含蒙脱石愈多，胶质价愈高。

①在容量为 100 mL 的带塞量筒中加入蒸馏水 50~60 mL。

②称取烘干的膨润土粉料(3±0.01) g[优质钠膨润土为(1±0.01) g]，加入量筒与蒸馏水

混合，用力摇 2 min，使膨润土在水中均匀分散。如有必要，可延长摇动时间至充分摇匀为止。

③加入 5 mL、1N 的 NH_4Cl 溶液，再摇动 1 min 使溶液成为均匀的悬浮液。

④静置 24 h，读出沉淀的体积数就是膨润土的膨润值。钙基膨润土的膨润值大多数在 30 mL 以下。

(3) 膨润土 pH 值的测定。采用 pH 值试验纸测定的方法：

①称取 10 g 膨润土，置于容量为 150 mL 的烧杯内。

②加入 100 mL 蒸馏水，用玻璃棒搅拌 5 min。

③用广泛 pH 试纸(或用玻璃电极的 pH 计)检定其 pH 值。

(4) 膨润土吸蓝量的测定。吸蓝量是指 100 g 干黏土吸附亚甲基蓝的量(g)。黏土矿物具有吸附色素的能力，其中以亚甲基蓝的吸附量最大。采用亚甲基蓝染色法检验黏土中所含黏土矿物的多少或者检验型砂和旧砂中有效黏土的含量。膨润土吸蓝量的测定方法：

①称取烘干的试料(0.20 ±0.01) g，置于烧杯内，加入 50 mL 蒸馏水，使其预先润湿。

②加入 1.0% 的焦磷酸钠溶液 20 mL，摇晃均匀后，在加热炉上加热煮沸 5 min，在空气中冷却至室温。

③用滴定管滴入 0.20% 亚甲基蓝溶液。滴定时，第一次可加入预计亚甲基蓝溶液量的 2/3 左右。以后每次滴加 1 ~2 mL，直到终点。

终点的判定方法：每次加入亚甲基蓝后，摇晃 30 s，用玻璃棒沾一滴试液在中速过滤纸上，观察在中央深蓝色点的周围有无绿色的晕环。若未出现，继续滴加亚甲基蓝溶液，如此反复操作。当开始出现蓝绿色晕环时，将试液静置 1 min，再用玻璃棒沾一滴试液在滤纸上，若又无蓝绿色晕环出现，说明未到终点，应继续滴加亚甲基蓝溶液，直到出现明显的蓝绿色晕环，试液静置 1 min 后再滴定时，仍然有蓝绿色晕环出现为止，即为滴定终点。记下此时滴定的亚甲基蓝溶液的毫升数。

④按式(1 -6)计算试样吸蓝量。

$$吸蓝量 = \frac{NV}{G} \times 100\% \qquad (1-6)$$

式中　N——亚甲基蓝溶液的浓度；

V——亚甲基蓝溶液的滴定消耗量(mL)；

G——膨润土试样的质量(g)。

⑤计算膨润土中蒙脱石含量。

$$蒙脱石含量 = \frac{吸蓝量}{44} \times 100\% \qquad (1-7)$$

(5) 黏土工艺试样强度的测定。将待测定的黏土试样与一定量的标准原砂配成混合料，然后按测定强度的规定，测出湿态和干态的抗压强度和热湿拉强度。工艺试样用混合料配方见表 1 -23。

表 1 -23　黏土工艺试样强度测定配方

普通黏土砂样配方			膨润土砂样配方		
标准砂	普通黏土	水	标准砂	膨润土	水
2000 g	200 g	100 g	2000 g	100 g	80 g

混制工艺：在实验混砂机内干混 2 min，湿混 8 min。混好的混合料盛于带盖的容器中或置于塑料袋扎紧。混合料应放置 10 min 后再进行试验，但不得超过 1 h。

各种强度的试验方法与黏土型砂性能的检测方法相同。同一混合料的湿压强度和热湿拉强度用三个试样强度的平均值。其中任何一个试样的强度值与平均值相差 10% 以上时，试验应重新进行。干压强度要测五个试样，去掉最大值和最小值，将剩下的三个数值取其平均值，作为干压强度值。如果三个数值中任何一个数值与其平均值相差超过 10% 时，试验要重新进行。

1.2.3 树脂粘接剂的种类及其选用

合成树脂是一种高分子量的化合物。主要化工原料是尿素、甲醛、苯酚及糠醇等。铸造用合成树脂种类很多，按其化学结构可分为三类：呋喃树脂、酚醛树脂和酚脲烷系列树脂等。铸造生产中，多按工艺应用情况分类：自硬法用树脂、壳型（芯）用树脂、热芯盒法用树脂、冷芯盒法用树脂等。

1）常用树脂

（1）呋喃树脂。呋喃树脂以糠醇为基础，并因其结构上特有的呋喃环而得名。糠醇以农业副产品为主要原料，先由玉米芯、稻壳、棉子壳或甘蔗渣中提取糠醛，再在一定的温度和压力条件下加氢，即制得糠醇。

①糠醇呋喃树脂。是由糠醇单体在酸催化作用下缩聚成线型分子的糠醇树脂。用这种树脂作粘结剂的型砂，性能并不理想，而且由于糠醇稀少，树脂价格较高，几乎不能单独使用。往往通过加入甲醛、苯酚、尿素等对糠醇呋喃树脂进行改性，以降低成本和价格，产生了以下几种呋喃树脂。

②甲醛呋喃树脂。由糠醇和甲醛合成。糠醇含量（质量分数）较高，通常在 90% 以上，贮存稳定性好。用其配制的树脂砂，常温及高温强度均好，可用于大型铸钢件及高合金钢铸件。但由于糠醇含量高，价格仍然较高。

③酚醛呋喃树脂（呋喃 Ⅱ 型）。由苯酚、甲醛和糠醇合成。这种树脂强度较低，型砂发脆，综合性能不理想。但酚醛呋喃树脂不加尿素，不含氮，适用于铸钢件。

④脲醛呋喃树脂（呋喃 Ⅰ 型）。由糠醇、尿素和甲醛合成。这种树脂的综合性能好，价格便宜，硬化速度易于控制。其中脲醛的含量可在很大范围内变动，以适应不同的生产条件。用于铝合金铸件，树脂中脲醛含量（质量分数）可高达 75%。脲醛呋喃树脂因含氮量较高，主要用于铸铁件和铝合金铸件。

⑤脲醛、酚醛共聚呋喃树脂。是由尿素、苯酚、甲醛和糠醇四种组分缩聚而成的呋喃树脂，简称为共聚树脂。这种树脂具有脲醛呋喃树脂和酚醛呋喃树脂的优点，综合性能好，应用广泛。

（2）酚醛树脂。酚醛树脂可分为甲阶酚醛树脂和壳型（芯）用酚醛树脂。

甲阶酚醛树脂分为酸硬化和酯硬化两种。酸硬化的甲阶酸醛树脂，pH 值一般调到 4.5 ~ 6.5。酯硬化的甲阶酚醛树脂，即通常所说的碱性树脂，pH 值一般控制在 11 ~ 13.5。甲阶酚醛树脂主要用于热芯盒法。

壳型（芯）用酚醛树脂用的是诺沃腊克型酚醛树脂，是一种黄色固体，具有可熔、可溶性。其本身不能自行缩聚，不会发生交联反应，长时间加热也不会硬化，是热塑性线型树脂。

它用作壳型覆膜砂的粘结剂，在制取覆膜砂时加入了潜硬化剂六亚甲基四胺，覆膜砂受热后产生亚甲基，使线型树脂发生交联反应而固化，成为不溶树脂。

(3)脲烷树脂。尿烷树脂由两个组分构成：第一组分是含羟基的树脂。用于钢、铁铸件时，本组分为含羟基的酚醛树脂，因其有醚键，也称聚苄醚酚醛树脂。用于铝合金铸件时，为使型砂有较好的溃散性，本组分为多元醇。第二组分是聚异氰酸酯，作铸造粘结剂时，常用二苯基甲烷二异氰酸酯(MDI)或多苯基多甲基多异氰酸酯(PAPI)。两个组分在混砂时分别与砂混合，然后在胺的催化作用下发生尿烷反应而聚合，故称为尿烷树脂，也称为聚氨酯树脂。

尿烷树脂体系的硬化剂为胺。用于自硬砂时，通常用液态的叔胺，为方便现场应用，树脂制造厂预先将适用的胺加入第一组分中，铸造厂就不必另加硬化剂了。用于吹气硬化工艺的树脂，第一组分中不加胺。铸造厂在制成铸型或芯子之后吹入胺蒸气使其硬化，所用的胺为三乙胺或二甲基乙胺。

2)自硬法用树脂及其硬化剂的选用

自硬法用树脂是指在常温下，加入固化剂能自行硬化的合成树脂。按配用的固化剂种类不同，可分为酸固化类呋喃树脂、酯固化类碱性酚醛树脂和酚脲烷系树脂。

(1)酸固化呋喃树脂及配用固化剂。呋喃树脂的分类、分级及主要指标：根据JB/T7526—1994《铸造用自硬呋喃树脂》标准，呋喃树脂分类、分级、性能及固化剂性能指标分别见表1-24、表1-25、表1-26、表1-27。

表1-24　呋喃树脂按氮含量分类

类别名称	分类代号	含氮量(%)	粘度(mPa·s)	密度(g/cm^3)	pH
无氮树脂	W	≤0.3	≤100	1.15~1.25	7.0±0.5
低氮树脂	D	≤0.3~2.0	≤100	1.15~1.25	7.0±0.5
中氮树脂	Z	>2.0~2.5	≤100	1.15~1.25	7.0±0.5
高氮树脂	G	>5.0~13.5	≤200	1.15~1.25	7.0±0.5

表1-25　呋喃树脂按游离甲醛含量分级

等级代号	游离甲醛含量(%)
04(一级)	≤0.4
08(二级)	>0.4~0.8

表1-26　呋喃树脂按试样抗拉强度分级

等级代号	工艺试样抗拉强度(MPa)			
	W	D	Z	G
一级	≥0.8	≥1.3	≥2.2	≥1.9
二级	≥0.5	≥1.0	≥1.8	≥1.6

表1-27　铸造用磺酸类固化剂性能指标

序号	性能项目	GG01	GS02	GS03	GS04	GC07	GC08	GC09
1	密度(g/cm³)	—	1.2~1.3	1.2~1.3	1.2~1.3	1.2~1.4	1.2~1.4	1.2~1.4
2	粘度(20℃,mPa·s)	—	10~30	10~30	150~180	10~30	170~200	60~80
3	总酸度(以硫酸计,%)	23~28	22~24	24~26	18~20	25~27	29~31	24.5~27.5
4	游离硫酸(%)	≤7.0	4.0~6.0	7.0~10.0	0~1.5	2.5~4.5	4.5~7.5	2.5~4.5
5	水不溶物(%)	≤0.1	—	—	—	—	—	—

①自硬砂树脂选用。无氮树脂常用于铸钢件和重要铸铁件；中氮树脂多用于铸铁件；高氮树脂可用于有色金属铸件。

②固化剂的选用。固化剂的规格根据操作环境温度、固化速度(可使用时间)要求来选取，一般情况是：操作环境温度低，选用酸度值高些的规格；酸度值高，可增加固化速度；增加固化剂用量，也可增加固化速度。

(2)酯固化碱性酚醛树脂及配用固化剂的选用。碱性酚醛树脂配用甘油醋酸酯固化剂，用于自硬树脂砂，其性能指标分别见表1-28、表1-29。

表1-28　碱性酚醛树脂性能指标

指标类别	pH	密度(20℃,g/cm³)	粘度(20℃,MPa·s)	游离酚(%)	游离甲醛(%)	含固量(%)	保质期(<30℃,天)	主要应用
指标值	≥12	1.30	≤150	≤0.5	≤0.5	≤50	90	铸钢、球铁

表1-29　甘油醋酸酯性能指标

密度(20℃, g/cm³)	酯含量(%)	游离酸含量(%)	粘度(20℃,mPa·s)
1.1~1.2	≥98	≤0.2	≤50

碱性酚醛树脂所用固化剂不含硫、磷元素，硬化后仍保持一定热塑性，对防止某些铸件缺陷有利，主要应用于铸钢和球墨铸铁铸造。配用固化剂甘油醋酸酯也必须根据使用环境和固化速度要求进行配制。

(3)酚脲烷自硬树脂。酚脲烷自硬树脂为三组分粘结剂，即酚醛树脂、聚异氰酸酯和催化剂。酚脲烷自硬树脂的性能指标见表1-30。

表1-30　酚脲烷自硬树脂性能指标

组分名称	密度(20℃,g/cm³)	粘度(20℃,mPa·s)	游离甲醛(%)	异氰酸根(%)	储存期(15~30℃,天)	外观
含羟基酚醛树脂	1.05±0.05	≤450	≤0.6	—	180	黄色透明固体
聚异氰酸酯	1.05±0.05	≤200	—	23~26	180	深褐色透明液体
催化剂	使用胺或金属催化剂					

这种树脂可使用时间与起模时间比高达0.75～0.80；型砂固化速度极快，在可使用时间内流动性一直很好；无污染环境产物；可用射芯机高速制芯；制成砂芯后即可浇注。

3）壳型（芯）砂用树脂及其硬化剂的选用

壳型（芯）砂用树脂属热塑性固体酚醛树脂，是由苯酚和甲醛以酸作催化剂合成的高分子化合物。根据ZBG39005—89《铸造用壳型（芯）酚醛树脂》标准规定，其性能指标见表1－31。

表1－31　酚脲烷自硬树脂性能指标

牌号	软化点（℃）	聚合速度（s）	游离酚（%）	流动性（mm）	覆膜砂熔点（℃）	覆膜砂常温抗拉强度（MPa）
PF－90	75～90	35～60	<7	45～85	95～105	>3.0
PF－110	91～110	100～140	<4	45～85	100～110	>5.0

4）热芯盒法用树脂及其硬化剂的选用

热芯盒法用树脂有糠醇改性的尿醛树脂、酚醛改性的尿醛树脂、糠醇改性的酚醛树脂和酚醛树脂等。使用时须加氯化铵水溶液或对甲苯磺酸溶液等加热固化。热芯盒法用树脂含氮量分级见表1－32，其性能指标及分级见表1－33。

表1－32　热芯盒法用树脂含氮量分级

含氮量（%）	0	>0～5	>5～7.5	>7.5～10.5	>10.5
分级代号	00	05	07	10	15

表1－33　热芯盒法用树脂性能指标

指标		ZR00－××		ZR05－××		ZR07－××	ZR10－××	ZR15－××
		呋喃	酚醛	呋喃	酚醛			
含氮量（%）		0		>0～5.0		>5.0～7.5	>7.5～10.5	>10.5
		无氮		低氮		中氮		高氮
游离甲醛（%）		≤2	≤4	≤2	≤5	≤5	≤5	≤4
pH		5～8		5～7		5.5～7.0	6～8	6～7
粘度（20℃，mPa·s）		≤65	≤1000	≤100	≤340	≤900	≤1000	≤2000
抗拉强度（MPa）	热态	≥0.2		≥0.4		≥0.4	≥0.4	≥0.2
	常温	≥1.6		≥2.8		≥2.8	≥2.8	≥2.8

注：ZR××－××中"ZR"表示铸造用热芯盒树脂，前面"××"代表含氮量级别，后面"××"代表厂家的产品编号。

5）冷芯盒法用树脂及其硬化剂的选用

（1）三乙胺法用尿烷树脂及其硬化剂的选用。

冷芯盒法用树脂按所使用的固化剂不同分为三乙胺法、二氧化硫法、二氧化碳法三大类。目前三乙胺法应用最多。

三乙胺固化冷芯盒法用树脂一般分为两组分：能提供固化反应时所需活性羟基的聚苄醚醛树脂和聚异氰酸酯[一般采用4.4二苯基甲烷二异氰酸酯(MDI)]。三乙胺法用树脂性能指标见表1－34。

表1－34　三乙胺法用树脂性能指标

组分名称	外观	粘度(20℃,mPa·s)	分子量	异氰基(%)	游离酚(%)	游离甲醛(%)	工艺试样干强度(MPa)	存放期(月)
聚苄醚醛树脂	红棕色粘性液体	≤400～600	水＜2	—	10～12	≤2.5	≥2.0	6
聚异氰酸酯	黑棕色液体	＜200	340～380	≥26	—	—	—	12

常用固化剂为三乙胺，也有的用二甲基乙胺。所用载体有空气、二氧化碳和氮气。因空气与三乙胺混合易爆炸，故多用氮气(必须脱水)。

2)二氧化硫法呋喃树脂及其硬化剂的选用。SO_2法是继三乙胺法之后开发的一种新型吹气冷芯盒造芯和造型方法。它不像自硬法在砂中直接加入酸催化剂，而只加入含过氧化物活化剂。树脂为无氮至中氮的含水低的呋喃树脂，过氧化物用双氧水或过氧化酮。当吹SO_2气体通过芯砂时，就与过氧化物释放出来的新生态氧反应生成SO_3，SO_3溶于粘结剂的水分之中生成硫酸H_2SO_4，催化树脂迅速发生放热缩聚反应，导致砂芯瞬时硬化。目前，二氧化硫吹气硬化冷芯盒法由于锈蚀严重，并引起环境问题，使用并不普遍。

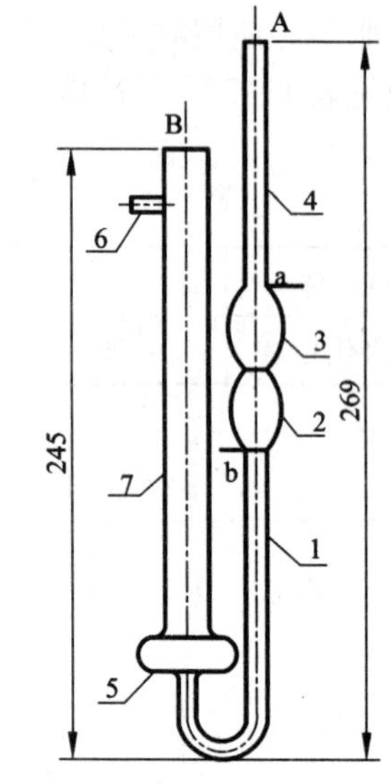

图1－5　BMN－1型毛细管粘度计

1—毛细管；2、3、5—扩张部分；4、7—管身；6—支管；a、b—标线

6)树脂性能及质量检测

树脂粘度的测定。粘度是液体受外力作用移动时，分子间产生的内摩擦力的量度。测量树脂粘度使用毛细管粘度计。见图1－5。

①取样。每釜树脂为一个批号，每批取一个样品，取样工具用直径为15～25 mm的玻璃管，其长度应大于料桶高的三分之二，取样时应先搅匀被取树脂，每批取样量不少于500 g。

②将清洁干燥的毛细管粘度计倒置，用手指堵严管身B的管口，然后将管身4插入被测树脂试样的液面之下。

③将吸耳球接入支管6上，将树脂试样吸到标线b，同时注意不要使管身4扩张部分2和3中的树脂液产生气泡或裂隙。

④当液面达到标线时，从树脂液中提起粘度计，并将其恢复到正置状态。

⑤将此粘度计垂直放置于(20±0.1)℃的恒温水浴中，恒温20 min。

⑥用吸耳球从管身4的管口将粘度计中树脂试样吸入扩张部分2，使树脂液面稍高于标线a(注意：在毛细管及扩张部分2中的树脂液不应产生气泡或裂隙)，待液面下降到正好达到标线a时，秒表开始计时，液面正好流到标线b时，停止秒表，记下这段流动时间。

⑦重复测定 3 次，其算术平均值作为该批树脂样品的毛细管粘度值。

⑧按式(1－8)计算树脂样品的粘度。

$$\tau = K \cdot \rho \cdot t \tag{1-8}$$

式中　τ——树脂的粘度(mPa·s)；

K——毛细管粘度计常数(mPa·s/s)；

ρ——树脂样品 20℃的密度(g/cm^3)(密度测定可用比重瓶法或比重天平)；

t——树脂样品流过粘度计标线 a 到标线 b 的时间(s)。

1.2.4　水玻璃粘接剂的选用

1)铸造用水玻璃

水玻璃是各种聚硅酸盐水溶液的通称，通常采用石英粉(SiO_2)和纯碱(Na_2CO_3)，在 1300～1400℃的高温下煅烧生成固体，再在高温或高温高压水中溶解，制得溶液状水玻璃产品(干法)。或者以石英岩粉和烧碱为原料，在高压蒸锅内，2～3 atm 下进行压蒸反应，直接生成液体水玻璃(湿法)。因其来源充足，价格便宜。铸造上最常用的是钠水玻璃，分子式为 $Na_2O \cdot mSiO_2 \cdot nH_2O$，表示三个组成物质的量的相互比例。化学名称为水溶性硅酸钠溶液。商品名称为“泡花碱”，硅酸钠是弱酸强碱盐，干态时为白色或灰白色团块或粉末，溶于水时，纯的水玻璃外观为无色透明的粘性液体。由于含铁盐而呈灰色、黄绿色或淡黄色。pH 值一般为 11～13。

钠水玻璃的模数、密度、浓度和粘度等几个重要参数，直接影响其化学和物理性质，也直接影响钠水玻璃砂的工艺性能。

(1)模数和硅碱比。钠水玻璃中，SiO_2 含量与 Na_2O 含量的比，是影响水玻璃性能的最重要的指标。模数是指钠水玻璃中 SiO_2 与 Na_2O 的摩尔分数之比，硅碱比是指钠水玻璃中 SiO_2 与 Na_2O 的质量分数之比。二者之间的换算关系见式(1－11)。

$$\text{钠水玻璃模数}\ M = \frac{SiO_2\ \text{的摩尔分数}}{Na_2O\ \text{的摩尔分数}} = \frac{SiO_2\ \text{的质量分数}}{Na_2O\ \text{的质量分数}} \times 1.033 = \text{硅碱比} \times 1.033 \tag{1-11}$$

在一定的浓度范围内，水玻璃的模数高，硅碱比大，代表 SiO_2 的相对含量高，此水玻璃的粘度大，硬化速度快。但是模数太高，反而造成铸型(芯)的硬化强度不高，铸造生产中最常用的水玻璃模数为 2.0～3.0 之间。

(2)浓度和密度。浓度是指水玻璃中 Na_2O 和 SiO_2 的总体含量。由于水玻璃中水分完全蒸发难，含水量不容易测定，一般用密度来反映水玻璃的浓度情况。当模数一定时，浓度越大，其密度也越大，说明水玻璃中硅酸钠的绝对含量高，水玻璃的黏结力增大。

水玻璃性质必须同时用两个指标——模数和浓度(或密度)来表示。铸造上通常采用密度为 1.3～1.6 g/cm^3 或波美度为 35～54Be′的钠水玻璃。水玻璃的浓度可以用加水稀释或浓缩的方法来调整。

(3)粘度。水玻璃的粘度反映了水玻璃分子间产生的内摩擦力的大小，水玻璃的模数和浓度均影响着水玻璃的粘度。当浓度一定时模数越大，其粘度越大；当增加水玻璃的浓度时，高模数水玻璃的粘度比低模数水玻璃的粘度增加得更快；当模数不变时，水玻璃的浓度越大，则其粘度也越大。

2)水玻璃的选用

我国行业标准JB/T8835—1999“铸造用水玻璃”，对于加热硬化、吹CO_2硬化及自硬等工艺用的水玻璃，规定了两个牌号，见表1-35。本标准规定模数范围太宽，铸造厂购买时，应根据具体情况，作进一步的限定。

表1-35 铸造用水玻璃的技术要求

牌号	密度(g/cm^3)	SiO_2含量(%)	Na_2O含量(%)	模数M	Fe含量(%)	水不溶物(%)
ZS-2.9	1.40~1.50	≥25.70	≥10.20	2.51~2.90	≤0.04	≤0.60
ZS-2.5	1.50~1.56	≥29.20	≥12.80	2.20~2.50	≤0.04	≤0.60

铸造生产中，对水玻璃模数和密度的要求根据钠水玻璃砂的硬化方式与所用固化剂的类型而定，参见表1-36。

表1-36 铸造用水玻璃的选用

硬化方式	固化剂类型	模数	密度(g/cm^3)
CO_2法	CO_2气体	2.0~2.3	1.48~1.52
有塑性的水玻璃砂(加有黏土和粘度高的水玻璃)	硅酸二钙	2.7~3.1	≥1.42
自硬砂	复合脂	2.4~2.6	≥1.48
	磷酸盐粉末	2.3~2.5	≥1.47
流态自硬砂	硅酸二钙	2.7~3.1	≥1.36
熔模铸造中使用氯化铵或氯化铝水溶液硬化	氯化铵或氯化铝水溶液	3.0~3.4	1.27~1.34

1.2.5 油脂类粘接剂的选用

1)油脂粘接剂的类型

油脂粘接剂一般用于制芯。铸造用油类粘结剂按材料来源不同，分为两大类，见表1-37。

表1-37 油类粘结剂按材料来源分类

类别		粘接剂名称
天然植物类	植物油类	桐油、亚麻油、蓖麻油、梓油、豆油
	淀粉类	面粉、糊精、石蒜粉
	天然树脂	松香
石油、化工产品及其副产品	制皂、造纸、制糖等化工废液	合脂、纸浆残液、糖浆
	石油加工副产品	渣油、沥青
	粮棉加工副产品	米糠油、羟甲基纤维素

铸造用有机粘结剂按比强度可分为三个组别，见表1-38。表中亲水材料表示可溶于水或可被水润湿；憎水材料则相反。粘结剂亲水特性不同，对芯砂性能有较大的影响。如对硬化反应是不可逆性质的亲水粘结剂，可以用水来调整粘度；但对硬化反应是可逆的亲水材料，容易使型芯在存放过程中因吸湿造成强度降低，尤其在潮湿的环境中更为严重。憎水材料需要稀释时，应采用有机溶剂稀释或用乳化剂制成乳化液稀释。

表1-38　铸造用粘结剂按比强度级别分类

组别	比强度(MPa)	有机物		无机物
		亲水材料	憎水材料	
1	>0.5	呋喃Ⅰ型树脂、聚乙烯醇树脂	桐油、亚麻油、酚醛树脂、呋喃Ⅱ型树脂	
2	0.3~0.5	糊精	合脂、渣油	水玻璃
3	<0.3	纸浆残液、糖浆	沥青、松香	黏土、水泥

油类粘结剂的主要品质(质量)指标有碘值、酸值和皂化值。

碘值是每100 g油所能吸收碘的克数。碘值越高，表示油的不饱和程度越高，越容易发生氧化聚合反应。一般认为碘值高于150的油为干性油，100~150为半干性油，小于100为不干性油。

酸值是中和1 g植物油中的游离脂肪酸所需的KOH的毫克数。酸值越低，油中游离脂肪酸的含量越少，油的品质越好。

皂化值是1 g植物油水解后生成的脂肪酸总量所需的KOH的毫克数，表示油的纯度。

2)油脂粘接剂的选用

(1)桐油。桐油是将采摘的油桐树果实经机械压榨，加工提炼制成的工业用植物油，是一种优良的干性植物油，具有干燥快、附着力强、耐热的特点。根据GB8277—87《桐油》规定，桐油的分级指标见表1-39。铸造用桐油的技术条件见表1-40。

表1-39　桐油的分级指标

等级	色泽(罗维朋比色计,2.54cm槽)	气味	透明度(20℃,静置24h)	酸值(mgKOH/g)	水分及挥发物(%)	杂质(%)	β桐油试验(3.3~4.4℃经24h)
1	黄35,红≤3.0	无异味	透明	≤3.0	≤0.1	≤0.1	无结晶析出
2	黄35,红≤5.0		允许微浊	≤5.0	≤0.15	≤0.15	
3	黄35,红≤7.0		允许微浊	≤7.0	≤0.2	≤0.2	

表1-40　铸造用桐油的技术条件

项目	密度(g/cm^3)	碘值(韦氏法)	皂化值(mgKOH/g)	工艺试样干拉强度(MPa)
指标	0.9360~0.9395	163~173	190~195	≥2.0

(2)亚麻油。亚麻油是油用亚麻或油纤兼用亚麻所产的亚麻籽经机械压榨，加工提炼制

成的工业用植物油。根据 GB8235—87《亚麻籽油》规定，亚麻油的分级指标见表 1－41。铸造用亚麻油的技术条件见表 1－42。

表 1－41　工业用亚麻油的分级指标

等级	色泽(罗维朋比色计,2.54cm 槽)	气味、滋味	透明度(20℃,静置 24h)	酸值(mgKOH/g)	水分及挥发物(%)	杂质(%)	破裂试验(289℃)
1	黄 35,红≤3.0	滋味、无异味	透明	≤1.0	≤0.1	≤0.1	无析出物
2	黄 35,红≤5.0		允许微浊	≤3.0	≤0.1	≤0.15	微量析出

表 1－42　铸造用亚麻油的技术条件

项目	密度(g/cm^3)	碘值(g/100g 油)	皂化值(mgKOH/g)	工艺试样干拉强度(MPa)
指标	0.9260～0.9365	≥175	185～195	≥2.0

(3)改性米糠油。将米糠榨取的糠油加以处理，制成改性米糠油，可以配制芯砂。改性米糠油的性能见表 1－43。

表 1－43　铸造改性米糠油的性能

密度(g/cm^3)	碘值(g/100g 油)	酸值(mgKOH/g)	皂化值(mgKOH/g)	粘度(φ4,Pa·s)	工艺试样干拉强度(MPa)
0.935～0.948	≥80	<10	170～180	70～100	>1.0

(4)合脂。合脂是以石蜡为原料制取合成脂肪酸过程中的副产品，呈深褐色的膏状物，温度低时结成固态。铸造用合脂粘接结剂是植物油粘结剂的主要代用品。它是一种有机的、憎水的、干强度高的芯砂粘结材料。根据 GB12216—90《铸造合脂粘结剂》规定，按其粘度及使用技术条件分级见表 1－44。按工艺试样干拉强度分级见表 1－45。

表 1－44　铸造合脂粘接剂其粘度分级及使用技术条件

等级代号	40	80	120
粘度(Pa·s,30℃)	≥15～40	≥40～80	≥80～120
稀释剂	GB253 规定煤油或 GB1912 规定 200 号溶剂油		
酸值(mgKOH/g·GB264)	15～17		

表 1－45　铸造合脂粘接剂按工艺试样干拉强度分级

等级代号	工艺试样干拉强度(MPa)
14	≥1.4
17	≥1.7

铸造合脂粘度等级为 15 ~ 40 s(30℃)、试样干拉强度≥1.4MPa，其牌号标记为 HZ - 40 - 14。

(5)渣油。渣油是石油原油在常压或经减压蒸馏后所剩的残余油，色黑粘稠，常温下呈半固体状。铸造用渣油粘接剂性能指标见表 1 - 46。

表 1 - 46　铸造用渣油粘接剂性能指标

牌号	溶剂含量(%)	粘度(Pa·s,30℃)	工艺试样干拉强度(MPa)
S61	0 ~ 30	40 ~ 80	≥1.6
S76	30 ~ 35	9 ~ 25	≥2.0

1.2.6　附加物的种类及其选用

1)黏土砂附加物的种类及选用

(1)煤粉。煤粉是成批、大量湿型生产铸铁件用的防粘砂材料，是我国铸铁厂湿型应用最为普遍的附加物。煤粉是用烟煤磨细制成的，煤粉的粒度不应太细。因为煤粉越细小，需要水分越多，对铸件不利。煤粉细，也降低型砂透气性。铸铁湿型砂中煤粉的含量一般为原砂的 6% ~ 8%(质量分数)为宜。根据 JB/T9222—1999《湿型铸造用煤粉》规定，其技术指标见表 1 - 47。

表 1 - 47　铸造用煤粉的主要技术指标

牌号	指标值(%)				
	挥发物含量	灰分含量	含硫量	水分	粒度
SMF - 35	>35	≤10	≤2	≤4	通过 0.106 筛孔网质量分数在 95% 以上
SMF - 30	>30 ~ 35	≤10	≤2	≤4	
SMF - 25	≥25 ~ 30	≤10	≤2	≤4	

在湿型砂中煤粉所起的作用主要有以下几方面：

煤粉在受热时产生的碳氢化合物挥发分在 650 ~ 1000℃高温下，在还原性气氛中发生气相热解而在金属和铸型界面上析出一层带有光泽的碳，称为光亮碳。其结晶构造与石墨很接近。这层光亮碳阻止了型砂与铁液的界面反应，而且也使型砂不易被金属液所润湿，对防止机械粘砂有显著的作用。目前，普遍认为煤粉防止铸铁件产生粘砂主要是靠形成光泽碳膜，而还原性气氛和堵塞孔隙的作用是辅助性的。

在铁液的高温作用下，煤粉产生大量还原性气体，防止金属液被氧化，并使铁液表面的氧化铁还原，减少了金属氧化物和造型材料进行化学反应的可能性。产生的气体在砂型孔隙中形成压力，也可能会使金属液不易渗入型砂中。型腔中还原性气体主要来自煤粉热解生成的挥发分。

在型砂中，煤粉的加入也带来一些问题，例如增加了型砂灰分、焦碳物质和水分；降低了型砂透气性、流动性和韧性；恶化了车间环境，煤粉过多还会因发气量过大而加大铸件生成气孔和缺肉(浇不到)缺陷的危险性。

(2)石墨。石墨有鳞片石墨和无定形(土状)石墨两种，鳞片石墨外观为黑色鳞片状，有金属光泽。无定形石墨外观为黑色粉状。石墨质软，莫氏硬度1~2级，密度为2.2~2.3 g/cm^3，堆密度1.5~1.8 g/cm^3。石墨具有良好的耐高温性能和良好的化学稳定性、导热和润滑性能。

石墨在铸造生产中广泛用做铸铁件的砂型和砂芯的涂料、敷料或用于制作石墨铸型。还可以在湿型黏土砂中应用石墨粉代替煤粉，利用石墨粉受热形成还原气氛起防粘砂作用。石墨粉的耐火度高，在浇注过程中只有砂型表层的石墨粉受热氧化分解，而内层的石墨粉不起反应，所以补加量很少。虽然石墨粉并不形成光亮碳，但我国很多铸造厂用石墨粉抖或刷在湿砂型的表面，用来防止铸铁件表面粘砂。石墨粉的发气量极小，不易产生气孔类缺陷。石墨粉有良好的润滑作用，使型砂的流动性提高，透气性下降，试样顶出阻力减少，改善型砂的起模性能。

石墨根据含碳量分三类，称为低碳石墨、中碳石墨和高碳石墨，铸造中常用低、中碳石墨。鳞片石墨防粘砂效果比无定形石墨要好，含碳量越高防粘砂效果越好。

(3)淀粉。淀粉主要取自玉米、马铃薯、甘薯、木薯等农作物，铸造上使用作为附加物。它可提高油砂的湿强度而不降低干强度，提高湿型砂的韧性和水玻璃砂的溃散性。国外有些工厂在湿型砂中加入淀粉类材料，其目的是减少夹砂结疤和冲砂缺陷，增加型砂变形量，提高型砂韧性和可塑性，降低起模时模样与砂型间的摩擦阻力，减少因砂型表面风干和强度下降而引起的砂眼缺陷。除铸铁湿型外，淀粉在铸钢湿型砂中应用更加普遍。铸铁面砂中淀粉含量一般为0.5%~1.0%(质量分数)。

(4)重油。重油为石油提取柴油后的塔底油，颜色为深褐色或黑色。在湿型砂、涂膏都有应用。资源丰富，有推广应用前景。

重油的光亮碳析出量可达20%(质量分数)左右，为煤粉的1~6倍，防粘砂效果优良，和煤粉混合使用效果更佳，抗夹砂效果也很明显。湿型砂中加入适量的重油不但可以减少煤粉的加入量，还可防止黏模以及保持型砂水分，使型砂具有更好的造型性能。重油和适当稀释的渣油可用做铸造型砂的添加材料，对防止铸件粘砂有良好作用。铸造用重油牌号及技术要求见表1-48。

表1-48 铸造用重油牌号及其技术要求

牌号	恩氏粘度(80℃,°F)	凝点(℃)	含硫量(%)	机械杂质量(%)	含水量(%)
60	11.0	≤20	≤1.5	≤2.0	≤1.5
100	15.5	≤25	≤2.0	≤2.5	≤2.0

(5)其他附加物。防止铸件粘砂的材料除了煤粉、石墨粉以外，还有石英粉、滑石粉等，一般用于涂料和敷料。防止黏模的材料除了重油外，还有煤油和石松子粉、滑石粉、石墨粉等。黏土干砂型中还可加入其他附加物以改善型砂的性能，如加纸浆废液、沥青乳化液、渣油乳化液或糖浆，以提高型砂的干强度。加入木屑以改善退让性及透气性，制造铸铁件时，还加入焦碳粒。

2）树脂砂附加物的种类及选用

（1）偶联剂。偶联剂是能够提高树脂和砂粒表面粘接力的附加材料。最常用的是硅烷，其分子式的一端能与砂粒表面形成硅氧键，结合较牢；另一端的氨基与树脂分子交联，能大大提高树脂自硬砂的强度，或节约树脂用量。其加入量一般为树脂加入量的0.2%～0.5%。硅烷加入树脂后，有效期为1～4周。常用硅烷的规格见表1－49。

表1－49　常用硅烷的规格及应用

序号	牌号	名称	密度（g/cm^3）	沸点（℃）	应用
1	KH550	α－氨基丙基三乙氧基甲硅烷	0.9410～0.9415	103～108	呋喃树脂、呋喃尿醛树脂
2	KH560	α－缩水甘油丙基三甲氧基硅烷			
3	A151	乙烯基三乙氧基硅烷			
4	南大－42	苯胺甲基三乙氧基甲硅烷	0.905～0.908	160.5	酚醛类树脂

（2）氧化铁粉。氧化铁粉是用矿石或轧钢屑经粉碎加工而成的粉状材料。用赤铁矿或亚铁盐经氧化（湿法）或高温焙烧（干法）加工制得的氧化铁粉为红色，主要成分为Fe_2O_3；用轧钢屑加工而成的氧化铁粉为黑色，主要成分为Fe_3O_4，铸造常用氧化铁红。选用氧化铁粉时除了应注意氧化物的形式外，还应注意其酸碱性，以便正确使用。

热芯盒树脂砂中常加入一定量的氧化铁粉，其目的是防止铸件粘砂和产生气孔类缺陷。此外氧化铁粉一般用做小型铸钢件的型砂附加物，可提高型砂热导率，减少型砂孔隙，提高型砂高温塑性，防止铸件产生夹砂、粘砂、脉纹等缺陷。

（3）其他附加物。树脂自硬砂中加入少量$CaCl_2$干燥剂，在干强度不降低的情况下，可以明显提高硬化速度。有时加入0.2%～0.4%的甘油，也可以加入0.2%的苯二甲酸二丁酯或0.4%邻苯二甲酸二辛酯，以提高砂型和砂芯的韧性。在呋喃Ⅰ型树脂砂中加入三氯化铁，可以加快低温下的硬化速度。

3）水玻璃砂附加物的种类及选用

铸造生产中钠水玻璃砂存在的主要问题是溃散性差，砂型（芯）表面易粉化（即白霜），浇注的铸件容易产生粘砂，砂型（芯）抗吸湿性差及旧砂再生和回用困难等。

（1）溃散性差及解决途径

钠水玻璃砂的残留强度高，意味着出砂性差，出砂后结块的砂子也给旧砂再生带来困难，使钠水玻璃砂的应用受到严重制约。试验发现，CO_2硬化的钠水玻璃砂在200℃和800℃时残留强度两个高峰值。另外，研究发现钠水玻璃模数越低，高温强度和残留强度越高。

为改善钠水玻璃砂的出砂性，采取的主要措施有：在钠水玻璃砂中加入附加物（包括有机附加物和无机附加物）；采用较高模数、较低粘度的钠水玻璃；采用石灰石为原砂的钠水玻璃CO_2硬化砂；减少钠水玻璃用量。据统计，将钠水玻璃加入量从砂质量的8%降到4%，出砂工作量可减少4/5。但降低钠水玻璃的加入量应以不降低水玻璃型砂的常温强度为前提。

添加有机附加物如糖类、树脂类、油类（重油）、纤维素类等多种材料在高温下挥发、汽化或燃烧碳化，可在一定程度上破坏钠水玻璃粘结剂膜的完整性，因此可显著改善钠水玻璃砂在600℃以前的出砂性，但800℃以上效果并不明显。

添加无机附加物如加入粉状氧化铝、高铝矾土、硅酸二钙、高岭土、膨润土、氧化镁等，能降低钠水玻璃砂800～1100℃的残留强度，在一定程度上改善了钠水玻璃砂的出砂性。加入蛭石、石灰石、氧化铁等无机物，高温时形成产物相变膨胀，或由于收缩系数不同造成裂纹，或形成脆化膜降低残留强度。

(2)水玻璃砂型表面粉化及解决途径

“白霜”的主要成分是呈粉状的 $NaHCO_3$，$NaHCO_3$ 容易随水向外迁移到砂型(芯)的表面，形成“白霜”，使砂型(芯)的表面强度降低，粉化严重的砂型(芯)只能报废。防止方法是限制水分和吹 CO_2 的时间，特别应避免因吹气压力不足而延长吹气时间，导致表面层反应过度，并且不要将砂型(芯)久放，冬季尤其应注意。

在钠水玻璃砂中加入占原砂质量1%的糖浆或刷涂料后进行表面烘干，可以防止砂型(芯)表面粉化。

(3)其他附加物。在水玻璃砂中加入一定量的膨润土或普通黏土，以利于提高湿强度。加入重油，既能提高溃散性，还能防止黏模，提高型砂流动性。用水玻璃砂生产铸铁件时，可以加入4%以下的煤粉，以改善铸件表面质量。

4)油砂及合脂砂附加物的种类及选用

(1)纸浆废液。采用亚硫酸－钙基法生产纸浆时，木材或芦苇等原料经亚硫酸钙盐处理，提取木质纤维素以后的废液，经浓缩到密度大于1.27 g/cm³，就是铸造用的纸浆废液，其中含有木质素磺酸钙、树脂和醣分。纸浆废液的粘结强度，是由脱水硬化而得到的。这一硬化过程是可逆的，吸湿后粘结强度下降。纸浆废液常在油砂中和黏土配用，以提高油砂的湿强度，并可减轻黏土对油砂干强度的影响。

(2)糊精。将玉米或马铃薯淀粉与稀盐酸或稀硝酸混和，在加热的条件下产生水解反应，即可制得糊精。糊精因处理的温度和加热时间不同而有黄色和白色两种。黄糊精在水中的溶解度比白糊精大，强度也比较高。铸造生产中多用黄糊精，主要与油类粘结剂配用，以提高油砂湿强度。两种糊精的主要技术要求见表1－50。

表1－50　铸造用糊精的技术要求

品种	外观	含水量(%)	20℃溶解度(%)	工艺试样干拉强度(MPa)
黄糊精	黄色细粉	<2.0	>90	>0.35
白糊精	白色细粉	<2.0	>60	>0.3

(3)膨润土。在我国北方，油砂中加入黏土，以提高湿强度、防止蠕变。

1.3　型砂和芯砂的配制及其性能检测

1.3.1　黏土砂的配制及其性能检测

1)黏土湿型砂的应用及配制

由于黏土砂反复使用造成原砂颗粒细化、黏土失效、水分和煤粉等附加物的损失，所以在生产上是将旧砂经过处理后变成可用型砂的。在砂处理过程中只是补加了小部分新原砂、黏土、水分和附加物等。只有在新建铸造车间或配制芯砂时，全部采用新型(芯)砂。

湿砂型不需要烘干，有利于组织专业化流水线生产，生产周期短，生产效率高，铸件成本低。湿砂型是在湿态下造型和浇注，造型过程中灰尘少，劳动条件较好，容易落砂。但是湿型强度低，不宜浇注大件，主要用来浇注 300 kg 以下的小型铸件。湿型水分含量高，浇注时大量水分蒸发，铸件容易产生气孔、砂眼、粘砂、夹砂等铸件缺陷。

湿砂型广泛用于铸铁、有色金属和小型低碳钢铸件的造型。在铸铁件湿砂型中，手工造型用于生产 100 kg 以下的小件，个别情况下也可以生产几吨重的修配件。在机械化流水线生产中，型砂制备和造型都易于实行机械化，型砂性能稳定，砂型紧实度均匀，可以浇注 300 kg 以下的铸件。一般来说，湿砂型在铸铁件生产中应用比较广泛，不少中小铸铁车间普遍采用湿砂型。

在铸钢件生产中，由于铸钢浇注温度高，铸件粘砂、夹砂、气孔等缺陷较严重，因此湿砂型应用较少。但是在机械化流水线生产的铸钢车间，湿砂型也得到了应用，可以用来浇注小型薄壁(几十千克重)的低碳钢铸件。

在有色合金铸件生产中，因为铜合金或铝合金的浇注温度较低，金属氧化物不与砂型发生作用，铸件一般都比较小，因此有色合金铸件广泛采用湿砂型。

(1)铸铁件湿型砂。表 1-51 列出了我国几家工厂铸铁件湿型砂的配方及性能，供参考。

表 1-51　铸铁件湿型砂配方和性能的实例

铸型种类	型砂用途	配比(%)								型砂性能				
		旧砂	新砂		膨润土	煤粉	碳酸钠	水分	其他	紧实率(%)	湿透气性	湿压强度(kPa)	含泥量	其他
			粒度	加入量										
高压造型	灰铸铁缸体	96	15	4	1.32	1.24	—	3	—	32~46	>110	130~170	10~15	有效煤粉 6%~8%；有效膨润土 7%~9%
高压造型	灰铸铁缸体	90	15	10	2	3	5	4.3~5.3	—	—	>70	>90	<14	—
高压造型	灰铸铁缸体	100	15		2~3	3~4	3.5	3.5~4.3	—	35~43	80~120	120~150	—	湿拉强度 18kPa；破碎指数 75~85
高压造型	灰铸铁缸体	94	15	6	1	0.4	5	3.2~3.8	—	35~40	120~180	120~150	<16	热湿拉强度 >2.0 kPa
高压造型	灰铸铁进气管	96	15	4	1.35~1.8	0.75~1.1	3	3.8~4.3	—	34~42	>100	120~150	<15	有效煤粉 4%~6%；有效膨润土 7%~8%
高压造型	球铁曲轴	96	15	4	1.35~1.8	0.75~1.1	3	3.6~4.0	—	32~40	>100	120~150	<15	有效煤粉 4%~6%；有效膨润土 7.5%~9%
高压造型	球铁后桥	95.2	21	3	1.0	0.8	3	5.0~6.0	—	35~45	>120	110~140	10~13.5	有效煤粉 4%~6%；有效膨润土 7.5%~9%
射压造型	灰铸铁小件	96	15	4	1.35~1.8	0.75~1.1	3	3.5~4.4	—	36~44	>100	120~150	<14	有效煤粉 4%~6%；有效膨润土 7%~9%
射压造型	球铁、可锻铸铁小件	94	21	4	1.0~1.5	0.3~0.5	3	4.6~5.3	—	34~45	>100	120~150	—	—
震压造型	灰铁中小件	93.8		4.4	1.1	1.74		4.0~4.8	—	—	>70	66~90	—	—
震压造型	灰铸铁小件	72	15	28	4	3~4	5	4.5~6.0	—	—	>80	80~120	—	—

续表 5-51

铸型种类	型砂用途	配比(%)								型砂性能				
		旧砂	新砂		膨润土	煤粉	碳酸钠	水分	其他	紧实率(%)	湿透气性	湿压强度(kPa)	含泥量	其他
			粒度	加入量										
震击造型	灰铁中小件	95	15	5	1~3	1.0~1.5	4~5	3~4	—	38~40	>90	100~130	—	—
	灰铸铁缸体	50	21	50	3	4~6	4	4.8~5.8	渣油液1%	45~58	25~55	>90	—	湿拉强度10~16kPa;热湿拉强度2~3kPa
	灰铁缸体面砂	50	21	50	5~6	8~10	适量	4.8~5.0	渣油液1.5%	40~55	>90	90~150	<16	有效膨润土8%~12% 热湿拉强度>1.7kPa
	灰铁缸体面砂	50	15	50	4~4.5	5~6.5	4	5.6~6.0	渣油液1.3%	—	69~90	80~100	<12	热湿拉强度2.0~2.5kPa
气冲造型	球铁后桥、底盘	95	21	5	1.0~2.0	0.3~0.7	3	3.8~4.6	—	37~43	>100	130~160	<15	有效煤粉3%~5%;有效膨润土8%~10%

注：表中碳酸钠的加入量是以膨润土为基础的。

(2)铸钢件湿型砂。表1-52列出了我国几家工厂铸钢件湿型砂的配方及性能，供参考。

表1-52 铸钢件湿型砂配方和性能的实例

铸型种类	型砂用途	配比(%)							型砂性能			
		旧砂	新砂		膨润土	糊精	碳酸钠	其他	紧实率(%)	湿透气性	湿压强度(kPa)	水分
			粒度	加入量								
高压造型	面砂	—	—	100	7	0.6	—	α淀粉0.8	55	230~250	>50	3.2~3.5
	背砂	100	—	—	0.2	—	—	α淀粉0.2	45	>150	>40	2.8
机器造型	面砂	—	—	100	11~14	—	0.2~0.4	重油2;纸浆0.6~1.2	—	>80	55~70	4.8~5.8
	单一砂	50	15	50	3	0.4	—	—	—	≥100	≥50	4~4.7
—	小型铸钢件	—	10	100	9~11	0.2~0.4	0.2	—	—	100~200	56~77	3.8~4.3
	<100kg碳钢件	—	15	100	7.5	—	—	—	—	>100	50~75	3.5~4.0
	耐热钢铸件	—	15	100	4.5	—	—	—	—	>80	50~70	3.0~4.0

(3)铸造非铁合金湿型砂。表1-53列出了我国几家工厂铸造非铁合金湿型砂的配方及性能，供参考。

表1－53 铸造非铁合金件湿型砂的配方和性能实例

型砂用途	配比(%)								型砂性能		
	旧砂	新砂		红砂	普通黏土	膨润土	氟化物	其他	含水量(%)	湿透气性	湿压强度(kPa)
		粒度	加入量								
铜合金铸件	70～90	15	10～30	—	8～12		—	重油1.0～1.5	4.5～5.6	>30	30～60
	30	10	47	18	—	5	—	含泥量9～14	4～5	>40	80～100
铜、铝合金铸件	70～85	10	10～20	5～10	—	2～3	—	含泥量<20	4～5	>40	>50
铝合金铸件	80～85	15	15～20	—	—	0.5	—	—	6.5～7.5	100～200	50
	75	15/10	20	5	—	—	—	—	3.8～4	>100	120
	—	15/10	50	50	—	—	—	—	3.5～5.0	60～100	100～130
镁合金铸件	—	21/10	100		—	—	6～8	—	适量	≥40	>40
	85～95	21/10	10～15		<1.5	—	1～3	硫磺0～3	适量	≥35	>50
	90～95	21/10	5～10		<1.5	—	0.35～0.5	尿素0.59～0.98	适量	≥35	>50

注：红砂是硅砂的一种，含硅量较低(70%～80%)，并含有Al_2O_3、Fe_2O_3、CaO、MgO等氧化物。可配制铸铁件及各种有色金属件的型砂及芯砂，以及铸铁及各种有色金属铸件用的型(芯)砂的附加物，提高湿强度，改善造型性能。

2)黏土干型砂和表面干型砂的应用及配制

单件、小批量生产的大、中型或重型铸铁件，由于其表面质量要求高，有的需要承受高压，或铸件结构很复杂，因此常采用干砂型浇注，以保证铸件的各项性能要求。不久的将来，干型砂会被化学硬化砂所取代。考虑到目前还有一些铸造仍采用干型或表面干燥型，表1－54列出了对黏土干型砂和表干型砂的性能要求，供参考。

表1－54 对黏土干型砂和表干型砂性能的要求

型砂用途	型砂性能指标					
	基砂粒度	干拉强度(kPa)	湿压强度(kPa)	湿透气性	水分(%)	含泥量(%)
铸铁件用	42或30	80～120	40～70	>100	7～8	12～16
铸钢件用	42或30	100～150	40～70	>150	7～8	12～15
铜合金铸件用	15或10	80～120	60～100	>30	5.5～6.5	10～14
铝合金铸件用	15或10	70～120	40～80	>20	5～6	8～12

注：基砂是指用标准冲洗法将型砂的泥分脱除之后，剩下的型砂砂粒。

铸钢件的浇注温度高，收缩率大，一般都采用干砂型；特别是大型铸钢件不仅用干砂型浇注，而且采用高质量的原砂；特别是大型铸钢件不仅用干砂型浇注，而且采用高质量的原砂，因此干砂型在铸钢件上应用非常广泛。

有色合金铸件主要采用湿砂型，但较大的铜合金铸件也多采用干砂型浇注。

干砂型和砂芯都要刷涂料，经烘干后才能浇注，具有良好的透气性，高的热稳定性和低的发气性等优良性能。在浇注时涂料在砂型(芯)和铸件表面形成气幕屏幕，可以避免湿砂型常常出现的气孔、砂眼、粘砂、夹砂等铸件缺陷，从而大大提高铸件的表面质量。

表面干型砂，一般用膨润土或同时加入少量普通黏土。用钙基膨润土时，要加入膨润土量的4% ~5%碳酸钠进行“活化”处理。水分比湿型砂高，大体上接近于干型砂。造型后涂水基涂料，晾干一段时间再用燃油烧嘴烘干表层，这一层的厚度为3 ~5 mm。表面烘干型容易因水分凝聚层强度很低而造成冲砂，工艺操作应特别严格。

干型砂和表干砂配方及性能见表1 -55，供参考。

表1 -55　干型砂和表干砂的配方和性能实例

铸型种类	型砂用途	配比(%)							型砂性能			
		旧砂	新砂		膨润土	普通黏土	碳酸钠	其他	含水量(%)	湿压强度(kPa)	干剪强度(kPa)	湿透气性
			粒度	加入量								
干型	大件面砂	85 ~ 95	42	15 ~ 5	1 ~ 2	6 ~ 10	—		8 ~ 10	50 ~ 70	100 ~ 160	≥100
干型	大件芯砂	75 ~ 85	42	25 ~ 15	1 ~ 3	6 ~ 8	—	木屑 0.5 ~2	7 ~ 9	50 ~ 70	100 ~ 150	≥100
干型	中件面砂	85 ~ 95	30	15 ~ 5	1 ~ 2	5 ~ 7	—		7 ~ 9	50 ~ 70	80 ~ 100	≥90
干型	中型芯砂	80 ~ 90	30	20 ~ 10	1 ~ 2	4 ~ 6	—	木屑 0.5	7 ~ 9	50 ~ 70	70 ~ 100	≥80
表干型	厚大件砂	80 ~ 90	60	20 ~ 10	6 ~ 8	2 ~ 3	0.3 ~ 0.4	—	6 ~ 7	≥90	—	≥400
表干型	大中件砂	80 ~ 90	42	20 ~ 10	5 ~ 6.5	2 ~ 2.5	0.3 ~ 0.35	—	6 ~ 7	≥80	—	≥300

3)黏土砂的回用与再生处理过程

黏土砂的回用处理是对落砂后的旧砂进行破碎、磁选、筛分、增湿和冷却等工艺方法的处理，然后再加入新砂，为造型、造芯提供符合一定技术要求的型砂及芯砂，这一过程是在铸造车间砂处理工部完成的。

砂处理过程包括旧砂回用与旧砂再生两种情况：旧砂回用是指将用过的旧砂块经破碎、磁选、筛分、除尘、冷却等处理后重复或循环使用；而旧砂再生是指将用过的旧砂块经破碎、并去除废旧砂粒上包裹着的残留粘结剂膜及杂物，恢复近于新砂的物理和化学性能代替新砂使用。

在砂处理工部中，混砂机是核心设备，砂处理工部的特点是原材料种类多、消耗量大、运输量大、管理调度复杂、产生粉尘多、劳动条件差。所以砂处理工部型(芯)砂的运输一般都采用机械化，尽量缩短运输距离，并加强通风除尘。

黏土砂旧砂处理设备主要有磁分离设备、破碎设备、筛分设备和冷却设备等。

(1)破碎设备。对于高压造型、干型黏土砂、水玻璃砂和树脂砂的旧砂块，需要进行破碎。常用的旧砂块破碎机的特点和使用范围，见表1-56。

表1-56　常用的旧砂块破碎机的使用范围及特点

名 称	使用范围	特点
碾式破碎机	各种干砂破碎	结构庞大,效率不高,使用较少
双轮破碎松砂机	用于黏土湿型砂破碎和松砂	结构简单，使用方便
振动破碎机	用于树脂砂及水玻璃砂的砂块破碎	振动破碎,不易卡死，使用可靠
反击式破碎机	干型、水玻璃砂及树脂砂等的砂块破碎	结构复杂，磨损后维修量大，使用不多

(2)磁分离设备。磁分离的目的是将混杂在旧砂中的浇冒口、飞翅与铁豆等铁块磁性物质除去。常用的磁分离设备按结构形式可分为磁分离滚筒、磁分离带轮和带式磁分离机三种，按磁力来源不同可分为电磁和永磁两大类。

(3)筛分设备。旧砂过筛主要是排除其中的杂物和大的砂团，同时通过除尘系统排除砂中的部分粉尘。旧砂过筛一般在磁分离和破碎之后进行，可筛分1~2次。常用的筛砂机有滚筒筛砂机、滚筒破碎筛砂机和振动筛砂机等。

(4)冷却设备。铸型浇注后，由于高温金属的烘烤使砂的温度增高。如用温度较高的旧砂混制型砂，因水分不断蒸发，型砂性能不稳定，易造成铸件缺陷。为此，必须对旧砂进行强制冷却。目前，普遍采用增湿冷却方法，即用雾化方式将水加入到热砂中，经过冷却装置，使水分与热砂充分接触，吸热汽化，通过抽风将砂中的热量除去。

常用的旧砂冷却设备有双盘搅拌冷却、振动沸腾冷却和冷却提升等。双盘搅拌冷却设备同时起到增湿、冷却、预混三个作用，冷却效果较好，且体积小、重量轻、工作平稳、噪声小，应用日益广泛。振动沸腾冷却设备生产效率高、冷却效果好，但噪声较大，要求振动参数的设置严格。冷却提升设备兼有提升、冷却旧砂的双重作用，占地面积小，布置方便，但冷却效果不太理想。

(5)松砂机。混制好的黏土砂在输送过程中由于震动等原因可能发生紧实或结团，松砂机则利用其对型砂的切割和抛击等作用使砂松散，提高型砂流动性和可塑性。松砂机一般与带式输送机配套使用。

(6)黏土砂再生。黏土旧砂，由于其中的大部分黏土为有效黏土，加水后具有再粘结性能，黏土砂可以进行回用处理。对于靠近铸件的黏土旧砂，因其黏土变成了死黏土，必须进行再生处理。国内制造和使用的一种黏土砂处理生产线布局见图1-6所示。

4)黏土砂的混制工艺

黏土砂的混制工艺内容包括：选用混砂机和定量给料机；确定加料顺序；确定混制时间，满足型砂性能及质量控制目标。

(1)混砂设备。混砂机种类繁多，结构各异。按工作方式分，有间歇式和连续式两种。

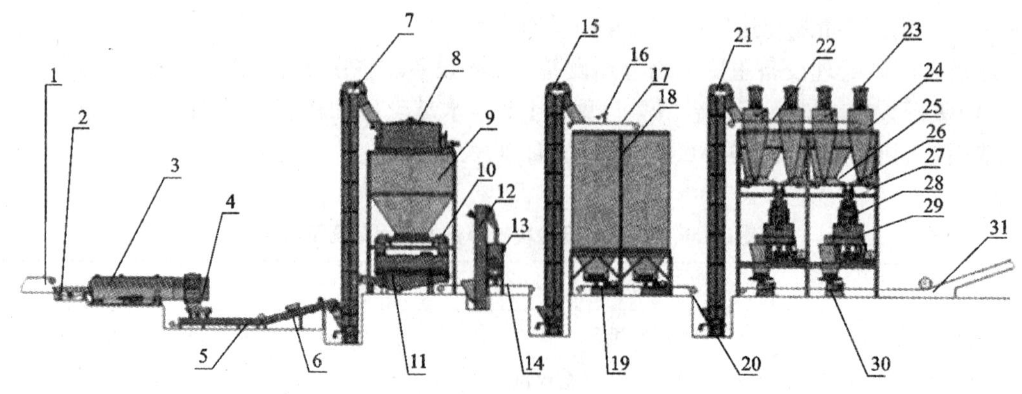

图1-6　黏土砂处理生产线布局图

1、4—铸型输送机；2—振动输送机；3—滚筒落砂机；5、14、17、20、22、31—皮带输送机；6—磁选机；7、12、15、21—提升机；8—精细筛；9、18—砂库；10—双向皮带输送机；11—沸腾冷却床；13—再生机；16—卸料口；19、30—圆盘给料机；23—排气呼吸器；24—料斗；25—双向给料机；26—螺旋给料机；27—辅料电子秤；28—电子秤；29—混砂机

按混砂装置可分为碾轮式、转子式、摆轮式等。对混砂机混制黏土砂的要求是：将型砂中各成分混合均匀；使水分均匀湿润所有物料；使黏土膜均匀地包覆在砂粒表面；将混砂过程中产生的黏土团破碎，使型砂松散，便于造型。

碾轮式混砂机由碾压装置、传动系统、刮板、出砂门与机体等部分组成。传动系统带动混砂机主轴以一定转速使十字头旋转，碾轮和刮板就不断地碾压和松散型砂，达到混砂的目的。碾轮式混砂机的优点是碾压力随砂层厚度自动变化，加砂量多或型砂强度增加，则碾压力增加，这非常符合混砂要求，而且可以减少功率消耗和刮板磨损，一般工厂混制面砂时都用碾轮式混砂机。为了加强对型砂的松散和混合作用，新式的碾轮式混砂机的碾轮侧面带有数根松砂棒，或者采用单碾轮和一只松砂转子结构。

碾轮式混砂机在混砂时，混合和揉搓作用较好，混制的型砂质量较高，但生产率低。有些大量生产的铸造工厂使用的双碾盘碾轮式混砂机，是一种高生产率的连续式混砂机，用来混制单一砂。

转子式混砂机的主要混砂机构是高速转动的混砂转子，根据强烈搅拌原理，转子上旋转的叶片迎着砂的流动方向，对型砂施以冲击力，使砂粒间彼此碰撞、混合，使黏土团破碎、分散。同时对松散的砂层施以剪切力，使砂层间产生速度差，砂粒间相对运动，互相摩擦，将型砂各种成分快速地混合均匀，在砂粒表面包覆上黏土膜。转子式混砂机混出的型砂均匀而松散，湿强度高，透气性好。另外，机构重量轻，转速快，混砂周期短，生产率高。转子式混砂机只有转子，没有碾轮，仅有混合作用而无搓揉作用，故只用于混制背砂或黏土含量低的单一砂。

摆轮式混砂机是由混砂机主轴驱动的转盘上两个安装高度不同的水平摆轮以及刮板组成，当主轴转动时，转盘带动刮板将型砂从底盘上铲起并抛出，形成一股砂流抛向围圈，与围圈产生摩擦后下落。在摆轮式混砂机中，由于主轴转速、刮板角度与摆轮高度的配合，使型砂受到强烈地混合、摩擦和碾压作用，混砂效率高。摆轮式混砂机生产效率较碾轮式混砂机高几倍，而且在混砂机内能鼓风冷却型砂，但混制的型砂质量不如碾轮式，机械化程度较高的铸造车间用来混制单一砂和背砂。

(2)定量给料设备。大规模混砂时各种物料的定量配送是混砂工艺的重要内容。这类设备主要包括输送机、给料机和定量器，都是将粒状或粉状物料送出的设备。输送机主要有带式输送机、斗式提升机、螺旋输送机、震动输送机、气力输送装置等。给料机主要有带式给料机、圆盘给料机、振动给料机和星形给料机等。水、树脂、液态固化剂等液体输送主要依靠各种定量泵完成。

(3)确定加料顺序和混制时间。加料顺序一般采用两种方式。第一种方式是先干混后湿混，即：先将回用砂和新砂、黏土粉、煤粉等干料混匀，再加水至要求的水分混合。如果型砂中含有渣油液，则渣油液应在加水混匀后加入，且混碾时间不宜过长，只要混匀即可。这种先加干料后加水的顺序会带来一些问题，当回用砂较干时更是这样。因为干料颗粒大小不同，很难混匀，在碾盘边缘会遗留一圈粉料未被混合。这些粉料吸水后，在混碾的后期和卸砂时才脱落，使型砂中混有一些黏土和煤粉团块。此外，先混干料会使尘土飞扬，恶化劳动环境。

第二种方式是先向回用砂中加水，在砂粒上形成水膜，再加入黏土就能更快地分散在砂粒上，强度的建立更快。因此通常认为加料顺序宜先加砂和水，湿混后再加黏土和煤粉混匀，最后加少量水调整紧实率，可以更快地达到预定的型砂性能，缩短混砂时间。

为使各种原材料混合均匀并形成完整的粘结薄膜，应有一定的混砂时间。如混砂时间过短，原材料没有混匀，使得黏土粉来不及充分吸水形成黏土膜包覆在砂粒表面，型砂性能较差。但混砂时间过长，又会引起型砂温度升高，水分不断蒸发，使型砂性能下降。混砂时间主要根据混砂机的形式、型砂中的黏土含量和混砂时新砂加入比例确定。黏土含量高的型砂混砂时间应较长。用碾轮式混砂机混砂，背砂约3 min，单一砂3 ~5 min，面砂5 ~8 min。转子式混砂机混制单一砂时间一般为2 ~2.5 min。用摆轮式混砂机混砂，背砂约0.5 ~1 min，面砂为2 ~3 min。

型砂经过混碾后，由于混砂机的碾压作用，把一些型砂压成团块，有团块的型砂不易紧实均匀，透气性差，砂型表面质量不好，所以在混砂机卸砂时或型砂在流入砂箱前，应经过松砂或过筛，使型砂松散后再用。

5)黏土砂性能控制与检测

型砂质量对于铸件的质量有十分重要的作用。影响型砂质量的因素很多，例如原材料的质量、型砂各种组分的加入量、型砂中的粉尘含量、旧砂温度、落砂时芯砂的流入量、铸件的大小和壁厚等等。因此，必须随时根据具体情况调整各组分的加入量，以及混砂工艺，以保证型砂所必需的各种性能。型砂质量控制方法一般根据经验和实验室的测试结果对型砂的性能进行调整。

目前，许多铸造厂都通过四个参数来控制湿型砂的品质(质量)，它们是：湿抗压强度、有效膨润土含量、紧实率和水分，而且在现场按照一定的频次进行检测和控制。高速、高压造型湿型砂的检测项目和检测频次见表1－57。

表1－57　高速、高压造型湿型砂的检测项目和检测频次

项目	紧实率	湿压强度	水分	有效膨润土量	湿拉强度	透气性	含泥量	灼烧减量	挥发分	基砂粒度
检测频次	每小时	每小时	每小时	每工作日	每工作日	每周	每周	每周	每周	每周

国内某企业采用KW造型线生产单一铸件时，型砂性能的控制主要依据型砂实验室及在线检测仪提供的检测数据，对水分和各种辅料的补加量进行适当的调整，使各组分含量及型砂性能指标控制在工艺规定的范围之内。在生产初期和稳定期对于黏土砂性能的控制能力见表1－58所示。

表1－58　自动化生产线黏土湿型砂的检测项目和检测频次(举例)

型砂性能控制		膨润土(%)	煤粉(%)	水分(%)		透气性(AFA)	湿压强度(kPa)	热湿拉强度(kPa)	紧实率(%)	含泥量(%)
				5～10月	11～4月					
生产初期	控制指标	6～8	4.2～5.6	2.9～3.3	2.6～3.1	≥100	135～200	≥3.5	38～50	≤13
	检测频率	1次/周	1次/周	10次/班	10次/班	10次/班	10次/班	2次/周	10次/班	1次/周
稳定生产	控制指标	6.5～7.5	4.5～6	2.8～3.3	2.6～3.1	100～140	135～200	≥3.5	34～42	10～12
	检测频率	1次/周	1次/周	5次/班	5次/班	5次/班	5次/班	1次/班	5次/班	1次/周

(1)制样。制样是配合液压强度机、透气性测定仪和测定型砂紧实率等制备各种标准几何形状的试样。试样的制备是在锤击式制样机及其各种标准几何形状的试筒(盒)完成的。将适量的型砂置于筒(盒)内，经三次冲击冲制而成。SYC锤击式制样机及试样见图1－7所示。

抗压、抗剪及抗劈试样(ϕ 50 mm×50 mm)的制备方法如下：

①将大凸轮6逆时针转动，使冲头4向上提高并固定。

②取适量的型(芯)砂(约160～190 g)倒入试样筒内，使型(芯)砂均布、不偏向一边。将试样筒连筒座一起放在制样机座5上。

③慢慢放下大凸轮6使冲头4轻轻压入试样筒中，然后将试样筒旋转半圈。

④顺时针转动小凸轮3三次，冲击试样三次。此时冲杆1红线位置应在准牌缺口内。

⑤再将大凸轮6逆时针转动，提高冲头4，卸下冲实的试样筒。

⑥将试样筒倒置套在专用顶柱上，顶出试样。(顶出试样后称重，以后按此标准重量制样)

抗拉试样(中截面22.3 mm×22.3 mm的“8字”形)和抗弯(22.3 mm×22.3 mm×150 mm)的制备方法如下：

①卸下圆柱形冲头4，换上抗拉冲头。

②将适量的型(芯)砂倒入试样盒(模具)内，然后把对正的抗拉试样盒放在机座5上。

③按制备抗压、抗剪试样的方法，冲击试样三次，取下试样盒，拉出试样盒上的切砂板，把余量的砂切去。分开试样盒，取出抗拉试样。

④卸下抗拉冲头，换上抗弯冲头，其他与抗拉试样制备方法相同。

(2)强度的测定。SWY液压万能强度试验仪见图1－8所示，随机配有高、低压附件，见图1－9，以满足测量型砂抗压、抗拉、抗弯、抗剪和抗劈强度。其使用基本方法是转动手轮7使机内活塞推进产生压力，推动油缸前部的工作活塞4，通过托架或夹具将压力传递给试样，

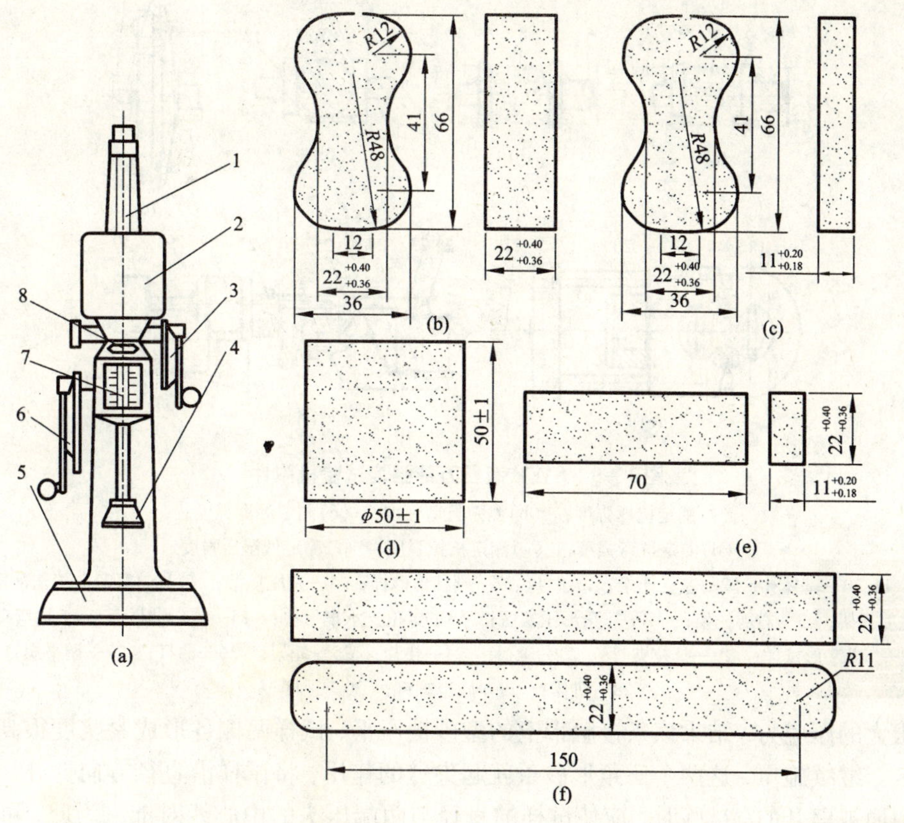

图1-7　SYC锤击式制样机及试样形状与尺寸

(a)SYC锤击式制样机；(b)抗拉强度测试“8”字形大试样；(c)抗拉强度测试“8”字形小试样；(d)抗压、抗剪、抗劈强度测试试样；(e)抗弯强度测试小试样；(f)抗弯强度测试大试样

1—冲杆；2—重锤；3—小凸轮；4—圆柱形冲头；5—机座；6—大凸轮；7—紧实率刻度尺；8—准牌

试样破坏时油缸内产生的压力分别用高压或低压压力表指示。压力表表面三圈刻度分别用来表示抗压、抗剪、抗拉和抗弯强度值。

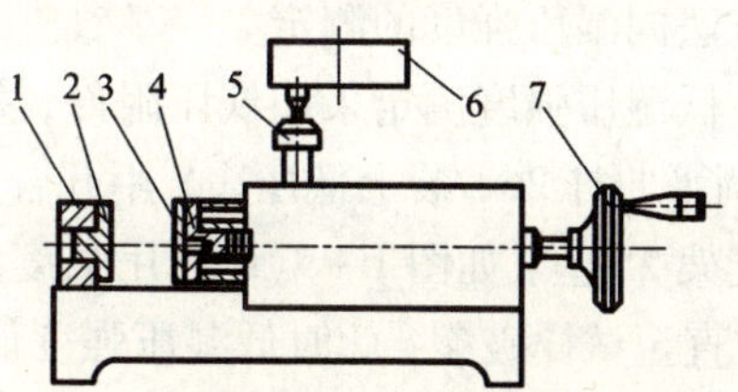

图1-8　SWY液压万能强度试验仪

1—机体；2、3—左右托架；4—工作活塞；5—快换机头座；6—压力表；7—手轮

抗压、抗剪、抗劈强度的测定方法如下：

①在强度试验仪装入抗压夹具，抗压强度值小于0.2 MPa时采用低压附件，压力表归“0”。

②将试样从试样筒中取出后安放在抗压夹具上。

③转动手轮，逐渐对试样加载(增压的速度一般为0.2 MPa/min)，直至试样破裂。

④从压力表上读出强度数值。(如用低压表须除以10才是实际抗压强度值)

⑤卸下抗压夹具，换上抗剪夹具(左右剪托架7、9)，其他与抗压强度测试相同。

抗劈强度的测试是将标准圆柱体试样，横置于抗压夹具之间，在其直径方向加压，如图1-9(c)。初始阶段，试样与压头之间为线接触，接触面积很小，稍加初压就会使接触处的型

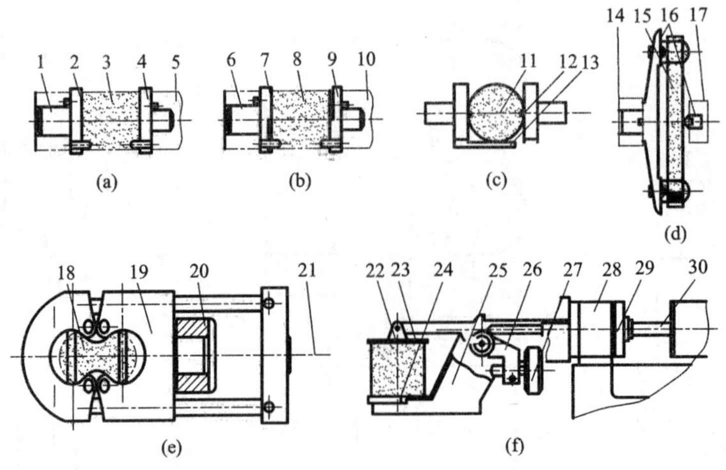

图 1－9 SWY 液压万能强度试验机附件

(a)测定抗压强度；(b)测定抗剪强度；(c)测定湿劈强度；

(d)测定抗弯强度；(e)测定抗拉强度；(f)测定低湿压强度

1、6、14、20—基体孔；2—左压托架；3、8、11、22—圆柱形砂样；4—右压托架；5、10、17、21—工作活塞；7—左剪托架；9—右剪托架；12—三角形压实区；13—定位支承楔形块；15—抗弯试样；16—抗弯夹具；18—“8”字形试样；19—抗拉夹具；23—压板；24—垫片；25—托架；26—曲杆；27—调平螺钉；28—机体；29—固定螺钉；30—顶杆

砂受到很大的压应力，结果该条接触带上的型砂被压平，试样两侧各形成紧实度很高的三角形压实区。继续施压，这两个三角形砂条就起尖劈的作用，将试样沿直径方向劈开。试样是受拉应力而被劈开的，试验时，应使试样的直径与两端压头的中心线对准。为此，可用一定位支承楔块托住试样，然后加一很小的初负荷，待试验机上试样稳定后，即取下支承楔块，并继续施压，直到试样破断。如试验机的读数是抗压强度值，则将破断时的抗压强度值乘 π/4，即为型砂的湿抗劈强度值。另外，对湿抗劈强度乘以 0.65，即可得到湿抗拉强度数值。

干压强度的测定是将标准圆柱形试样按一定规范烘干，冷却至室温后测其干压强度，测定方法同湿压强度的测定。

低湿压强度测定采用低压附件，并将试样装于仪器上，用固定螺母 29 固定，用调平螺钉 27 调平曲杆 26，装上低压表，用开合试样筒冲制的型(芯)砂试样连同垫片 24 慎重地垂直置于支架 25 上，如图 1－9(f)。用强度试验机施加压力，通过连杆作用于压板 23 上对试样加载，直至试样破裂，此时低湿压强度值为压力表抗压值读数值的五分之一。

抗拉、抗弯强度测定方法如下：

①在强度试验机装入抗拉夹具，压力表归“0”。

②将冲制的 8 字形试样放入夹具，并使夹具中四个滚柱贴住试样圆弧面(腰部)，如图 1－9(e)。

③转动手轮，逐渐对试样加载，使压力通过夹具顶板作用于试样上，直至试样断裂。

④从压力表上读出强度数值。

⑤卸下抗拉夹具，换上抗弯夹具，将抗弯试样放入抗弯夹具，如图 1－9(d)。其他与抗拉强度测试相同。

(3)热湿拉强度的测定。热湿拉强度是模拟浇注过程中型砂受热情况，把湿砂样的一端

加热至320℃，保持20～30s，使之形成一定厚度(4 mm)的干砂层及其后面的水分凝聚区，然后加拉力负载，测得高水分区的湿拉强度。热湿拉强度的测定是在SQR型热湿拉强度试验仪上自动进行的。试验操作步骤如下：

①将试验仪通电预热半小时，变换"量程开关"拨向"50"处；调温度指示仪"调零螺丝"，使指针指"0"，再调"温度控制螺丝"，使"温度限位指针"指示320－t℃刻度(t℃为室温)。

②按下加热按钮，加热板开始加热。用"加热时间调整旋钮"调整加热时间为20s，当加热温度达到320℃时待用。如试件断面不平坦，则需增加或减少加热时间。

③按"自动程序"按钮，拨动记录仪"测量"开关至"能"处，调节记录仪指针为"0"，再拨动记录仪"记录"开关至"通"处，向上拨动20 mm/s记录纸速度控制钮，按压气阀，使记录笔有墨水出现，放下记录笔，笔尖记录纸接触。

④用专用试样筒在锤击式制样机上锤击3次制成ϕ50 mm×50 mm的标准试样，抽出仪器上的挡板，将装有试样的试样筒放置于平台导轨上，并推至导轨终端。

⑤按"加热板上升按钮"，此时即能按程序自动进行。当加热板下降时，将簸箕放在样筒下面，使被拉断的砂落入其内。每次平行测定5个试件。每个试件测试完毕后，取出样筒，将挡热板插入导轨内，以防辐射热损坏传感器。

⑥读数及数据处理。热湿拉强度按式(1－15)确定。

$$p=K(N_a-N_b) \tag{1-15}$$

式中　p——热湿拉强度(kPa)；

K——仪器常数，当"量程开关"置"50"处，$K=0.05$ kPa/格；

N_a——总负载对应的峰高值(格)；

N_b——试样筒和剩余试件负载对应值(格)。

(4)透气性的测定。采用直读式透气性测定仪可以测定型砂湿态、干态以及原砂、黏土试样的透气性。测定透气性有标准法(仲裁法)和快速法。生产上一般采用快速法，可以直接读出透气性数值结果。快速法测定湿透气性的方法如下：

①在直读式透气性测定仪(如图1－10)试样座上安装阻流孔部件，当试样的透气性≥50时，应采用ϕ1.5 mm的大阻流孔。试样的透气性＜50时，应采用ϕ0.5 mm的小阻流孔。调节调平脚14使机体水平，旋扭9处于"绿点"标记位置。加1%～2%重铬酸钾水溶液于水筒4中，其量刚好使气钟放入水筒时，气钟上"0"刻线与水筒上端平齐为限。如水过多，可拧开仪器背面放水龙头调节。

②将直读式透气性测定仪的旋钮9旋至"吸放气"位置，提起气钟3，再将旋钮9旋至"关闭"位置。

③称取一定量的黏土型砂放入圆柱形标准试样筒内，在锤击式制样机上制成ϕ50 mm×50 mm的标准试样。

④将内有试样的试样筒放到透气性测定仪试样座上，并使两者密合。

⑤将旋钮9旋至"工作"位置，从微压表上读出透气性的数值。

⑥为使试验数据更有代表性，每种黏土型砂的透气性应测三个试样，结果取其平均值。但其中任何一个试样的结果与平均值相差超出10%时，试验应重新进行。

(5)紧实率的测定。如图1－11所示。测定方法如下：

①将试样筒连同底座一起放到投砂器(漏斗)下方。

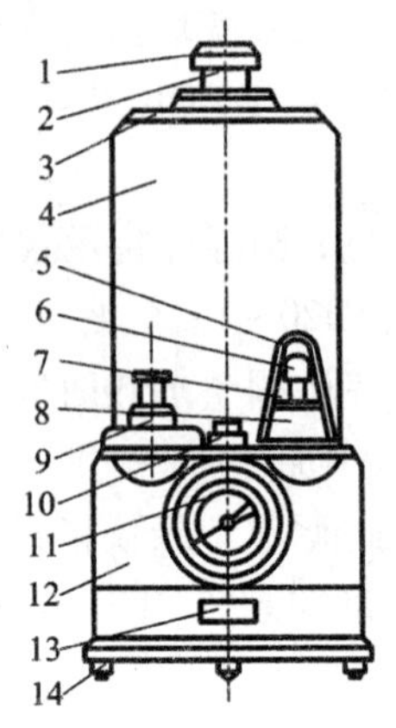

图 1－10　直读式透气性测定仪

1—进气阀；2—把手；3—气钟；4—水筒；5—密封罩；6—阀帽；7—回气管；8—试样座；9—旋钮；10—水平座；11—微压表；12—机座；13—厂牌；14—调平脚

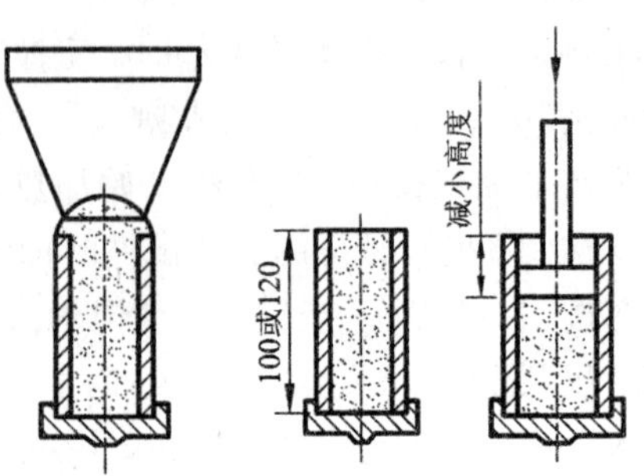

图 1－11　紧实率测定

②将待测型砂过 3.35 mm 筛后，自由落入试样筒内并充满试样筒（不允许施加任何外力）。

③沿试样筒顶面轻轻刮去多余的型砂。

④在锤击式制样机上锤击 3 次，直接从制样机上读出紧实率。

⑤也可用下式（1－16）计算紧实率。

$$紧实率 = \frac{H_0 - H_1}{H_0} \qquad (1-16)$$

式中　H_0——试样紧实前的高度（mm）；

H_1——试样紧实后的高度（mm）。

（6）型砂流动性的测定。测定的方法较多，常用的是阶梯硬度差法，如图 1－12 所示。

在圆柱形湿压强度试样筒内，放入一块高 25 mm 的半圆形金属凸台，将 10～120 g 型砂放入试样筒内，在制样机上锤击 3 次，然后测量 a 和 b 两处的硬度。两处的硬度差越小，则型砂的流动性越好。流动性可用式 1－17 计算：

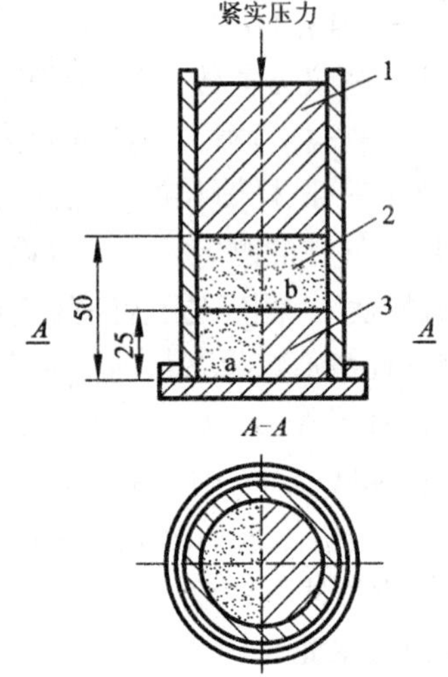

图 1－12　阶梯硬度差法测定型砂流动性

1—压头；2—试样；3—半圆嵌块

$$流动性 = \frac{H_a}{H_b} \times 100\% \qquad (1-17)$$

式中　H_a——试样 a 处的硬度；

H_b——试样 b 处的硬度。

（7）破碎指数的测定。试验时，将 ϕ50 mm × 50 mm 的圆柱形标准试样放在破碎指数试验仪（如图1－13）的钢砧上，用 ϕ50 mm、重量为 510 g 的硬质钢球自距离砧上面 1 m 的高度处

自由落下，直接打在标准试样上。试样破碎后，大砂块留在12.7 mm筛上，小的型砂通过筛网落入底盘内，然后称量筛上大砂块的重量，按式(1-18)计算破碎指数：

$$破碎指数 = \frac{G_1}{G_0} \times 100\% \tag{1-18}$$

式中 G_1、G_0——分别为大砂块和试样的质量(g)。

测定破碎指数时数值较分散，不容易重现同样的结果。一般每种试样取三次试验结果的平均值，而且任何一值的偏差不得大于平均值的20%。

型砂的破碎指数越大，表示它的韧性越好。一般高压造型型砂的破碎指数为60%～80%，震压造型型砂的破碎指数为68%～75%。

(8)砂型表面硬度的测定。表面硬度多用砂型硬度计来测量，目前砂型硬度计有湿型和干型两种，如图1-14所示。湿型硬度计又分为A型、B型和C型三种，技术参数及应用见表1-59。

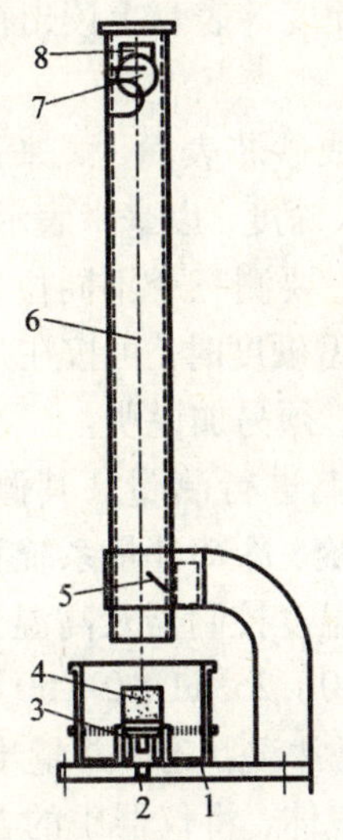

图1-13 破碎指数试验仪

1—底盘；2—钢砧台；3—筛网；4—试样；5—开关；6—管子；7—钢球；8—电磁铁或弹簧

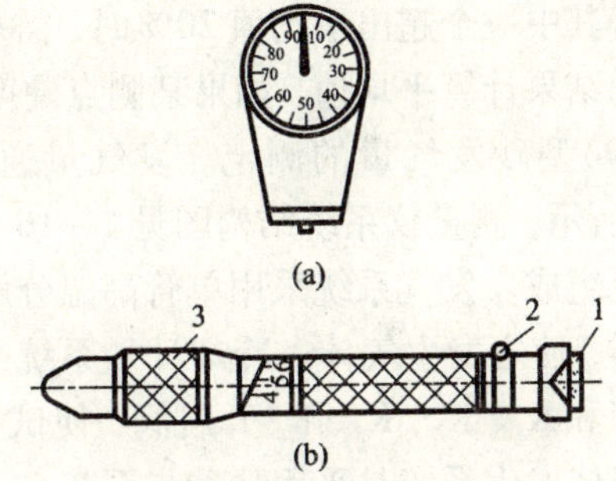

图1-14 砂型表面硬度计

(a)湿型硬度计；(b)干型硬度计

1—爪子；2—固定钮手；3—转动手把

表1-59 湿型硬度计的技术参数

型号及其技术参数		
A型	B型	C型
压缩行程		
2.50 mm	2.50 mm	2.50 mm
最大负荷		
237 g	980 g	1500 g
预压负荷		

续表 1－59

90 g	50 g	180 g
压头参数		
φ5　2.5　SR2.5	2.5　SR12.7	80°　2.5　SR1.2
用途		
细砂、手工及一般机器造型	粗、细砂、手工或机器造型	机器高压造型

使用湿型硬度计时，应将硬度计紧压在所要测试的试样或砂型平面上，使硬度计底平面与被测砂型平面紧密接触，然后根据小钢球压入的深度，从硬度计表盘上读出被测试样或砂型的硬度值。

使用干型硬度计时，松开固定钮手，爪子垂直放在砂型或砂芯表面上，来回转动手把5次，最后一次旋到底后按下固定钮手，此时在刻度上读出刻入深度，以毫米表示。

测定湿态试样的硬度时，需测三个试样，而且每个试样上要测三个不同位置，取其平均值。若其中一个超出平均值20%时，需重新进行试验。测砂型硬度时，可按在几个不同测点测得的结果计算平均值，如果某测点硬度超过平均值20%时，须另加说明。

(9)型砂发气量的测定。发气量通常在发气量测定仪上进行测量。其测量原理如图1－15所示，测量仪系统结构图见1－16。主要结构由发气系统、冷却计量系统和CO_2气体发生系统组成。发气系统采用单管高温分解电阻炉配合可控硅温度控制器及高温瓷管，采用加热试样，使之发生气体。冷却计量系统采用二根水冷凝管及0～25 mL、0～50 mL的二根刻度量管和K_1、K_2、K_3、K_4开启阀，使试样产生的气体冷却至常温状态，并量出气体的体积量。气体发生系统是采用盐酸与石灰$CaCO_3$反应，产生CO_2气体，将仪器中的含氧空气从瓷管开端赶出。测定方法如下：

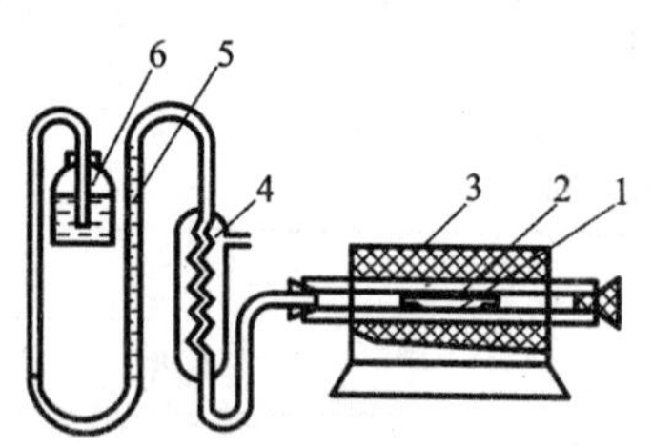

图 1－15　发气量测定原理示意图

1—瓷舟；2—石英管；3—电炉；4—冷凝管；5—量管；6—平衡瓶

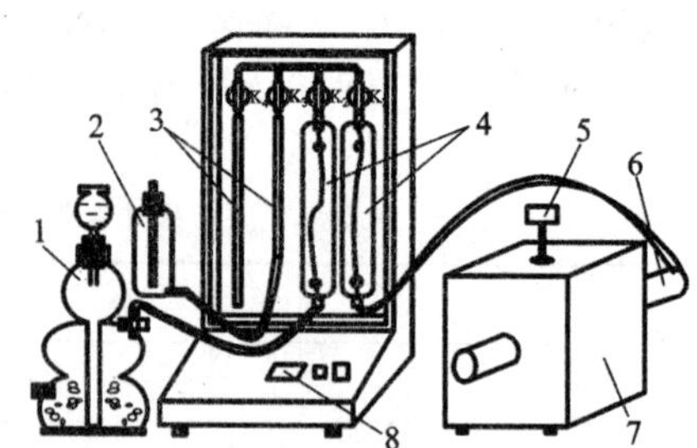

图 1－16　发气量测定原理示意图

1—气体发生器；2—平衡瓶；3—刻度量管；4—冷凝管；5—热电偶；6—瓷管；7—电炉；8—温度控制

①型砂试样经烘干后取(1±0.01) g；芯砂试样从“8”试样上取1～(2±0.01) g。原材料中发气量大的，需与原砂混合后称取一定量，进行测量。

②在测量系统正常的情况下，K_1、K_3 开、K_2、K_4 关，举起平衡瓶使刻度量管的水位至零刻度线的同时关闭 K_3，然后放下平衡瓶。

③将管式电炉中的石英管加热到 1000℃，向石英管内通入 CO_2 气体。

④将称好的(1 ±0.01) g 试样放入分解炉中部，迅速塞紧瓷管端口的硅胶塞，产生的气体经另一端的橡皮管进入冷凝器和量管。

⑤同时用秒表开始计时并打开 K_3，举起平衡瓶使其水位液面跟踪刻度量管的水位液面并保持水平，此时量管内液面的读数即为该试料的发气量。

⑥用秒表计时，每间隔一定的时间读一次发气量值，直至发气量值不再增加，即可得知该试料的发气总量、发气速度和发气时间等。如果发气量测定仪带有自动记录装置，能够自动画出“发气量 - 时间”关系曲线，则可根据此曲线分析该试料的发气特性。

⑦试验时，每种试料测三个试样，取其平均值。如果其中任何一个超出平均值 10%，应重新进行试验。

(10) 型砂中有效膨润土含量的测定。型砂中有效膨润土含量用染色法(亚甲基蓝滴定法)来测定，测定方法如下：

①在新砂中分别加入 2%，4%，6%，…，20% 的与旧砂中同类的膨润土，混合均匀，在 105 ~ 110℃温度下烘干。

②分别称取 5 g 试样，测定每一份试样的亚甲基蓝溶液的滴定量。

③以试样中的膨润土量为横坐标，亚甲基蓝滴定量为纵坐标，绘制成标准吸附图线，如图 1 - 17 所示。

④取旧砂 5 g，用亚甲基蓝溶液滴定，记下亚甲基蓝溶液的滴定量。试验应进行两次，滴定结果取两次结果的平均值。

⑤根据亚甲基蓝溶液滴定量从标准吸附图上可以直接查出旧砂中有效膨润土达到含量。

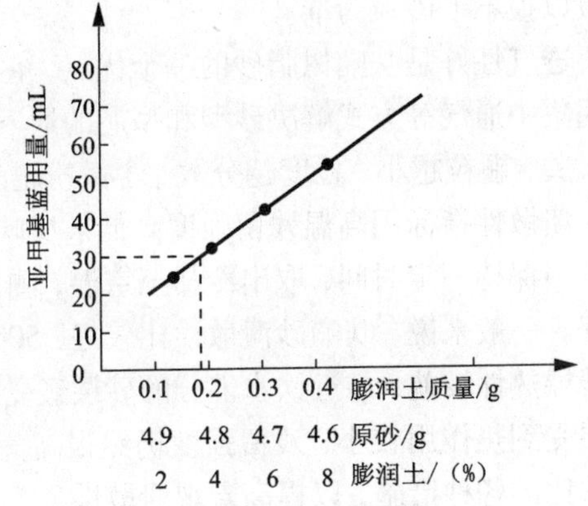

图 1 - 17　染色法滴定有效膨润土含量标准对照曲线

(11) 型砂中有效煤粉含量的测定。型砂中有效煤粉含量一般用测定发气量的方法进行测定。先测出(0.10 ±0.001) g 煤粉的发气量，再测定与型砂中同类的膨润土及其他附加物的发气量，最后测定经过风干的(1.0 ±0.01) g 型砂或旧砂的发气量，其有效煤粉含量可用式(1 - 19)计算：

$$\text{有效煤粉含量} = \frac{Q_1 - \sum Q_i}{Q} \times 100\% \tag{1-19}$$

式中　Q_1——1.0 g 型砂或旧砂的发气量(mL)；

$\sum Q_i$——1.0 g 型砂或旧砂除煤粉外的膨润土和其他附加物的总发气量(mL)；

Q——1.0 g 煤粉的发气量(mL)。

对同一试样要测 3 次，取其平均值。若其中任一结果与平均值相差大于 10%，应重新进行试验。

(12)含水量的测定。黏土型砂的含水量是指其在105～110℃烘干时能去除的水分含量。含水量的测定方法与原砂含水量的测定方法相同。

1.3.2 树脂砂的配制及其性能检测

1)树脂自硬砂的配制

(1)呋喃树脂自硬砂的性能要求。呋喃树脂是有机粘结剂，型砂发气量主要与树脂的成分和加入量有关。脲醛的发气量大，而糠醇和甲醛的发气量低。加入量大，发气量相应增大而且发气时间也延长。降低树脂加入量是树脂砂工艺最基本的问题之一，除了经济上的原因之外，也是为了尽量降低砂型发气量，以减少铸件的气孔、呛火等缺陷。由于发气量与型砂灼减量成正比，为方便起见，生产厂常以测定型砂灼热减量的方法代替测定发气量。

表面稳定性也是树脂自硬砂的一项性能目标。将经过24 h硬化后试样称重后放在筛上振动2 min，再次称重，表面稳定性是残留树脂砂所剩比例。砂型(芯)表面稳定性不足会导致冲砂及砂眼、机械粘砂等缺陷。一般来说，表面稳定性的好坏与型砂常温强度的高低是一致的。增加树脂加入量，选择合适的固化剂品种及加入量，不超过可使用时间，造型时适当的紧实，芯盒填砂刮平等等都可提高表面稳定性。生产上要求砂型(芯)的工作表面(即与铁水接触的表面)稳定性应大于90%，现场经验判定方法是用手指摩擦硬化后的型(芯)表面，一般以摸不下砂粒为准。

透气性好是呋喃树脂砂的一个优点，它弥补了有机铸型发气量大的缺点，但也不可忽视采用集中通气等方式解决砂型和型芯的通气。透气性与硬化速度无关，与砂的粒型和粒度组成有关，颗粒越小，粒度越分散，含微粉越多则透气性越差，粘结剂加入量多也影响透气性。

溃散性指标用高温残留强度高低来反映。将试样经24 h硬化后放在100、200、300℃的电炉中保持一定时间，取出冷却至室温，测定其抗压强度。残留抗压强度越低，说明溃散性越好。一般来说，呋喃砂溃散性比较好，500℃左右残留强度为零。实际砂型浇注后，由于树脂砂导热性较差，靠近铁水部分的砂层经受高温显示出较好的溃散性，但离铁水稍远一些的砂层受到热作用较小，残留强度仍然很高。为了防止热裂和清砂方便，应在造型时采取降低砂铁比的各种措施，以提高宏观溃散性。

对于有机系铸型而言，高温强度要保证铸型经受住金属溶液的热冲击，是铸件凝固前铸型不至于过早溃散。提高高温强度主要通过提高树脂中糠醇的比例。另外，砂中添加少量氧化铁或硼酸等添加剂，或采用膨胀小耐热性好的锆砂、铬矿砂也可以提高热强度。

除上述性能要求外，呋喃树脂自硬砂主要对脱模时间、可使用时间、终强度等方面提出要求。国内某企业使用呋喃树脂自硬砂生产中、大型灰铁及球铁铸件，其性能指标见表1-60，供参考。

表1-60 呋喃树脂自硬砂性能指标

项目	可使用时间	脱模时间	初强度	终强度	灼烧减量	微粉含量	理想砂温
性能指标	6～10 min	30～90 min	0.1～0.4 kPa	600～900 kPa	≤3%	≤0.8%	15～30℃

注：树脂砂自然硬化24 h后的抗拉强度称为终强度。

可使用时间是树脂自硬砂的一项重要工艺参数，它反映了树脂砂的硬化速度。可使用时间越短，则混砂后造型、制芯前所允许的停留时间越短，在生产批量小、而且使用非连续混砂机时，树脂砂的转运、分配及使用都必须在可使用时间内完成，这将给生产组织带来困难。随催化剂加入量增多，可使用时间和脱模时间缩短。

(2)呋喃树脂自硬砂的配制。呋喃树脂自硬砂所用原砂 SiO_2 含量要高，常用粒度组别30和21，要求原砂纯净干燥。粘结剂有尿醛呋喃树脂和酚醛呋喃树脂等，要求树脂糠醛含量较高，树脂无氮或低氮，新砂树脂加入质量分数为1% ~2%，再生砂的树脂加入量可适当降低。

目前，国内外采用较多的催化剂有磷酸溶液、硫酸乙酯及有机磺酸溶液(如对甲苯磺酸、二甲苯磺酸、苯酚磺酸等)。磷酸溶液(一般用浓度为85%的工业磷酸)对用酚醛改性的树脂不适用。此外，气温低时硬化速度慢，在回收砂中有残酸累积问题。使用硫酸溶液催化作用过强，常用1 mol硫酸与2 mol乙醇制成硫酸乙酯以减缓催化作用。固化剂广泛采用对甲苯磺酸、二甲苯磺酸、苯酚磺酸等，固化剂占树脂重量的30% ~40%。有机磺酸溶液适用于各种呋喃树脂。对甲苯磺酸以水溶液(酸：水 =7:3)或酒精溶液(酸：酒精 =6.5:3.5)的形式使用。二甲苯磺酸性能更好。

催化剂的用量对树脂砂的强度有很大影响。在其他条件不变，树脂加入量相同时，当酸性催化剂加入量很少，其有效浓度不足以使树脂发生完全的交联反应，而且树脂发生交联反应时产生水，会使催化剂稀释，从而也限制反应的继续进行，故树脂砂的强度偏低。起初，树脂砂的强度是随着催化剂的增加而提高的，但是在强度达到峰值以后，继续增加催化剂反而会使强度急剧下降。这是因为交联反应速度太快，树脂膜结构不完整，导致粘结膜脆化。在树脂加入量不变时，由于催化剂用量不同，自硬砂的强度可差几倍之多。

改善自硬砂某些性能的添加剂有硅烷增强剂、氧化铁粉(防止冲砂和气孔)、甘油和苯二甲酸二丁酯(提高型、芯砂韧性) 等。硅烷占树脂加入重量的0.1% ~0.3%，氧化铁粉占树脂加入量的1.5% ~4%，甘油占树脂加入量的0.2% ~0.4%。呋喃树脂自硬砂配方及性能实例见表1 -61，供参考。

硅烷的加入方法有两种：一是将硅烷配成酒精溶液，在混砂时直接加入砂中；二是将硅烷预先加入树脂中。因硅烷与树脂中的水分能缓慢进行水解而失效，故硅烷对呋喃树脂自硬砂的增强作用会随时间的延长逐渐减弱，所以硅烷加入树脂后，一般应在7 ~10天内用完，最长不要超过一个月。如条件允许，最好将硅烷在混砂时加入。

表1 -61 呋喃树脂自硬砂配方及性能实例

型砂用途	原砂		树脂		固化剂(占树脂量)		其他(%)	抗拉强度(MPa,24h)
	用量(%)	粒度	树脂牌号	用量(%)	类别	用量(%)		
铸钢件	100	21/30	FFD—101	1.6 ~2.0	对甲苯磺酸水溶液	30 ~60	氯化铁粉2	>1
	100	21/30	FFD—102	1.5		40 ~60	硅烷0.3	>0.5
铸铁件	100	21/30	CHG—I	2		30	—	≥1.6
铸钢件	100	21/30	7051	1.4 ~1.5		40	—	抗压 >1.8
铸铁件	100	21/30	F04	1.5 ~2	苯磺酸水溶液	30 ~40	—	>1.6

续表 1－61

<table>
<tr><th rowspan="2">型砂用途</th><th colspan="2">原砂</th><th colspan="2">树脂</th><th colspan="2">固化剂(占树脂量)</th><th rowspan="2">其他
(%)</th><th rowspan="2">抗拉强度
(MPa,24h)</th></tr>
<tr><th>用量
(%)</th><th>粒度</th><th>树脂牌号</th><th>用量
(%)</th><th>类别</th><th>用量
(%)</th></tr>
<tr><td>铸铁件</td><td>100</td><td>21</td><td>FL102</td><td>0.8～1.2</td><td rowspan="3">GSO 系列,与气温、湿度有关</td><td>30～70</td><td>—</td><td>1.3～1.6</td></tr>
<tr><td>铸钢、球铁</td><td>100</td><td>21</td><td>FL104</td><td>0.8～1.2</td><td>20～60</td><td>—</td><td>1.4～1.6</td></tr>
<tr><td>铸钢、球铁大件</td><td>100</td><td>21</td><td>FL104</td><td>0.8～1.2</td><td>30～70</td><td>—</td><td>1.3～1.6</td></tr>
</table>

(3)呋喃树脂自硬砂混砂工艺。为了使树脂、固化剂、偶联剂能在最短的时间里均匀包覆在砂粒表面，需利用混砂机混制。根据混制的方式不同，分为单砂双混法和双砂三混法二种。根据混砂机构造不同分为连续式混砂机和间歇式混砂机两种。连续式混砂机一般为搅笼式，固化剂和树脂分别通过定量泵先后加入(单砂双混)或分别加入(双砂三混法)。型砂在搅笼里的砂被螺旋叶片混合均匀后连续放出。间歇式混砂机有低速的普通搅拌机和高速旋转的碗形混砂机。需要指出的是，当树脂加入已混有固化剂的砂中后，应该在数秒钟至半分钟内出砂造型，不可在混砂机内混制时间过长。常用的双臂高速混砂机见图 1－18 所示。

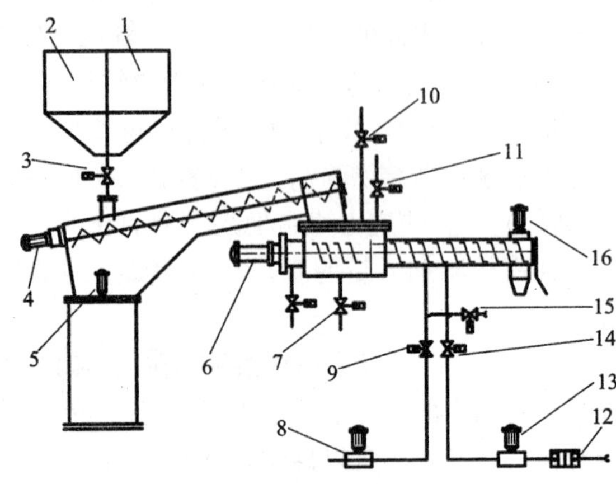

图 1－18　双臂高速混砂机原理图

1—旧砂斗；2—新砂斗；3—砂斗闸板阀；4—螺旋输送电机；5—旋转电机；6—混砂电机；7—沸腾仓空气阀；8—固化剂泵电机；9—固化剂阀；10—混砂臂制动阀；11—沸腾室闸板阀；12—加热器；13—树脂泵电机；14—树脂阀；15—树脂固化剂阀反吹；16—风扇电机

当采用快速混砂机，砂与催化剂混拌 5 s，再加树脂混拌 8 s，然后出砂，其树脂砂强度为 1.71 MPa。而用碾轮式混砂机双砂三混时，即一半原砂加树脂混碾 5 min，另一半原砂加催化剂混碾 3 min，然后将两种砂再共混 2 min，其树脂砂强度为 0.96 MPa。产生这一结果的原因，一方面是由于碾轮式混砂机转速慢，当酸与树脂接触时即开始反应，难于混合均匀；另一方面是由于碾轮式混砂机混砂时间较长，丧失了一部分可使用时间，降低了强度。混砂时间不宜长，因为混砂过程中摩擦产生热量，促进硬化，使型砂可使用时间缩短，所以在保证混拌均匀的前提下，混砂时间越短越好。

使用高速混砂机单砂双混时，加料顺序对型砂性能也有影响。合理的顺序应当先加酸固化剂，后加树脂。酸首先均匀包覆砂粒表面，而后从树脂表面的内部向外扩散，逐步催化树脂硬化，且无酸富集现象，终强度较高。如果先加树脂后加催化剂时，在加入催化剂混制的初始阶段，酸固化剂是密集的，与部分树脂发生急剧的硬化反应，而且酸是从树脂膜外逐渐向内部扩散，使初始硬化速度较快，而终强度较低。

2)热芯盒砂的配制

热芯盒砂是由原砂、液态热固性树脂粘结剂和催化剂配制成的芯砂，为了改善热芯盒树脂砂的某些性能，有时加入一些添加剂，如氧化铁粉、硼砂、三氯化铁、尿素等。近年，国内外开发出的潜活性复合固化剂，使用效果较好。混制好的热芯盒砂被吹射到 180 ~ 250℃的芯盒内，贴近芯盒表面的芯砂受热，其粘结剂在经过几秒至 60 s 左右的时间即可缩聚而硬化。只要砂芯的表层有数毫米结成硬壳即可从芯盒中取出，中心部分的芯砂利用余热和硬化反应放出的热量可自行硬化。热芯盒法与壳芯(型)法相比，具有更高的生产率，造芯用粘结剂成本低；芯砂的混砂设备简单，投资少的特点。

(1)热芯盒砂的性能要求。热芯盒砂在选定原材料的条件下，通过调整配方来调整性能，以满足工艺要求。一般主要以干强度满足工艺要求为依据，多数控制在 1.2 ~ 1.8 MPa 范围内。

(2)热芯盒砂的配制。热芯盒砂粘结剂大多使用呋喃树脂。脲醛与糠醇的缩合物称呋喃Ⅰ型，属于含氮树脂，而且多是高氮树脂。酚醛与糠醇的缩合物称呋喃Ⅱ型，属于无氮树脂。脲醛、糠醇、酚醛三者的缩合物称为中氮树脂，中氮与呋喃Ⅰ型树脂一样，使用氯化铵∶尿素∶水 = 1∶3∶3 的比例配制的固化剂。

热芯盒法用呋喃Ⅰ型树脂中含氮量(质量分数)根据铸件合金种类来确定。用于非铁合金铸件有高达 18% 以上的。国内一般铸铁件常用的呋喃Ⅰ型树脂的氮的质量分数高达 15.5%；国外常用的为 9% ~14%。树脂加入量占砂质量的 2% ~3%。有些质量要求高的或较复杂的一些铸铁或非铁合金铸件，要求树脂中氮的含量为 5% ~8%，甚至更低，这时常采用呋喃Ⅱ型树脂。对于呋喃Ⅰ型树脂一般用氯化铵或氯化铵与尿素的水溶液作固化剂，其中氯化氨起硬化作用，尿素的作用是与树脂硬化反应逸出的甲醛起反应，从而减小甲醛的刺激气味，改善劳动环境。催化剂加入量为树脂质量的 20%。为了改善热芯盒树脂砂的某些性能，有时需要加入某些附加物。如在原砂中加入 0.3% ~1.0%(质量分数)的氧化铁粉以防止铸件上产生皮下气孔、防止渗碳、改善芯砂导热性能；加硅烷以提高强度；加三氯化铁以加快在低温下的硬化速度。热芯盒树脂砂的配方及性能见表 1 - 62 所示。

表 1 - 62　热芯盒法树脂砂配方及性能实例

原砂		树脂		固化剂(占树脂量%)		氧化铁粉(%)	其他(%)	抗拉强度(MPa)
用量(%)	粒度	树脂牌号	用量(%)	类别	用量(%)			
100	21	呋喃Ⅰ型	2.2 ~2.4	氯化铵	5	0.24 ~0.26	水 0.15 ~0.3	>2.5
100	21	呋喃Ⅱ型	2.8 ~3.0	苯磺酸水溶液	6 ~8	—	—	>2.5
100	21	ZNR - I 型(中氮)	2.4 ~2.9	氯化铵尿素水溶液 1∶3∶3	18 ~20	0.14 ~0.18	—	>2.1
100	21	F03 型(低氮)	2.6 ~3.0	对甲苯磺酸水溶液	14 ~16	—	硅烷 KH - 550 占树脂重 0.5	>2
100	21	DR - 2 型	2.4 ~2.6	氯化铵尿素水溶液 1∶3∶3	18 ~20	0.14 ~0.15	—	>2.5

呋喃Ⅰ型树脂砂使用转子叶片式混砂较好，不宜在碾轮式混砂机中混制，芯砂混好后存放时间一般不超过4 h。其混制工艺如下：

$$\text{原砂}+\text{氧化铁粉附加物}\xrightarrow{\text{干混 }20\sim30\text{s}}+\text{固化剂}\xrightarrow{\text{湿混 }40\sim50\text{s}}+\text{树脂}\xrightarrow{\text{混匀 }80\sim90\text{s}}\text{出砂}$$

呋喃Ⅱ型树脂一般用苯磺酸或对甲苯磺酸的水溶液作固化剂，其混砂工艺如下：

$$\text{原砂}+\text{苯磺酸或对甲苯磺酸}\xrightarrow{\text{混碾 }2\text{ min}}+\text{树脂}\xrightarrow{\text{混碾 }2\sim3\text{ min}}\text{出砂}$$

3）冷芯盒用树脂砂的配制

冷芯盒制芯法是砂芯在常温的芯盒内硬化后再取芯的制芯方法。由于它在常温下硬化无需加热，砂芯在芯盒内成形并自行硬化，故它除了具有壳芯、热芯盒制芯工艺的优点以外，还可采用铝合金、塑料芯盒或木质芯盒等，特别适用于中小批量和多品种的生产。

冷芯盒制芯工艺可分为自硬冷芯盒法和扩散气体冷芯盒法两大类。自硬冷芯盒法所用树脂砂与前述的树脂自硬砂相似，但硬化速度更快，一般要求制芯后5 ~6 min即可起芯。扩散气体冷芯盒法是将树脂砂射入芯盒后，通入气体催化剂，使型芯在几秒钟内硬化。这是一种生产效率很高的造芯新工艺，按其所使用的气体催化剂不同，又可分为三乙胺冷芯盒法和二氧化硫冷芯盒法两种。

（1）三乙胺法冷芯盒树脂砂的配制。三乙胺冷芯盒法是将雾化的三乙胺吹入芯盒，使砂芯硬化。粘结剂由液态酚醛树脂和聚异氰酸酯两种组分组成，其中液态酚醛树脂与聚异氰酸酯质量比对于铸铁件取1∶1，对于铸钢件取3∶2。可用有机溶剂（如乙苯）稀释粘结剂，通过降低粘度来减少树脂用量。两种树脂分别存放，使用前不能混合。常用的固化剂有三乙胺和二甲基乙胺，后者硬化速度较快。固化剂是由载体带入与树脂起作用的，载体可以是空气、二氧化碳气或氮气。空气与三乙胺混合易燃，不安全，应用较多的是氮气，但必须除去氮气中的水分。铸钢件用芯砂的粘结剂两种组分按3∶2配制，能降低氮含量，树脂总加入量为原砂重量的1.4% ~1.6%。铸铁件用芯砂树脂加入量为原砂重量的1.2% ~1.3%。铝合金铸件用芯砂树脂加入量为质量分数1% ~1.1%。冷芯盒树脂砂所用原砂要求纯净干燥，以圆形砂粒较佳。

采用三乙胺法，铸件容易出现如皮下气孔、脉纹、光亮碳等缺陷。光亮碳缺陷有时被认为是树脂缺陷，是由于有机粘结剂受热分解的光亮碳过多，和铁液混合并沉积于铸件截面，使铸件出现类似冷隔的表面皱折或裂痕。为减少或消除光亮碳的形成，最简单有效的方法是尽可能快而平稳地浇满铸型，同时避免长而扁平的内浇道；对砂芯进行烘烤，烘干温度应选择在260℃ ~280℃之间，并保温到砂芯变成深棕色为止，以使形成光亮碳的成分挥发掉。但必须注意，因为这个温度范围内，砂芯强度明显开始下降，而低于这个温度，又根本没有效果。降低树脂加入量，提高浇注温度，缩短浇注时间，改善砂芯和砂型的排气，在芯砂中加入占砂质量1% ~3%的氧化铁，使型腔内产生较强的氧化性气氛，均可减少光亮碳缺陷的产生。皮下气孔与粘结剂中的氮及所用溶剂中的氢有关，低合金铸铁和钢易产生这种缺陷。加入占砂质量2% ~3%的黑色和红色氧化铁粉有利于皮下气孔的消除。对脉纹缺陷来说，加入占砂量1% ~3%的氧化铁或1% ~2%的黏土和糖的混合物，或在砂中掺入再生砂，这些都可以减少黑色金属及黄铜铸件出现的毛刺（脉纹）缺陷。

三乙胺法冷芯盒树脂砂混制以搅拌充分为主，宜采用连续式快速混砂机。混制工艺如下：

$$原砂+液体酚醛树脂\xrightarrow{10\sim20s\ 混匀}+聚异氰酸酯\xrightarrow{20\sim30s\ 混匀}出砂$$

这种砂也可以在其他混砂机中混制，但不可挤揉过度而影响芯砂的可使用时间及流动性。卸料后要测定每一次混制的芯砂初始强度，树脂加入量较大其初始强度稍高一些，当树脂加入质量分数为1.5%时，初始强度在0.7MPa左右。混好后的芯砂要求迅速使用，夏天只能存放1～2 h，冬天能存放2～3 h。

(2)二氧化硫(SO_2)冷芯盒法树脂砂的配制。SO_2法冷芯盒树脂砂粘结剂可用酚醛或呋喃型冷硬树脂，树脂占砂重量的1%～1.5%。所用活化剂主要有过氧化氢、过氧化丁酮，过氧化物活化剂占树脂重量的25%～50%，硅烷加入量占树脂重量的0.25%～0.30%，所用原砂与三乙胺法相同。固化砂芯的SO_2气体是一种无色、有刺激味、不易燃烧的气体，这种气体靠氮气或干燥空气从容器中带出。

SO_2冷芯盒法树脂砂的配方：原砂100%，树脂1.2%～1.5%(质量分数)，过氧化物用双氧水时，为树脂质量的20%～25%；用过氧化酮时为树脂质量的40%。用碾轮式混砂机的混砂工艺如下：

$$砂+树脂\xrightarrow{混拌\ 1.5\sim2min}+过氧化物\xrightarrow{混拌\ 1.5min}出砂$$

SO_2法的缺点也很明显，主要是：树脂中游离糠醇汽化，易使砂芯表面结垢；低碳钢芯盒用于大量生产砂芯时，锈蚀是一个严重问题；SO_2泄露，将引起严重环境问题；过氧化物为强氧化剂，易燃烧，要妥善保管。目前此法应用不太广泛。

4)热法覆膜树脂砂的配制

覆膜砂又称壳型(芯)砂，是指在造型、制芯前砂粒表面上已覆有一层固态树脂膜的型砂、芯砂。因可制成具有一定砂层厚度的薄壳砂型和型芯，具有较好的铸造工艺性能，故特别有利于薄壁件的生产。最薄壁厚，铸钢件为2.5 mm，铸铁件为1.5 mm。

(1)热法覆膜树脂砂的性能要求。热法覆膜树脂砂是指覆膜砂的覆膜生产工艺为热法。表1－63是工厂使用壳型(芯)砂的用途和性能，供参考。

表1－63　几种类型热法覆膜砂性能

类别	用途	常温抗拉强度(MPa)	热抗拉强度(MPa)	常温抗弯强度(MPa)	热抗弯强度(MPa)	熔点(℃)	发气量(mL/g)
普通	一般铸铁件	2.5～3.5	0.6～1.8	4.0～6.5	1.4～4.0	96～105	16～22
高强低发气	铸钢、重要铸铁件	3.0～4.5	0.8～2.2	5.0～8.0	1.4～4.0	96～105	10～16
易溃散	有色合金件	2.0～3.0	0.8～1.2	3.0～5.0	1.4～4.0	96～105	7～14
耐高温低膨胀	铸钢、铸铁件	—	1.5～2.5	6.0～8.0	1.4～4.0	96～105	≤15

注：熔点是指覆膜砂在热的作用下，酚醛树脂膜开始熔化，将砂粒粘结在一起的温度。

国家机械行业标准《铸造用覆膜砂》(JB/T8583—1997)，按常温抗弯强度和灼烧减量分级见表1－64，在订货时可依据指标选用。

表 1－64 覆膜砂按常温抗弯强度和灼烧减量分级

常温抗弯强度(MPa)	≥8	≥7	≥6	≥5	≥4	≥3
(级别)代号	8	7	6	5	4	3
灼烧减量(%)	≤2.0	≤2.5	≤3.0	≤3.5	≤4.0	≤4.5
(级别)代号	20	25	30	35	40	45

(2)热法覆膜树脂砂的配方。原砂对树脂用量及铸件质量都有很大影响，一般选用水洗砂或擦洗砂，可用粒度为15组或10组的细砂，角形系数为1.1～1.3的圆形硅砂。原砂中的含泥量和杂质应尽量低，一般要求含泥量(质量分数)<0.2%。为了用最少量的树脂粘结剂获得足够的强度，必须使用干砂。水分会使砂结块，并降低壳型强度。为了减少树脂加入量，原砂中0.053 mm砂粒和底盘的含量也必须适当限制，一般不应超过10%(质量分数)。

树脂选用热塑性酚醛树脂，能溶于酒精等溶剂，加入量为原砂质量的3%～7%。固化剂选用固态乌洛托品，加入量为树脂质量的10%～15%。

为改善壳芯砂的某些性能，需加一些附加物。加硅砂粉(占原砂质量的2%)以提高壳芯的高温强度；加硬脂酸钙(占原砂质量的0.3%～0.35%)，可防止覆膜砂存放期间结块，增加覆膜砂的流动性，使型、芯表面致密，制芯时便于顶壳；加氧化铁粉(占原砂质量的0.25%)以提高壳芯的热塑性和防止皮下气孔。热法覆膜砂树脂砂的配方见表1－65，供参考。

表 1－65 热法覆膜砂树脂砂配方

用途	原砂		酚醛树脂(%)	乌洛托品(占树脂量%)	硬脂酸钙(占树脂量%)	水量(与乌洛托品量比)	添加剂(%)
较大型芯	21	100	6～7	15		1:1	
较细薄芯	15	100	6	15	0.2～0.3	1:1	
进排气管芯	15	100	6	15	0.3	1:1	
缸体、圆棒芯	15	100	4	16.5	0.35	1:1	石英粉2
大型壳芯	21	100	6.3	15		1:1.2	

(3)热法覆膜树脂砂的混制。覆膜砂的混制工艺可分为冷法、温法和热法三种。

冷法也叫冷容法，是一种初级方法，先将粉状树脂、固化剂预先溶解在工业酒精、丙酮或糠醛中，再加入砂中进行混砂，此时溶剂逐渐挥发，树脂就在砂子上呈一层薄膜包覆，最后混合碾压过筛即可使用。也有先加粉状物再加溶剂的。这种方法的缺点是树脂加入量多，有机溶剂消耗量大；混砂时间长，混制的各批覆膜砂性能不一，成本高，也存在易脱壳倾向，现已很少采用。

温法是将加热到50℃的砂子连同乌洛托品和硬脂酸钙加到间歇式混砂机中，再加液态树脂并吹温热空气让溶剂汽化，使砂粒均匀覆膜。将砂团破碎后冷却，供使用。

热法是一种适于大量制备覆膜砂的方法，需要专门设备。混制时一般先将加热到130～160℃的砂加到间歇式混砂机中，再加树脂混匀，熔化的树脂包在砂粒表面，当砂温降到105～110℃时，加入乌洛托品水溶液，吹风冷却，再加入硬脂酸钙混匀，经过破碎、筛分备用。如果加入砂斗，应冷却到30℃以下，以免结块。这种方法不消耗溶剂，树脂加入量较小，所以成本较低。目前对热法的混制设备及工艺作了重大改进，如采用高效混砂机，在混制过程中通入压缩空气，借以分散覆膜的砂粒和加速冷却，这样基本上省去了破碎工序，使树脂膜能很好地包覆在砂粒上，树脂加入量可进一步减少，覆膜效率高，型、芯质量好。

热法覆膜的砂温不宜低于130℃，亦即砂温应高于树脂软化点50～60℃为宜。否则很难保证树脂完全熔化，造成一部分颗粒较大的树脂仍保持团粒状，覆膜不均匀。另外，最好采用片状树脂，因为粉状树脂加入砂中易呈团状，难熔。加乌洛托品时，砂温宜低于110℃，因为它在117℃以上分解，而砂温高于100℃，有利于溶解它的水分汽化挥发。

覆膜树脂砂多由专业厂生产供应，铸造厂可直接选购或与生产厂协议特别配方，特别供应。有些铸造厂也自已制备壳型(芯)砂。

5)树脂砂的性能控制与检测

树脂砂性能控制手段主要包括原砂、树脂、固化剂和附加物等原材料、型(芯)砂配方及混砂工艺等方面。控制的目标则主要包括发气性、透气性、溃散性、热稳定性、表面稳定性及强度。不同类型的树脂砂其性能控制目标不同。树脂砂的性能测试在许多方面可参照黏土砂的测试方法进行，具体测试时应遵循相关国家或行业标准。

(1)树脂自硬砂的抗拉强度测试。方法如下：

①制样。按标准砂工艺试样配制或在车间取得树脂自硬砂砂样，倒入“8”字形芯盒(模具)中，手工成型刮平，放在芯板上。打开芯盒，成形完毕。每组打样5块，试块重量67±18 g，试块应在混砂后10 min之内完成。

②放置硬化。将已打好试样在规定试验条件下(温度、湿度等)自然硬化24 h(或其他规定时间)。

③抗拉强度的测定。按要求测定抗拉强度，试样放在SWY型液压强度试验机夹具中，并使夹具中四个滚柱的平面贴在试样腰部，转动手轮逐渐加载，直至试样断裂，其抗拉强度值可直接从压力表中读出。

④结果计算。测定5块试样强度值，然后去掉最大值和最小值，将剩下三块数值取其平均值，作为试样抗拉强度值。三个数值中任何一个数值与平均值相差不超过10%，否则重新开始试验。

(2)热芯盒树脂砂强度测试。方法如下：

①制样。按标准砂工艺试样配制或在车间取得树脂热芯盒砂的砂样越100 g，倒入“8”字形试样盒中，放上压块，在锤击式制样机上冲击3次，取出样盒，取下压块和框架，刮平去除多余砂，将试样置于烘干板上取下芯盒。每块烘干板上放六块试样，然后将此烘干板置于已预热至(210±5)℃的烘干箱内，使试样与箱内温度计触头接近，烘干板应放置在规定的位置，每次只烘1板，烘干5 min。

②测试热抗拉强度。立即取出烘干板和试样，取下六块试样，将其中预先规定位置的那块试样迅速放入已预先调整好的SWY型液压强度试验机的抗拉夹具内，将其拉断。记下仪器抗拉强度刻度尺读数。从取出试样到该试样拉断不应超过10 s。该测定值作为树脂砂的热抗拉强度值。

③测试常温抗拉强度。其余五块试样写上“烘5 min”记号，放入干燥器中冷却至室温。在SWY型液压强度试验机的抗拉夹具内将其拉断，记下仪器抗拉强度刻度尺读数和当时的室温和相对湿度。

④结果计算。测定5块试样强度值，然后去掉最大值和最小值，将剩下三块数值取其平

均值，作为试样抗拉强度值。三个数值中任何一个数值与平均值相差不超过 10%，否则重新开始试验。

6）树脂砂再生处理方法

对树脂旧砂，通常必须进行去除残留粘结剂膜的再生处理，才能代替新砂作单一砂或面砂使用。经过再生处理的原砂称为再生砂，不经再生的回用砂通常只能做背砂或填充砂使用。树脂砂旧砂再生处理方式和原理见表 1－66 所示。目前企业使用的是旧砂再生成套系统，往往通过多种方式、多道工序的再生处理。

典型树脂自硬砂干法再生系统见图 1－19 所示。浇注冷却后的自硬砂型经落砂机 2 落砂，旧砂用带式输送机 1 送入斗式提升机 3 提升并卸入回用砂斗 4 储存。当进行再生时，首先由电磁给料机 5 将旧砂（主要是砂块）送入破碎机 6。破碎后的旧砂卸入斗式提升机 7 提升，在卸料处由磁选机 8 除去砂中铁磁物（如铁豆、飞翅、毛刺等），再经筛砂机 9 除去砂中杂物，过筛的旧砂存于旧砂斗 10 中，再经斗式提升机 11 送入二槽斗 12，并控制卸料闸门将旧砂适量加入再生机 13 中进行再生。合格的再生砂经斗式提升机 14 送入风选装置 15，风选后的再生砂卸入砂温调节器 16（水循环冷却）中，使再生砂的温度接近室温，最后由斗式提升机 18 装入储砂斗 19 备用。经皮带输送机送至造型工部，进入混砂机。

表 1－66　树脂砂基本的再生方式及原理

分类	形式	结构示意图	原理及特点	使用情况
机械式	离心冲击	旧砂；抽尘；挡板；叶片；皮带传动；再生砂出口	在离心力的作用下，砂粒受冲击、碰撞和搓擦而再生。结构简单，效果良好，每次除膜率约 13%	适于呋喃树脂砂再生
	转筒离心式	固定环；旧砂；挡砂叶片；积砂；机壳；积砂；转筒；送风除尘	与上类同，只是以搓擦为主，比上略为逊色，每次脱膜率 10%～12%	适于呋喃树脂砂再生
	振动摩擦	抽尘；细筛网；除尘流态床；旧砂块；栅格板；再生砂；清理门；清理门；振动电机；细筛网；小砂块	在振动输送过程中相互摩擦再生。称之为软再生。设备，兼有破碎、再生及输送作用。设备简单、能耗低、易损件少等。但再生效果较差，需要气流输送设备配套	呋喃树脂自硬砂

续表1-66

分类	形式	结构示意图	原理及特点	使用情况
气动式	垂直式	尘；旧砂；再生砂；鼓风	利用气流使砂粒冲击和摩擦而再生。结构简单,多级使用,能耗和噪声大	呋喃树脂自硬砂
热法	倾斜搅拌式	煤气；旧砂；搅拌器；空气；再生砂	旧砂经破碎和分离杂质后进入焙烧炉,焙烧后经冷却再进入机械再生设备。树脂膜被烧去而再生,但结构较复杂	适于树脂覆膜砂和自硬砂再生
	沸腾床式	灰；旧砂；燃烧层；燃料；冷却层；鼓风；再生砂	沸腾燃烧是比较先进的,有利于提高燃烧效率,改善再生效果	适于树脂覆膜砂和自硬砂再生

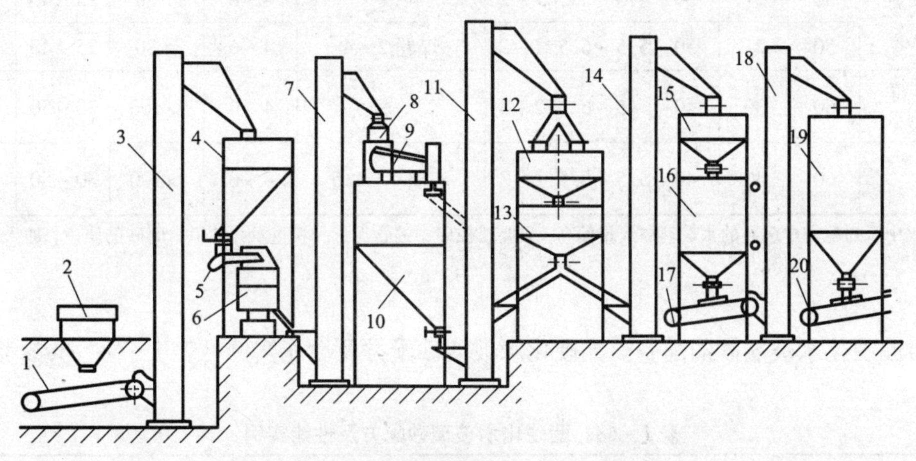

图1-19　自硬树脂旧砂的干法再生系统

1、17、20—带式输送机；2—落砂机；3、7、11、14、18—斗式提升机；
4—回用砂斗；5—电磁给料机；6—振动破碎机；8—磁选机；9—筛砂机；
10—旧砂斗；12—二槽斗；13—再生机；15—风选装置；16—砂温调节器；19—储砂斗

1.3.3　水玻璃砂的配制

1)水玻璃砂的配制

(1)CO_2硬化水玻璃砂的配制。表1-67列出了国内几家工厂水玻璃砂对原砂的CO_2硬化水玻璃砂的配方及性能，供参考。

表 1－67　CO_2硬化水玻璃砂的配方及性能

型砂用途	配比(%)						型砂性能			
	旧砂	新砂		水玻璃	黏土	其他	含水量(%)	湿透气性	湿压强度(kPa)	干压强度(MPa)
		粒度	加入量							
大型铸钢件型(芯)面砂	—	15	100	8～9	4～5	15%～20% NaOH 溶液 0.7	4～5	>100	25～30	>1.5
铸钢件型(芯)砂	—	30	100	6.5～7.5	—	—	4.5～5.5	>300	5～15	—
	—	—	100	7	3	重油 0.5～1；15%～20% NaOH 溶液 0.75～1.0	4.5～5.5	>200	17～23	>1.0
	—	21	100	4～4.5	—	水 0.4～0.6；LK－2 溃散剂 3	<3.5	>150	—	>1.0
	—	30	100	5	—	水 1～1.5；溃散剂 1.0	—	—	5.5	>1.3
	—	30	100		—	ZNM－2 改性水玻璃 7	3.5～4.2	>240	7	>1.3
铸钢件型砂	70	—	30	8	1～2	—	3.8～4.4	>100	8～12	>3.0
<1t 铸铁件型砂	50	21	50	4.5～5.5	1～2	—	4～6	>80	25～40	—
	50	21	50	5.5～6.5	1～2	煤粉 2～4	4～6	>80	25～40	—
1～5t 铸铁件型砂	60	30	40	5～6	2～4	—	4～6	>100	30～50	—
1～5t 铸铁件芯砂	60	30	40	5.5～6.5	2～3	木屑 1～1.5	4～6	>100	30～50	—

注：表中所列配方中多数的水玻璃加入量偏高，只要严控砂中的含泥量和粉量及再生砂、旧砂的质量，加入量可适量降低。

(2)酯硬化水玻璃砂的配制。酯硬化水玻璃砂配方及性能实例见表 1－68，供参考。

表 1－68　酯硬化水玻璃砂配方及性能实例

型砂用途	配比(%，原砂 100)			型砂性能					
	粒度	水玻璃	有机酯	水分(%)	抗压强度(MPa)				
					1h	2h	24h	800℃残强	1000℃残强
铸钢件	30	(M2.6，ρ1.46)3.5	(CSC—4)0.21	—	0.34	—	2.6		0.41
铸铁件	21	(M2.4，ρ1.48)4.0	(SS—10)0.3	—	—	—	4.07	0.624	
铸铁件	21	(M2.2，ρ1.50)4.0	(SS—30)0.4	2～2.5	—	—	>0.9	0.13	0.51
铸钢件	21	(M2.43)3.0	(MDT—901)0.4	1.5～1.7	—	—	3.0	—	—

续表6-68

型砂用途	配比(%,原砂100)			型砂性能					
	粒度	水玻璃	有机酯	水分(%)	抗压强度(MPa)				
					1h	2h	24h	800℃残强	1000℃残强
铸钢件	21	(M2.43,溃散剂2.5)3.0	(MDT—902)0.4	—	—	—	3.6	—	—
	21	(M2.65,ρ1.53)3.0	(凌桥中酯)0.24	—	0.485	1.855	1.93	—	0.15

注：铸造用有机酯主要有甘油一醋酸酯、甘油双醋酸酯、甘油三醋酸酯、乙二醇二醋酸酯、丙二醇碳酸酯、二甘醇二醋酸酯等。CSC-4有机酯主要成分为乙二醇醋酸酯，SS-10为快酯，MDT-901为中酯，MDT-902为较快酯，MDT系列的主要成分为丙三醇醋酸混合酯。酯加入量通常为水玻璃加入量的8%~12%。

2)水玻璃砂的再生处理

水玻璃砂的溃散性差，残留NaO_2使之碱性很强，不经再生处理不宜作旧砂再用。目前再生方法有：

(1)湿法再生。一般是与水力清砂工序结合，经水泡和机械搅拌，可溶去80%~90%的NaO_2和部分未烧结的硅酸凝胶，再生效果较好。但投资大、占地面积大，且产生大量污水，故极少单独使用。

(2)干法再生。其流程是先将砂块破碎成砂粒，再通过再生机的机械式或气流式的撞击、摩擦，以除去粘在砂粒表面的水玻璃惰性膜，随之降低NaO_2组分。该方法投资较少，设备安排紧凑。但效果不是很好，NaO_2去除率仅40%~50%。

(3)综合再生。将干法和湿法串联使用，处理费用较高，再生效果最好。生产实践验证，再生砂控制到NaO_2含量≤0.5%，对大件≤0.3%，灼烧减量≤0.8%，在技术上可行，经济上合理。

3)水玻璃砂的混制

(1)CO_2硬化水玻璃砂水玻璃砂的混制工艺。该种水玻璃砂混制可用各类混砂机。其加料顺序是：

先加入砂和固体粉状物料，经混合均匀后，再加入水玻璃及其他液体材料和适量水，快速混匀出砂。其要点是：加入水玻璃后，既要混均匀，混制时间又要尽量缩短，应控制在4 min以内，新砂和旧砂的温度不宜过高。使用碾轮式混砂机时，混砂工艺过程如下：

$$\text{原砂}+\text{粉土状物}\xrightarrow{\text{干混}\ 2\sim3\text{min}}+\text{水玻璃}+\text{水等液体材料}\xrightarrow{\text{湿混}\ 2\sim3\text{min}}\text{出砂}$$

(2)酯硬化水玻璃砂的混制工艺。该砂种混制以搅拌为主，宜用高速连续混砂机，需先加砂和固化剂混合均匀，再加水玻璃混合均匀，并立即充型紧实，控制在工艺规定时间内完成。不宜使用碾轮式混砂机，用量不大时可考虑用碗形或其他类型的叶片式混砂机。

1.3.4 油砂的种类及其应用

1)植物油砂的配制

(1)植物油砂的性能要求。植物油属有机憎水类粘结剂，与黏土砂等无机粘结剂有很大区别，主要有湿强度、流动性、干强度、发气量等性能要求。

提高湿强度。油砂的湿强度很低，一般需加入膨润土、糊精、糖浆来增加湿强度，防止在烘干前和烘干初期发生蠕变变形，但是膨润土不宜多加。加入糊精、糖浆的质量分数在1% ~2%时，不仅可以提高湿强度，而且还可提高干强度。

增加流动性。植物油砂的流动性较好，但加入糊精、膨润土等附加物后流动性有所下降。

提高干强度。植物油砂由于烘干后在砂粒周围形成坚韧的固体薄膜，干强度很高，一般比强度达到0.8 ~1.0 MPa。油的加入量应当根据砂芯的强度要求和所用附加物来确定。在保证砂芯强度要求的情况下尽量少用。

降低发气量。由于植物油在高温下燃烧和分解，再加上糊精等材料，发气量较大。发气量除了与植物油及附加物加入量有关外，还与烘干工艺有关。

退让性和溃散性。植物油类粘结剂在高于300℃以上便开始分解和燃烧，经浇注后油膜就失去强度，因此退让性和溃散性均良好。

提高防粘砂性。由于植物油粘结剂在加热分解和燃烧过程中生成CO和H_2等还原性气体，并在裂解后沉积出光亮碳，因而防粘砂性较好。

(2)植物油砂的配方及性能。植物油砂的配方有三种类型，第一类是不加附加物的油砂，保证干强度、出砂性和流动性，用成型烘干板等措施解决砂芯的变形问题，主要用于Ⅰ级砂芯。第二类是加水溶性附加物的油砂主要用于对湿强度要求稍高的Ⅱ级砂芯，南方常加糊精，北方常加黏土、纸浆残液。第三类是在纸浆残液为粘结剂的砂中加入少量油以改善芯砂的流动性，提高干强度，主要用于Ⅲ级砂芯(铸造生产上一般将砂芯分为五级，见表1－71)。国内一些企业的植物油配方及性能见表1－69所示，供参考。

表1－69 国内一些企业的植物油砂配方及性能

用途	原砂		桐油(%)	糊精或其它(%)	膨润土(%)	水分(%)	湿透气性	湿压强度(kPa)	干压强度(MPa)
	粒度	用量(%)							
铸铁	21	100	2 ~2.5	2	2	3.2 ~3.8	>100	14 ~18	1.3 ~1.7
	30/21	50/50	2.8	红砂6 ~8		—	>100	18 ~20	>1.2
	21	100	2.0 ~2.5	2	2	2.3 ~2.4	>100	18 ~20	>1.2
	21	92 ~94	亚麻油0.3 ~0.5	纸浆3		3 ~4	—	—	0.8 ~1.0
铸钢	30	100	2.5 ~3	2.5 ~4	—	6.5 ~7.5	>100	21 ~28	—
	30	100	3.0	4.5	—	7 ~9	>180	15 ~20	—
非铁合金	15	100	2.5	2.5	—	2 ~3	—	—	>1.0
	15	100	1.2 ~1.5	2	2	3 ~4	>150	—	0.6 ~0.7

(3)植物油砂的混制。植物油砂的配制工艺因所用附加物和混砂机类型而异，只要使油均匀分布在砂粒表面即可，一般情况下遵循先干混，后湿混的原则。混制过程如下：

$$\text{原砂}+\text{黏土或糊精}\xrightarrow{\text{干混}2\sim3\text{min}}+\text{水(或含水材料)}\xrightarrow{\text{湿混}2\sim3\text{min}}+\text{油}\xrightarrow{\text{混}5\sim8\text{min}}\text{出砂}$$

2)合脂砂的配制

(1)合脂砂的性能要求。合脂砂的干强度高，退让性和落砂性好，吸湿性较小，发气性与桐油砂相近，最主要的问题是蠕变大。

提高抗蠕变性。合脂砂的蠕变特征是基于以下两方面的原因：常温下合脂粘度大、流动性差、制芯时不易紧实、型芯紧实率较低，湿强度较低，因此制好的砂芯容易变形；合脂从室温到100℃左右升温，粘度会急骤下降。在烘干初期，型芯未硬化以前，合脂粘度极低，砂粒间相对移动的阻力很小，型芯就更容易变形。合脂砂在常温下，尤其在烘干过程中的热蠕变严重时会使砂芯开裂或坍塌。防止蠕变的方法是提高芯砂的湿强度，合理控制合脂粘度；增加芯骨，提高紧实率；大批量生产时采用烘干器，小批量生产时，尽量将砂芯躺倒放置并在芯子周围加砂衬托；砂芯烘干时采用高温入炉，快速加热，使砂芯表面层迅速硬化等。

增加流动性。因合脂的粘度大，所以合脂砂的流动性比油砂差，制造形状比较复杂的砂芯时，不容易紧实，可用油漆溶剂油进行稀释。

提高防黏模性。合脂砂容易粘附芯盒，合脂加入量越多，黏模倾向越大，水分越多及原砂越细越易黏模。为减轻黏模，在操作过程中应经常用少量煤油或柴油作脱模剂。

提高湿强度。合脂砂的湿强度较低，一般只有2.5～4.0 kPa，而干强度可达1.5 MPa以上，基本不能满足制芯要求。加入膨润土可提高湿强度，但是烘干后干强度大幅下降。所以膨润土一般与糊精、淀粉和纸浆残液等附加物一起加入。加入糊精后在提高湿强度的同时也提高干强度。适当延长混砂时间，能提高湿压强度。

(2)合脂砂的配方。合脂砂的配方和性能举例，见表1－70，供参考。

表1－70　国内一些企业的植物油配方及性能

用途	原砂		合脂(%)	膨润土(%)	糊精(%)	水分(%)	湿透气性	湿压强度(kPa)	干压强度(MPa)
	粒度	用量(%)							
铸铁	21	100	3.2～3.4	1.5	1.5	3～3.4	>100	13～14	1.3～1.7
	21	100	2.8～3.0	1.5	1.5	2.7～3.2	>100	12～14	1.2～1.6
	21	100	2.5	1.7	1.7	2.9～3.4	>100	14～18	1.0～1.4
	21	100	4.0	3.5	2	—	90～150	25～30	1.0～1.3
铸钢	21	100	4.0～4.5	1.5～2.0	1.2～1.4	2.0～3.0	>150	12～16	>1.2
	30	100	4.0	3.0	1.0～1.5	<4.5	>180	≤15	—
	30	100	5.0	4.0	木屑1～2	—	>350	14	1.2～1.8
非铁合金	15	100	3.0	重油1.0	木屑1～5	—	—	—	—
	15	100	4.5	重油1.5	木屑1～5	—	—	—	—

(3)合脂砂的混制。合脂砂的配制工艺与植物油很相似，但混砂时间比植物油砂稍长。

原砂＋黏土或糊精 $\xrightarrow{\text{干混 2～3min}}$ ＋水(或含水材料) $\xrightarrow{\text{湿混 2～3min}}$ ＋合脂 $\xrightarrow{\text{混 8～12min}}$ 出砂

3)渣油砂的配制

渣油砂随着渣油加入量的增加，干强度逐渐增加。当砂粒周围形成一定厚度的薄膜后，再增加粘结剂，不但干强度不增加反而有下降的趋势，同时湿压强度和透气性下降，发气性增加。因此，一般对铸铁和铸钢件其加入量为原砂质量的4.5%~6%，有色金属件为2%~3%。为提高渣油芯砂的湿态强度，便于制芯，一般在芯砂配比中加入一些膨润土、糊精和纸浆废液等附加物，但这些附加物会影响渣油芯砂的干强度，因此加入量不宜过多，一般为原砂质量的1.5%~2%。

4)乳化沥青砂的配制

乳化沥青砂一般用于三级以下简单砂芯芯砂。乳化沥青砂的干强度不是很高，一般乳化沥青粘结剂加入3%(质量分数)时，干强度为0.6~0.8 MPa。为提高湿态强度，可加入一定量的黏土。

乳化沥青芯砂的配比(质量分数)为：砂100%，黏土<2%，乳化沥青3%~5%，木屑8%~10%，水5%~6%。

混制时，一般是干混2 min，加乳化沥青再混5 min。也可以先将膏状的乳化沥青用水稀释，然后加入经干混均匀的砂中，再混碾15 min。

1.3.5 芯砂的种类及其应用

1)芯砂的性能要求

由于砂芯主要形成铸件的内腔，浇注后将承受更高的温度和更长时间的热作用，对芯砂提出了以下要求，足够的工艺强度；低发气性；良好的透气性；足够的耐火性；良好的退让性和溃散性；低的吸湿性，为此，芯砂尽可能使用新砂。

2)砂芯的等级和芯砂的选用。

根据砂芯的结构及工作条件，铸造上将砂芯分为五级，便于选择芯砂的类型。具体见表1-71。

表1-71 砂芯的等级和芯砂的选用

砂芯级别	砂芯特点	对芯砂的性能要求	可适用的芯砂
Ⅰ级	砂芯断面细薄，或厚薄差异悬殊，几何形状复杂，芯头尺寸小，大部分表面被金属液包围，铸件内腔不加工，要求表面光洁	干强度高，良好的断裂韧性和高温强度，具有良好的透气性、溃散性、防粘砂性能，低的发气性	以桐油、亚麻油、米糠油、渣油为粘接剂的油砂；以酚醛树脂、呋喃Ⅰ型、呋喃Ⅱ为粘接剂的树脂砂
Ⅱ级	形状较复杂，有局部细薄断面，芯头比Ⅰ级砂芯大，铸件内腔表面质量好、光洁，部分不加工	高干强度、高温强度、耐火度，良好的防粘砂性、透气性、溃散性，低的发气性，有一定的湿强度	桐油+糊精、亚麻油+纸浆和合脂+纸浆以及渣油配制的油砂；以呋喃Ⅰ型、呋喃Ⅱ、酚醛树脂为粘接剂的树脂砂
Ⅲ级	形状中等复杂，没有细薄部分，局部有凸缘、棱角、肋片，形成铸件的重要内表面不加工，砂芯体积和芯头较大	较高的干强度和湿强度，流动性和溃散性比Ⅰ、Ⅱ级砂芯差一些	合脂+黏土的合脂砂；渣油砂；呋喃Ⅰ型树脂砂

续表 1－71

砂芯级别	砂芯特点	对芯砂的性能要求	可适用的芯砂
Ⅳ级	在铸件中形成需要加工的内表面,或形成要求不很严格的表面的砂芯,一般或中等复杂程度的外轮廓砂芯	适度的干强度,较高的湿强度,良好的透气性、退让性和溃散性	黏土砂;水玻璃砂;沥青乳化液油砂;水玻璃砂;水泥砂
Ⅴ级	形状简单,体积大的内腔砂芯	湿强度高,透气性、退让性良好,有一定的干强度。有机粘接剂的大砂芯在浇注过程中只能热透很少一层,砂芯中有机粘接剂不能完全燃烧和分解,使溃散性较差,此类砂芯应有高的容让性	黏土砂;水玻璃砂

为了提高砂芯的使用性能，不仅要合理选取造芯材料，同时在砂芯的结构上采取一定措施，如开设排气通道、使用涂料等。

1.3.6　铸造用涂料

覆盖在型腔和型芯表面，以改善其表面耐火性、化学稳定性、抗金属液冲刷性、抗粘砂性和抗粘型性等性能的铸造辅助材料统称为铸型涂料。其中以提高砂型(芯)表面抗粘砂和抗金属液冲刷等性能的铸型涂料称为砂型涂料，通常简称涂料。根据贮运和使用的不同要求，涂料可制成液状、稠状、膏体和粉状。用刷、浸、流、喷和转移等方法涂敷在铸型(芯)表面。

1)涂料的作用

(1)降低铸件表面粗糙度值。表面光滑、致密、不易被金属液润湿，且具有较高热化学稳定性的涂料层，可使铸件表面的粗糙度值降低2～3级。在砂型铸造中可从Ra25～50降至Ra3.2～6.3。

(2)防止或减少铸件粘砂缺陷。涂层封闭了型、芯表层的孔隙，提供了一层耐火性和热化学稳定性高的屏障，同时也制造出有利的气氛，从而防止或减少铸件机械粘砂和化学粘砂的产生。

(3)防止或减少铸件砂眼和夹砂缺陷。涂料能明显提高型、芯的表面强度，改善型、芯抵抗金属液冲刷的能力，减少金属液对砂型的热辐射，从而防止或减少铸件砂眼和夹砂等缺陷，由此还能扩大湿型的应用范围。

(4)防止或减缓某些树脂砂的热解产物对铸件的不良影响。如由于涂料的屏蔽作用，减少了树脂砂易造成的氮气孔和不锈钢铸件的渗碳，以及磺酸类固化剂分解析出的硫系气体使铸件表层渗硫而引起的铸钢件热裂和球墨铸铁铸件表面组织的异常。当采用含有氧化钙和硅酸二钙的涂料时，除了具有屏蔽作用外，其分解产物对硫系气体还具有吸附作用，从而更有利于防止因渗硫而引起的上述缺陷。

(5)通过不同的涂料，来减缓或加速铸件表面的冷却速度或制造强氧化气氛，防止不锈钢铸件的增碳。

(6)使铸件表面合金化和晶粒细化。在涂料中添加某些金属粉末或金属氧化物粉末可促进铸件表面合金化。在涂料中添加稀土合金粉和硼铁粉等可使铸件表面组织细化，从而提高铸件的使用性能及使用寿命，并可防止铸铁件的厚大部位产生缩松。若在涂料中添加难熔的高熔点金属或合金粉末时，它们能以镶嵌的方式存在于铸件表面，使铸件局部具有抗磨、耐蚀和耐热等特殊性能。

(7)提高铸件落砂和清理效率。

2)涂料的基本组成及原辅材料

涂料一般由耐火粉料、载液、粘结剂、悬浮剂和助剂组成。

(1)耐火粉料。耐火粉料是涂料的最基本组元，也称骨料。它借助悬浮剂在载液内悬浮，并被均匀地涂敷在铸型或型芯的工作表面上。载液蒸发或挥发后，粘结剂使粉料干结成致密涂层，起到保护工作表面的作用。耐火粉料在涂料中的含量(质量分数)通常在50%以上。耐火粉料的性质决定了涂层的性质，要求涂层的热稳定性好，耐火度高。生产中常根据铸造合金种类特点选用涂料。铸铁件常用石墨粉；铸造普通碳钢件则用硅砂粉、锆砂粉；铸造合金钢件用镁砂粉、锆砂粉、铬铁矿粉；铜合金件可用云母粉或石墨粉；铝合金及镁合金件可用滑石粉。

鳞片状石墨为固定碳含量高，耐火度亦高，但不易涂刷均匀，只用于较大型的铸铁件上。粉状石墨为黑色粉末状，固定碳含量较低，黏土等杂质含量较高，故耐火度低些，多数铸铁件使用黑色粉状石墨，或两种混合使用。

较细的粉料(70%颗粒 $<10\ \mu m$)可使涂料具有较高的渗透砂型的能力，涂层在浇注温度下熔融为粘稠体，可抵抗金属液的渗入，但限制 $<5\ \mu m$ 的细粒子不能 $>15\%$。如果粉料太细，在载液量一定时，涂料的粘度较高，不易流动，使用时涂料易出现堆积现象，涂层不光滑而且收缩大，容易开裂。粉料粒度以分散为宜，大小粒子相互镶嵌，粉料的紧实度大。粒度集中的粉料紧实度低，涂料组织疏松，抗金属液的渗透能力弱。

(2)载体。载体亦称为溶剂，其作用是溶解粘结剂，使粉料在载液中分散或悬浮，涂刷后，在铸型或砂芯工作表面形成涂层。

涂料按载体种类不同而分为两种。以水为载液的称为水基涂料，以可挥发溶剂为载液的称为快干涂料。选择载液时应考虑以下几点：在获得合格铸件的条件下，首先应考虑涂料的成本；慎用易燃和有毒的溶剂；机械化铸造车间采用湿型流水方式生产，水基涂料需要较长时间干燥，故宜用快干涂料。

水基涂料中的水应为软水或煮沸过的水。通常把含有一定数量的钙、镁盐杂质的水叫硬水。自然界中的水含钙、镁、钠、铁、锰、硅、磷等的盐类或化合物，钙镁盐类过多会破坏涂料中胶体或其他悬浮体发生聚沉或沉淀现象，导致涂料性能不稳定。

我国多用乙醇配制快干涂料。乙醇的含水量(质量分数)应 $<1.0\%$，否则涂料点火困难，燃烧不完全，易使铸件产生气孔缺陷。

(3)粘结剂。为了提高涂料层的强度和涂料层与砂型表面的结合强度，涂料中需加粘结剂。对粘结剂的基本要求是：粘结剂能很好地溶解或均匀分散在载液中；在室温、干燥和浇注温度下，粘结剂在粉料颗粒间以及涂层与铸型(芯)之间有牢固的结合力；粘结剂在浇注温度下形成的混合物不应与浇注金属发生化学作用；比较理想的粘结剂兼有悬浮剂的作用，可省去使用悬浮剂；来源广，价格便宜。

常用的有机粘结剂有树脂、纤维素、煤焦油、糖浆、纸浆残液、沥青、淀粉、糊精、干性植物油、合脂等。无机粘结剂有水玻璃、黏土、硫酸铝、硫酸镁、磷酸、磷酸铝、聚合氧化铝等。

(4)悬浮剂。悬浮剂亦称稳定剂或稠化剂，其作用是保持涂料为均匀的悬浊液，不沉淀，并易于涂刷均匀，常用纳基膨润土和活化膨润土。如果膨润土加入量多，则悬浮稳定性好，但涂料在烘干和浇注时易开裂，加入量一般为涂料的4%(质量分数)。

(5)助剂。助剂也叫添加剂，其作用是改善涂料的性能，主要有以下几种：

表面活性剂。常用阴离子型的表面活性剂，如十二烷基苯磺酸钠(洗衣粉的主要成分)，另外还有烷基苯磺酸等。在涂料中加入微量表面活性剂，可以降低涂料的表面张力、涂料与铸型(芯)之间的界面张力，增加涂料的润湿能力，使涂料能很好地涂覆在铸型(芯)的工作表面上。

消泡剂。为了消除涂料中的泡沫，改善涂料的润湿性，常用微量的正丁醇、正戊醇等作为消泡剂。

防腐剂。防腐剂的主要作用是防止涂料中多糖类有机物发酵使涂料变质。常用酚类(如百里粉)、氯酚类(如五氯粉和氯粉钠)、甲醛液(37%～40%的甲醛水溶液，俗称福尔马林)等，它们能凝固蛋白质、扑灭霉菌或抑制霉菌生长。

其他添加剂还有偶联剂如苯胺甲基三乙氧基甲硅烷，用于酚醛树脂；固化剂如六次甲基四胺（乌洛托品)，用于热塑性酚醛树脂；减水剂：如亚甲基双萘磺酸钠，用于水基涂料。此外还有分散剂、流平剂、助熔剂、芳香剂和着色剂等。

3)涂料的性能

涂料的性能包括工艺性能和工作性能。

(1)涂料的工艺性能。又称涂敷性能或使用性能，主要有饱黏性、涂刷性、流淌性、流平性、渗透性等。工艺性能良好的涂料应具有“稠而不粘，滑而不淌”的特点。

饱黏性。是指涂料应饱沾在刷子上而不淋滴的性能。涂料应具备一定的粘度才会有良好的饱黏性。

涂刷性。是指涂刷涂料时滑爽而无粘滞感的性能。如果涂料能在砂型表面形成均匀的薄层，不会在砂型表面流淌或涂刷不开，则说明涂料的涂刷性好。涂刷性主要决定于涂料的粘度和密度。而粘度主要取决于粘结剂的种类和加入量，密度主要取决于耐火粉料的密度、粒度和稀释剂的加入量。

流淌性。是指在重力的作用下，涂料从铸型(芯)垂直壁向下流淌的趋势。若流淌性大且涂挂层厚，则涂料在垂直壁上很难获得均厚涂层。当湿涂层厚度薄、涂料粘度高、密度小时，涂层干结速度就快，能减少涂料的流淌。

流平性。是指涂料涂刷后自动消失刷痕的能力。涂料用刷子涂刷在铸型(芯)的表面后，涂层表面往往出现刷痕，这些刷痕如能在短时间内消失，就可以保证涂层光滑。当湿涂层厚度大、涂料粘度低、表面张力大、刷痕深度浅而窄、涂层干结慢均有利于流平，所以水基涂料比有机溶剂涂料的流平性好。

渗透性。是指涂料渗入到砂型(芯)孔隙中的能力，一般要求涂料能渗入砂型表面一定厚度(几个砂粒的深度)和形成一定厚度(>0.5 mm)的光滑涂层。涂料渗入砂型太深，使留在砂型表面的涂料层很薄，需刷几遍才能达到需要的涂层厚度，使涂料用量和涂刷工时增加，烘干涂层的时间需延长。涂料渗入深度太浅，涂料层与砂型表面的结合强度低，涂层易起皮、开裂。所以要求涂料渗透性适中。

涂料的渗透性与铸型(芯)的透气性及涂料的粘度有关。

(2)涂料的工作性能。又称涂层性能，主要有抗粘砂性、悬浮稳定性、涂层的强度和抗裂纹性。

抗粘砂性。是指涂料能否起到良好的防粘砂效果。为了提高涂料的抗粘砂性能，应选取合适的防粘砂材料，以及保证涂料层的厚度。涂层厚度应根据铸件的大小、壁厚、浇注时金属液压头大小等因素来确定。涂层厚度一般在0.5～2 mm左右，小件取下限。对于重型、大型铸钢件，为保证涂料层厚度，可用涂膏涂抹在铸型工作表面。

悬浮稳定性。是指涂料中的粉料应稳定地悬浮在载液中而不沉淀的能力。涂料在一定的贮存期内应不沉淀、不分液(载液与粉料的轻度分层现象称为分液)、不失粘、不结块、不霉变。

涂料的悬浮稳定性主要取决于悬浮剂的性质和加入量，以及防粘砂材料的粒度。选用溶剂化能力较高的悬浮剂；使用复合悬浮剂，即高分子化合物加膨润土；耐火粉料中不宜混有大颗粒；在贮存过程中不能有急剧的温度变化，尤其不能受冻结冰，均可提高悬浮稳定性。

涂料失效的原因主要是污染。在包装、贮存和取用时，沾染了微量电解质(如铁锈)，或在悬浮剂表面上吸附了引起失效的污物(如石灰石)。

涂料结块分为两种情况：一种是因载体挥发使涂料干枯而结块。另一种是固化。

涂层的强度。主要取决于涂层对铸型(芯)的附着强度，它与粘结剂的性质、加入量以及砂型(芯)的烘干规范有关。粘结剂加入量多，涂层的强度就高；用糊精、纸浆残液、糖浆作粘结剂时，烘干温度超过200℃，强度会很快下降。

抗裂纹性。是指涂料层在烘干和浇注时不开裂的能力。膨润土的加入量越多，防粘砂材料的粒度越细、越集中，砂型(芯)表面的紧实度和干强度越低，涂料层越易开裂。

4)涂料的配制

制备一种性能良好的涂料，不仅其配料组成应当选择适当，而且必须有合适的制备工艺。涂料的配制包括确定配方和混制两个方面的工作。

(1)涂料的配方。确定配方的依据是浇注的合金种类、铸造方法、铸型种类、生产方式。水基涂料的典型配方见表1－72、1－73、1－74、1－75和1－76，供参考。

表1－72　铸铁件黏土砂干型用涂料典型配方

配比(%)													控制密度(g/cm³)	用途
土状石墨粉	鳞片状石墨粉	焦炭粉	石英粉	滑石粉	黏土	膨润土	CMC	糖浆	纸浆废液	水柏油	聚乙烯醇	水分		
85	15	—	—	—	3～5	3～5	—	3	—	—	—	适量	1.35～1.45	一般铸件
75	15	—	10	—	—	3～8	0.3～0.5	—	—	—	—	适量	1.35～1.45	一般铸件
60	40	—	—	—	4	3	—	2	—	3	—	适量	1.35～1.45	钢锭模芯
90	—	10		—	—	3～6	—	—	4	—	—	适量	1.45	—
30	—	40		30	2	—	—	—	—	—	1	适量	1.35	—

表1-73　铸钢件黏土砂干型用涂料典型配方

配比(%)											用途
石英粉	锆英粉	黏土	膨润土	CMC	糊精	糖浆	纸浆废液	水玻璃	煤焦油	水分	
100	—	1.5	3.5	—	—	—	—	—	2.5~3	适量	一般钢件
100	—	—	2~3	—	—	10	—	—	—	适量	一般钢件
100	—	—	3	—	—	—	2	7	—	适量	一般钢件
100	—	—	2~3	0.3~0.5	—	3~4	—	—	3~4	适量	一般钢件 合金钢件
—	100	—	2	—	1.5~2	2	—	—	—	适量	厚壁件

表1-74　有色金属铸件黏土砂干型用典型涂料配方

配比(%)									用途
土状石墨粉	滑石粉	白垩粉	云母粉	膨润土	糖浆	糊精	水玻璃	纸浆废液	
80	20	—	—	4	—	2	—	—	铜合金铸件
25	75	—	—	2	8	—	—	—	铜合金铸件
—	70	30	—	—	6	—	—	—	铜合金铸件
—	47	—	53	—	6	—	—	—	铜合金铸件
40	60	—	—	6	—	—	—	2	铝合金铸件
4	96	—	—	—	—	—	—	2	铝合金铸件
100	—	—	—	—	—	—	20	—	铝合金铸件

表1-75　铸铁件水玻璃砂型用型涂料配方

配比(%)					用途
土状石墨粉	锆英粉	膨润土	聚乙烯醇	CMC	
100	—	3~5	2~3	—	水基自干涂料
—	100	2~3	2	0.3~1	重要铸铁件

表1-76　铸钢件水玻璃砂型用涂料配方

配比(%)											备注
石英粉	锆英粉	镁砂粉	糖浆	膨润土	CMC	海藻酸钠	煤焦油	白乳胶	糊精	其他	
100	—	—	3	2	0.5	—	3	—	—	—	活性石英粉
—	—	100	—	—	0.2	1	—	—	1.5	凹凸棒土±1.5	高锰钢用
—	100	—	—	2	0.1	0.2	—	3~4	—	—	8小时自干

有机溶剂(醇基)涂料的典型配方见表1-77、1-78、1-79和1-80，供参考。

表 1－77　铸铁件黏土砂湿型用有机溶剂涂料配方

配比(%)							
土状石墨粉	鳞片状石墨粉	石灰石粉	CX—2 悬浮剂	SN 悬浮剂	树脂	PVB	酒精
70	30	—	6～8	—	4～6	<0.2	适量
85	15	1～3	—	4～5	1.5～3	—	适量

表 1－78　铸铁件树脂砂型用醇基涂料

配比(%)							
鳞片状石墨粉	土状石墨粉	锂基膨润土	钠基膨润土	PVB	树脂	乌洛托品	酒精
—	100	—	—	—	4～5	0.8～1	适量
—	100	—	7～9	0.3～0.5	1～1.25	—	适量
30	70	6～8	—	<0.2	4～6	—	适量

表 1－79　铸钢件树脂砂型用醇基涂料配方

配比(%)								
锆英粉	石英粉	铝矾土	有机膨润土	锂基膨润土	树脂	二甲苯	PVB	酒精
100	—	—	1.5	—	2	15	—	适量
—	100	—	—	—	2～8	—	—	适量
—	—	100	—	6～8	4～6	—	<0.2	适量

表 1－80　有色金属铸件树脂砂型用涂料配方

用料种类	滑石粉	铝矾土	钠基膨润土	酚醛树脂	乌洛托品	工业酒精
配比(%)	80	20	3～5	3～5	0.8～1.5	适量

(2)涂料的制备工艺。正确的涂料制备工艺是先配成膏状再稀释。配膏可以分为润湿和流动两个阶段，润湿阶段是先在粉料中加入少量粘结剂液体，强烈揉搓，使粉料成为硬膏体，此时加入的液体数量极限称为湿点。流动阶段是向达到湿点的粉料膏体中再加水或其他液体，使涂料开始具有流动性，达到这种稠度加入的液体数量极限称为流点。配膏与稀释以流点为分界，将配好的膏状涂料视使用要求加以稀释。

生产中一般先将各组分混合，干混 10 min，然后加入稀释剂在球磨机或碾轮机上研磨混压 8～24 h，制成膏状，使用时再将膏状物在叶片搅拌机中稀释成符合使用要求的涂料。

生产涂料的厂家一般按照用途及涂敷方法将涂料分类，成品出售。使用时不需作任何调整，开罐后即可使用。

5)涂料的选用

(1)常用骨料的适用范围。常用的骨料及其适用范围见表 1－81。

表1－81　常用的骨料及其适用范围

骨料名称	基本成分	密度(g/cm^3)	基本成分的熔点(℃)	适用范围
石墨粉	C	2.1～2.3	>3000	各种铸铁、铜合金、铝合金铸件
硅石粉	SiO_2	2.65	1710	普通铸钢件
锆英粉	$ZrSiO_4$	4.0～4.8	2430	厚大铸钢、高合金钢、铸铁件
刚玉粉	Al_2O_3	3.9	2050	大型铸钢件、合金钢铸件
煅烧镁砂粉	MgO	3.5～3.7	2800	高锰钢、高铬钢铸件
高铝熟料粉	(SiO_2、Al_2O_3)	约2.6	>1770	中、小型钢件，小型合金钢铸件
滑石粉	$MgSi_4O_{10}(OH)_2$	2.7	1550	铝合金铸件、薄壁小铸铁件

(2)涂料按耐火粉料分类。涂料种类很多，配方不同，性能指标和使用效果都有所差异。JB/T9226—1999《砂型铸造用涂料》对分类、分级及性能指标都作了规定，并推荐了应用范围，现列于表1－82。

表1－82　涂料按耐火粉料分类表

骨料	石墨粉	滑石粉	精制石英粉	高铝矾土粉	棕刚玉粉	锆英粉	镁砂粉	镁橄榄石粉	其他
代号	SM	H	JS	GL	Z	GY	M	MG	Q

(3)涂料牌号。涂料牌号及其含义如下：

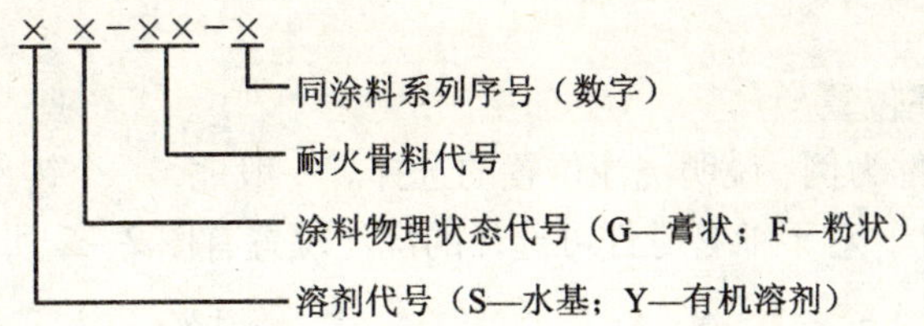

6)涂料性能的测定

砂型铸造用涂料性能按JB/S107《砂型铸造用涂料试验方法》进行测试。作为铸造生产车间一般从操作要求出发，仅测试粘度、悬浮性和涂刷性即可。

(1)粘度。一般控制在12～28s(ϕ4 mm，25℃)之间，根据环境温度和分散载体的挥发特性，可分上、中、下限加以控制。

(2)悬浮性。对于水基涂料控制4 h悬浮率≥98%；醇基涂料控制4 h悬浮率86%。

(3)涂刷性。一般用测试涂料的流变性来评价涂料的涂刷性。从操作上，根据涂刷时是否手感滑爽、涂层均匀完整、厚度适中、渗入表层深度满足要求、不流淌堆积、无流痕、平整来评定。

第2章 造型及制芯

2.1 铸件的浇注位置和分型面

2.1.1 铸件的浇注位置

1)浇注位置的概念

铸件的浇注位置是指浇注时铸件在型内所处的位置。浇注位置决定了铸件哪些表面朝上，哪些表面朝下，哪些表面侧立。由于浇注时金属液中渣、气上浮以及凝固补缩时的重力现象，不同的浇注位置对铸件的成型质量产生影响。选择合理的浇注位置是编制铸造工艺一项很重要的工作，初学者很容易将浇注位置理解为金属液进入型腔时内浇道的开设位置，应注意加以区别。

2)选择铸件的浇注位置

以图2－1轴套零件为例，说明浇注位置的选择。一般地，一个铸件在空间六个方位的面均有朝上放置的可能性。对于轴套零件可选择的浇注位置有图2－2所示的三个位置。

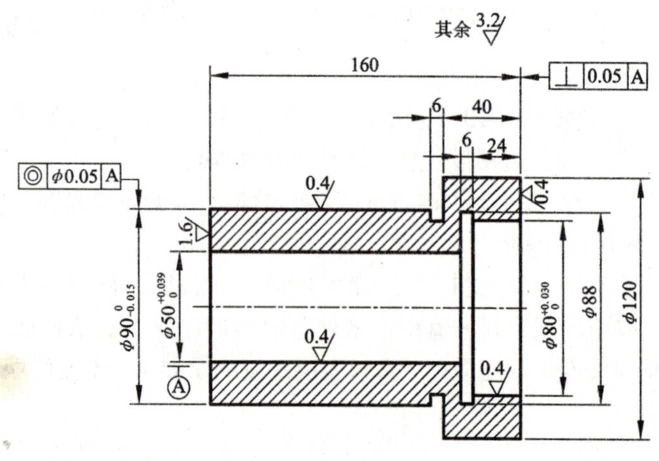

图2－1　轴套零件图

图2－2（a)为铸件水平放置，两个端面及台阶面处于侧立位置，内孔及外圆面处于水平位置。选用这种浇注位置，浇注工艺及铸件质量具有以下特点：因渣、气上浮，外圆顶面及内孔顶面质量较差，端面质量较高；分开模造型，比较方便，但是分型面处有错箱及披缝可能性；型芯水平放置，稳定可靠，并便于位置检查。

图2－2(b)为铸件竖直放置，大端面朝上，小端朝下，圆孔及外圆面侧立。选用这种浇注位置，浇注工艺及铸件质量具有以下特点：大端面有夹渣及气孔倾向，质量较差；小端、内孔及外圆面质量较好。同时，顶注式浇注系统使温度分布合理，有利于补缩；型芯稳定可靠，便于位置检查。

图2－2(c)铸件也是竖直放置，但是小端朝上，大端面朝下，圆孔及外圆面侧立。选用这种浇注位置，浇注工艺及铸件质量具有以下特点：小端有夹渣及气孔倾向，大端、内孔及外圆面质量较好。但底注式浇注系统使铸件温度分布不够合理，不利于补缩，且下芯不便于检查。

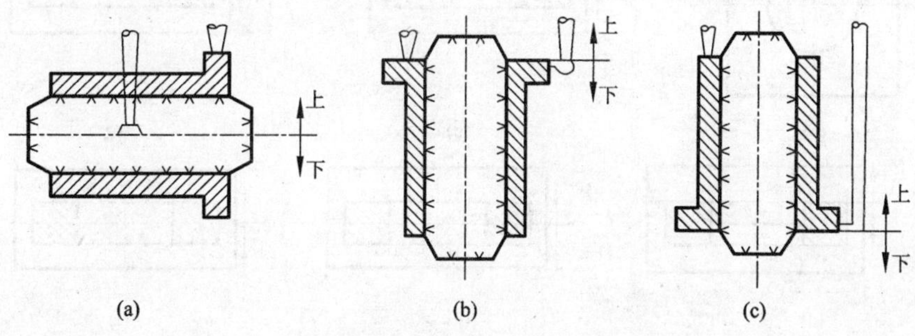

图2－2　轴套零件的三种烧注位置

由于三种浇注位置各有利弊，具体采用哪种浇注位置，需要根据铸件的结构特点、质量要求等优化选择，这是一项实践性很强的工作。对于浇注位置引起的铸件缺陷可采用其他辅助措施加以控制，如提高金属液的熔炼质量，改善浇注系统挡渣功能，提高型砂的透气性，加大顶面加工余量等措施。工程实践中采用“平作立浇”、“卧浇立冷”等工艺措施也取得了很好的效果。

2.1.2　分型面及其选择

1)分型面的概念

为了造型起模方便，铸型经常被拆分，分型面是指两半铸型相互接触的表面。对于砂型铸造而言，分型面的位置决定了铸型中的铸件各部分处于上箱还是下箱，也决定了分模面的位置和内浇道引入位置、横浇道开设位置，也直接影响起模是否顺利，以及铸件的位置精度。

除了地面砂床造型、明浇的小件和实型铸造法以外，都要选择分型面。分型面在铸造工艺图上应明显标注出来，如图2－3所示。横线表示分型面在铸件上的位置，箭头和“上”、“下”文字表示铸件处于上型和下型位置。以图2－2为例，(a)图中分型面的位置处于铸件中心的平面，铸件上、下两半分别处于铸型的上箱和下箱。图2－2（b)表示铸件全部位于下箱，

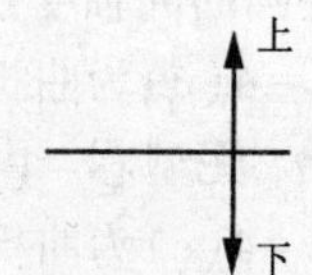

图2－3　分型面的表示方法

上箱只有冒口、芯头座、通气孔和浇注系统等工艺结构。图 2 – 2（c）表示铸件全部位于铸型的上箱，下箱只有芯头座和浇注系统等工艺结构。

一般情况下为了便于分型，铸件的分型面只有一个，处于铸件截面最大位置。但是，三箱造型时具有两个平行的分型面。复杂铸件采用劈箱造型时，不仅具有水平分型面，而且还同时具有垂直方向的分型面。分型面一般来说是平面的，也有曲面分型的情况。曲面分型对于造型过程来说带来一定难度，一般用在手工造型。

2）分型面的选择

以图 2 – 4 所示简单铸件的分型面选择为例，介绍同一个铸件的七种分型方法。

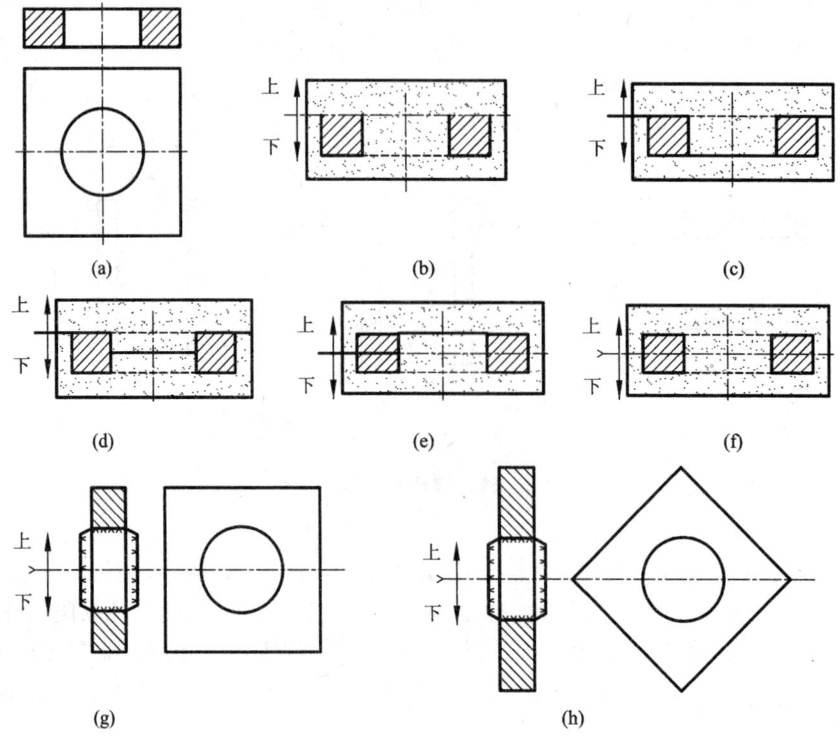

图 2 – 4　典型铸件的分型方法

图 2 – 4(a)为铸件图。

图 2 – 4(b)为平直分型面，采用整模造型，铸件全部在下箱。下箱带有砂胎，无型芯。内孔与外圆的同轴度依靠模样保证，不出现错箱缺陷。

图 2 – 4(c)为曲折分型面，采用整模造型，铸件全部在下箱。上箱带有吊砂，无型芯。内孔与外圆的同轴度依靠模样保证。

图 2 – 4(d)为曲折分型面，采用整模造型，铸件全部在下箱。上箱带有吊砂，同时下箱带有砂胎，无型芯。内孔与外圆的同轴度依靠模样保证，不出现错箱缺陷。

图 2 – 4(e)为曲折分型面，采用分模造型，铸件在上、下箱各半。下箱带砂胎，无型芯。两个半型内孔与外圆的同轴度分别依靠模样保证，但铸件整体的同轴度难以保证，可能会出现错箱缺陷。

图 2 – 4(f)为平直分型面，水平位置浇注，分模造型，铸件在上、下箱各半。上箱带有吊

砂，下箱带有砂胎，也可以采用型芯形成内孔。两个半型内孔与外圆的同轴度依靠模样保证，整个铸件难以保证同轴度，可能会出现错箱缺陷。

图 2 -4(g)为平直分型面，竖直浇注位置，分模造型，铸件在上、下箱各半。采用型芯形成内孔，无砂胎和吊砂。两个半型内孔与外形的位置关系依靠模样保证，整体上依靠合箱保证，可能会出现错箱缺陷。

图 2 -4(h)为平直分型面，竖直浇注位置。分模造型，铸件在上、下箱各半，但砂箱高度较大。采用型芯形成内孔，无砂胎和吊砂。两个半型内孔与外形的位置关系依靠模样保证，整体上依靠合箱保证，可能会出现错箱缺陷。

由此可见，任何铸件总能找出几种分型面，而每种方案都有各自特点。只要认真比较，仔细分析，一定会找出一种适合于技术要求和生产条件的分型面。

2.1.3　铸造工艺参数

1)最小铸出孔和槽

零件上的某些孔，在铸件上是不铸出来的，而是由机械加工获得的。零件上的孔和槽是否相应地铸出，取决于合金种类、孔的大小及其精度等级、铸件结构及其铸造方法等等。最小铸出孔与槽是指在特定铸造条件下，适合铸出的孔与槽的最小经验尺寸。一般说来，较大的孔和槽应铸出来，以节约金属和机加工工时。较小的孔和槽，则不宜铸出，直接进行机械加工反而更方便、更经济。一般灰铸铁件成批生产时，最小铸出孔直径为 15 ~30 mm，单件小批量生产时为 30 ~50 mm；铸钢件最小铸出孔直径为 30 ~50 mm，薄壁铸件取下限，厚壁铸件取上限。对于有弯曲形状等特殊的孔，无法机械加工时，则应直接铸造出来。需用钻头加工的孔(中心线位置精度要求高的孔)最好不铸出。难于加工的合金材料，如高锰钢等铸件的孔和槽应铸出。查取有关铸造手册，可取得最小铸出孔或槽的相关数据。

2)铸件尺寸公差

在实际生产中，无论采取哪种铸造方法，铸件的实际尺寸和图纸上的尺寸相比，总会有一些偏差。偏差越小，铸件的精度就越高。铸件尺寸公差的代号为 CT(机械零件精度等级代号为 IT)，我国的铸件尺寸公差标准 GB/T6414—1999 规定的铸件公差等级由精到粗分为 16 级，即 CT1 ~CT16，其数值可查相关手册。

一般在图纸的技术要求部分规定了铸件的公差等级，它是设计铸造工艺和检验铸件尺寸的依据，国家标准中具体规定了砂型铸造、金属型铸造、压力铸造、低压铸造、熔模铸造等方法生产的各种铸造合金的铸件尺寸公差和极限偏差。

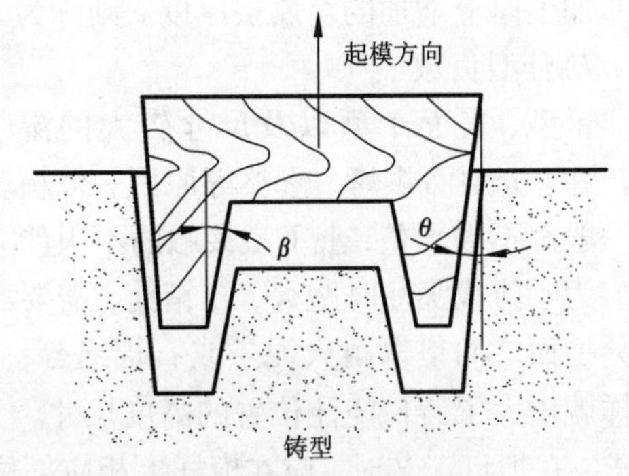

图 2 -5　起模斜度示意图

3)机械加工余量

机械加工余量是指工艺设计时，为了保证铸件加工面尺寸和零件精度，在铸件待加工面上预先增加的而在机械加工时切削掉的金属层厚度。一般地，只有在加工表面上留有加工余量，而在不加工表面上，铸件尺寸与零件尺寸相同。对于轴尺寸，铸件尺寸大于零件尺寸。对于孔尺寸，铸件尺寸小于零件尺寸。

4）起模斜度

为了使造型、造芯时起模方便，以免损坏砂型或砂芯，在模样、芯盒的出模方向留有一定斜度，这个斜度，称为起模斜度，也称拔模斜度，见图2－5所示。起模斜度一般设计在铸件没有结构斜度并垂直于分型面（或分盒面）的表面上。其大小依起模高度、模样表面粗糙度以及造型（芯）的方法而定。关于起模斜度的经验数值可在相关手册中查取。

5）铸造线收缩率

铸造线收缩率是铸件从线收缩开始温度冷却至室温的尺寸变化率，也称模样的放大率，直接表现为铸件与模样在相应尺寸上的差异，理论计算时用模样与铸件的长度之差与铸件长度之比的百分数表示：

$$\varepsilon = \frac{L_1 - L_2}{L_2} \times 100\% \tag{2-1}$$

式中 ε——铸造线收缩率（%）；

L_1——模样长度（mm）；

L_2——铸件长度（mm）。

因为铸件在冷却过程中各部分尺寸都要缩小，所以必须将模样及芯盒的工作面尺寸根据铸件收缩率来加大，加大的尺寸称为收缩量。铸造线收缩率是根据铸件尺寸推算模样尺寸的依据，工程上采用缩尺这种更加便捷的方法确定模样尺寸。

铸造收缩率主要与合金的收缩大小和铸件收缩时受阻条件有关，如合金种类、铸型种类、砂芯退让性、铸件结构、浇冒口等。由于不同的合金及其铸造状态，其使用的缩尺不同，选用合适的缩尺是一项实践性很强的工作。

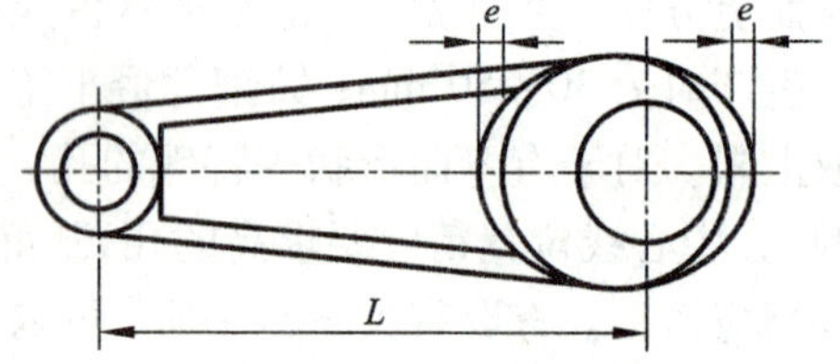

图2－6 连杆件工艺补正量示意图

6）工艺补正量

以图2－6所示连杆件为例来说明工艺补正量。在单件、小批量生产中，由于各种原因（例如铸造收缩率选取不当、操作偏差、偏芯等）使铸件上两孔的孔距尺寸变大或变小。当加工时保证了 L 尺寸后，右端大孔的壁厚会出现变大或变小的不均匀现象，影响零件的承载能力和美观。为了防止这种现象，在铸件相应的非加工面上增加的金属层厚度 e 则称为工艺补正量。工艺补正量 e 的取值可查相关手册。

7）分型负数

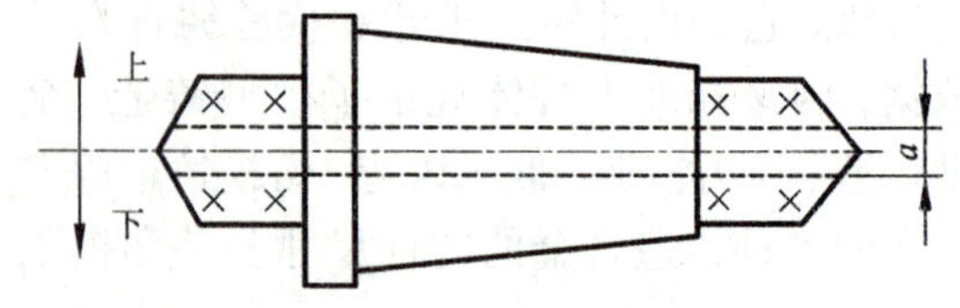

图2－7 分型负数示意图

干型、表面干型以及尺寸较大的湿型，由于分型面烘烤、修整等原因，合箱面一般都不很平整，上下型接触面不很严密。为了防止浇注时跑火，合箱前，需要在分型面之间垫以耐火泥条或石棉绳等，这样就增大了铸件浇注位置的高度尺寸。为了补偿铸件这部分尺寸，保证铸件尺寸符合图纸要求，在拟订工艺时，应在模样上相应部位减去一定的值，这个被减去的值，称为分型负数，如图2－7中的尺寸 a 所示。分型负数数值可查相关手册。

8）砂芯负数

砂芯在湿态时因自重而蠕变下沉，或涂料层较厚及烘干后膨胀变形等原因引起砂芯四周方向尺寸增大，会使铸件壁厚减薄。所以，在制造芯盒时，将芯盒内腔的尺寸减去一定值，这个被减去的值称为砂芯负数。砂芯负数适用于大型黏土砂芯，其经验数值可查相关手册。

9)非加工壁厚的负余量

在手工造型和造芯时，由于木模吸湿膨胀或起模敲动等原因，会使铸型型腔尺寸扩大。为了对这部分铸型尺寸变化量进行补偿，在制作铸件非加工表面壁厚的木模或芯盒内肋板时，其尺寸应该减小(即小于图样上标注的尺寸)，所减小的尺寸，称为非加工壁厚的负余量。非加工壁厚的负余量，只限于手工造型、造芯时采用，应在铸造工艺图上标注，其数值可查相关手册。

10)反变形量

根据铸件在凝固、冷却过程中可能产生的弯曲应力变形，在制作模样时，可根据具体情况作出相应的反变形量予以补偿。一般壁厚差别不大的中小型铸件不必留反变形量，而用加大加工余量的办法来补偿铸件挠曲变形即可。反变形量的经验数据，可查相关手册。

2.2　模样和模板

2.2.1　模样的类型及其结构

1)模样的类型

模样是造型工艺必需的工艺装备之一，其作用是用来形成铸型的型腔，因此，模样直接关系着铸件的形状和尺寸精度。

根据铸件的结构特点、造型方法和生产批量不同，可选用不同的材料制作模样。按照制作模样的材料主要分成木模、金属模和塑料模三类。

(1)木模。用木材制成的模样称为木模，是生产中应用较多的一种模样。它具有质轻、易加工、生产周期短、成本低等优点。但强度和硬度低，容易变形和损坏，一般用于单件小批量生产中。制造模样用的木材要求纹理平直、纤维坚韧、硬度适中、质地细密、吸湿性低、缩胀性小、无木节裂纹等缺陷。常用的木材有红松、白松、杉木等。制作木模前应将木材进行干燥处理，以免发生干缩变形。

木模按结构形式分为实体模样、空心框架模样、刮板模样等三种类型。小型铸件的模样，特别是高压造型使用的模样采用实体结构。大、中型木模一般采用多块木料拼接组合的中空框架模样。对较大的木模，中心可做成钢骨架结构。单件或小批量生产的回转体或形体简单的铸件，为节省制模材料和加工工时，常用刮板模进行造型。

(2)金属模。金属模是用铝合金、铸铁、铸钢、铜合金等金属制成的模样，它具有强度高、尺寸精确、表面光洁、耐磨耐用等优点。但制模的生产周期长、成本高，多用于成批大量生产。

金属模样较小时，可做成实体结构，中大型模样一般都做成空心结构。

(3)塑料模。塑料模是以环氧树脂为主要材料制成的模样。它具有表面光洁、起模性能好、不易变形、质轻、耐磨、耐腐蚀、制造工艺简单、生产周期短等优点。缺点是使用中不能加热，在制造时挥发出有害气体。多用于成批生产的中小件，特别是形状复杂和机械加工困难的模样。

2)模样的结构

(1)模样本体。模样本体是指与形成铸件外轮廓相对应的结构部分。模样本体的形状和尺寸除了要考虑产品零件的形状和尺寸以外，还要考虑零件的铸造工艺尺寸，包括零件材料的铸造收缩率、机械加工余量、起模斜度、工艺补正量等各种工艺参数。

模样尺寸可由下式计算：

$$模样尺寸=(零件尺寸\pm工艺尺寸)\times(1+铸造收缩率)$$

公式中“±”的用法：“+”用于模样的轴类尺寸；“—”用于模样孔类尺寸。因模样上的芯头部分和浇冒口模样等不形成铸件本体，故不必计算铸造收缩率。

(2)分模面。对于分开模造型时，模样分为两个或多个部分模或模块，然后利用定位结构组合起来，在造型时分别起出。

(3)芯头。模样外形与铸件外形基本相似，但铸件上孔用砂芯形成。模样上无孔，而是凸出一块芯头，在砂型中形成芯座，用来安放型芯。

(4)定位与连接结构。分开式模样还需在分模面上设置定位结构，如用止口、定位销与定位孔定位。连接是指活块、冒口模、通气针或出气片等与模样的装配。固定连接用螺栓、螺钉、过盈配合紧固方式。活动连接采用燕尾及燕尾槽、滑销与销孔和榫式连接等，一般在手工造型时使用。

(5)起出结构。手工造型用模样考虑了敲模和起模。敲模一般使用敲模板。模样若为大平面结构，在模样上一般设置两个起模螺孔。对于铝模样，直接攻螺纹不耐用，可嵌入钢套。

(6)其他铸造工艺结构。一套完整的模样，还应包括活块、浇冒口模样、出气孔模样、补贴模样、敲模板等工艺结构。

2.2.2 模板的结构组成

1)模板的组成

模板是将铸件本体模样、芯头模样和浇冒口模样等与模底板通过螺钉、螺栓、定位销等装配或整体铸造而成的结构，使用非常广泛。

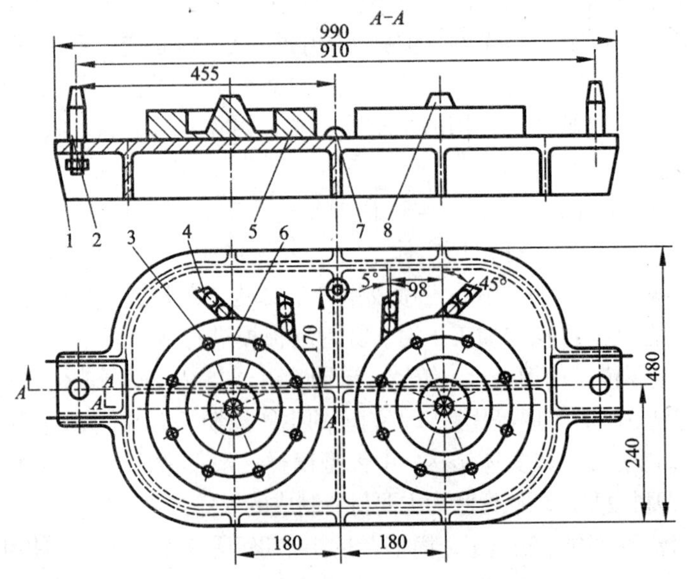

图2-8 典型下模板结构图

1—模底板；2—定位销及螺母；3—沉头螺钉；4—内浇道；5—下模样本体；6—圆柱销；7—直浇道窝；8—芯头

2)模板的结构

图2-8所示为典型的下模板结构示意图，上模板与下模板的标志性区别在于装配有浇冒口模样和出气孔模样等。手工造型用模板还有起吊装置，机器造型用模板还设有与造型机或模板框的定位与固定结构。

模底板是模板的基础件，利用其上定位与固定结构连接模样本体与芯头、浇注系统模样、冒口模样、出气孔模样等，使其成为模板。模底板上还设有吊装结构。

2.3　砂箱

按制造材料分有木质砂箱、铝质砂箱、铸铁砂箱、球铁砂箱和铸钢砂箱。按制造方法分为整铸式砂箱、焊接式砂箱和装配式砂箱。按构造形式分有普通砂箱和专用砂箱。按形状分为方形砂箱和圆形砂箱。

1)普通砂箱的结构

普通砂箱的结构如图2-9所示。

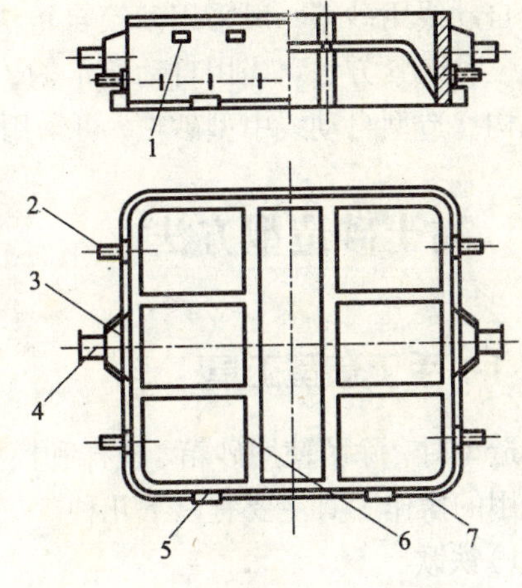

图2-9　通用典型砂箱结构示意图

1—排气孔；2—手把；
3—定位箱耳及定位孔；
4—吊轴；5—锁紧楔形凸台；
6—箱带；7—箱壁

(1)砂箱尺寸。通用砂箱尺寸一般用分型面处砂箱内框的长度、宽度及高度来表示。选择和确定砂箱尺寸的主要依据是铸造工艺图、模样、浇冒口及冷铁的布置，再加上合理的吃砂量。

按照砂箱的内框尺寸分为大型砂箱、中型砂箱和小型砂箱。

小型砂箱：300 mm × 250 mm ~ 500 mm × 400 mm，重量不超过20 kg。

中型砂箱：500 mm × 350 mm ~ 1200 mm × 900 mm，重量不超过65 kg。

大型砂箱：大于1200 mm × 900 mm

选用通用砂箱时，在系列规格尺寸中选取。

(2)箱壁结构。砂箱箱壁结构是决定砂箱强度和刚度的因素，箱壁一般上设有凸缘、加强肋、排气孔等结构。

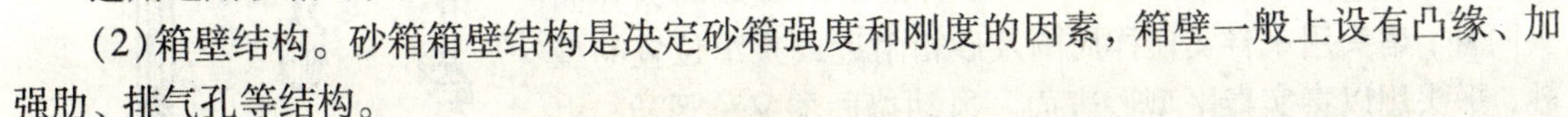

(3)箱带。箱带的主要作用是增加对型砂的承托力和附着力，可以防止砂型的塌箱，而且能增加砂箱的强度和刚度。

(4)砂箱定位装置。砂箱上的定位装置由定位箱耳、定位套和合型定位销组成。定位箱耳结构有两种形式：一种与吊轴连在一起，另一种单独设在箱壁上。

(5)锁紧装置。为防止搬运时错动和浇注时抬型，合型后上、下砂箱需要锁紧。锁紧装置有多种形式，机器造型的中小型砂箱用楔形箱卡锁紧，在砂箱两侧设四个楔形凸台，该装置使用方便。单件小批生产中的中大型砂箱常用楔销和螺栓锁紧，在砂箱上对称地设四个以上的锁箱箱耳。

(6)吊运装置。吊运装置有箱把，常用于人工搬运。小砂箱的箱把共两对，供两人抬用。大中型砂箱，一般设有整铸式或铸接式吊轴。对于一些大中型砂箱除设置吊轴外，为便于吊运和翻箱，还在砂箱两侧设四个以上的吊环。

2）专用砂箱

专用砂箱是指按照特定铸件设计的砂箱，如图2－10所示圆形砂箱，可节约造型材料和造型时间。

3）自动线砂箱

在整条自动化铸造生产线设计时，配套设计使用专用的砂箱。自动线砂箱在结构上与普通砂箱相比主要有以下特点：一般中小型砂箱都不设置箱带，这样对造型、落砂都有利；为了增加刚性，防止变形，箱壁外围使用加强肋结构。

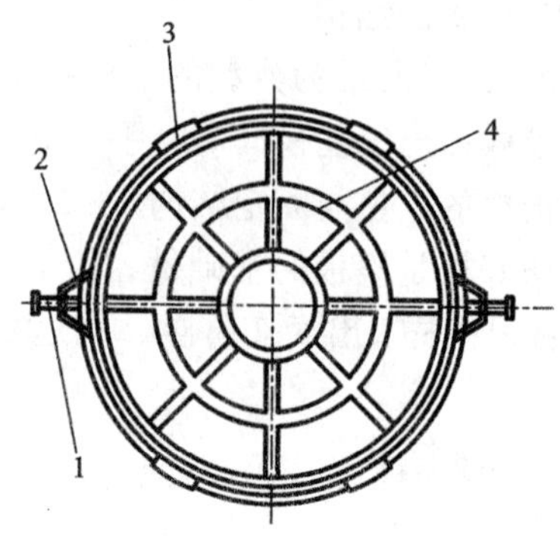

图2－10 专用砂箱结构示意图

1—吊轴； 2—定位箱耳及定位孔；
3—锁紧楔形凸台； 4—箱带

自动线用砂箱一般采用砂箱自重法、压铁法或箱卡法三种卡紧方法。当用自动箱卡时，砂箱上设有箱卡机构。造型自动线中型砂箱，可采用自动挂钩锁紧装置。

2.4 黏土砂造型方法

2.4.1 手工造型工具

造型时，除了使用砂箱、模样和模板以外，还要使用一些手工操作工具。黏土砂手工造型使用的操作工具主要有以下几种。

1）铁锹

用来铲起和搅和型（芯）砂。

2）筛子

有方形和圆形两种，方形筛用来筛分原砂和型砂；圆形筛一般为手筛，将面砂筛到模样表面上去。

3）砂舂和风动捣固器

用来舂实型砂，见图2－11。砂舂的两头做成扁头和圆头两种，扁头用来舂实模样周围及砂箱附近或狭窄位置的型砂，平头用以舂实舂平型砂表面。风动捣固器又称风枪，由压缩空气驱动，舂实较大砂型和砂芯，以减轻劳动强度。

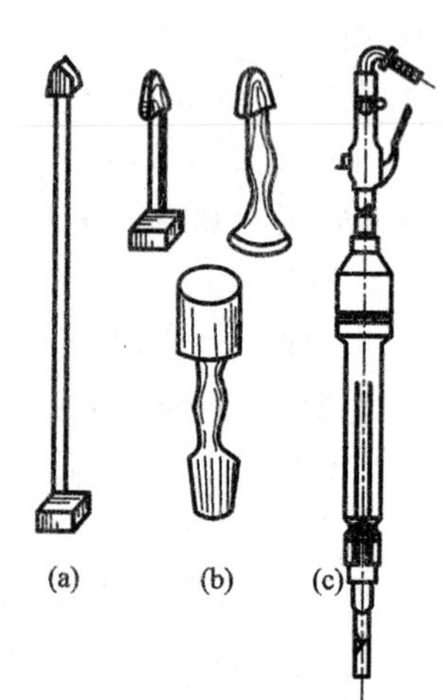

图2－11 砂舂和风动捣固器

（a）地面造型用砂舂；
（b）台面上造型用砂舂；
（c）风动捣固器

4）刮板

也叫刮尺，平直的木板或钢板制成，长度比砂箱略长。在砂型舂实后用来刮去高出砂型的型砂。

5）通气针

用来扎出通气孔眼，一般用 ϕ 2～8 mm 的铁丝或钢筋制成，见图2－12所示。

6)起模针和起模钉

用来起出砂型中的模样。工作端带尖为起模针，用于起出较小模样。工作端有螺纹，叫起模钉，用来起出较大模样。如图 2－13 所示。

7)掸笔和排笔

用来在起模前湿润模样边缘的型砂，或在小铸型或砂芯上刷涂料。排笔用来在砂型大平面上刷涂料或清扫砂型上的浮砂。如图 2－14 所示。

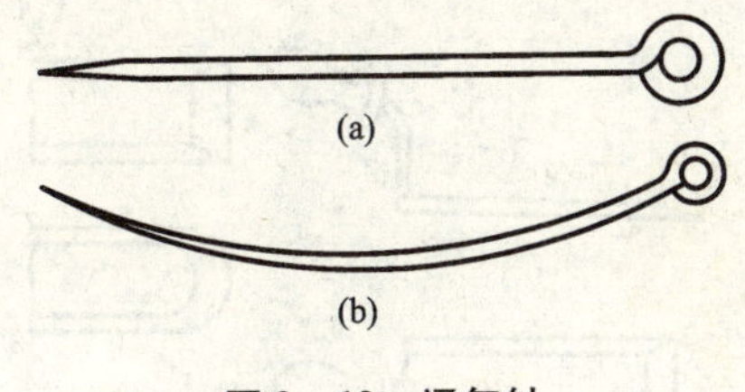

图 2－12　通气针

(a)直针；(b)弯针

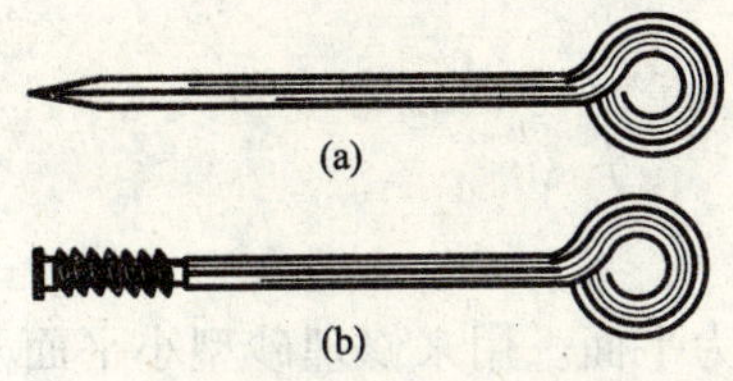

图 2－13　起模针和起模钉

(a)起模针；(b)起模钉

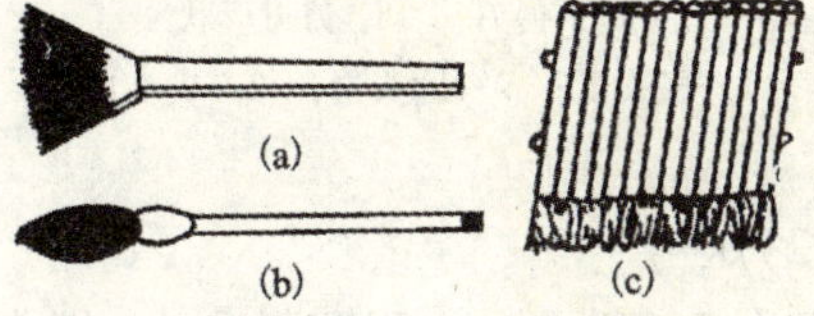

图 2－14　掸笔和排笔

(a)扁头掸笔；(b)圆头掸笔；(c)排笔

8)粉袋

就是布袋，装入石墨粉或滑石粉，在型腔表面抖动撒敷。如图 2－15 所示。

9)皮老虎

用来手动鼓风，吹去砂型上的灰土或浮砂。见图 2－16 所示。

图 2－15　粉袋

图 2－16　皮老虎

10)镘刀

又称刮刀，工具钢制造，装有木质手柄。有平头、圆头和尖头等几种。用来开挖浇冒口，切割大沟槽，或在砂型中插钉时把钉子送入砂型以及修理砂型大平面。如图 2－17 所示。

11)成形镘刀

用钢或铸铁制成，见图 2－18。用来镘光修整砂型(芯)上的内、外圆角、方角和圆弧面等。形状不一，根据实际生产中的砂型表面情况制作使用。

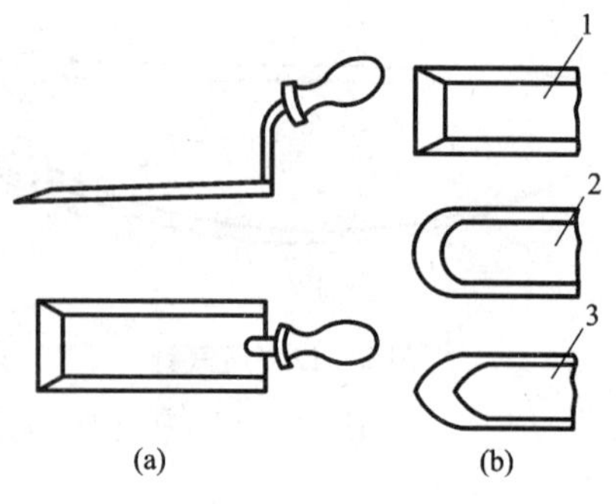

图 2－17　镘刀

（a）平镘刀；（b）刀刃形状

1—平头形；2—圆头形；3—尖头形

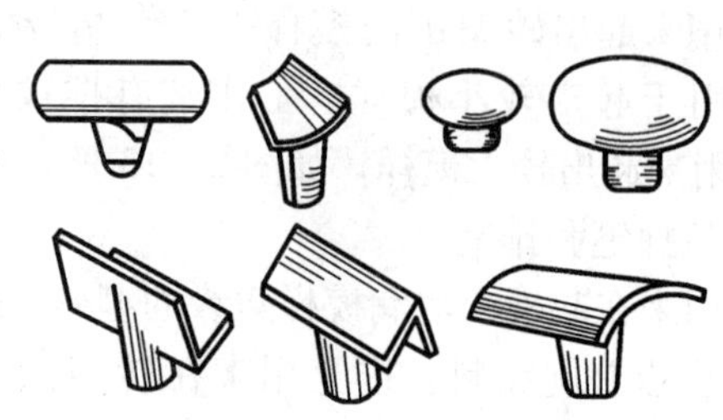

图 2－18　成形镘刀

12）压勺

如图 2－19 所示，用钢制成，一端为弧面，另一端为平面。用来修理砂型小平面及开设较小的浇口。

13）双头铜勺

又称秋叶，铜制，两端为匙形的修型工具，如图 2－20 所示。用来修整曲面或窄小的凹面。

图 2－19　压勺

图 2－20　双头铜勺

14）提钩

又称砂勾，用工具钢制成，见图 2－21。用于修理砂型中深而窄的底面和侧壁，提出落在铸型中的散砂。

15）圆头

用来修整圆形或弧形凹槽，见图 2－22。

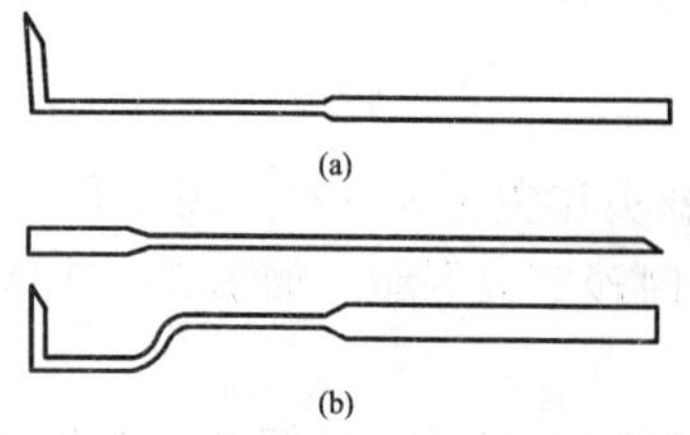

图 2－21　提钩

（a）直提钩；（b）带后跟提钩

图 2－22　圆头

16）半圆

用来修整垂直方向的弧形内壁及其底面，见图2－23。

17）法兰梗

又称光槽镘刀，是由钢或青铜制成，见图2－24。用来修整砂型的深、窄底面，以及管子法兰的窄边。

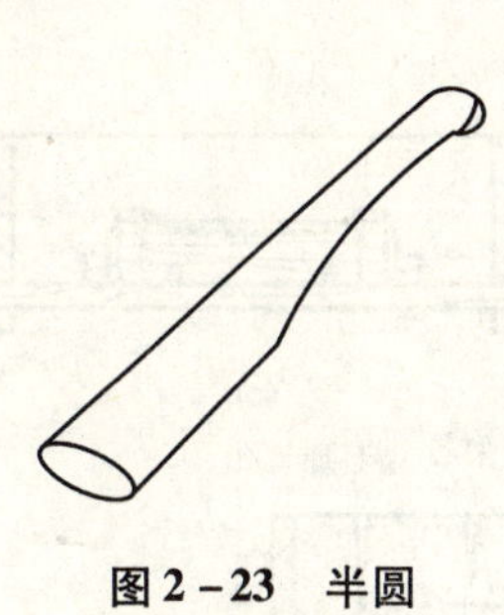

图2－23　半圆

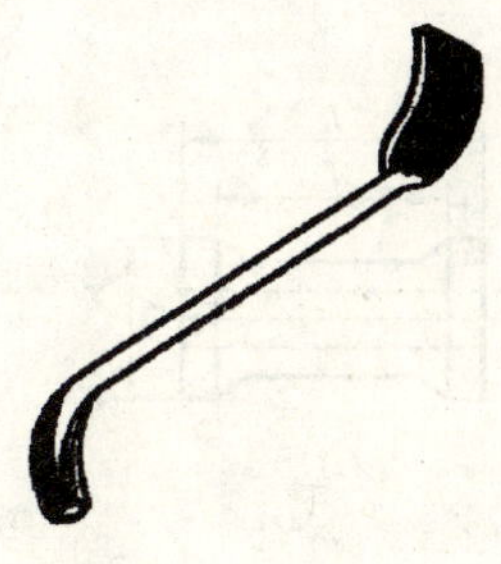

图2－24　法兰梗

2.4.2　手工造型方法

1）整模造型

整模造型是指使用整体模样造型。分型面在铸件的端面，铸件全部置于上箱或者下箱，模样可以直接从砂型中起出，可运用整模造型方法。其造型过程如图2－25所示。这种造型方法操作简便，适用于生产各种批量、铸件结构形状简单的铸件。

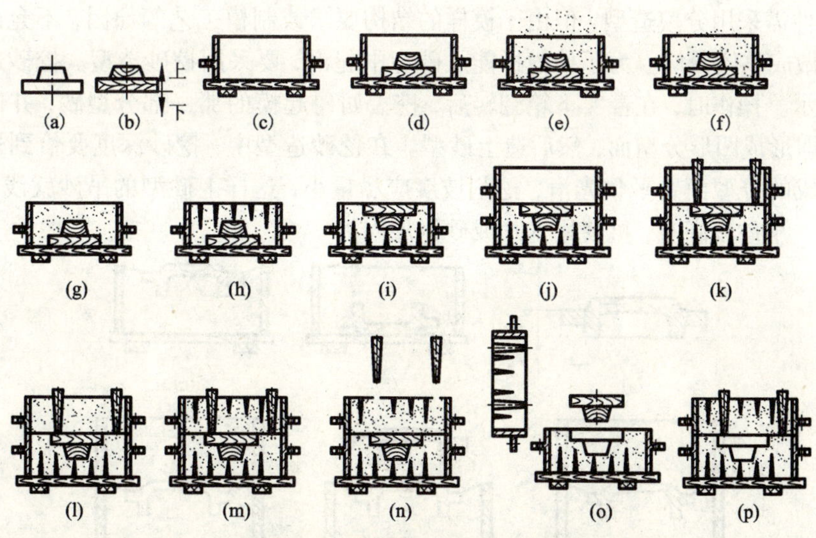

图2－25　整模造型过程示意图

(a)铸件；(b)模样；(c)在底板上放置下砂箱；(d)放置模样；(e)充填型砂；(f)型砂舂实；(g)刮平型砂；(h)扎通气孔；(i)翻转砂箱；(j)放置上砂箱；(k)放置浇道和冒口模样；(l)上砂箱填充型砂(m)上砂箱舂实后扎通气孔；(n)起出浇道和冒口模样；(o)搬离上砂箱后起出模样；(p)上、下箱合箱

2）分模造型

外形较复杂的铸件，若采用整模造型，无法从砂型中取出模样。将模样沿着最大截面处

分成两半，造型时分别放置于上砂箱和下砂箱内，这种造型方法称为分模造型。通常模样的分模面与砂型的分型面一致。为了防止错箱和便于操作，两个半模面之间定位用的定位销或方榫必须设在上半模样上，而销孔或榫孔开在下半模样上。带有凸缘的管类铸件分模两箱造型过程如图2－26所示。分模两箱造型操作简便，应用广泛，适用于圆柱体、套类、管类、阀体类等形状较为复杂的铸件。

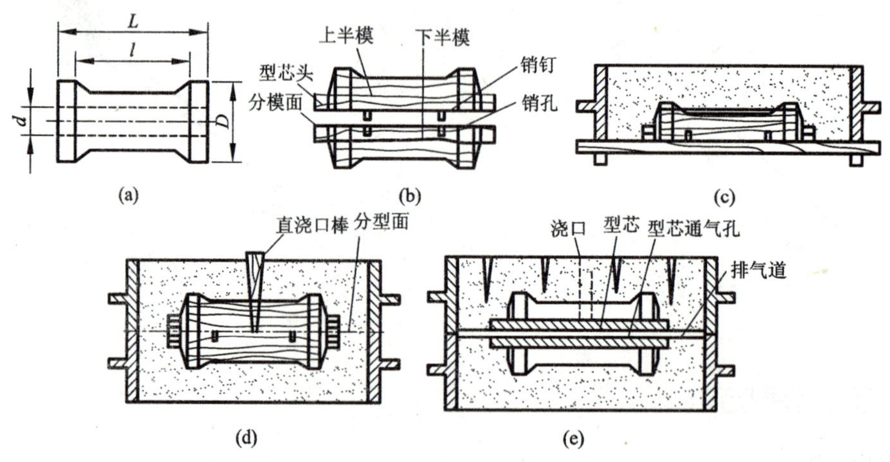

图2－26 分模造型过程示意图

(a)铸件；(b)两半模样；(c)造下型；(d)造上型；(e)分别起模后合箱

3)挖砂造型

有些铸件需采用分模造型，但由于模样的结构要求或制模工艺等原因，不允许做成分开模样，必须做成整体模样。为了使模样能从砂型中起出，要采用挖砂造型。挖砂造型过程如图2－27所示。操作时，在舂实下箱翻转后，挖去妨碍起模的那一部分分型砂，并向上做成光滑的斜面，即形成凹形分型面，然后造上砂型。在挖砂造型中，挖砂深度要恰到模样最大截面处，挖割成的分型面要平整光滑，挖割坡度应尽量小，这样上砂型的吊砂就浅，便于开箱和合型操作。吊砂较高时，可使用木片或砂钩加固。

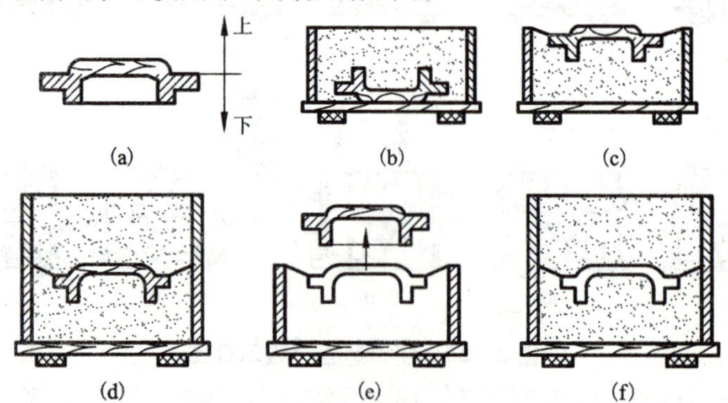

图2－27 挖砂造型过程示意图

(a)模样及曲面分型；(b)造下型；(c)在下砂箱挖去妨碍起模的型砂；(d)造上型；(e)开箱起模；(f)合箱

4）假箱造型

如果分型面是曲面，除了使用挖砂造型外，还可以使用假箱造型。假箱造型是用一个特制的、可多次使用的砂型来代替造型用的成型底板（成型底板造型类似于模板造型），造上型（或下型），然后按照两箱分开模造型的方法制备另一半铸型。要求模样的最大截面位于分型面上，在假箱上舂制下砂型，模样便能从砂型中顺利起出。对假箱的要求是结实、分型面光滑和定位准确。假箱可用木材或金属材料制成，也可用强度较高的型砂制成。假箱造型比挖砂造型节约工时，生产效率高，砂型质量好，易操作，适用于小批量生产。假箱造型如图2－28所示。

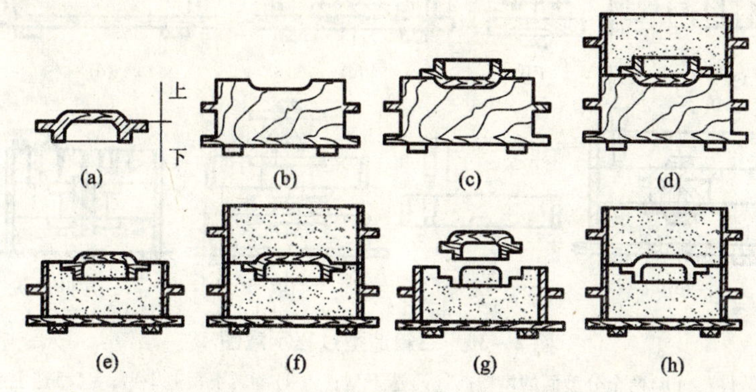

图2－28　假箱造型过程示意图

（a）模样及曲面分型；（b）预制假箱；（c）在假箱上放置模样；（d）利用假箱造下型
（e）翻转下型；（f）利用下型造上型；（g）开箱起模；（h）合箱

5）活砂造型

活砂造型是将阻碍起模的那部分砂型造成可以搬移的砂块，以使模样能从型中顺利起出。图2－29是活砂造型过程示意图。

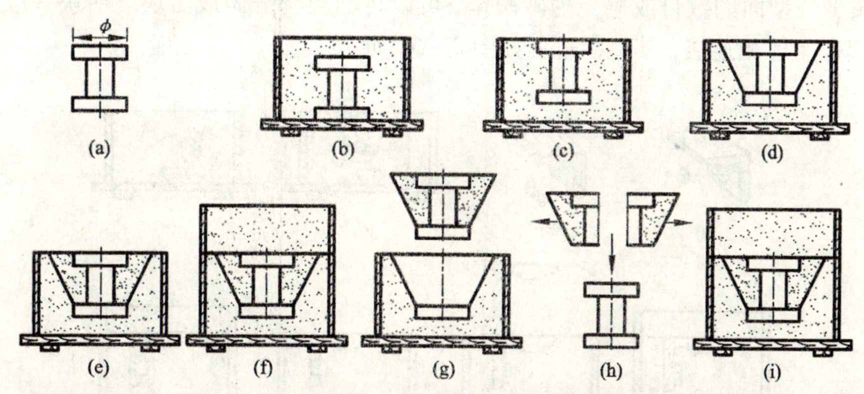

图2－29　活砂造型过程示意图

（a）整体模样；（b）造下型；（c）翻转下型；（d）挖砂；（e）充填活砂；（f）利用下型造上型
（g）开箱起出活砂和模样；（h）分开模样或分割活砂块后取出模样；（i）放置活砂块并合箱

由于活砂造型很费工时，活砂在搬移过程中容易损坏，因此只适用于单件小批生产。当铸件生产量较大时，可采用砂芯造型，将活砂部分用砂芯代替。

6）多箱造型

有些形状复杂的铸件，或模样两端外形轮廓尺寸大于中间部分尺寸时，为了便于造型时起出模样，则需要设置多个分型面；对于高大铸件，为了便于紧实型砂、修型、开设浇道和组装铸型，也需要设置多个分型面，这种需用两个以上砂箱造型的方法称为多箱造型。初学者应注意三箱造型对中箱高度尺寸有特定的要求。三箱造型过程如图 2－30 所示。

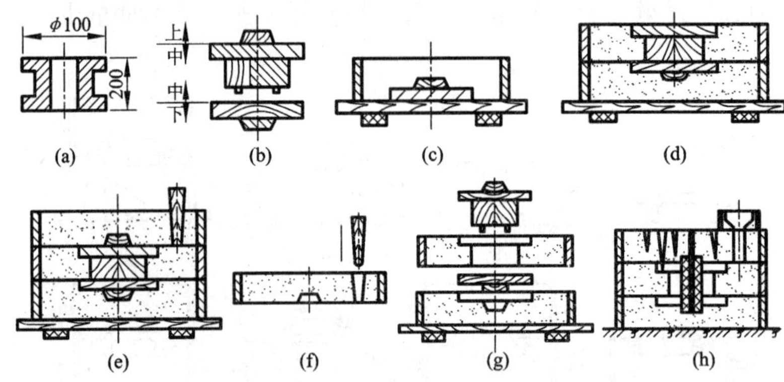

图 2－30　三箱造型过程示意图

（a）铸件；（b）两个分型面的模样；（c）造下型；（d）翻转下型造中型；（e）造上型；
（f）取下上型并起模；（g）中箱和下型起模；（h）放置砂芯并合箱

当铸件高度较大时，中间砂箱可以是多个。多箱造型增加了造型工时，操作复杂，生产效率低，铸件尺寸精度不高。在铸件不太大、单件或小批量生产并有现成砂箱或分模的条件下，可采用多箱造型。

7）活块造型

当模样的侧面上有较小的凸出部分，且距分型面有一定的距离时，造型起模时便会受阻，为了减少分型面的数目或避免挖砂操作，可以将凸出部分做成活块。活块一般用销钉或燕尾槽与模样主体相连接，其造型过程如图 2－31 所示。

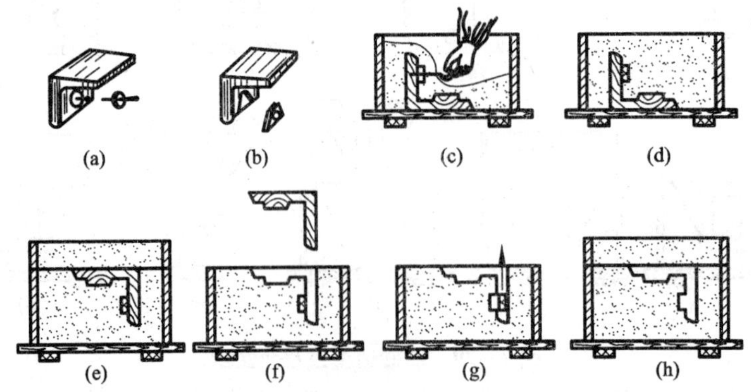

图 2－31　活块造型过程示意图

（a）活块与模样销钉连接；（b）活块与模样燕尾连接；（c）造下型并拔掉销钉
（d）填砂舂实；（e）造上型；（f）开箱并起出主体模；（g）起出活块模；（h）合箱

活块较小时，用销钉与模样主体连接定位，活块较大时，通常采用燕尾槽连接定位。用活块造型时，如果活块是用销钉连接的，在活块四周的型砂舂实后，先起出主体模样，再用弯曲的起模针通过型腔取出活块。

活块造型操作复杂，对操作者技术要求较高；生产效率低；铸件尺寸精度常因活块位移受到影响，只适用于单件或小批量生产。机器造型时一般不采用这种方法。

当活块的厚度超过主体模样形成的型腔尺寸，或者活块与分型面的距离较大，起出活块也有困难，修型和刷涂料操作不方便。

8)砂芯造型

砂芯可以形成铸件内腔，这种砂芯称为内型芯。砂芯也可以形成铸件外轮廓，即由砂芯代型砂成为砂型的一部分，这种砂芯称为外型芯。在机器造型时，挖砂造型、活砂造型、活块造型、三箱造型等影响生产效率，砂芯造型是很有效的方法。图2－32是外型芯的使用情况示意图，图2－33是内型芯和外型芯同时使用情况示意图。

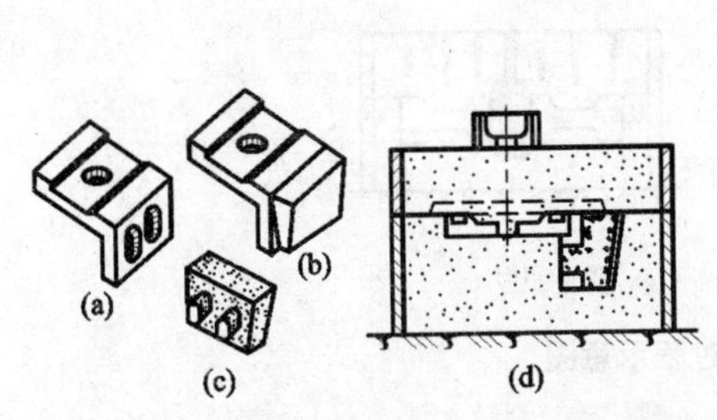

图2－32 使用外型芯造型过程示意图图

(a)铸件；(b)模样；(c)外型芯；(d)铸型装配

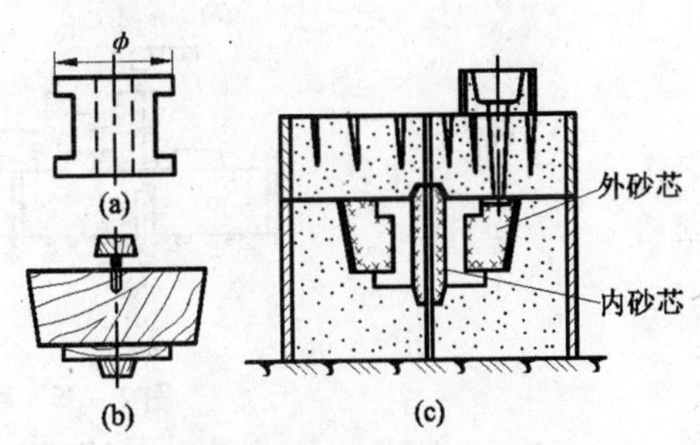

图2－33 使用内型芯和外型芯造型过程示意图

(a)铸件；(b)模样；(c)铸型装配

9)实物造型

零件结构简单，单件生产及有实物的情况下，不必制造模样时，可利用零件实物代替模样造型。这种用零件作为模样的造型方法称为实物造型。轮形零件的实物造型过程如图2－34所示。实物造型与模样造型相比有下列特点：在起模、修型时应扩出铸件收缩量及机械加工余量；需要用砂芯形成铸件内腔时，在造型前要在零件上配制好芯座模；实物造型比模样造型起模困难，对于阻碍起模部分的砂型可采用活砂造型的方法解决。

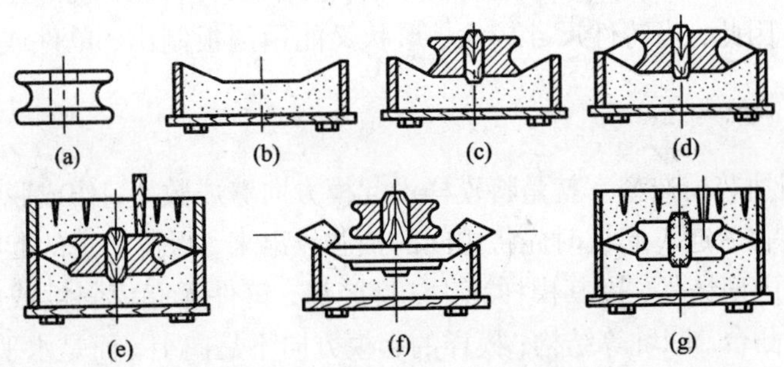

图2－34 实物造型过程示意图

(a)零件实物；(b)下箱填砂；(c)放置零件实物(带芯头)；(d)造活砂；
(e)造上型；(f)拆分活砂起出模样；(g)放置活砂和砂芯，合箱

10)刮板造型

除了采用上述与铸件形状相似的实体模样进行实模造型外，在某些情况下还可用于铸件截面或轮廓形状相似的刮板代替实模，刮制出砂型型腔，这种造型方法称为刮板造型。根据刮板在刮制砂型时运动方式的不同，刮制回转体铸件的刮板称为车刮板。移动刮制横截面不变铸件刮板称为导向刮板。利用刮板刮制铸型的方法称为刮板造型。

当旋转体铸件尺寸较大，生产数量较少时，采用刮板造型。车刮板造型过程如图 2 - 35 所示。

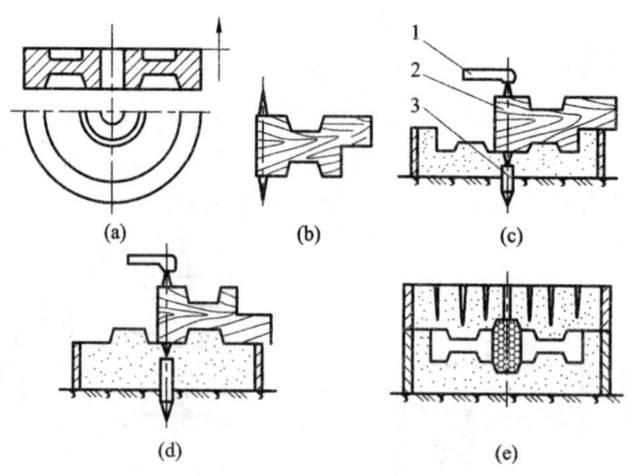

图 2 - 35　刮板造型过程示意图

(a)铸件；(b)刮制上、下型的刮板；(c)刮制下型；(d)刮制上型；(e)合箱；
1—刮板支架；2—刮板；3—底桩/底座

刮板造型与实模造型相比，造型时操作复杂，耗工时多，对操作人员的技术要求也较高。小型铸件用刮板造型没有实模造型的尺寸精度高。但大中型铸件，若用实模造型，尤其是薄壁的木模容易变形，而且模样越大起模时造成的型腔尺寸误差也越大，所以实模造型反而不如刮板造型的尺寸精度高。况且刮板造型能节省大量制模材料和工时，并能铸造出壁厚比较均匀的壳类铸件。因此，当铸件尺寸较大、形状又能用刮板制出、单件或小批量生产时，通常选用刮板造型。

11)劈模造型

劈模造型又叫抽芯模造型。就是将模样沿起模方向劈成数块，作成脱皮及中间带有适当斜度的抽芯并组装在一起。起模时先将中间的抽芯拔出来，再按一定的起模顺序取出周围的脱皮块。某些大、中型铸件，因其模样高大，型腔深，铸件无起模斜度或起模斜度允许量很小；或模样表面有凸台、凹坑等结构；模样的起模方向不是向上，而是水平方向；因而舂砂后砂型除对起模产生很大的摩擦阻力外，起模方向问题也给起模带来困难，很容易损坏模样和砂型。在这种情况下，需采用劈模造型。

图 2 - 36 是箱体铸件造型时模样被劈成几块后的形状，在分模面上作有 5° ~ 15°的斜度。所标脱皮块的数字即起模的顺序，按此顺序起模便可很方便地起出模样。图中起模方法是：首先向上取掉模样盖板 1，向上拔起 2(抽芯)；3 和 4 无凸台与凹坑结构，同时有向上的起模斜度，因此 3 和 4 可以向上起模；5 ~ 8 由于有凸台结构只能水平方向向中心平移起模，再向

上取出离开砂型；最后将中型吊起或翻面取出底板9。盖板1和底板9将2~8箍住，给中间劈模的组合带来很大的方便。

12）劈箱造型

某些外部形状复杂的大型铸件，如机床床身，铸件侧面的形状一般都凸凹不平，高度尺寸又较大，在舂制中箱时砂型不易舂匀、舂实，某些活块在舂砂时容易移位。另外，在组装铸型时，砂芯数量多，修型、下芯、检验都很困难。这时若采用劈模造型，不一定很合适，而宜采用劈箱造型。

劈箱造型是根据铸件的形状和浇口配置情况，将三箱造型的中箱沿垂直方向再劈成几个部分，同时将模样也劈成相应的几个部分。然后分别将劈开的各部分模样固定在特制的模板上，采用专用砂箱进行造型，使模样、砂箱等定位准确。最后再将各部分砂型和砂芯组装成铸型。

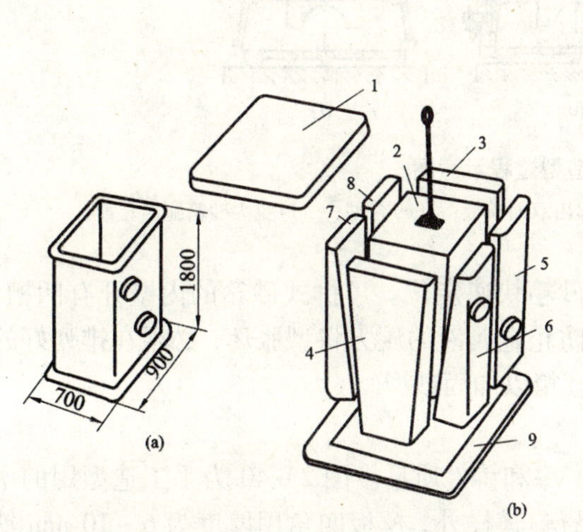

图2-36 抽芯模结构及造型过程示意图

（a）铸件；（b）抽芯模结构

1~9为起模顺序

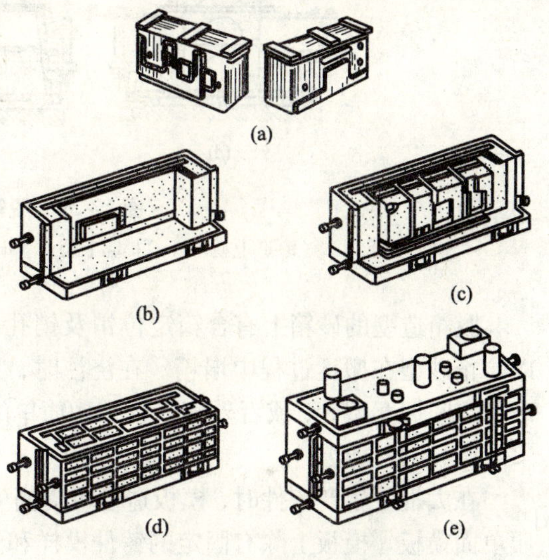

图2-37 劈箱造型过程示意图

（a）劈为两半的模样；（b）左侧中砂箱与下箱装配；（c）组装砂芯；（d）装配右侧中砂箱；（e）装配上砂箱

具体的造型及组装方法及过程如图2-37所示。该铸型分为上、中、下三层砂箱，其中上箱为盖箱，中箱又分为左右两半，下箱为底座。

13）脱箱造型

脱箱造型使用特制可拆合的砂箱，如图2-38所示。造型时，将砂箱合拢，扣上搭钩锁紧。砂型造好后，搬放到浇注场地，将砂箱脱开、取走，留下砂型，砂箱重复造型使用。为减轻重量，可脱式砂箱常用木材或铝合金制成。黏土砂湿型成批生产铸件时，为免去制造许多砂箱，常采用脱箱造型。

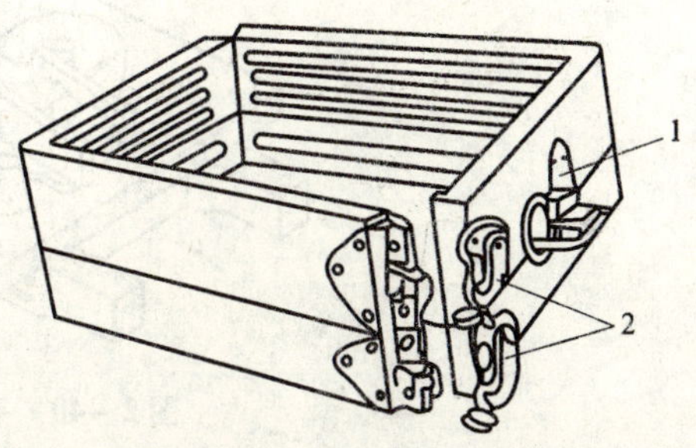

图2-38 脱箱造型用砂箱

图2-39所示为另一种脱箱结构的脱箱造

型。上、下砂型紧实后，提起上砂型就可取出模板完成起模工作。合好上砂型后，只要将上、下砂箱之间的活动支承板向外退出，就可取出砂箱。这种脱箱造型使用的是双面模板。脱箱本体用铝合金制成，既可用于小件手工造型，也可用于小件机器造型。

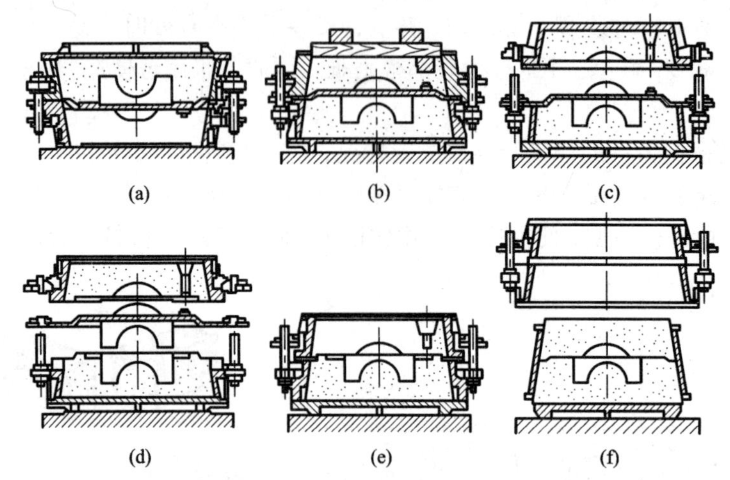

图 2-39　脱箱造型过程示意图

(a)造下型；（b)造上型；（c)提起上型；（d)起出双面模板；（e)合型；（f)脱去砂箱施加套箱

脱箱造型的砂箱上有合箱定位销及销孔，砂箱快速定位。可拆式砂箱的内壁开有凹槽，以防止砂型在搬运过程中塌箱。在浇注时，为防止金属液的压力将型胀坏，必须在排列好的砂型之间拥塞型砂，或者外套一个结构简单的套箱以加固砂型。

14）模板造型

在大批量生产铸件时，模板造型可提高生产率和铸件质量。图 2-40 为手工造型用的木质单面模板。模板上除有固定的铸件模样和浇冒口模样外，模板四角用厚度为 6～10 mm 铁板制成镶角，一方面防止砂箱端面与底板接触磨损，保护底板，另一方面能保证分型面高出分箱面，确保合型锁紧后分型面之间密合。上、下砂型分别在上、下两块模板上同时造型。

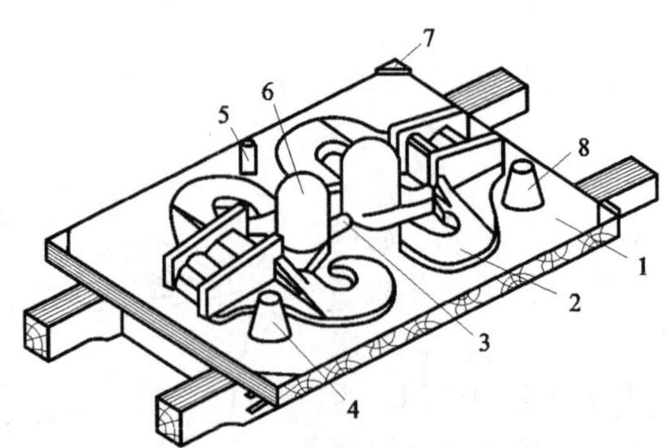

图 2-40　手工造型用的木质模板

1—模底板；2—模样；3—浇注系统模样；4、5、8—定位锥；6—冒口模样；7—镶角

模板上装有三个合型用的定位锥，这是典型的活动定位装置。模板上设置定位锥，造型时套上活动定位套，起模时活动定位套便随砂箱一起与定位锥脱开，铸型的合箱面上留下活动定位套。同样地，如果另一半模板装有定位套，则造型后砂型合箱面留下活动定位销。活动定位销和活动定位套配合，完成砂型的定位。

模板造型可节省放置模样、开挖浇冒口等时间，特别是一箱多模造型时，可提高造型的生产率，又保证了铸型的质量。但制造模板费用大，周期长，当生产数量少时，使用模板造型是不经济的，所以模板造型适用于成批、大量生产中小型铸件。机器造型一定要采用模板造型。目前，树脂自硬砂造型大量使用模板造型。

15）叠箱造型

大批量生产薄而小的铸件时，采用叠箱造型方法，可以提高车间空间利用率。图2－41为多层式叠箱造型示意图。除顶面和底面两个砂型外，中间位置的每个砂型上下两面都将构成型腔的工作面。金属液由一个共用的直浇道注入，依次由下而上注入各个型腔。这种造型方法不仅节省造型场地、工时和造型材料，而且加快了浇注过程，减少了直浇道所用金属液消耗，提高了工艺出品率。但要注意不宜叠得过高，下部铸件由于压头大而产生胀砂缺陷。

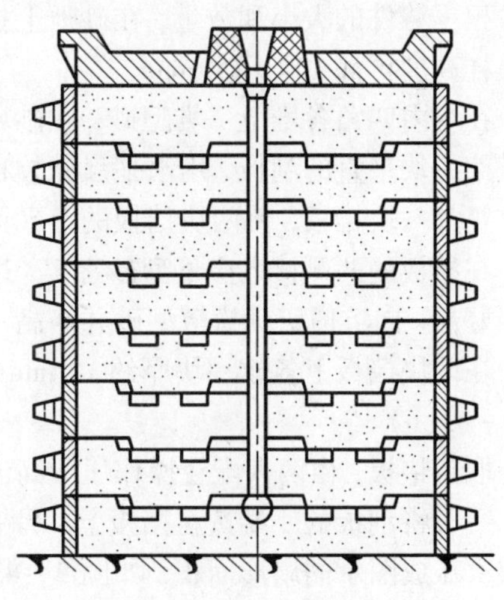

图2－41　叠箱造型示意图

16）漏模造型

漏模造型是将模板设计成灵活的漏模，即模板由漏板框和漏板组成。组合装配后成为模板，填砂舂实后，漏板从漏板框底部脱模，完成起模过程。图2－42所示为暖气片铸件的漏模造型过程。

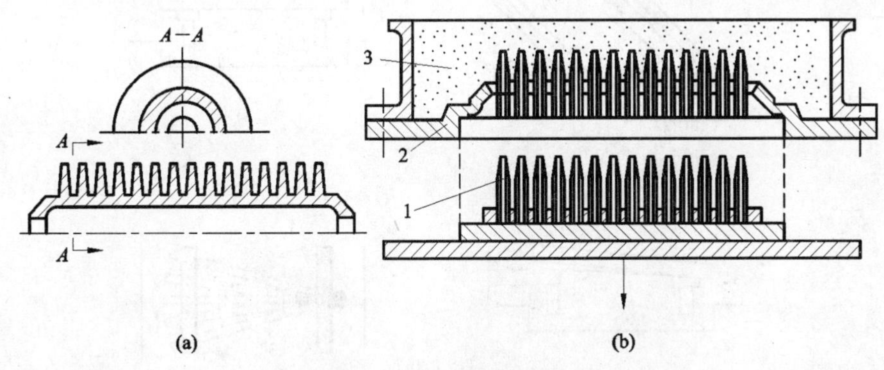

图2－42　暖气片铸件的漏模造型过程示意图

（a）暖气片铸件；（b）漏模造型过程

1—漏板；2—漏板框；3—砂箱

漏模造型可以提高造型效率，确保砂型质量，模样的使用寿命长，但漏模的制造费用较高。适用于大批量生产中小型铸件，如电机壳、齿轮坯等。

17)地坑造型

在铸造生产中，除了在砂箱内造型以外，还可直接在砂坑内造型，称为地坑造型。一般在铸件生产数量较少、同时又没有合适的砂箱时采用，尤其在大型铸件单件生产时，采用地坑造型能节省铸造大型砂箱的工时和费用，缩短大型铸件的生产周期。此外将砂型制在坑内，可以降低铸型顶面距地面的高度，使浇注时既安全又方便。

地坑造型首先要挖出地坑，然后制备适宜于造型用的砂床，常用的砂床按其舂硬程度的不同分为软砂床和硬砂床两种。

(1)软砂床的制备。软砂床的制备过程如图 2－43 所示，具体步骤是:

根据铸件的大小和数量，在砂地上挖坑。边长比造型所需的长度长 150～200 mm，深度比模样高度再深 100～150 mm。

在坑内四角各堆上一堆型砂，在砂堆上沿坑的长边方向，放上两块平直的挡板，在挡板上横架一块平直的刮板，用水平尺先校正其中一块挡板，再将水平尺放在刮板上，通过刮板再校正另一块挡板，使两块挡板的上平面处于同一水平面上，见图 2－43(a)。

在挡板的两侧铲入少量型砂舂实，以便固定挡板。舂砂时要小心，避免挡板移动。挡板固定好后，向坑内铲满松散型砂并略高一些。必要时将下面的型砂稍加舂实。

在两块挡板上各放一块厚约 10 mm 的垫板，用刮板沿垫板刮去高出垫板平面的型砂，见图 2－43(b)。

取走垫板，由两人配合操作压下高出挡板的型砂，方法如图 2－43(c)所示。

一人将刮板的一端按在挡板上，另一人将另一端从上向下压，将高出挡板的型砂压下，并依次压成图示的扇形面积，如图 2－43(d)所示。接着另一个人用同样的方法压出另一个扇形面积，轮流交替进行，直到高出挡板的型砂全部被压平为止。

最后用刮板沿着挡板将型砂刮平，软砂床制备完成。

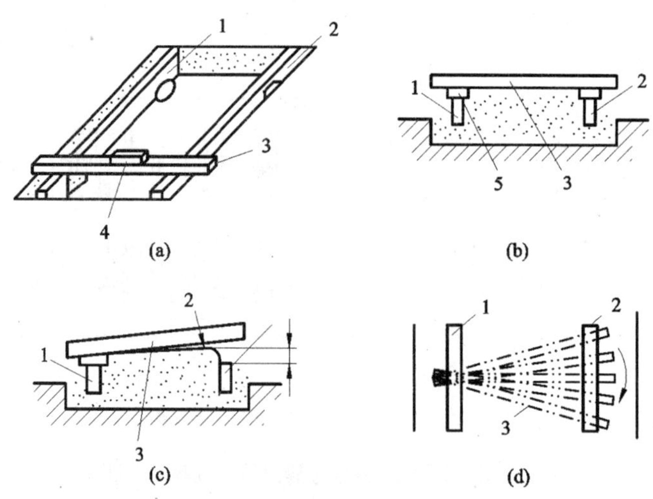

图 2－43　软砂床的制备过程示意图

(a)校平挡板；(b)刮平型砂；(c)压实型砂；(d)型砂压实方法

1、2—挡板；3—刮板；4—水平尺；5—垫板

软砂床多用于铸造顶面平直且无需切削加工的不重要的薄壁简单铸件，如芯骨、砂芯垫板、砂箱、炉栅等铸件，这类铸件多数采用无盖箱明浇注，故称为无盖箱地坑造型。造型时，将模样放在已制好的砂床上，用锤轻轻敲击，使模样压入型砂中。起模后制出浇注系统，便可浇注。无盖箱地坑造型不用砂箱，且省去了上砂型。但浇注出的铸件顶面极不平整，有气泡、熔渣、夹杂等。

(2)硬砂床的制备。硬砂床的制备过程如图2-44所示，具体步骤是：

在砂地上先挖一个比模样尺寸略大的坑，使模样四周的型砂能方便舂实。坑的深度应比模样高出300~500 mm。在坑的底部铺上厚约100 mm左右的焦碳块，并用一根或几根排气钢管从焦碳层中引出地面。焦碳层上盖以草袋，防止型砂堵塞焦碳块之间的空隙。

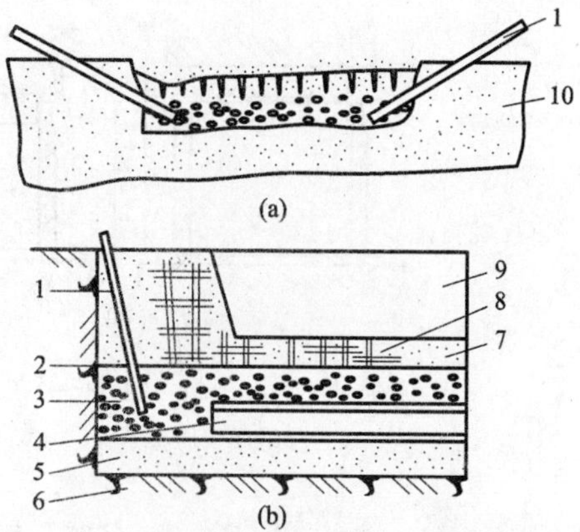

图2-44　硬砂床的制备过程示意图

(a)硬砂床；(b)加固硬砂床

1—排气钢管；2—草袋；3—炉渣；4—钢轨；5—填充砂；6—地坑；7—螺纹钢；8—面砂；9—型腔；10—砂坑

填上背砂，并分层舂实。砂坑中型砂的总厚度为200 mm以上。最下一层要舂得结实些，使型砂具有较好的紧实度，并能获得轮廓清晰的型腔。

在舂实的型砂层上扎上通气孔。通气孔的距离一般为200~400 mm。通气孔要扎至焦碳层，以便型砂中的气体由通气孔进入焦碳层，再由排气管顺利地排出型外。

填上一层面砂，将通气孔盖住，以免浇注时金属液钻入通气孔。

排气管露出地面的一端在浇注前要用布或纸将管口堵住，避免杂物落入。浇注时应在排气口及时点火，使排出的气体燃烧。让管口形成低压或负压，使气体排出通畅。

硬砂床的硬度较高，可以承受较大的压力，又设有排气通道，因此，可用来浇注较大的铸件。

硬砂床上一般进行有盖箱地坑造型，其造型过程复杂，耗时，烘干也不方便。所以有盖箱地坑造型主要用于无合适砂箱，且单件或小批生产精度要求不高的铸件，或用于铸造新产品试制件、工艺装备件以及大型、重型铸件。

2.4.3　机器造型方法及设备

(1)型砂的紧实方法

黏土砂铸型(芯)的制备过程就是将松散的型砂和芯砂在一定的力的作用被紧实的过程。借助砂箱、模型和芯盒及其他工具使型(芯)砂紧实成型，砂型具有了一定强度和紧实度。用单位体积内型砂的质量表示型砂的紧实程度，称为紧实度(量纲 g/cm^3)。生产中，使用型砂的表面硬度来衡量紧实度，测量比较简单、直观。

机器造型的主要工作就是通过一定的紧实方法获得符合质量要求的砂型。常用的型砂紧实方法有压实紧实、震击紧实、微震紧实、抛砂紧实、射砂紧实和气冲紧实等。实际上，造型机设计时往往运用两种以上的紧实方法，以达到更好的紧实效果。

1)压实紧实。压实紧实是使用压板加压的方法将余砂框中的型砂压入砂箱，使型砂紧实。按加压方式的不同，又可分为压板加压(上压式)、模底板加压(下压式)、对压加压三类，分别如图2－45、图2－46、图2－47所示。不同的压实方法，型砂紧实度的分布不近相同。采用成形压板(压板的形状与模样形状相似)和多触头压头，可使压实紧实度更加均匀化。

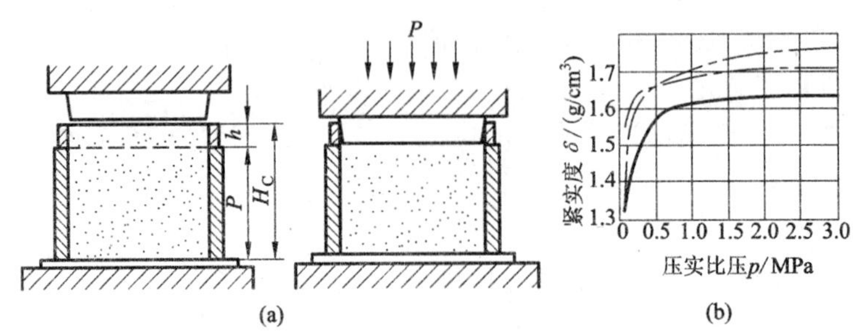

图2－45　压板加压式压实紧实

(a)压板压实紧实；(b)压实紧实时紧实度与压实比压的关系

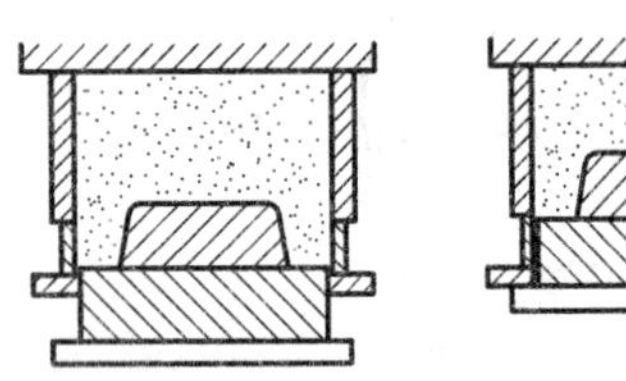

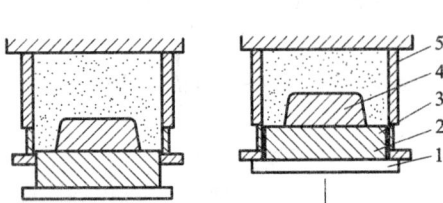

图2－46　模底板加压式压实紧实

1—模底板；2—压板；

3—辅助框或余砂框；4—模样；5—砂箱

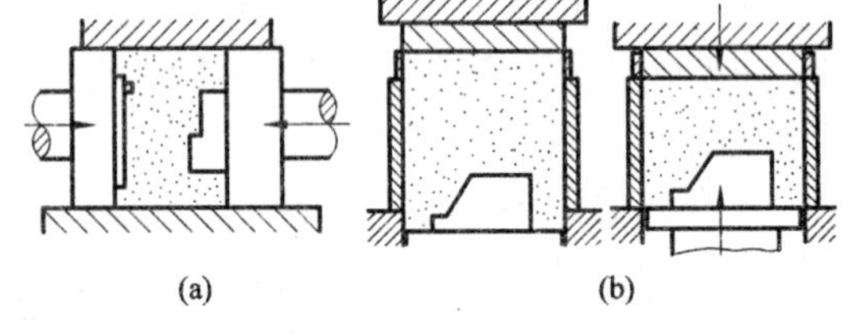

图2－47　对压式压实紧实

(a)水平对压紧实；(b)垂直对压紧实

(2)震击紧实。震击紧实是一种大振幅、低频率振动冲击紧实方法。震击紧实一般是利用气动装置，以压缩空气为动力产生振动的过程，如图2－48所示。当压缩空气从进气孔4进入气缸时，使震击活塞2驱动工作台1连同充满型砂的砂箱上升进气行程S_j距离后，排气孔打开，经过惯性行程S_g后，震击活塞急剧下降，砂箱中的型砂随砂箱下落时，得到一定的运动加速。当工作台与机座3接触时，下降的速度骤然减小到零，因此产生很大的惯性加速度。由于惯性力的作用，在各层型砂之间产生瞬时的压力，将型砂紧实。经过数次撞击后得到所需的型砂紧实度。震击时，越是下面的砂层，受到的惯性力越大，越容易被紧实，而砂型顶部，型砂仍然是疏松状态。为了减小震击紧实度分布不均匀的缺陷，需对上层型砂进行补充紧实，即在震击紧实后，用手工或风动捣机补充紧实，还可以压实气缸为动力压实上层型砂(即震压紧实)。

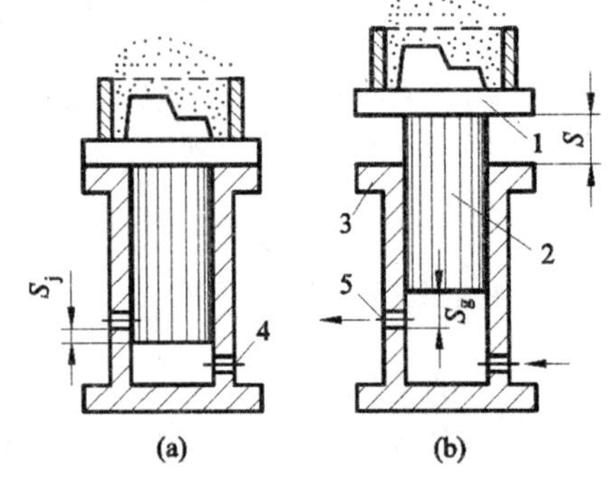

图2－48　震击紧实

1—工作台；2—活塞；

3—气缸(机座)；4—进气孔；5—排气孔

由于震击紧实噪音大，劳动条件差，目前很少应用。

(3)微震紧实。调整震击结构和振动参数，使工作台产生小振幅、高频率的微震，就成为微震紧实机构。微震机构是带缓冲装置的震击机构，其紧实质量和效率都有提高，噪音小，对地基的震动大大减小。微震的实际作用与震击相仿，所得的紧实度分布曲线也与震击的相似，靠近模底板处紧实度高，砂型上部较低。微震紧实机构可实现：单纯微震、微震加压实、压震(压实、微震同时进行)、微震压等四种实砂方法。

(4)抛砂紧实。抛砂紧实的原理如图2-49所示。型砂经过高速旋转的叶片加速后，砂团以高达30~60 m/s的速度抛入砂箱，利用动量转变成对先加入型砂的冲击而使其紧实。抛砂紧实能同时完成型砂的充填与紧实过程，它多用于单件小批生产和大件生产。造型生产率低。

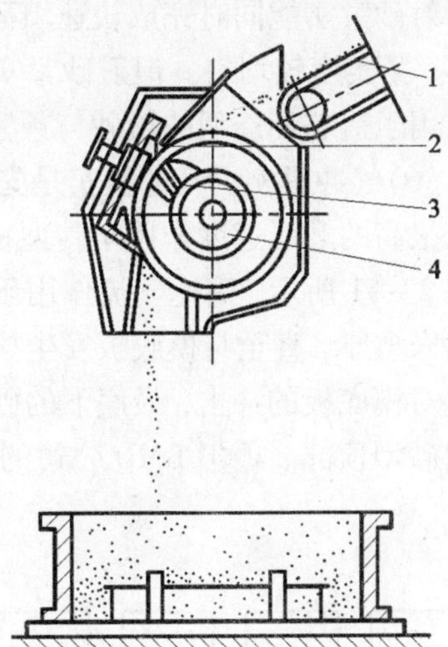

图2-49 抛砂紧实原理图

1—带式输送机；2—弧板；3—叶片；4—转子

(5)射砂紧实。射砂紧实是利用压缩空气气流带动型(芯)砂以很高速度射入型腔或芯盒内而得到紧实。射砂机构。如图2-50所示。射砂紧实过程包括加砂、射砂、排气紧实三个阶段。

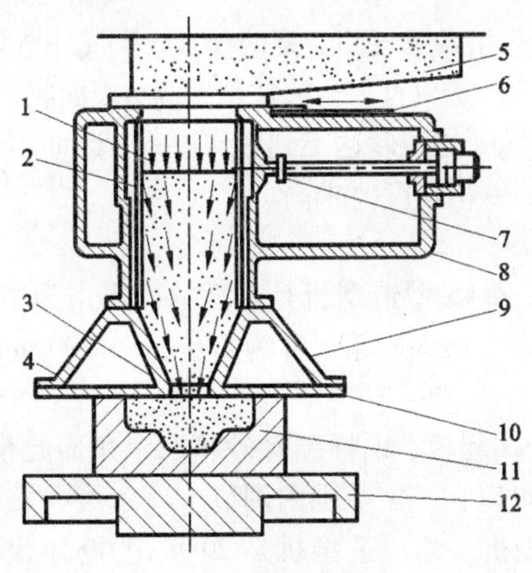

图2-50 射砂机构示意图

1—射砂筒；2—射腔；3—射砂孔；4—排气塞；5—砂斗；6—加砂闸板
7—射砂阀；8—储气罐；9—射砂头；10—射砂板；11—芯盒；12—工作台

第一阶段：加砂。打开加砂闸板6，砂斗5中的型砂加入射砂筒1中，然后关闭加砂闸板。

第二阶段：射砂。打开射砂阀7，贮气罐8中的压缩空气从射砂筒1的顶横缝和周竖缝进入筒内，形成气砂流射入芯盒(或砂箱)中。

第三阶段：排气紧实。型腔中的空气通过排气塞排出，高速气砂流由于型腔壁的阻挡而停止，使型(芯)砂得到紧实。

射砂紧实能同时完成快速填砂和预紧实的双重作用，其生产率高、劳动条件好、工作噪声小、紧实度较均匀。但射砂紧实的紧实度不够高，对芯盒和模样的磨损较大。射砂紧实广泛应用于造芯和造型的填砂与预紧实，是一种高效率的造芯、造型方法。

(6)气冲紧实。气冲紧实是先将型砂填入砂箱内，压缩空气在很短的时间(10～20 ms)内以很高的升压速度作用于砂型顶部，利用高速气流的短时冲击将型砂紧实。气冲紧实过程如图2－51所示，高速气流作用于砂箱散砂的顶部，形成预紧砂层；预紧砂层快速向下运动且愈来愈厚，直至与模底板发生接触，加速向下移动的预紧实砂体，受到模底板的滞止作用，产生对模底板的冲击，最底下的砂层先得到冲击紧实，随后上层砂层逐层冲击紧实，一直紧实到砂型顶部。德国BMD公司的液控气流冲击装置如图2－52所示。

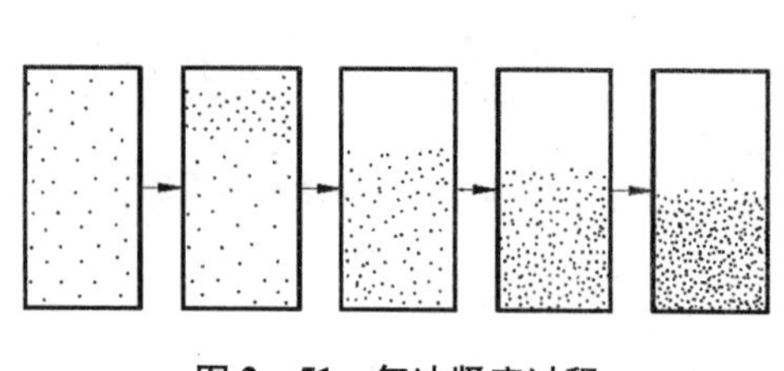

图2－51　气冲紧实过程

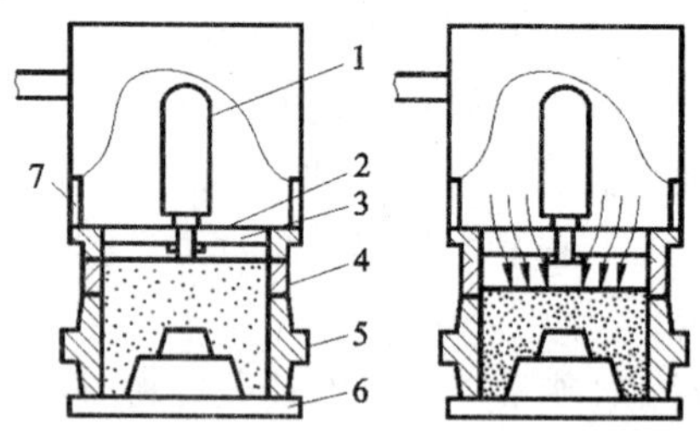

图2－52　气冲紧实的液控气流冲击装置

1—液压缸；2—固定阀板；3—活动阀板；
4—辅助框；5—砂箱；6—模板；7—储气室

气冲造型分低压气冲造型和高压气冲造型两种，低压气冲造型应用较多。气冲造型的优点是砂型紧实度高且分布合理，透气性好、铸件精度高、表面粗糙度低、工作安全、可靠、方便；缺点是砂型最上部约30 mm的型砂达不到紧实要求，因而不适用于高度小于150 mm的矮砂箱造型，工装要求严格，砂箱强度要求高。

2)常用造型机

(1)震压和震实造型机。Z145型造型机是典型的以震击为主、压实为辅的小型造型机，广泛用于小型机械化铸造车间，最大砂箱尺寸为400 mm×500 mm，比压为0.125 MPa，单机生产率为60型/h。

Z145型造型机采用顶杆式起模，顶杆顶着砂箱四个角而起模。为了适应不同大小的砂箱，顶杆在起模架上的位置可以在一定范围内调节。

(2)多触头高压微震造型机。高压造型机是20世纪60年代发展起来的黏土砂造型机，它具有生产率高，所得铸件尺寸精度高、表面粗糙度值低等优点，目前仍被广泛使用。

高压造型机通常采用多触头压头，并与气动微震紧实相结合，故称为多触头高压微震造型机。其特点是型砂紧实度均匀。

(3)垂直分型无箱射压造型机。造型室由造型框及正、反压板组成，正、反压板上有模样。封住造型室后，由上面射砂填砂，再由正、反压板两面加压，紧实成两面有型腔的型块(图2－53(a))。然后反压板退出造型室并向上翻起让出型块通道(图2－53(b))。接着压实板将造好的型块从造型室推出，且一直向前推，使其与前一块型块推合，并且还将整个型列向前推过一个型块厚度的距离(图2－53(c))。随后压实板退回，反压板放下并封闭造型室，即进入另一个造型循环。

这种造型方法的特点是：型块的两面都有型腔，铸型由两个型块间的型腔组成，分型面是垂直的；连续造出的型块互相推合，形成一个很长的型列；浇注系统设在垂直分型面上；用射压方法紧实砂型，型块紧实度高而且均匀；由于型块之间相互推紧，在型列的中间浇注时，型块依靠与浇注平台之间的摩擦力能保持密合，不需卡紧装置；一个型块即相当一个铸型，生产率很高。

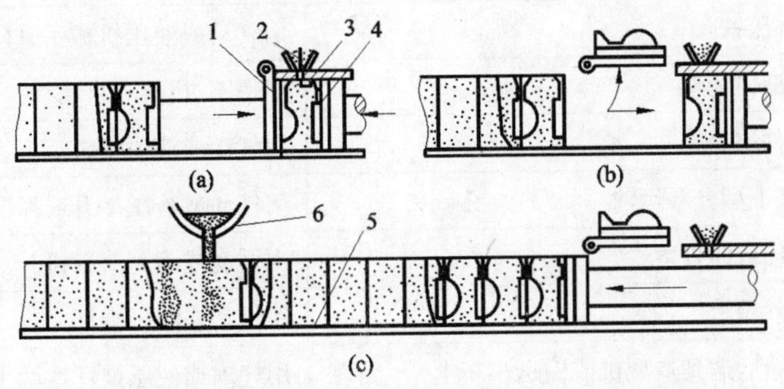

图2-53　垂直分型无箱射压造型机的工作原理

(a)造型室闭合，射砂及压实；(b)造型室打开后让位；(c)推送铸型

1—反压板；2—射砂机构；3—造型室；4—压实板；5—浇注台；6—浇包

(4)黏土砂造型生产线。造型生产线是根据生产铸件的工艺要求，将主机(造型机)和辅机按照一定的工艺流程，采用一定的控制方法，用运输设备联系起来，所组成的机械化或自动化造型生产体系。

铸型输送机是造型生产线中联系造型、下芯、合型、压铁、浇注、落砂等工艺的主要运输设备，常见的铸型输送机有水平连续方式铸型输送机、脉动式铸型输送机和间歇式铸型输送机等。

在造型生产线上，为完成造型工艺过程而设置各式各样的辅机，如落砂机、去气孔机、翻箱机、合型机等。这些辅机的动作和结构大多比较简单，一般由工作机构(机械手)、驱动装置(气动、液动或机动)、定位(限位夹紧)和缓冲装置等组成。常见的造型生产线辅机的类型及其作用和特点见表2-1。

表2-1　铸造生产线辅机类型及其功能

名称	功能	特点
刮砂机	刮运砂箱上的余砂	用气动或液压砂铲
扎气孔机	对高紧实铸型扎气孔	用气动或液压气孔钎
铣浇道机	对高紧实铸型铣出浇道	用电动或气动铣刀
挡箱器	防止砂箱干扰	用气动挡爪(俗称靠山)
清扫机	落砂后清扫小车台面	用气动推刷或电动轮刷
转箱机	使砂箱绕垂直轴转	用气动或液压齿轮齿条机构

续表 2－1

名称	功能	特点
翻箱机	使砂箱绕水平轴线翻转	用气动或液压齿轮齿条机构等
合型机	将上、下型合拢	用气动或液压升降机构
落箱机	将砂箱落到铸型输送小车上	用气动或液压升降机构
压铁机	取、放压铁	用气动或液压机械手升降机构
浇注机	浇注液体金属	用手工、机械和自动机
捅型机	使铸件出箱	用气动或液压推头
分型机	将上、下型分开运输	用气动或液压举升或抓取机构
落砂机	将砂箱或铸件落砂	用振动或滚筒落砂机
推箱机	推移砂箱	用气动或液压推杆
运箱机	将砂箱运送到造型机或输送小车上	用气动或液压推杆推动小车
下芯机	对下型下芯	用气动或液压升降机械手，平移或转动机械手

2.5 树脂砂造型方法

2.5.1 树脂砂造型特点

目前，造型用树脂砂以呋喃树脂自硬砂为主。与黏土砂相比，其造型（芯）工艺有以下特点。

（1）树脂砂湿强度较低，不能立即起模，应按照工艺规程规定的“可起模时间”实施起模操作。

（2）树脂砂是依靠固化硬化获得强度的，而不需要像黏土砂那样对型砂进行舂实操作，减少了模样（芯盒）的伤损和变形。

（3）以模板造型为主，很难采用挖砂造型、刮板造型等黏土砂造型那样的方法。

（4）由于高速混砂机主要有固定回转式和移动式，砂箱不动，由混砂机转动或移动完成填砂过程。造型自动化程度不高，模样的周转率较低，造型过程需要多人相互配合，不易适应于大批量铸件的生产。

（5）上、下砂箱分别造型，砂箱的定位以活动定位为主，造型时使用较多的活动定位销和定位套。

（6）在上型直接开设外浇口的情况较少，而是制作单独的外浇口，浇注时放置在上箱上面。

（7）封火条、分型剂、滤渣片（网）、型芯通气管等随着树脂砂工艺的推行而被大量开发出来，使用也越来越普遍。

（8）减轻了劳动强度，劳动条件，工作环境明显改善，尤其是减轻了噪音、矽尘等。

2.5.2　树脂砂造型工艺

树脂自硬砂造型操作过程基本是按照造型准备、填砂、匀实、初步硬化、起模、修补铸型、喷刷涂料、继续硬化、下芯、合型等步骤进行的。

1）造型准备

造型准备主要检查模板、浇冒口和出气孔模样、活块、砂箱、冷铁、活动定位销及定位套等工艺装备是否齐全完好，模样表面应平整光滑，不得有裂纹、划痕，并在造型制芯前涂上脱模剂。树脂砂型的起摸是在砂型（芯）初步硬化后进行的，不像黏土砂那样可以松动一下模样。加上树脂；固化剂对模样有一定的附着力或粘砂现象，如果不在模样上涂适当的脱模剂，会给起摸造成很大的困难，模样容易被拉坏，型腔或型芯表面也会造成不光洁，较难修补，直接影响铸件尺寸精度和粗糙度，甚至造成粘砂或砂眼。

2）填砂匀实

树脂砂流动性好，自紧实性能好。但造型中仍需十分注意砂箱及模板的凹处、拐角部、活块凸台下面等不易充填部位的匀实操作。匀实可用木棒捣、用手塞，填砂面可用脚踩或木锤匀实。匀实不好的铸型或局部，其表面稳定性差，容易造成机械粘砂（渗铁）、冲砂及砂眼，而且起模后铸型的疏松难以修补。

放砂和紧实中要注意模样活块、浇口棒、出气及冒口棒、浇口陶管等的移动和松动。直浇口棒及出气、冒口棒应在造型后几分钟内拔出。

对于连续混砂机混制的头砂，因树脂量和固化剂量不太正常，应接放在提桶里当背砂使用。否则铸型内表面局部不硬化或强度不够时往往要整箱废掉。

要重视直浇口上端型砂的强度，这里往往是造成冲砂、铸件砂眼缺陷的重要原因。

大砂箱造型时，放砂时间有可能超过树脂砂的可使用时间，因此要注意放砂的推进路线，对已开始反应的部分尽量不要再去挖动。所以放砂前一定要做好各项准备工作，包括思想上的充分准备，尤其要周密计划好吊攀的放置方向及部位。对于多箱造型时，应在分型面上刷一层分型剂（一般用滑石粉）。

一般在不需用力捣实的自硬砂工艺中可以采用陶管浇口。浇口陶管应具有一定耐火度并可被锯断的性能。浇口陶管分直管、弯头、三通等形状，圆管有 ϕ15 ~ 150 mm 等管径。直浇口和底注内浇口都可采用，不仅可以简化造型分箱，而且可防止浇口内冲砂等缺陷，克服了深浇口刷涂料的困难。使用时先将陶管按所需高度锯好或用胶带纸贴住接长，再贴上弯头，造型时埋在砂里即可。

3）起模与修型

树脂砂起模时间要控制适当，过早易变形，太迟起模困难，因此，一般在造型后约半小时左右，用插钉向铸型里扎，若扎不进去时，一般说来可进行起模。由于树脂砂型起模是在半硬化状态下进行的，所以需利用较大的冲击力，这时要注意起模样的平衡性。树脂砂型芯在起模时已具有一定的硬化强度，无退让性，不要用铁榔头直接敲击模样和模板，应垫上木块或用橡胶、塑料、木制榔头。

树脂砂起模、下芯和搬运途中，砂型（芯）有时会有破损，它不能像黏土砂那样可进行简单的修型操作。对于起模或搬运中不慎破损的部分，成块的可涂专用的型芯修补粘合剂后粘回原处，必要时用钉子加固，其他破损处可用新混制的树脂砂填补，并用墁刀刮平。刚起模的型芯及刚修补过的地方不宜立刻上涂料。因为刚起模及刚修补过的型、芯中的树脂硬化反应还处于初期阶段，若遇到水基涂料中的水分(溶剂)会影响硬化的正常进行，影响铸型的表面稳定性。

由于树脂砂修型较为困难，应尽量做好起模、搬运、翻转等工作，最大限度地减少修型操作。

4)喷刷涂料

刚起模的型和芯不宜立即喷刷涂料，因为这时树脂的硬化反应还处在初级阶段，遇到涂料中的水分(溶剂)影响硬化的正常进行。若使用酒精快干涂料，需立即点火燃烧，又会使未反应完全的树脂过烧，这些都会降低铸型(芯)的表面稳定性。一般应在造型后4～8 h以后喷刷涂料。

为防止溶剂和水分过多地渗进砂型深处，影响涂层的干燥程度，并保证涂层厚度以提高抗金属液渗透能力，涂料必须有一定浓度。在涂刷性能(如流平性、涂刷性等)良好的情况下，应保证涂料浓度并喷刷前搅拌均匀。刷涂料要自上而下进行，不要使涂料流挂堆积，应涂刷均匀，减少刷痕。还要注意不得漏涂，整个浇注系统都必须涂到，在不便涂刷时放置浇口陶管。为了合箱时不使砂粒掉入型腔，盖箱顶面的浇冒口、出气孔上也要刷上涂料。但在芯头部位不要上涂料，以免影响配模精度和阻碍排气，这一点在浸涂时尤应注意。醇基涂料上好后应及时点燃自干。为了提高涂料的燃烧性能，应选用95%以上酒精作为稀释溶剂。水基涂料上好后应进烘房在150～180℃下烘干1～2 h。涂料的充分干燥对防止气孔至关重要，在燃烧不良的情况下应用火焰喷灯补充干燥，但注意火力不要过猛，防止树脂过烧。

5)下芯、合箱

树脂砂造型时下芯与合箱一般与黏土砂相同。树脂砂强度高，配模时容易操作，但仍需注意以下几点：

(1)因浇注时发气量大，要注意在上箱的型腔高点、芯头端部开设出气孔，使气体顺利排出。

(2)要采取措施防止铁水钻入芯头间隙，以避免气孔缺陷和浇注时呛火。下芯后，合箱前应将芯头上下左右的间隙塞实垫平，以防型芯窜动或漂浮。

(3)吊攀头部用新砂修平并上涂料和点干。吊攀处修补时应插上合适长度的钉子。

(4)为防止抬箱跑火，箱卡应紧固牢靠，分型面应放封火泥或石棉绳。

(5)为保证铁液压头，所有浇口杯、冒口圈和出气口圈等的安放均需粘牢型面或埋住，以防跑火。

(6)合箱后砂型应垫空放置，以利底面也能排气通畅。

(7)合箱前，浮砂必须吹(吸)净。对铸型整体用火焰喷灯再烘干一次。

(8)冷铁、芯撑等应干燥、清洁无油、锈。

2.6　芯盒及制芯方法

2.6.1　砂芯的结构

砂芯的典型结构如图2－54所示，砂芯由砂芯本体、芯头、芯骨、排气装置和吊装结构等组成。目前，绝大多数砂芯的表面都喷刷涂料，涂料层也成为型芯的一部分。

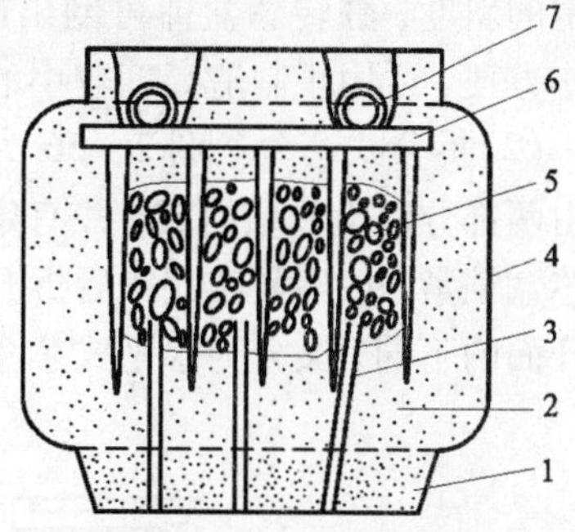

图2－54　砂芯的典型结构

1—芯头；2—砂芯本体；3—通气孔；4—表面涂料层；5—焦碳填料；6—芯骨；7—吊环

1）砂芯本体

砂芯的本体用来形成铸件的内腔和外轮廓，外形简单，尺寸较小的砂芯采用整体结构，复杂以及大型砂芯采用拼装结构。大型砂芯可考虑使用焦碳填料。

2）芯头

芯头起支承和定位砂芯，以及排气作用。根据砂芯在铸型中的放置位置，芯头有水平芯头和垂直芯头。芯头尺寸包括长度、截面尺寸及斜度。其结构上往往还有压环、防压环、积砂槽等。

3）芯骨

芯骨具有增加砂芯结构强度、刚度以及兼有排气的功能。芯骨可以使用铁丝、圆钢及圆管等制作，还有专用的铸铁芯骨。

4）吊装结构

吊装结构一般与芯骨做成一体，主要起吊运的功能，同时可以用来加固型芯。

5）通气孔

为了使砂芯排气通畅，砂芯中应开设排气通道。小型砂芯使用通气针在端头扎通气孔，或者预埋铁条，造芯后抽出铁条，形成排气孔。

6）涂料层

在砂芯的工作表面喷刷涂料层，提高砂芯表面的耐火度和降低表面粗糙度值，防止铸件产生粘砂缺陷。

2.6.2　常用芯盒的结构

1）普通芯盒的基本结构组成

芯盒是制造砂芯的模具。芯盒由本体、活块、定位装置、吊装装置、锁紧装置等构成。本体结构包括壁厚和加强肋、芯盒凸缘和耐磨护板。热芯盒还有加热装置。

芯盒按材质分有木质芯盒、金属芯盒、塑料芯盒及混合结构芯盒。按芯盒的结构分有敞口整体式芯盒、对开式芯盒、套框脱落式芯盒和拆卸式芯盒四大类。按功能分为普通芯盒及特种芯盒。

2）常用芯盒的结构

（1）敞口整体式芯盒。图2－55为整体式芯盒，芯盒的四壁是不能拆开的，一般具有敞开的填砂面，在出芯方向有一定的斜度，翻转芯盒即可倒出砂芯。这种芯盒结构简单，操作方便，适用于制造高度较小的简单砂芯。

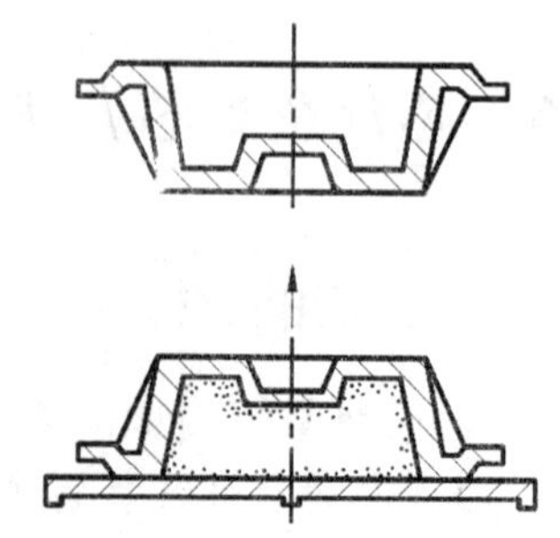

图2－55　整体式芯盒的典型结构

（2）拆分式芯盒。图2－56为拆分式芯盒，拆分式芯盒是由两部分以上盒壁组成，并有定位、夹紧装置。填砂前先把芯盒锁紧，填砂紧实完毕后拆开芯盒取出砂芯。由于芯盒拆开面的不同，又分为水平式芯盒和垂直式芯盒。

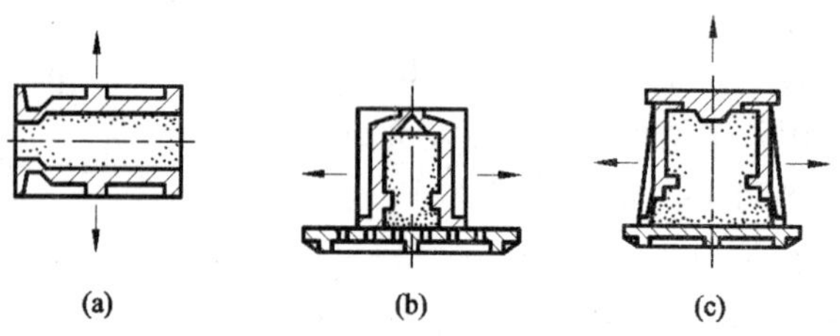

图2－56　几种拆分式芯盒的典型结构

（a）水平对开式芯盒；（b）垂直对开式芯盒；（c）垂直拆卸式芯盒

（3）套框脱落式芯盒。图2－57为套框脱落式芯盒，这种芯盒使用很广，它由内外两层盒壁组成，内层壁构成砂芯的形状和尺寸，外层壁是作为固定内层壁用的套框。砂芯制好后将芯盒翻转脱去外框，再从不同方向使内层壁组块与砂芯分离。这种芯盒适用于制造形状复杂的砂芯，但精度较差。为便于芯盒脱落，要将芯盒各内层壁组块与外层壁之间的配合面留有一定斜度，一般为3°～5°。

3）特种芯盒

（1）热芯盒。热芯盒在高温情况下使用，并承受高速砂流的不断冲刷，因此热芯盒材料除具有良好的加工性能和低成本外，强度高、比热容大、热导性好、热膨胀小、耐磨及热稳定性好，因此热芯盒本体材料常用HT200，定位销、套用T8和T10制成，其他用45钢制作。

图2－58是热芯盒的典型结构。它由芯盒本体、底座（托板）、芯棒、定位结构、射砂口及排气装置、加热装置、出芯机构等组成。实际生产中电加热较为普遍，通常在芯盒壁内或加热板上安装有电加热管。热芯盒可以安装于制芯机，也可以单独使用。如热芯盒需要在射芯机上安装，则有相应的固定装置。

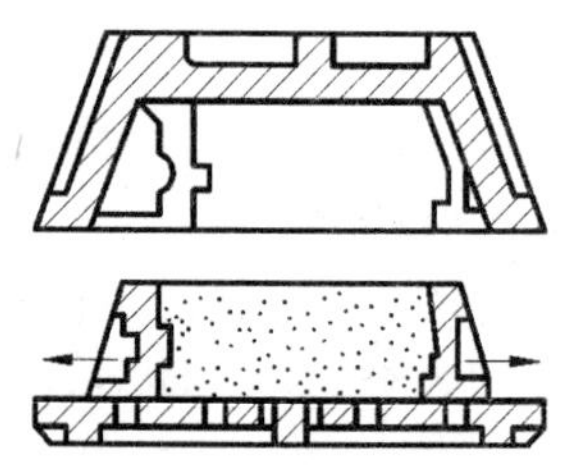

图2－57　脱落式芯盒的典型结构

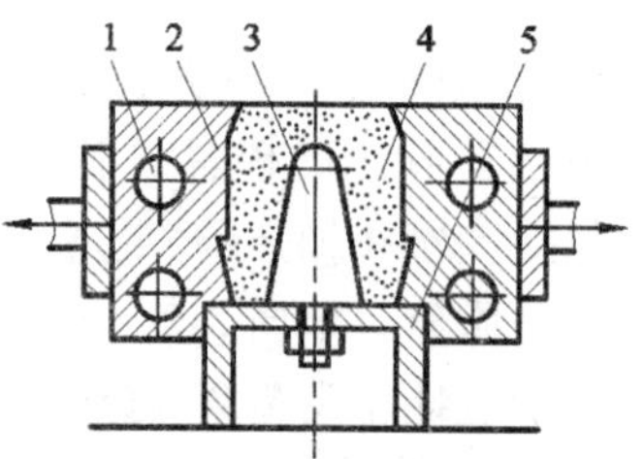

图2－58　热芯盒的典型结构

1—电加热管；2—芯盒本体；3—芯棒；4—砂芯；5—底座（托板）

(2)壳芯盒。壳芯盒与热芯盒的结构基本相同，但由于制芯工艺过程有区别，芯盒及附具结构也有不同的特点和要求。

(3)冷芯盒。冷芯盒制芯属于常温制芯工艺，是指通过通入三乙胺、SO_2或CO_2等气体，使砂芯硬化的芯盒。芯盒无须加热，结构上无加热装置。当通入的气体有毒时，冷芯盒应加强密封功能。排气装置的结构与热芯盒相似，只是要考虑废气的收集。冷芯盒的典型结构如图2－59所示。

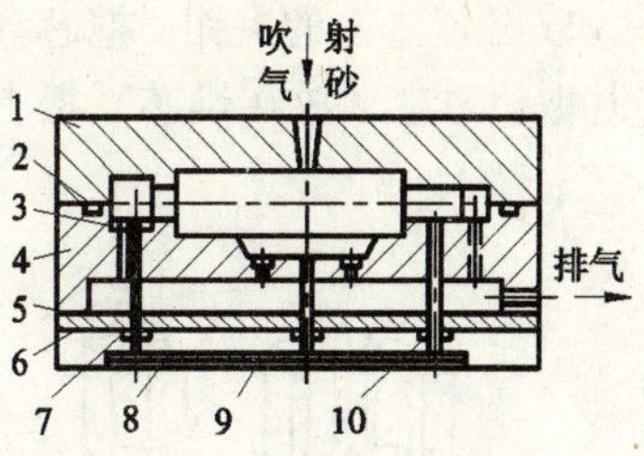

图2－59　冷芯盒的典型结构

1—上芯盒；2—密封环；3—排气塞；4—下芯盒；5—密封圈；6—排气腔盖板；7—密封圈及盖板；8—顶杆板；9—压板；10—顶芯杆

2.6.3　手工造芯方法

制造砂芯除用车板、刮板外，大多采用芯盒。生产实践表明，合理的芯盒结构对砂芯的质量、产量、铸件成本及劳动条件有着重要影响。

1)芯盒造芯

1)整体式芯盒制芯。整体式芯盒造芯过程如下：

①首先检查芯盒有无变形或损坏，并将芯盒内的杂物清扫干净，按照工艺图检查芯盒形状尺寸，然填入适量的芯砂并舂实。

②黏土砂芯小型芯骨可在泥浆水中浸一下，较大的芯骨可用刷子刷上泥浆水以增强芯骨和芯砂的黏结力。

③按框架在上，插齿和吊环在下，将芯骨安放在芯盒内，观察四周吃砂量是否合适，然后用手锤轻轻敲击芯骨至上部吃砂量合适为止。

④放入通气材料，如炉渣、焦碳、干砂、草绳等。再填砂舂实。舂砂时，注意每次填砂厚度应适量，以保证紧实度均匀。

⑤刮去高出敞口平面的芯砂，修整并刷上涂料。

⑥将芯盒翻转180°，放到烘芯平板上(为了使刷涂料的平面不粘在烘芯平板上可预先垫上一层纸)。

⑦敲动芯盒，松动后取出芯盒，砂芯便留在烘芯平板上。

⑧挖砂露出吊环，修整砂芯，刷上涂料。

整体式芯盒造芯示意图见图2－60。

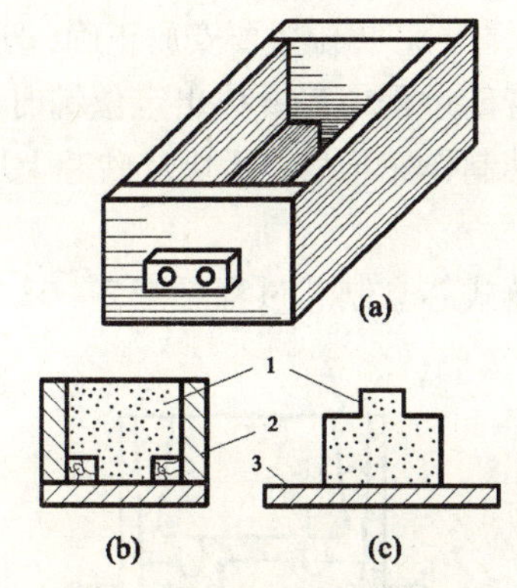

图2－60　整体式芯盒造芯

(a)芯盒；(b)填砂制芯；(c)砂芯放在烘芯板上

1—砂芯；2—芯盒；3—烘芯板

(2)对分式芯盒制芯。对分式芯盒制作粗短砂芯操作过程如下：

①检查芯盒定位销的配合情况是否良好，芯盒有无损坏或变形，尺寸是否准确，并清理芯盒的工作表面，见图2－61(a)。

②将芯盒合上，用夹钳夹紧放在舂砂平板上，进行填砂和舂砂，见图2－61(b)。

③舂砂至一定高度时，敲入芯骨(芯骨两端要埋入芯砂中)，继续舂砂至满，见图2－61(c)。

④刮平上端面，沿砂芯的中心部位，用通气针扎出通气孔，见图2－61(d)。

⑤取出芯盒上的夹钳，把芯盒放平并轻轻敲动，然后取去上半芯盒，见图 2-61(e)。

⑥取出砂芯，放在烘芯平板上，刷好涂料，见图 2-61(f)。

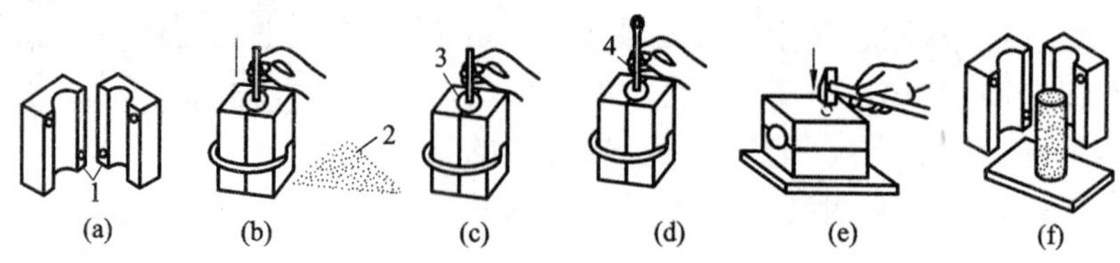

图 2-61　对分式芯盒造芯

(a)检查芯盒；(b)填砂舂实；(c)敲入芯骨；(d)扎出通气孔；(e)轻敲、打开芯盒；(f)砂芯

1—定位销及定位孔；2—芯砂；3—芯骨；4—通气针

对于细长砂芯以及两端小、中段大的砂芯，制芯时应先单独在一半芯盒内填砂舂实，在舂砂过程中放入芯骨，刮去多余芯砂，使芯砂稍高出芯盒的分模面。然后再在另一半芯盒内填砂、舂实、刮平，并在刮平面的中心位置挖出一条排气道。最后再将两半芯盒拼合，使两半砂芯粘合在一起，再填砂舂实。

(3)脱落式芯盒制芯。操作方法与整体式砂芯盒操作基本上相似。但由于脱落式芯盒中把妨碍砂芯倒出的部分做成活块，所以取芯时，活块与砂芯一起倒出，再从不同方向分别取下各个活块。用脱落式芯盒造芯应注意以下几点：

舂砂前，检查各活块是否遗漏，摆放的位置是否正确，定位是否可靠，对芯盒框要进行校正，防止歪扭，芯盒要紧固好，以免舂砂时尺寸胀大。

舂砂时，要先将活块周围的芯砂紧实，防止活块移动。舂砂紧实度要均匀，形状复杂的沟槽不得漏舂。芯骨位置要安放正确，便于吊运。要注意做到排气通畅，出气孔分布应均匀。

在舂砂过程中需要拔出定位销时，要确认活块不会再移动后才能取走销子。

砂芯制作完毕后，活块从砂芯上取下后，要立即放回芯盒窝座并让其自由落下，不能硬性敲打。

脱落式芯盒制芯过程见图 2-62 所示。

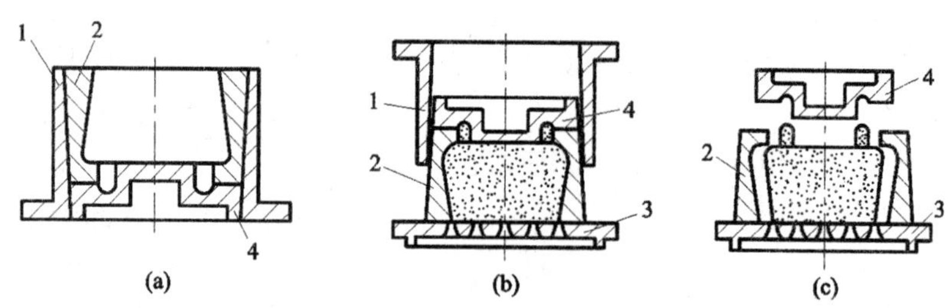

图 2-62　脱落式芯盒取芯示意图

(a)脱落式芯盒；(b)去掉套箱；(c)取出砂芯

1—套箱；2—左右两半芯盒；3—烘芯板；4—底座

2)刮板制芯

(1)导向刮板制芯。导向刮板造芯的操作过程如下：

①在底板上铺一层芯砂，厚度视砂芯的大小而定，一般为 20～30 mm。

②放上浸过泥浆水的芯骨，摆放端正，并用刮板沿导轨来回试刮一次，看芯骨是否妨碍刮板移动。

③根据砂芯的结构和大小，放上蜡线、草绳、焦碳等通气材料。

④填入芯砂并舂实。为了防止舂砂时芯砂散开，可做一个辅助框将芯砂挡住，见图2－63。

⑤取去辅助框，用刮板沿导轨刮去多余芯砂，造好半个砂芯。

⑥用同样方法刮制另半个砂芯，刮制前应注意两半砂芯的弯曲方向要对称。将分别刮制的两半砂芯拼合起来，然后进行修整、上涂料。

（2）小型立式旋转刮板制芯。这是刮板绕着一根固定轴来回旋转而刮制砂芯的造芯方法，如图2－64所示。其造芯过程如下：

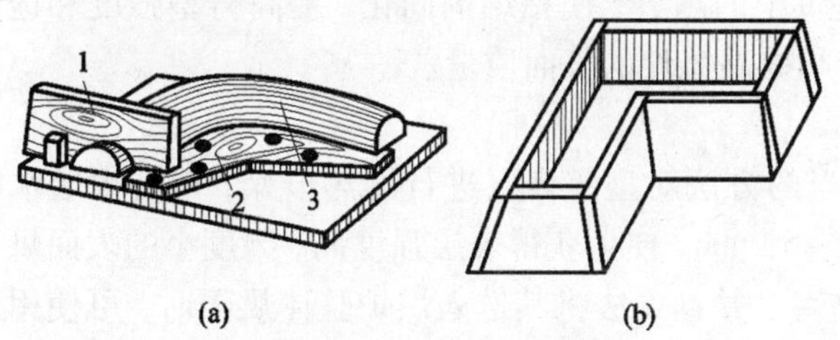

图2－63　导向刮板造芯

（a）导向刮板造芯；（b）辅助框

1—刮板；2—导轨；3—砂芯

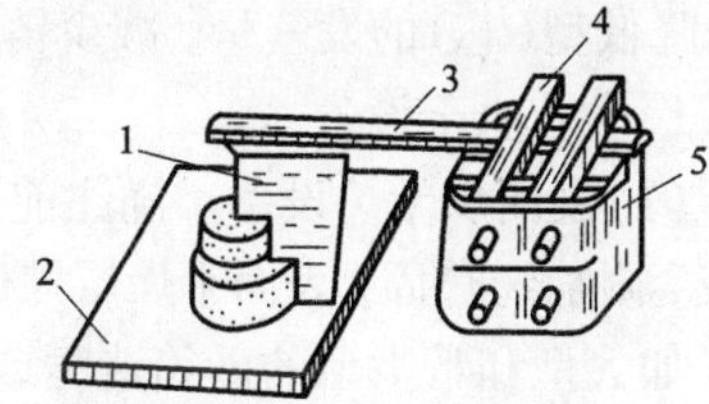

图2－64　小型立式旋转刮板造芯

1—刮板；2—底板；

3—横板；4—压铁；5—砂箱

①用小砂箱、木板、压铁搭好马架。

②摆好底板，并将刮板轴两端的铁钉，一头插入底板上的孔里，一头插入马架槽板预制的小孔里，转动一下刮板。看是否灵活。

③用水平仪检查一下底板、横板的水平度，并校正刮板的垂直度。

④刮制前，先将芯砂逐步紧实成一个粗略的轮廓（略大于砂芯尺寸），然后转动刮板，将砂芯刮制好。

⑤撤走刮板和马架，修整砂芯刷上涂料。

（3）卧式旋转刮板造芯。卧式旋转刮板造芯如图2－65所示。其造芯过程如下：

①选择直径合适的钢管做芯骨，在管壁上钻出排气小孔。

②将钢管放在车架上，用边绕边锤实的方法在钢管上紧实地绕1～2层草绳。

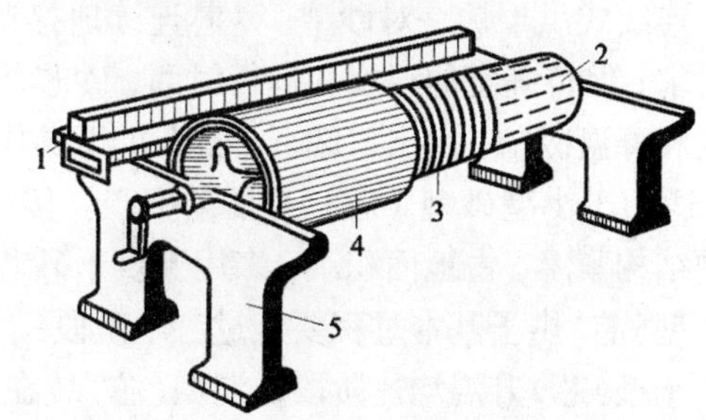

图2－65　卧式旋转车架刮板制芯

1—刮板；2—钢管；

3—草绳；4—砂芯；5—车架

③在草绳上钉上一些锤扁了钉头的铁钉，使钉头比砂芯表面低5 mm。

④用火烤去有弹性的草绳硬毛头。

⑤调整刮板，使刮板工作边至管表面距离等于砂芯直径与钢管外径之差的一半。

⑥拧紧压板螺栓，将刮板固定在架上，试刮砂芯两端各一段砂芯，用卡钳测量，如尺寸合适，则可刮制砂芯。

⑦在绕紧的草绳上敷上一层约厚 10 mm 的泥砂(芯砂和水拌成糊状物)。

⑧敷上和舂实芯砂，边转动边刮去多余的芯砂，逐段刮制，直至刮制成所需要的砂芯。

⑨敷一层细而稀的泥砂，刮制出光洁的砂芯表面。

⑩涂刷涂料(可在车架上进行)。

若刮制大型砂芯，为使砂芯能更牢固地连接在芯骨上，在沿管子长度方向均匀地套上一些铁箍，再在铁箍外周间隔均匀地绑上一些圆钢杆。为使刮制砂芯省力，可将钢管搁放在托轮上。

2.6.4 砂芯烘干

在铸造生产中，对大、中型铸件都需要干砂型浇注，以保证铸件质量。干砂型和干芯需要进行加热、升温、烘干处理，去除型(芯)中的水分，使粘结剂固化，提高铸型强度和透气性，降低型(芯)的发气量，减少铸件缺陷和提高铸件的表面质量。

1)砂芯烘干设备

(1)表面烘干炉设备。浇注前，用适当的方法对型腔表层进行加热干燥，使其表层水分蒸发，附加物热固，表面干燥层厚度达 30 ~ 50 mm，便可获得表层强度高、湿度小的表面烘干型。如大型和特大型的砂箱造型或地坑造型，并且无法将其送入烘炉整体烘干时，可使用表面烘干，也能浇注出合格的铸件。

烘干设备有以煤或焦碳、煤气为燃料的移动式烘干炉，以煤油、柴油为燃料的喷灯、喷枪等。

(2)整体烘干炉设备。大型复杂铸件的砂型和砂芯以及大批量机械化生产中使用的砂芯，必须采用整体烘干，才能满足强度及生产的需要。

整体烘干的设备有远红外线辐射烘干炉、周期作业式烘干炉和连续式烘干炉。周期作业式烘干炉是将需要烘烤的砂型装入炉内，然后加热烘干，随炉冷却后出炉卸下，再将另一批待烘的砂型（芯）装炉烘烤，其工作呈周期性进行。

连续式烘干炉是对砂型、砂芯连续地移动并进行烘干的设备。炉内各部位依据烘干规范的要求，保持确定的温度和运行时间，砂芯从进口入炉，由传送链带动沿炉体运行，经升温、保温和降温冷却，由出口卸下，整个烘干操作均在炉内连续进行。生产效率高，烘干质量稳定，适用于小型砂型（芯）大批量生产。按照炉内传动方式不同，分为卧式和立式两种，立式的结构紧凑，占地面积小，多用于烘干砂芯。

型(芯)烘干基本过程要经过三个阶段：

①型(芯)升温均热阶段。湿型(芯)装在烘炉内，关小烟道闸门，限制炉气流通，减少砂型（芯)表面的水分蒸发散失，充分利用原有湿度的高导热性，尽快实现内外透热。应用小火慢慢加热，缓缓升温，使砂型(芯)内部和表面温度均匀一致。然后迅速提高炉温，达到恒温烘干温度。

②水分蒸发恒温阶段。在此阶段中，由于型(芯)外部温度高于内部，水分由型(芯)内部不断往外迁移，热能由型(芯)外部不断向内部迁移，水分被蒸发。此阶段应全部打开烟道闸门，加快炉气循环，降低炉气温度，让蒸发的水分排出炉外，新的干燥空气不断进入炉内，继续吸收水分并带出炉外，从而逐渐把型(芯)烘干。

③降温冷却阶段。水分蒸发到规定要求后，停止加热，并打开排气道，炉温慢慢降低，

砂型或砂芯随炉缓慢冷却，随着炉温的降低，砂型和砂芯强度逐渐提高。

2）砂芯烘干工艺规范

烘干工艺规范主要规定了烘干温度和烘干时间，图2－66是典型的砂芯烘干工艺曲线。粘结剂不同，烘干温度也不同。烘干时间由砂型（芯）的截面厚度、水分和粘结剂含量及砂粒大小来决定。砂型（芯）的截面厚度越大，型砂中的水分和粘结剂越多，型砂颗粒越细，烘干时间越长。实践中，在铸造工艺手册可查取相关数据并进行修正，确定可行的砂型（芯）烘干规范。

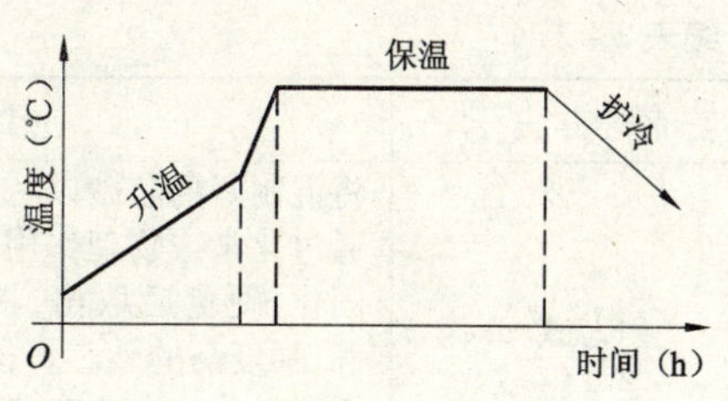

图2－66 砂型（芯）烘干工艺曲线

2.6.5 机器造芯方法及设备

批量生产时，考虑用机器制芯，见图2－67。机器制芯生产率高，紧实度均匀，砂芯质量好。但安放芯骨、取出活块或有时开通气道等工序，还需要手工进行。

1）机器造芯方法

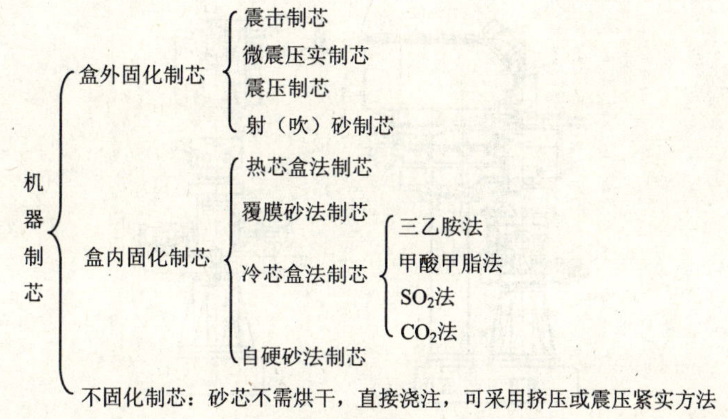

图2－67 机器制芯方法分类

机器制芯方法的主要特点及应用情况见表2－2。

表2－2 机器制芯方法的特点及应用情况

制芯方法	主要特点	应用情况
震实式及翻台震实式	靠震击紧实芯砂。目前，这种机器应用得较普遍，但其噪声大，生产率低，对厂房基础要求高	适用于制造不填焦碳块的中、大砂芯的成批、大量生产
微震压实式	在微震的同时加压紧实芯砂。生产率较高，但机器结构复杂，仍有噪声	可用于制造黏土芯砂、合脂砂，桐油砂的砂芯
螺旋挤压式	利用机械传动，将芯砂从成形管连续挤出而制造砂芯。螺旋挤压式是根据模孔大小，调节螺旋推砂器的速度来控制砂芯的紧实度，其生产率一般为15～300 m/h	用于大量生产的截面形状、尺寸不变的小砂芯

续表 2－2

制芯方法	主要特点	应用情况
射芯式	将混制好的芯砂以一定的压力射入芯盒内，通过化学或物理作用，使芯砂快速在芯盒内固化，硬化后取出，得到表面光洁、尺寸精确、强度高的砂芯。操作方便，生产率高，易于机械化。主要有热芯盒制芯、冷芯盒制芯和覆膜砂制芯	用于成批、大量生产中、小型简单或复杂的砂芯

2）造芯设备

造芯设备的结构形式与芯砂的粘结剂及造芯工艺密切相关，目前国内常用的造芯设备有热芯盒射芯机、冷芯盒射芯机和壳芯机三类。有些射芯机已实现冷、热芯盒两用的机型。

（1）热芯盒射芯机。热芯盒射芯机主要由立柱机座、供砂系统、射砂机构、工作台及升降机构、芯盒夹紧机构、加热板及控制系统组成，依次完成加砂、芯盒夹紧、射砂、加热硬化、取芯等工序。如图 2－68 所示。

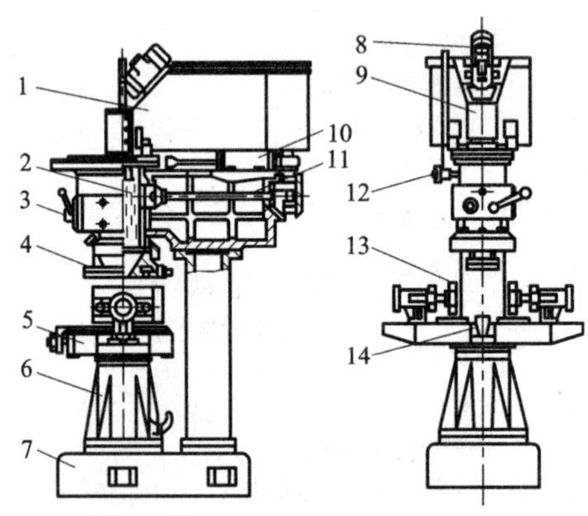

图 2－68　Z8612B 型热芯盒射芯机的结构

1—供砂斗；　2—射砂筒；　3—操纵阀；　4—水冷射头；　5—工作台；
6—升降缸；　7—底座；　8—振动电机；　9—玻璃罩；　10—闸板气缸；
11—射砂阀控制气缸；　12—排气阀；　13—加热板；　14—气动拖板

以 Z8612 型热芯盒射芯机为例，如图 2－69 所示，其工作程序如下：

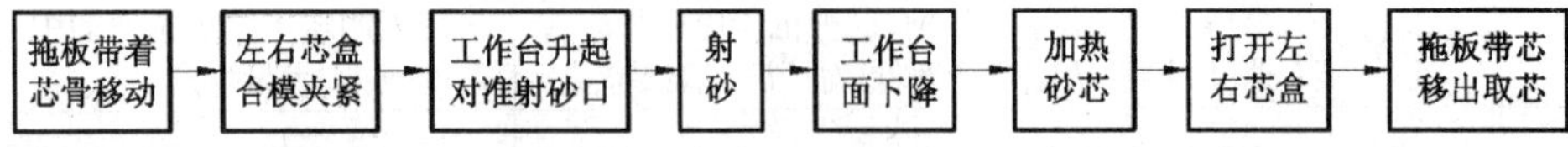

（2）冷芯盒射芯机。冷芯盒射芯机与热芯盒射芯机所不同的是在射砂工序完成后，通入硬化气体硬化砂芯，取代了热芯盒机中的加热装置。目前已有各种类型的冷芯盒机，也可以在原有热芯盒射芯机上改装而成，只需增设一个吹气装置取代原有的加热装置，吹气装置主要是吹气板和供气系统。射砂工序完成后，将射头移开，并将芯盒与通气板压紧，通入硬化气体（三乙胺、SO_2、CO_2等），硬化砂芯。砂芯硬化后，再经通气板通入空气，使空气穿过已硬化的砂芯，将残留在砂芯中的硬化气体冲洗除去。

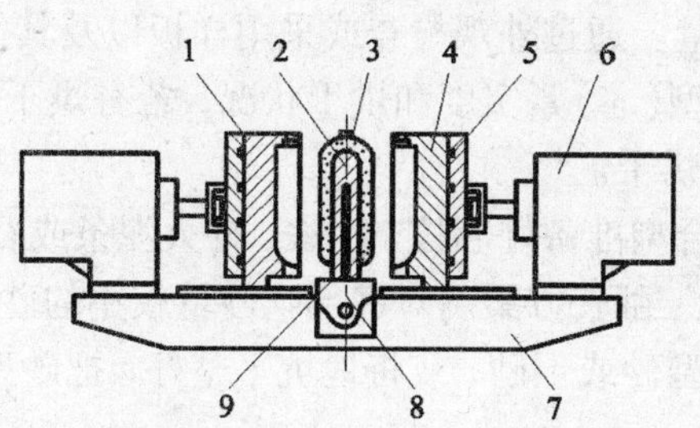

图 2-69　Z8612B 热芯盒在工作台上安放情况

1—加热板；2—芯棒；3—砂芯；4—芯盒；5—电热棒；
6—夹紧棒；7—工作台；8—气动拖板；9—电热棒

(3)壳芯机。壳芯是以强度较高的酚醛树脂为粘结剂的覆膜砂经加热硬化而制成的中空壳体芯，型芯的透气性和溃散性较好。由于壳芯使用的砂粒细，所以铸件表面光洁，尺寸精度高，芯砂用量少，降低了材料消耗。在制造大型芯上得到了广泛应用。

壳芯机是利用吹砂原理制成的，其过程如图 2-70 所示。依次经芯盒合模、翻转吹砂、加热结壳、回转摇摆、倒出余砂、硬化、芯盒分开、取芯等工序。

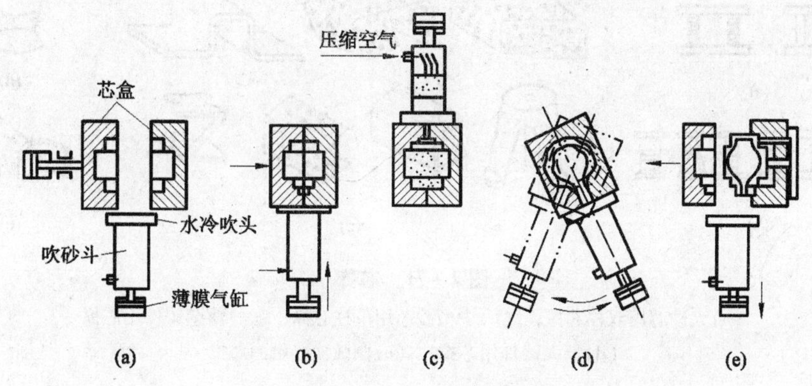

图 2-70　壳芯机工作过程示意图

(a)起始位置；(b)芯盒合模后吹砂斗上升；(c)翻转吹砂并加热结壳
(d)回转摇摆倒出余砂后继续硬化；(e)打开芯盒顶出砂芯

2.7　铸型的装配

2.7.1　铸型装配

铸型装配(合型)是造型的最后一道工序。在合型过程中，任何疏忽都会造成铸件产生气孔、砂眼、错型、偏芯等缺陷，严重时使铸件报废。

1)铸型装配前的准备

(1)熟悉技术文件。合型前首先熟悉该铸件的铸造工艺图、工艺卡和其他工艺文件。弄清芯撑、冷铁的位置，以及各砂芯的相互位置关系和关键尺寸、下芯顺序、固定方法、通气方法。

(2)检查铸型和型芯质量。通过外观检查或采用样板以及其他检验工具检验砂型(芯)的形状和尺寸是否合格，检查型(芯)紧实度和烘干状况，若有烘干不良或局部烧坏等现象，应对破损处进行仔细修补和再烘干。

(3)准备物料和场地。合型准备好芯撑、冷铁、耐火泥条或石棉绳、外浇口、冒口圈、吊具等。考虑好砂型(芯)吊运、翻转方案。对底部吃砂量较小的砂型，将放置下砂型的场地进行平整，并垫上一层松软的型砂或干砂，或将地坑平整好，把砂型放在地坑内浇注。

2)下芯操作

(1)安放砂芯。按照工艺文件或考虑好的下芯方案顺序下芯，仔细检查砂芯的相对位置，控制铸件的壁厚。生产量大的或重要铸件常用样板控制检查砂芯与砂芯、砂芯与型腔之间的相互位置尺寸。

(2)固定砂芯。一般的砂芯是靠芯头固定在砂型里。尺寸较大或结构特殊的砂芯，有时需要用芯撑来增加砂芯的支撑点。悬吊的砂芯常用铁丝或专用的夹具固定。合理利用芯撑、垫片，可防止砂芯位移或错芯。芯头处要用型砂或石棉绳等塞紧。常用的芯撑如图 2－71 所示。

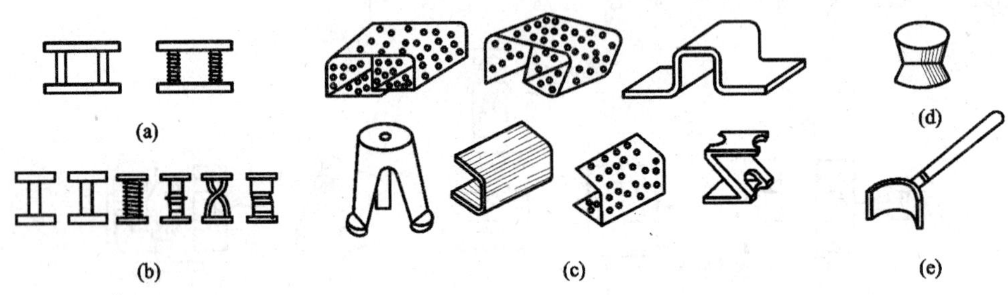

图 2－71 芯撑

(a)大砂芯用双柱芯撑；(b)中型砂芯用单柱芯撑；(c)薄壁铸件用芯撑
(d)厚大铸件用芯撑；(e)圆弧面接触的芯撑

(3)检查砂型、砂芯通气状况。砂型的通气必须良好，每个砂芯的通气道要畅通。在砂芯安放过程中要认真检查砂芯与砂芯之间、砂芯与芯座之间的通气道是否相互连通。大型铸件或烘干的砂芯要在通气孔周围或芯头处放一圈泥条或石棉绳等，防止浇注时金属液钻入芯头堵塞通气道。

3)合型操作

装配好的砂型检查合格后，就可以进行合箱。砂型的分型面要清扫干净，沿分型面、芯头处及通气道周围垫上耐火泥条或石棉绳。翻转上箱时要注意安全，防止砂型损坏。如有损坏，要进行修补和烘干。

合箱时，上型要吊平，垂直下落，按原有的定位方法准确定位合箱。合箱后在分箱面间的箱角塞上披缝铁，以免紧箱时压塌砂型。紧固好砂箱用砂泥将分型面处缝隙堵好，以防跑火。所有通气孔处要留有标记，以便浇注时点火引气。将通气孔、冒口盖好，防止掉入砂子或其他杂物。

2.7.2 铸型的紧固

铸型装配后需要进行锁紧固定。铸型的紧固可根据砂型的大小、砂箱结构和造型方法的不同而采用不同的紧固方法。

1)铸型紧固方法

小型铸件的抬箱力不大，可使用压铁固定。但要注意：放压铁时要小心轻放，并要放在箱带或箱边上；压铁总重应大于抬箱力，且要对称均衡放置。

中型铸件抬箱力较大，可用箱卡或螺栓紧固。但要做到以下几点：紧固前，在箱角处垫上铁块，以免紧固时将砂型压崩。紧固螺栓时，最好在对称方向同时进行，以避免上箱倾斜。紧固时用力要均匀。

大型铸件，抬箱力较大，一般用大型螺杆与压梁来紧固。

2)抬箱力的计算

在浇注过程中，金属液作用于型腔顶面的垂直压力称为抬箱力。抬箱力包括金属液压力作用于上型的抬箱力和砂芯所受浮力而产生的抬箱力两部分。为防止浇注时上砂型被抬起，需要估算抬箱力的大小，据此确定铸型的紧固力、压铁重量等。

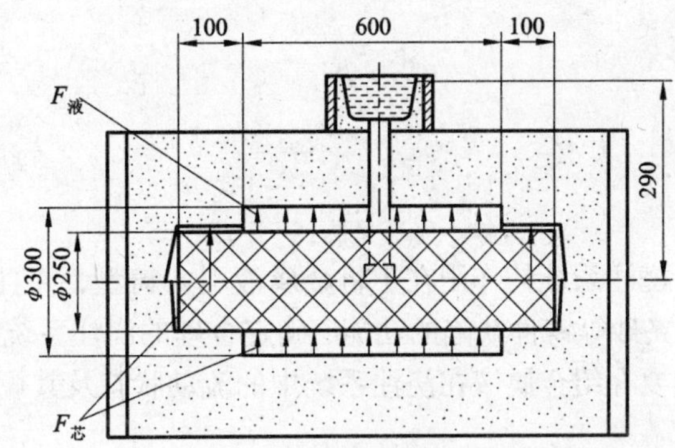

图2－72 抬箱力计算示意图

图2－72是抬箱力计算示意图，计算方法如下：

$$F_{抬}=k(F_{液}+F_{芯}) \tag{2-2}$$

式中 $F_{抬}$——抬箱力(N)；

$F_{液}$——金属液压力作用于上型的抬箱力(N)；

$F_{芯}$——砂芯所受浮力而产生的抬箱力(N)；

k——安全系数，一般取1.2～1.5。

其中

$$F_{液}=S_{液}h\rho g \tag{2-3}$$

$$F_{芯}=V_{芯}(\rho-\rho_{芯})g \tag{2-4}$$

式中 $S_{液}$——与金属液接触的型腔顶面水平投影面积(m^2)；

h——型腔顶面至浇口盆液面的平均高度(m)；

ρ——金属液的密度(计算时一般取7000 kg/m^3)；

$\rho_{芯}$——砂芯的密度(计算时一般取1500 kg/m^3)；

g——重力加速度，$g\approx10m/s^2$；

$V_{芯}$——被金属液包围部分的砂芯体积(m^3)。

抬箱力等于紧固力，按此式计算时无需再扣除上砂箱及型砂重量，这样会更安全些。

第 3 章 浇注系统设计

浇注系统的作用在于将金属液引入铸型，并且兼有防止气孔、裂纹、冷隔、浇不到、砂眼、夹砂等铸件缺陷的功能，确定合理的浇注系统结构及其尺寸是工艺设计的重要环节。本章主要介绍金属液在浇注系统中的流动状态及其规律，并据此设计浇注系统。

3.1 金属液的充型

3.1.1 液态金属充型能力的概念

液态金属的充型能力是指液态金属充满铸型型腔，获得形状完整、轮廓清晰的铸件的能力。金属液在流动过程中会出现紊流、结晶、压力损失、冲刷铸型等现象，这些对充填铸型会产生不利影响。浇注系统设计时应充分考虑这些特点，采取措施加以改善。

3.1.2 影响充型能力的因素

提高金属液充型能力的措施是从影响充填能力的因素考虑的。影响金属液充填铸型能力的因素可以从内因和外因两个方面考虑，内因是指金属材料的内在属性，包括合金种类及其成分、熔点、结晶特点及浇注温度等等，主要反映在流动性上的差异。外因主要包括铸型条件和环境条件等等。

1）金属液流动性的影响

（1）合金类型。常见铸造合金主要有灰铸铁、球墨铸铁、铸钢及铸造有色合金。合金类型及其成分不同，其熔点、结晶温度范围的宽窄、结晶方式和结晶潜热、表面张力等不同。一般来说，熔点越高，越容易结晶，流动性降低。结晶温度范围越宽，在浇注系统及型腔表面形成树枝晶或与流体形成混杂体，粘度增加流动性下降。

铸铁中硅的作用和碳相似，硅量增加，液相线下降。因此，在同一过热温度下，铸铁的流动性随硅量的增加而提高。锰的质量分数低于 0.25% 时，锰本身对铸铁的流动性没有影响。但是，当硫的质量分数高时，一方面会产生较多的 MnS 夹杂物，悬浮在铁液中，增加铁液的粘度；另一方面，硫的质量分数越高，越易形成氧化膜，致使铁液流动性降低。

铸铁的结晶温度范围一般比铸钢的宽，但铸铁的流动性比铸钢的好。这是由于铸钢的熔点高，钢液的过热度一般都比铸铁的小，保持液态流动的时间就要短；另外，由于钢液的温度高，在铸型中的散热速度快，很快就析出一定数量的枝晶，使钢液失去流动能力。高碳钢的结晶温度范围虽然比低碳钢的宽，可是由于液相线温度低，容易过热，所以，实际流动性并不比低碳钢差。

(2)浇注温度的影响。浇注温度对液态金属的充型能力有决定性的影响。浇注温度越高，充型能力越好。在一定温度范围内，充型能力随浇注温度的提高而直线上升，越过某界限后，由于吸气多，氧化严重，充型能力的提高幅度减小。虽然如此，实际浇注时一般应遵循"低温快浇"的原则，主要是浇注温度高，带来收缩性较大的问题，造成铸件的缩孔、缩松、应力、变形及开裂缺陷。

2)铸型条件

(1)铸型材料。主要是造型材料的性质、蓄热系数、型砂的紧实度、冷铁等因素有关。使用涂料能改善摩擦条件，降低流动阻力，可提高充型能力。适当降低型砂中的含水量和发气物质的含量，减小型砂的发气性，提高砂型的透气性，在砂型上扎出气孔，或者在离浇注端最远或最高部位设出气孔，减小铸型中气体的反压力，也可改善金属液的充型能力。

(2)铸型温度。铸型的温度不但影响充型能力，还影响铸铁件是否出现白口组织。金属型铸造及压力铸造一般都需要通过预热保证一定的铸型温度。

(3)铸件结构特点。衡量铸件结构特点的因素是铸件的模数和复杂程度，这些决定着铸型型腔的结构特点。如果铸件的体积相同，在同样的浇注条件下，模数大的铸件，由于与铸型的接触表面积相对较小，热量散失比较缓慢，则充型能力较强。铸件的壁越薄，模数越小，则越不容易被充满。铸件壁厚相同时，铸型中的垂直壁比水平壁更容易充满。因此，对薄壁铸件应正确选择浇注位置。

铸件结构复杂，则型腔结构复杂，流动阻力大，铸型的充填就困难。

(4)浇注系统结构。浇注系统的结构越复杂，流动阻力越大，在静压头相同的情况下，充型能力越低。浇口杯对金属液有净化作用，但其中的液态金属散热很快，充型能力有所下降。

(5)充型压头。液态金属在流动方向上所受的压力越大，充型能力就越好。但是金属液的静压头过大或充型速度过快时，不仅要发生喷射和飞溅现象，使金属氧化和产生"铁豆"缺陷，而且型腔中气体来不及排出，反压力增加，易造成"浇不到"或"冷隔"缺陷。浇注系统设计时，对压头大小需要进行校验。

对于以上影响金属液充型能力的因素分析，可采取相应地措施，对金属液充型能力加以改善。

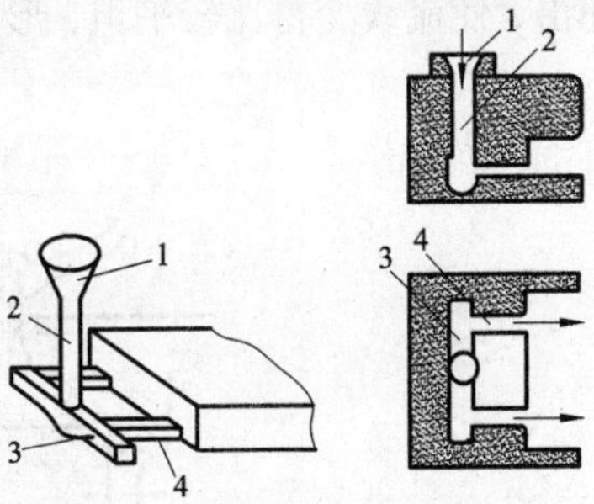

图3-1 浇注系统的典型结构

1—浇口杯； 2—直浇道；
3—横浇道； 4—内浇道

3.2 浇注系统各部分的结构形式

典型浇注系统是由浇口杯、直浇道、横浇道和内浇道组成的，如图3-1所示。

浇口杯的作用是承接来自浇包的金属液，并将其导入直浇道。同时，兼有挡渣和排气的功能。直浇道主要是将金属液引入横浇道，并提供足够的压头，保证铸型充满并实现一定的补缩功能。横浇道的作用主要是挡渣，并向内浇道分配金属液。内浇道主要是将金属液直接引入铸型，控制金属液的流速和方向，并利用这一结构上的特点，调节铸型各部分的温度和铸件的凝固顺序。

因此，合理的浇注系统应满足下列基本要求：

1)金属液流动的速度和方向必须保证液态金属在规定的时间内充满型腔。

(2)保持液态金属的平稳流动，减轻紊流，从而避免卷入气体使金属过分氧化以及冲刷铸型。

(3)浇注系统应具有良好的挡渣能力。

(4)使液态金属流入铸型后具有理想的温度分布，以利于铸件的补缩。

(5)浇注系统所用的金属消耗量小，且易清理。

3.2.1 浇口的结构形式

(1)水平涡流现象

当浇口杯中的金属液流向直浇道时，会使汇流在直浇道上部的金属液旋转起来，形成水平涡流，如图3-2所示。

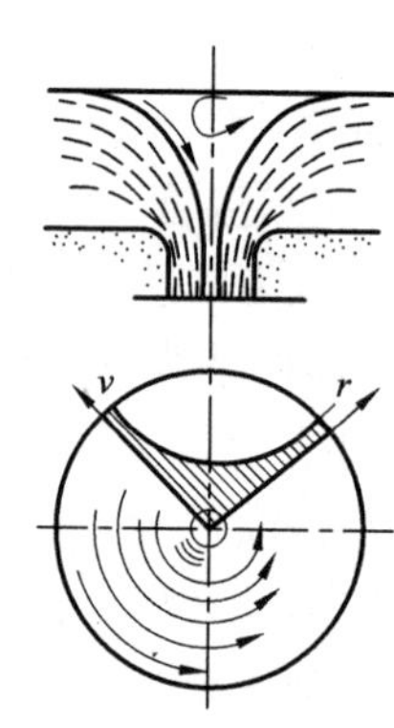

图3-2 浇口杯中的水平涡流

水平涡流的产生，使距离涡流中心(直浇道中心)越近的金属液，其旋转速度越快，压力越低，甚至形成负压，在涡流中心形成喇叭口的低压空穴区。从而使附近的渣和气被吸入直浇道中。

水平涡流的产生与浇口杯中液面高度及浇注时包嘴距离浇口杯的高度有关。由图3-3可见，当浇口杯中的金属液面高而浇包位置较低时，流入直浇道的流线陡峭，水平分速度小，不易产生高速度的水平涡流(图3-3(a))；当浇口杯中的金属液面低，流线趋向平坦，水平分速度大，就容易产生水平涡流(3-3(b))；当浇包位置较高时，尽管浇口杯中的液面也较高，仍会产生水平涡流(图3-3(c))，这是因为高速的液体穿入金属液面，对液面产生较大的冲击，使流线变得比较平坦，形成水平流股而产生涡流。

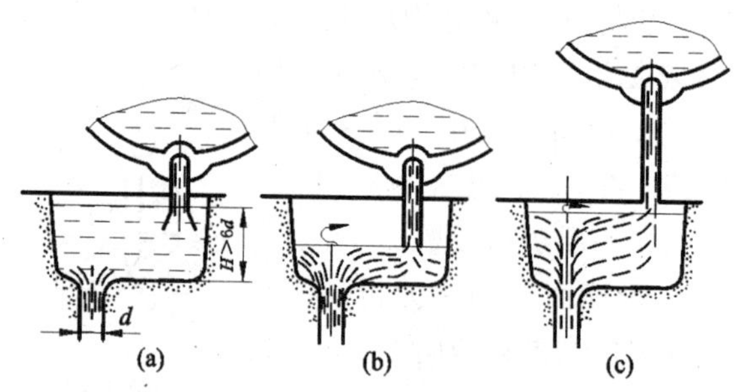

图3-3 液面高度与浇包包嘴高度对水平涡流的影响

(a)合理；(b)、(c)不合理

为避免水平涡流，在浇口设计时，浇口深度(H)与直浇道直径(d)满足$H>6d$关系。在浇注操作时应采取浇包低位浇注、大流充满。

2)浇口的常用结构形式

浇口的形状可分为漏斗形和盆形两大类。漏斗形浇口结构简单，消耗金属量少，但挡渣

效果差。盆形浇口挡渣效果好，但消耗的金属量较多。常用的盆形浇口如图 3－4 所示。

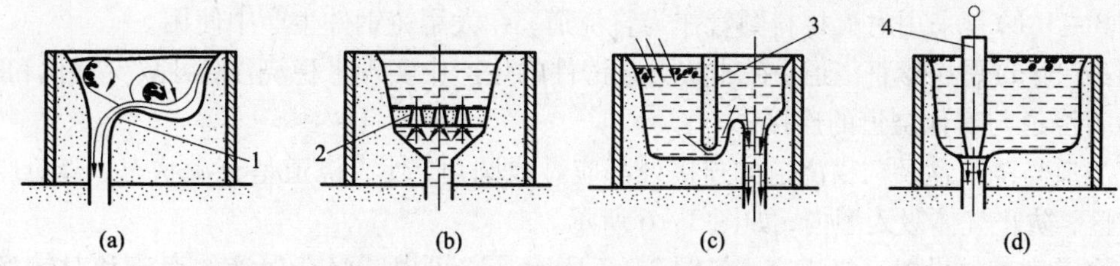

图 3－4　几种常用浇口盆的结构形式

1—底坎；　2—滤网；　3—闸门；　4—拔塞

图 3－4(a)是最常见的普通浇口盆，其底坎结构可促使液流在流向直浇道时产生垂直涡流，对熔渣产生一个附加的上浮力，避免其进入直浇道。

图 3－4(b)是带滤网芯的浇口盆，常用于小件。滤网芯用油砂或黏土砂制成，网孔数目一般为 7～15 个，孔径上小下大，上部直径 6～8 mm，下部直径 7.5～10 mm，可阻挡熔渣。滤网芯也可安放在直浇道下部或横浇道中，其效果相似。

图 3－4(c)是闸门式浇口盆，多用于中型铸件。这种浇口盆一方面将大部分熔渣集中在浇注区的液面上，另一方面减少了直浇口附近金属液中的紊流搅拌现象，促使液流向上，使越过闸门的熔渣上浮且聚集在液面上。

图 3－4(d)是拔塞式浇口盆，常用于大型和重要铸件。这种浇口盆体积较大，必要时可容纳整个铸型所需的金属液量。浇口塞可使用石墨棒或表面刷耐火涂料的金属堵头。浇口塞在浇口盆充满金属液后再拔起浇注，可以有效地挡渣、浮渣、排气和防止卷入气体。也可以利用拔塞式浇口盆进行合金的孕育处理。

3.2.2　直浇道的结构形式

1) 直浇道的结构类型

直浇道截面形状多呈圆形，常用的直浇道类型如图 3－5 所示。图 3－5(a)是斜度为 1%～2% 上大下小的圆锥形直浇道，它起模方便，浇注时充型快，金属液在直浇道中呈正压状态流动，从而可以防止吸气和杂质进入型腔，是应用最广泛的一种直浇道。

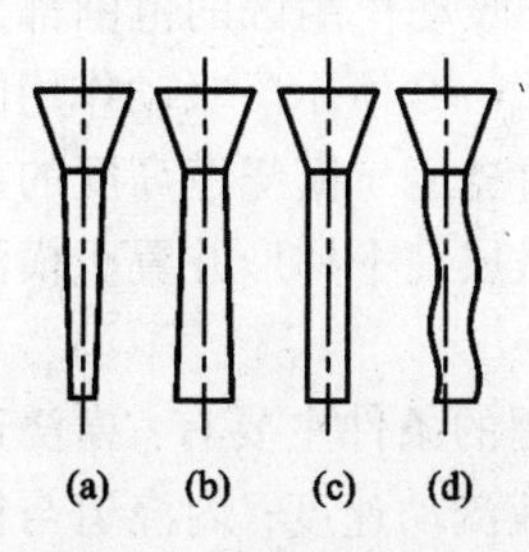

图 3－5　直浇道的类型

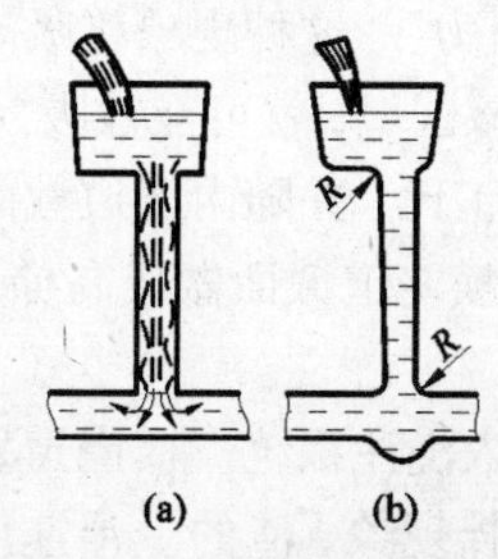

图 3－6　直浇道与其他浇道的连接

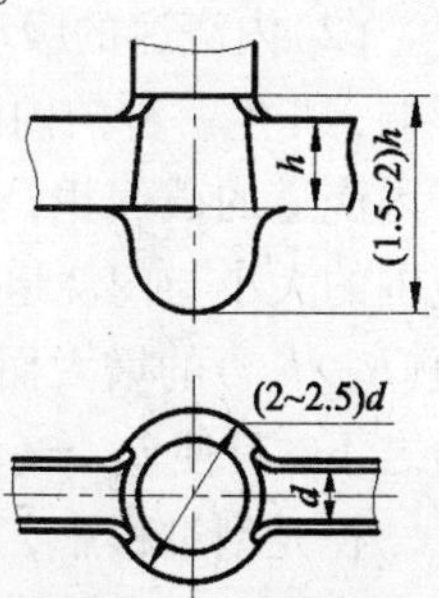

图 3－7　直浇道窝

图 3－5(b)是上小下大的倒锥形直浇道。这在机器造型中应用，浇道模样固定在底板

上，起模方便。浇注时借助于横浇道和内浇道对金属液流增大阻力，使金属液在直浇道中仍呈正压状态流动。

图3－5(c)是采用耐火材料圆管作为直浇道，在大型铸钢件生产中使用。

图3－5(d)是蛇形直浇道，在非铁合金铸件的生产中实现平稳浇注，可减少氧化和吸气。

2)直浇道与其他浇道的连接

直浇道与浇口盆及与横浇道的连接处都应做成圆角，使直浇道呈充满状态，避免产生低压空穴区，防止气体吸入型内，如图3－6所示。

直浇道底部要设置直浇道窝，如图3－7所示。它可以减轻金属液的紊流和对铸型的冲蚀作用，有利于渣、气上浮。

3.2.3 横浇道的结构形式

1)金属液在横浇道中的流动现象

(1)液流叠加现象。最初进入横浇道的金属液以较大的速度流向横浇道末端，并冲击型壁使动能转变为位能，从而使横浇道末端的金属液面升高，形成金属液浪后又返向流动，如图3－8所示。当返向流动的金属液浪与持续流入的金属液相遇，横浇道中的整个液面上升直至充满。在此过程中，如果横浇道延长段不够长，则两个不同方向形成的叠加流会把渣一同带入横浇道末端最近的内浇道中。为避免这一现象，最后一个内浇道与横浇道末端的距离延长70～150 mm。

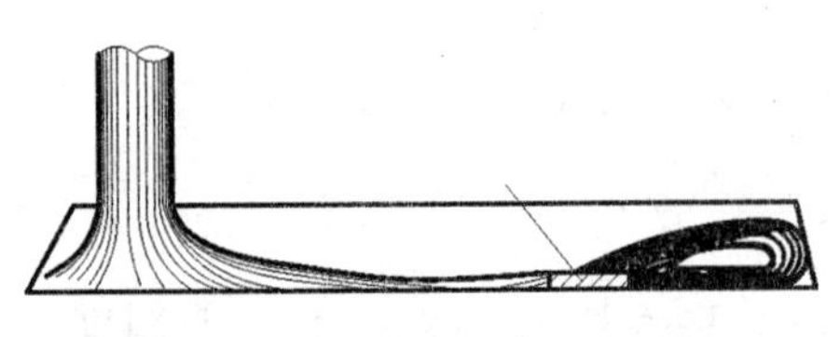

图3－8　横浇道中的液流叠加现象

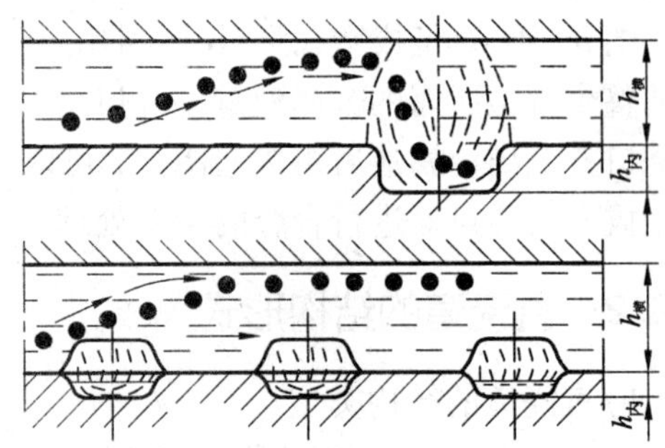

图3－9　吸动作用范围区

(2)内浇道的吸动现象。当横浇道中的金属液流向内浇道附近时，会受到内浇道吸动的影响，产生一种向内浇道流去的“引力”，这种现象称吸动作用。由于吸动作用区的范围都大于内浇道的截面积，熔渣一旦进入该区域，就可能被吸入型腔。如图3－9所示。吸动作用区范围的大小与内浇道中液流速度成正比，并随内浇道截面的增大及内浇道与横浇道高度的比值($h_内/h_横$)的增大而增大。故常将横浇道截面做成高梯形，内浇道做成扁平梯形并置于横浇道之下，且使 $h_横=(5\sim6)h_内$。

在充型过程中，难免有熔渣进入浇注系统。横浇道发挥挡渣作用的条件主要有：横浇道必须充满；流动平稳，减轻紊流搅拌现象；渣的上浮速度大于金属液流动速度；内浇道与横浇道有合理的相对位置。

2)横浇道的结构形式

(1)阻流式横浇道。在横浇道上设阻流段，截面缩小，以提高金属液流动阻力。阻流式横浇道分为水平阻流式和垂直阻流式两类，见图3-10所示。

由于阻流段窄薄(4~7 mm)，从浇口到阻流段这一段封闭性强，有利于挡渣。从阻流段流出的金属液进入宽大的横浇道，流速减慢，有利于渣子上浮，所以挡渣性能好。水平阻流式结构简单，制做方便，适于小批手工造型，但挡渣效果差些垂直阻流式结构复杂，制做困难，适于挡渣要求高的中、小铸件机器造型。

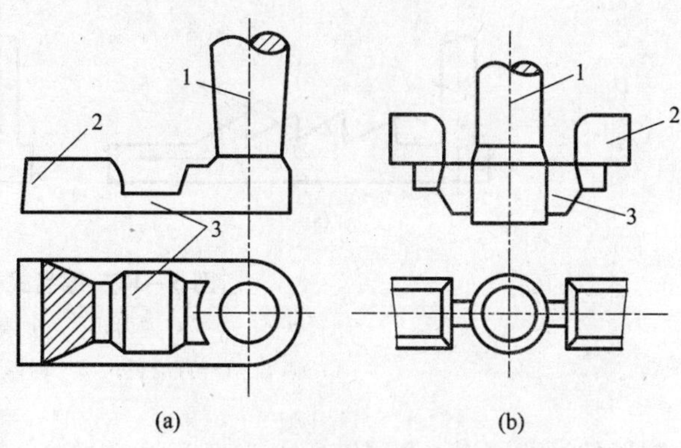

图3-10　阻流式横浇道

(a)垂直阻流式；(b)水平阻流式

1—直浇道；2—横浇道；3—阻流段

(2)稳流式横浇道。也称缓流式，利用在分型面上、下安置的多段横浇道，增加金属在流动过程中的阻力，使之充型平稳。如图3-11所示。

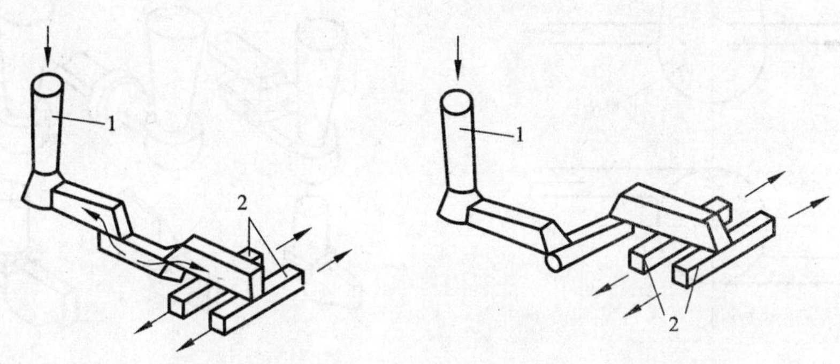

图3-11　稳流式横浇道

1—直浇道；2—内浇道

当$F_{直}>F_{内}$时，能够挡渣。如同时使用过滤器，可增强挡渣能力。与阻流式相比，对型砂质量要求较低，适用于成批或大量生产的较重要的、复杂的中、小铸件。

(3)锯齿式横浇道。在横浇道顶面作出锯齿形状，有一定的挡渣作用，分为顺齿和逆齿两种，如图3-12所示。在挡渣效果上，逆齿式更好些，适用于成批生产的中、小型铸件。

(4)积渣包式横浇道。一般做成离心式，使金属液在集渣包内做旋转运动，使熔渣聚集在集渣包中心，液流出口方向应与旋转方向相反，集渣包入口截面应大于出口截面，以满足"封闭"条件，如图3-13所示。当集渣包尺寸足够大时，可以起到暗冒口补缩作用，主要用于重要的大、中型铸件，在可锻铸铁及球墨铸铁件上应用较多。

(5)滤网式横浇道。过滤网由油砂、树脂砂、玻璃纤维或多孔陶瓷等材料制成。一般设置在直浇道上端或下端，也可设在横浇道中，使熔渣留存在浇口或粘附在过滤网的上面，过滤网前应满足"封闭"要求。当过滤网在直浇道顶部时，要求$F_{网}=(1.2\sim1.3)F_{直}$。使用油

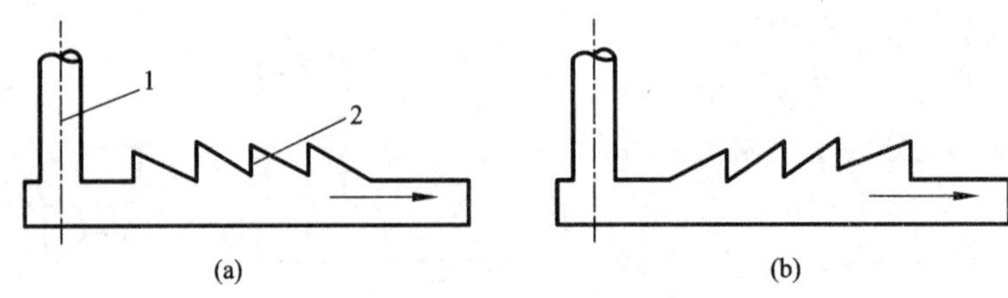

图 3－12　锯齿式横浇道

(a)逆齿式；(b)顺齿式

1—直浇道；2—锯齿形横浇道

砂制做的过滤网时，金属液压力头高度不宜过高，以免冲垮过滤网。适用于成批生产的中、小型铸件。

目前，玻璃纤维或多孔陶瓷等材料制成的滤网实现了专业化批量生产，使用时可直接选购。其使用方法如图 3－14 所示。

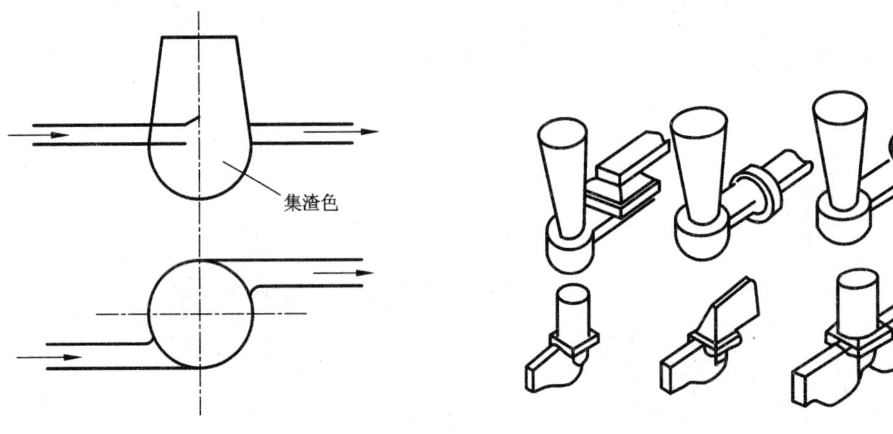

图 3－13　集渣包式横浇道

图 3－14　多孔陶瓷过滤网的安放位置

3.2.4　内浇道的结构形式

1）内浇道的截面形状

内浇道主要使用如图 3－15 所示的六种截面形状，结构尺寸可由其截面积大小推算出来，也可根据截面积大小直接查取相关铸造工艺手册。

2）内浇道与横浇道的位置关系

内浇道与横浇道的布置形式如图 3－16 所示。内浇道的位置最好使其底面与横浇道的底面处于同一平面，如图 3－16(a)所示。不应该开设在横浇道的底部和末端，如图 3－16(e)所示。内浇道设置的方向最好与液流方向逆向，并倾有一定角度，如图 3－16(f)所示。

3）多个内浇道的布置

实践证明，同一横浇道上有多个等截面的内浇道时，各内浇道中的流量是不均匀的，远

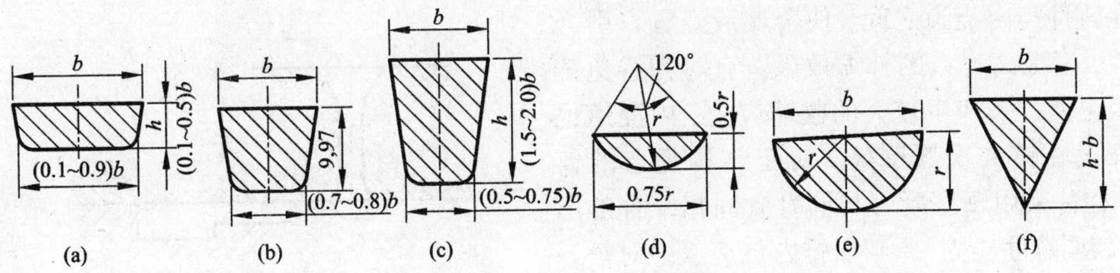

图3－15　内浇道的截面形状

(a)扁平梯形；(b)方梯形；(c)高梯形；(d)新月形；(e)半圆形；(f)三角形

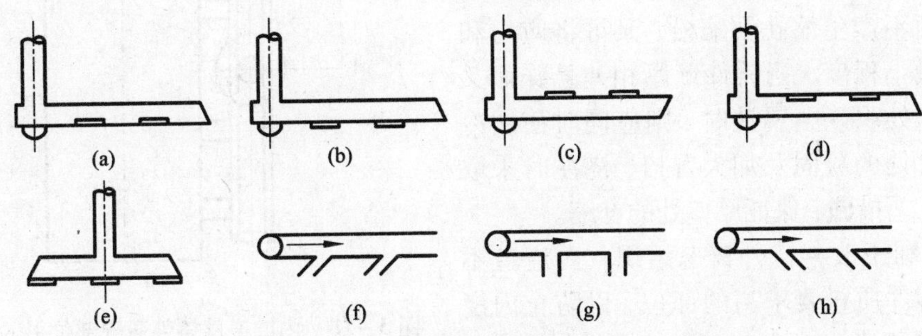

图3－16　内浇道的截面形状

(a)、(f)良好；(b)、(g)一般；(c)、(d)、(e)、(h)较差

离直浇道的内浇道流量较大，而靠近直浇道的内浇道的流量较小。这种现象可以引起铸件局部过热而造成铸件质量不均匀。为了均衡内浇道的流量，可采用两种办法：一是不改变各内浇道，使横浇道的高度或宽度逐步缩小，如图3－17(a)所示。另一种是不改变横浇道，使内浇道截面积按一定比例逐个减小，如图3－17(b)所示。

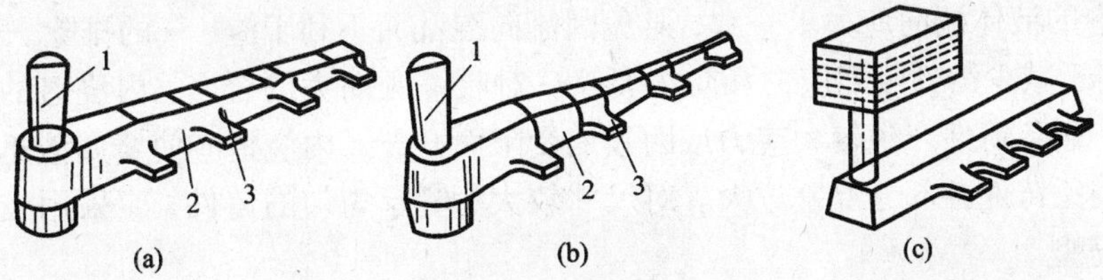

图3－17　多个内浇道的布置

(a)横浇道的高度逐步缩小；(b)横浇道的宽度逐步缩小；(c)内浇道截面积逐个减小

1—直浇道；2—横浇道；3—内浇道

4)内浇道的引入位置

内浇道在铸件上的开设位置和数量，不仅影响金属液对铸型的充填，还影响铸件的温度分布和补缩。所以，内浇道的开设位置应根据铸件结构，性能要求和合金特点来选择。选择内浇道开设位置和数量除了要考虑铸件本身所要求的凝固原则外，还应考虑下列原则：

(1)有利于铸件凝固补缩。要求同时凝固的铸件，内浇道应开设在铸件薄壁处，且要数量多，分散布置，使金属液快速均匀地充满型腔，避免内浇道附近的砂型局部过热，如图3－18所示。要求顺序凝固的铸件，内浇道应开设在铸件厚壁处。如设有冒口补缩，最好将冒口设在铸件与内浇道之间，使金属液经冒口引入型腔，以提高冒口的补缩效果。有时为避免铸件因温差过大产生较大的收缩应力，内浇道也可开设在铸件次厚壁处。对于结构复杂的铸件，往往采用顺序凝固与同时凝固相结合的所谓“较弱顺序凝固”原则安排内浇道。即对每一个补缩区按顺序凝固的要求设置内浇道；对整个铸件则按同时凝固的要求采用多个内浇道分散充型。这样设置既可使铸件各厚大部位得到充分补缩而不产生缩孔及缩松，又可将应力和变形降到最小程度。当铸件壁厚相差悬殊而又必须从薄壁处引入金属液时，则应同时使用冷铁加快厚壁处的凝固及加大冒口，浇注时采取点冒口等工艺措施，保证厚壁处的补缩。

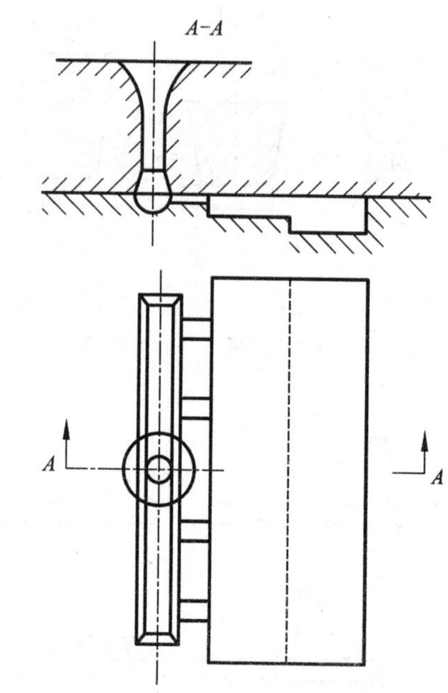

图 3－18　内浇道从铸件薄壁部位引入金属液

(2)有利于改善铸件铸态组织。内浇道不得开设以铸件质量要求高的部位，以防止内浇道附近组织粗大。对有耐压要求的管类铸件，内浇道通常开设在法兰处，以防止管壁处产生缩松。内浇道不得开设在靠近冷铁或芯撑处，以免降低冷铁的作用或造成芯撑过早熔化。

(3)有利于提高铸件外观质量。最好将内浇道开设在铸件要求不高的加工面上，而不开设在铸件非加工面上，以免影响铸件外观质量。

(4)有利于金属液平稳地充满铸型。内浇道应避免直冲砂芯、型壁或型腔中其他薄弱部位(如凸台、吊砂等)，防止造成冲砂。内浇道应使金属液沿型壁注入，不要使金属液溅落在型壁表面上或使铸型局部过热。内浇道的开设应有利于充型平稳、排气和除渣。从各个内浇道流入型腔中的液体流向应力求一致，避免因流向混乱而不利于渣、气的排除。

(5)有利于减少铸件收缩应力和防止裂纹。对收缩倾向大的合金，内浇道的设置应不阻碍铸件收缩，避免铸件产生较大应力或因收缩受阻而开裂。内浇道应使金属液迅速而均匀地充满型腔，避免铸件各部分温差过大。对尺寸较大、壁厚均匀的铸件，应采用较多的内浇道分散均匀地充型。

(6)有利于铸件清理。内浇道设置应便于清理、打磨和去除浇注系统，不影响铸件的使用和外观要求。内浇道设置位置应便于打箱和铸件清砂。

(7)其他要求。内浇道应尽量开设在分型面上，便于造型操作。在满足浇注要求的前提下，应尽量减少浇注系统的金属消耗，并使砂箱的尺寸尽可能小，以减少型砂和金属液的消耗。内浇道与铸件接口处的横截面厚度一般应小于铸件壁厚的 1/2。用封闭式浇注系统时，内浇道的纵截面最好离接口处呈“远厚近薄”状态。在接口处可做出断口槽，以防止清理后造成铸件缺肉。内浇道与铸件连接结构见图 3－19 所示。

上述金属液引入位置选择的方法在实际中常存在冲突和矛盾。因此，在具体设计浇注系统时，应根据具体情况综合分析，灵活应用。

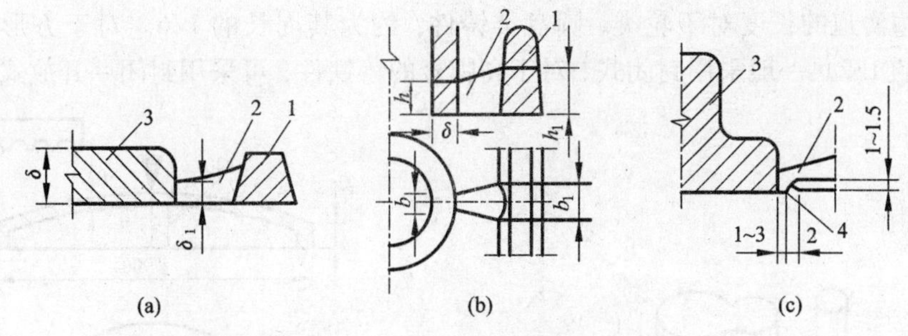

图3-19　内浇道与铸件的连接

(a)$\delta_1 < (1/2 \sim 1/3)\delta$；　(b)$h < h_1$，$b < b_1$；　(c)可锻铸铁用断口槽

1—横浇道；　2—内浇道；　3—铸件；　4—断口

3.3　浇注系统的类型及其选择

浇注系统可按两种方法分类：一是按内浇道在铸件上开设位置不同分类；二是按浇注系统各组元截面比例关系不同分类。

3.3.1　按内浇道的开设位置分类

1)顶注式浇注系统

内浇道开设在铸件的顶部，称为顶注式浇注系统，即金属液从铸件顶部注入型腔。顶注式浇注系统一般使铸件全部位于下型。顶注式浇注系统具有以下特点：优点是浇注系统结构简单，紧凑，便于造型，节约金属；金属液容易充满型腔，金属液温度上高下底，凝固顺序自下而上，有利于发挥冒口的作用进行铸件的补缩，对薄壁铸件可以防止浇不到、冷隔等缺陷；缺点是对铸型底部冲击大，容易造成冲砂；金属液易产生飞溅，浇注时液流落下造成金属液翻腾，不利于浮渣排气；与空气接触面积大，易氧化，容易产生氧化夹渣，以及砂眼、铁豆、气孔等缺陷。根据铸件的结构特点，可采用以下几种类型的顶注式浇注系统。

(1)简单顶注式浇道。如图3-20所示。这种浇注系统适用于结构简单，高度不大的薄壁铸件，以及致密性要求较高，需用顶部冒口补缩的中小型厚壁铸件。由于没有横浇道，因而不具备良好的挡渣条件。对易氧化的合金不宜采用。

(2)楔形浇道。楔形浇道如图3-21所示。金属液通过长条楔缝可迅速充满型腔。楔形浇道的厚度应小于铸件壁厚，长度视铸件结构形状而定，过长的楔片可作成锯齿形，以便清理。常用于锅、盆、罩、盖类薄壁器皿铸件。

(3)压边浇道。普通压边浇道如图3-22(a)所示。浇道与四个铸件顶部搭接成一条窄而长的缝隙，液态合金经过压边窄缝流入型腔，充型慢而平稳，有利于顺序凝固，补缩作用良好；结构简单紧凑，操作方便，易于清除，金属液消耗较少，主要用于壁较厚的中小型铸件。缝隙对铸件的补缩起着自适应性调节作用。当金属液经压边缝隙流入型腔时，高温金属液把缝隙周围的砂型加热到很高温度，从而使金属液能源源不断地流入铸型。只要金属液不停止流动，浇道就不会凝固。当铸件不需要补缩时，缝隙处的金属液就停止流动，由于型砂的吸热，缝隙很快凝固。压边缝隙的宽度一般约2~7 mm。压边的宽度太窄，金属液流动时阻力大，易造成补缩不足；宽度太宽，会增加铸件接触热节，干扰压边缝隙的调节作用，使铸件产生缩松。压边浇道的长度对于轮类、圆盘类铸件，约为其周长的1/6。对于方形的中小件，约为其边长的1/2。一般采用封闭式，对于高牌号的铸铁件，可采用封闭－开放式。

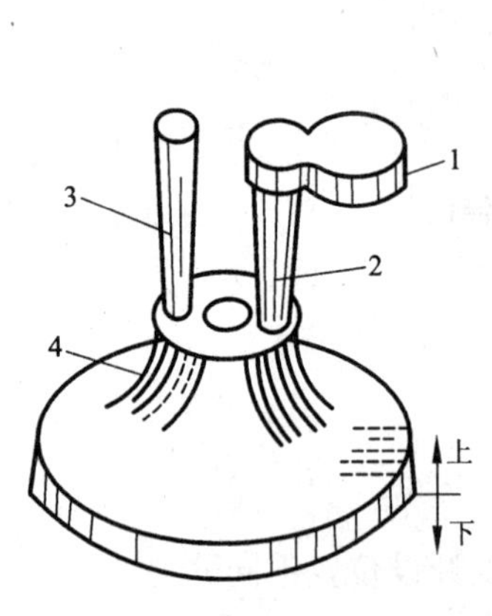

图3－20　普通顶注式浇注系统

1—浇口盆；2—直浇道；3—出气孔；4—铸件

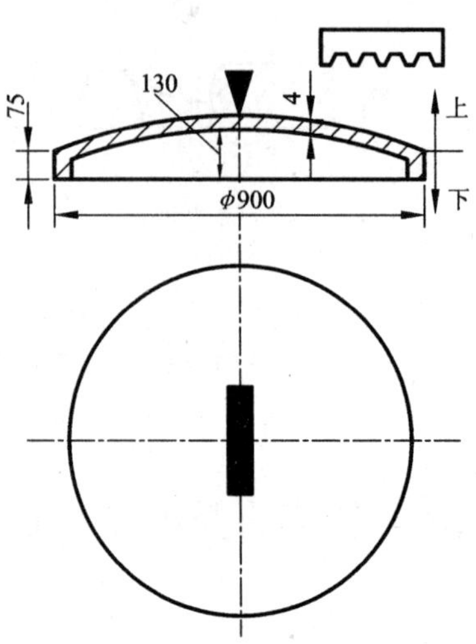

图3－21　楔形浇道

压边缝隙一般随铸件的形状而设置，如图3－22（b）所示。由于缝隙的阻流作用，浇注时压边浇道迅速充满，熔渣可浮在浇口盆中的液面上，挡渣效果好。多用于壁较厚的中小铸铁件及非铁合金铸件。

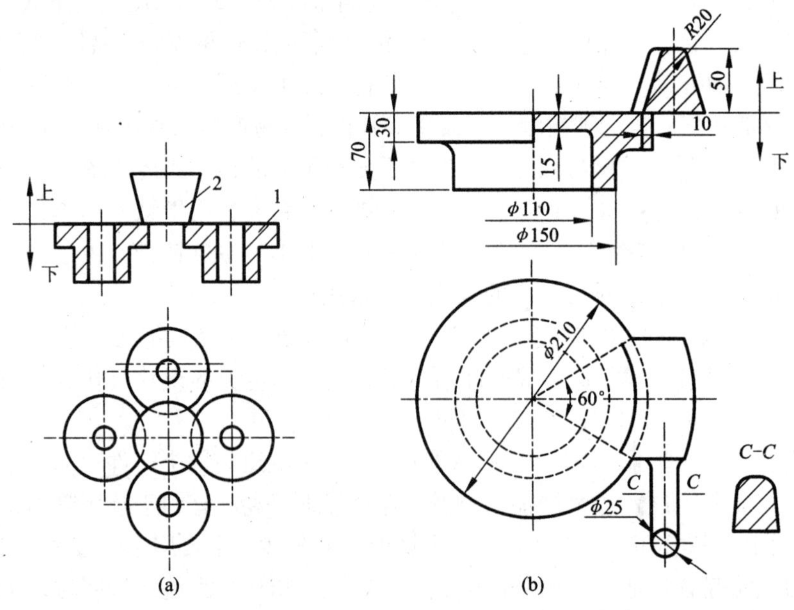

图3－22　压边浇道

（a）普通压边浇道；（b）带有横浇道的随形压边浇道

1—铸件；2—压边浇道

使用压边浇道应注意以下几点：压边浇道缝隙处应是锐角，不应作成圆角，否则不起挡渣作用；用一个压边浇道浇注多个铸件时，压边长度可适当缩短；浇注时金属液不应对着缝隙冲击，最好采用设有直浇道和横浇道的压边浇注系统，如图3－22(b)所示。

(4)雨淋式浇道。雨淋浇道的结构如图3－23所示。雨淋式内浇道是由许多均匀分布的圆孔所组成，浇注时细流如雨淋，因此得名。由于金属液分成多股细流注入型腔，从而减轻了对铸型的冲击，并且保证同一截面上温度分布均匀，避免局部过热现象；由于液面的不断搅动，使上浮的夹杂物不容易粘附在型壁或型芯上，浇注系统挡渣效果好。但金属液流越细，其表面积越大，越容易氧化，所以雨淋浇道主要用于质量要求较高的大、中型筒型铸件，如气缸套、造纸机的烘缸等，而不适用于铸钢及非铁合金等易氧化的合金。

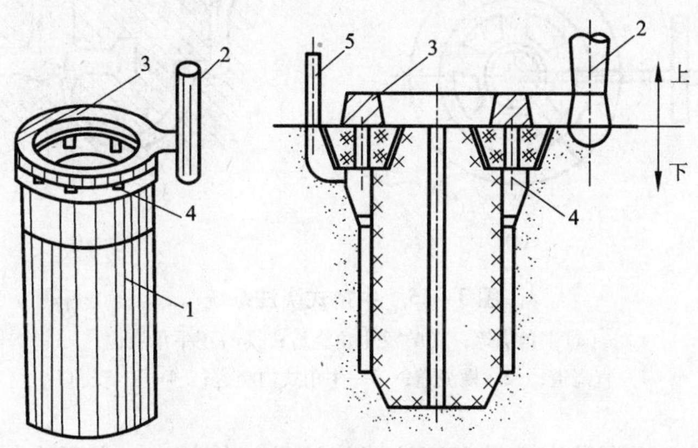

图3－23　雨淋式浇注系统

1—铸件；　2—直浇道；　3—环形横浇道；　4—雨淋式内浇道；　5—出气冒口

2)底注式浇注系统

内浇道开设在铸件底部，即金属液从铸件的底部注入型腔，称为底注式浇注系统。这种浇注系统充型平稳，对型、芯冲击力小，不会产生冲砂、飞溅及铁豆，氧化倾向小，有利于金属液中的渣、气及型腔内气体排出。但铸件的温度分布不利于自下而上的定向凝固及冒口补缩。所以底注式浇注系统主要用于高度不大，结构不太复杂的铸件和易氧化的合金铸件，如铸钢、铝镁合金、铝青铜及黄铜等铸件。

底注式浇注系统一般使铸件全部位于上型。根据铸件结构特点，一般采用如下几种底注式浇注系统。

(1)典型底注式浇注系统。图3－24是铸钢齿轮毛坯的底注式浇注系统示意图。铸件全部位于上箱，浇注系统横浇道和内浇道开设在下箱，应尽量保证造型方便。

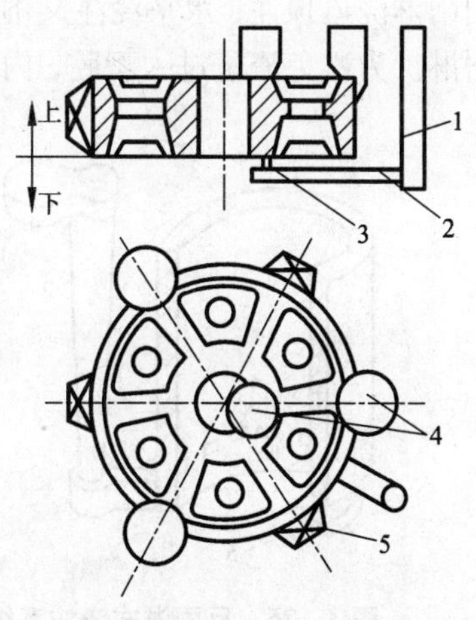

图3－24　底注式浇注系统

1—直浇道；　2—横浇道；
3—内浇道；　4—冒口；　5—冷铁

(2)牛角浇道。图3－25所示为牛角浇道。图3－25(a)所示轮缘四周不允许开设浇道，为能平稳浇注，故采用牛角式内浇道。浇注过程充型很快趋于平稳，对砂芯冲击力小。根据牛角的方向不同，有正牛角和反牛角两种结构，浇注系统内常设置过滤网。反牛角式可避免出现“喷泉”现象，能减少冲击和氧化，适用于各种带齿牙轮及各种有砂芯的圆柱形铸件，在有色金属铸件上应用广泛。

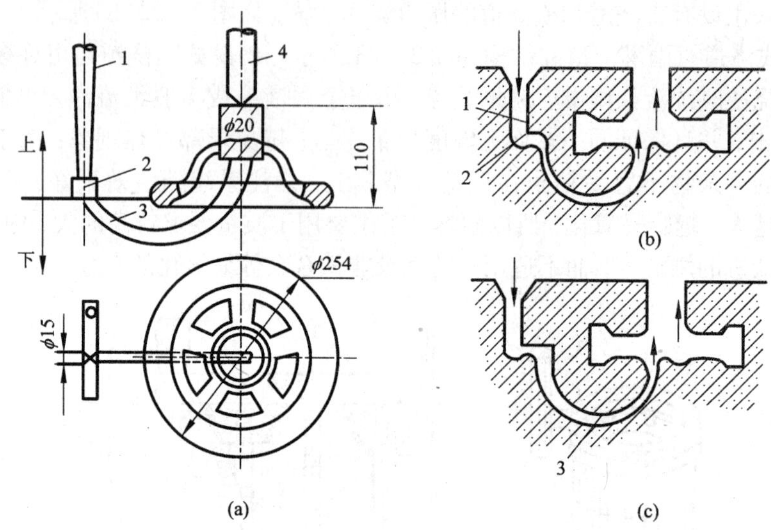

图 3-25　牛角式浇注系统

(a)牛角浇道；(b)反牛角浇道；(c)正牛角浇道

1—直浇道；2—横浇道；3—牛角式内浇道；4—出气冒口

(3)反雨淋浇道。反雨淋浇道具有底注式浇注系统的特点，充型均匀平稳，可减少金属液氧化，造型不够方便，不利于补缩金属液，在型腔中不旋转，可避免熔渣粘附在型、芯壁上，适用于易氧化的中小型圆套类铸件、外形及内腔复杂的套筒及大型机床床身等铸件。

图 3-26 是汽轮机扩散管反雨淋浇注系统示意图。该铸件属于较高的筒套类铸件，不能采用雨淋浇道顶注，水平浇注又不能保证质量，故用立浇并将雨淋浇道设置在铸件的底部即反雨淋。为避免渣子进入型腔，内浇道设在环形横浇道的外圈上。

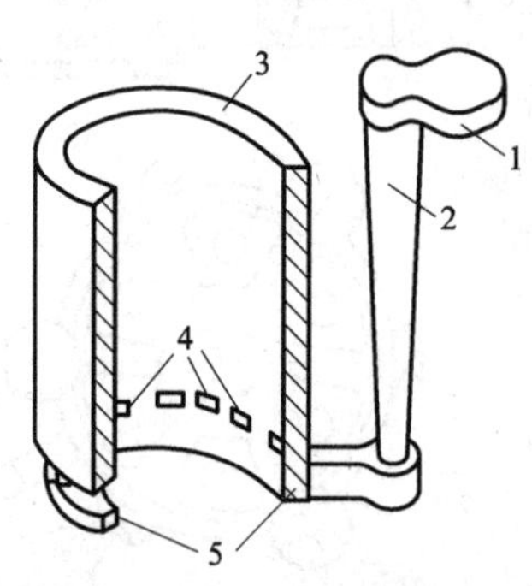

图 3-26　反雨淋式浇注系统

1—浇口盆；2—直浇道；

3—铸件；4—反雨淋式内浇道；

5—环形横浇道

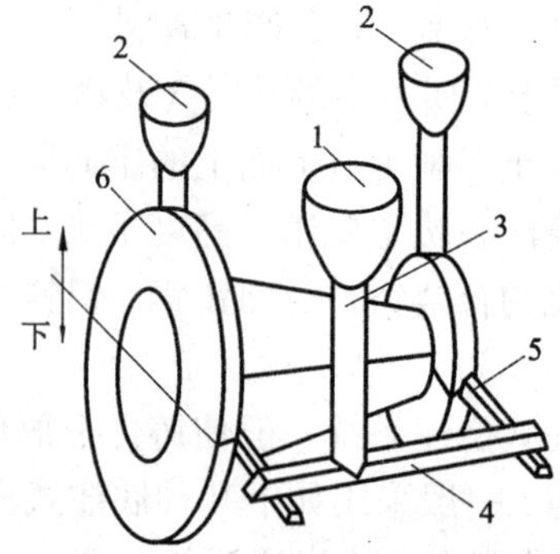

图 3-27　中间注入式浇注系统

1—浇口杯；2—出气孔；3—直浇道；

4—横浇道；5—内浇道；6—铸件

3)中间注入式浇注系统

当铸件处于铸型的上型和下型时，金属液经过开设在分型面上的横浇道和内浇道进入型

腔，称为中间注入式浇注系统。这种浇注系统对于分型面以下的型腔相当于顶注，而对于分型面以上的型腔则相当于底注，故兼有顶注和底注的特点。图3－27所示是典型的中间注入式浇注系统。由于内浇道开在分型面上，所以便于选择金属液引入位置，这种浇注系统应用广泛，适用于中等大小、高度适中、中等壁厚的铸件。

4）阶梯式浇注系统

阶梯式浇注系统是高度方向具有多层次内浇道的浇注系统，一般由浇口杯、主直浇道、分配直浇道和内浇道等环节组成。如果有多个分配直浇道时，设有横浇道。两种阶梯式浇注系统如图3－28所示。阶梯式浇注系统的引流是有要求的，金属液先按底注方式由最下层内浇道引入型腔，待型腔内金属液面接近第二层内浇道时，再由第二层内浇道将金属液引入型腔，依此类推，使金属液由下而上逐层按顺序充填型腔。其优点是金属液对铸型的冲击力小，液面上升平稳，并且铸型上部的温度较高，有利于补缩，渣、气易上浮且排入冒口中，同时改善了补缩条件。其缺点是结构较复杂，不便于造型操作，且结构设计与计算要求精确。否则，易出现上下各层内浇道中金属液同时流入型腔的“乱流”现象。阶梯式浇注系统适用于高大且结构复杂、收缩量较大或质量要求较高的铸件。

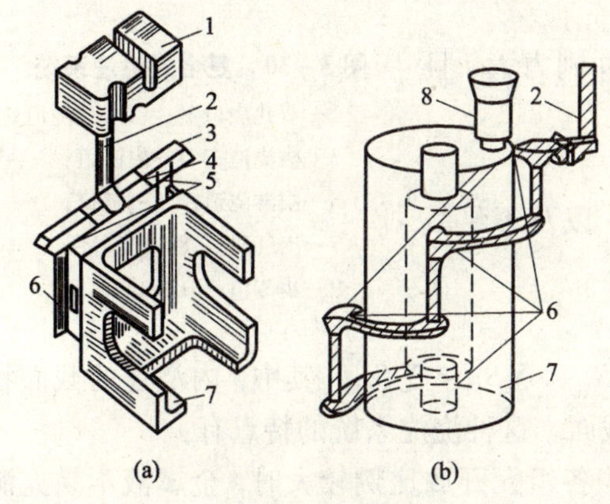

图3－28　阶梯式浇注系统

（a）常见结构；（b）特殊结构

1—浇口盆；2—主直浇道；3—横浇道；4—阻流段；5—分配直浇道；6—内浇道；7—铸件；8—冒口

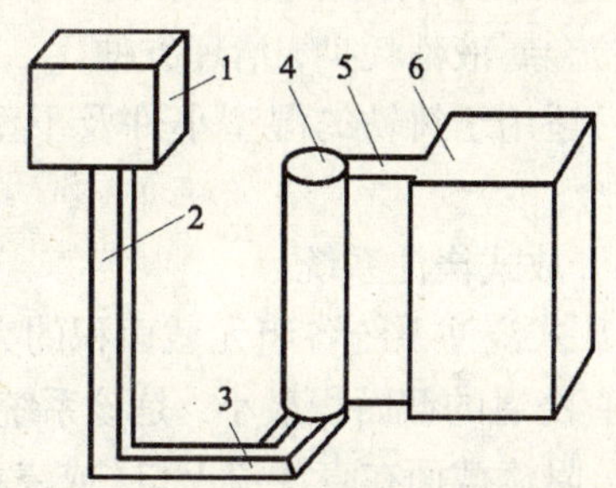

图3－29　垂直缝隙式浇注系统

1—浇口盆；2—主直浇道；3—横浇道；4—分配直浇道；5—缝隙式内浇道；6—铸件

5）垂直缝隙式浇注系统

垂直缝隙式浇注系统是阶梯式浇注系统的特殊形式。由于阶梯式浇注系统造型时内浇道不便于起模，故将多层内浇道改由一个垂直缝隙式的内浇道与铸件连接，便于造型操作，如图3－29所示。充型平稳，有利于定向凝固，有利于获得组织致密的铸件。但造型较复杂，金属消耗多，清理难度大，适用于小型、要求较高的有色合金及铸钢件，也适用于一些高度较大的铸铁实体件和垂直分型铸件。

6）复合式浇注系统

对于重、大型铸件，特别是重要铸件，采用一种形式的浇注系统往往不能满足要求，可根据铸件情况同时采用两种或更多形式的复合式浇注系统。图3－30是同时采用底注式与雨淋式浇注系统浇注大马力柴油机气缸套（重量约3100 kg）的例子。开始时用底注式内浇道切向引入金属液，当液面上升到一定高度时，再拔起雨淋浇口的堵塞。这样既保证金属液不产生氧化和飞溅，又能保证补缩。

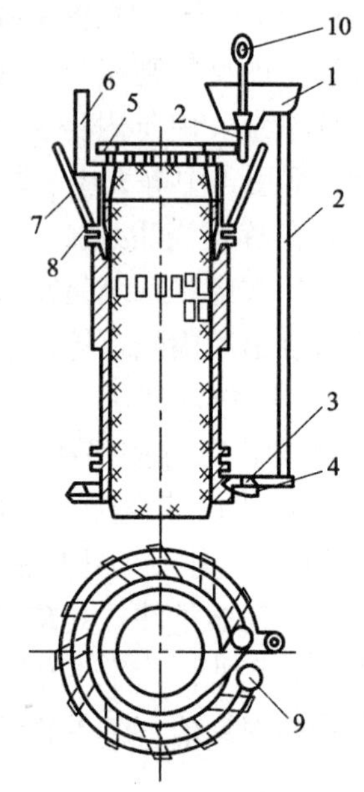

图 3－30　复合式浇注系统

1—双孔浇口盆；2—直浇道；3—横浇道；4—内浇道；5—雨淋浇道；6—冒口；7—出气口；8—出气环；9—集渣包；10—堵塞

3.3.2　按浇注系统各组元截面比例分类

浇注系统各组元截面积通常是指直浇道、横浇道、内浇道的截面积，分别用 $S_{直}$、$S_{横}$、$S_{内}$ 表示。将浇注系统中截面最小的部位称为阻流截面，其截面积用 $S_{阻}$ 表示。根据各组元截面面积大小比例关系，浇注系统分为封闭式、开放式、半封闭式和封闭－开放式等等。

1）封闭式浇注系统

封闭式浇注系统各组元截面积的大小关系为 $S_{直} > \sum S_{横} > \sum S_{内}$。其中，内浇道的截面积最小，是该系统中的阻流截面，直浇道的截面积最大。封闭式浇注系统的特点有：

（1）浇注开始后，金属液容易充满浇注系统，液流呈有压流动状态，挡渣能力较强。

（2）内浇道液流的速度较快，对铸型及砂芯冲刷力大，且容易产生飞溅、氧化和卷入气体。

（3）金属液消耗少，清理方便。

（4）适用于铸铁的湿型小件及干型中、大件，以及不易氧化的合金。

2）开放式浇注系统

开放式浇注系统各组元截面积的大小关系为 $S_{直} < \sum S_{横} < \sum S_{内}$。其中，内浇道的截面积最大，直浇道的截面积最小，是该系统中的阻流截面。这种浇注系统的特点有：

（1）阻流截面在直浇道上口（或浇口底孔）。当各组元开放比例较大时，金属液不易充满浇注系统，呈无压流动状态。

（2）充型平稳，对型腔冲刷力小，但挡渣能力较差。

（3）金属液消耗多，不利于清理。

（4）常用于球墨铸铁、铸钢及有色金属等易氧化金属铸件，灰铸铁件上很少应用。

3）半封闭式浇注系统

半封闭式浇注系统各组元截面积的大小关系为 $\sum S_{横} > S_{直} > \sum S_{内}$。内浇道为阻流截面，横浇道截面积最大。半封闭式浇注系统的特点有：

（1）一般直浇道是上大下小的锥形，浇注时直浇道很快充满，而横浇道充满较晚，可降低内浇道的流速，使浇注初期充型平稳，对铸型的冲击比封闭式的小。

（2）在横浇道充满后，其中的金属液流速较慢，挡渣比开放式的好，但浇注初期在横浇道充满前，挡渣效果较差。

（3）适用于各类灰铸铁件及球铁件，在生产中得到广泛使用。

4）封闭－开放式浇注系统

这是一种比较灵活的浇注系统，将阻流截面设在直浇道下端，或在横浇道中，或在集渣包出口处，或在内浇道之前设置的阻流挡渣装置处。这种浇注系统的特点是阻流截面之前封

闭，其后开放，故既有利于挡渣，又使充型平稳，兼有封闭式与开放式的优点。适用于各类铸铁件，在中小件上应用较多，特别是在一箱多件时应用。目前铸造过滤器的使用，使这种浇注系统应用更为广泛。

浇注系统各组元截面比例及其应用范围参见表3-1。

表3-1　浇注系统各组元截面比例及其应用

类型	截面比例			应用范围
	$\sum S_{内}$	$\sum S_{横}$	$\sum S_{直}$	
封闭式	1	1.5	2	大型灰铸铁件砂型铸造
	1	1.2	1.4	中、大型铸铁件砂型铸造
	1	1.1	1.15	中、小型铸铁件砂型铸造
	1	1.06	1.11	薄壁铸铁件砂型铸造
	1	1.1	1.5	可锻铸铁件
	1	1.1~1.3	1.2~1.6	铸钢件（转包浇注）
半封闭式或开放式	1	1.3~1.5	1.1~1.2	表面干燥型中小型铸铁件
	1	1.4	1.2	表面干燥型重型机械铸铁件
	1	1.1~1.5	1.2~1.25	干型中小型铸铁件
	1	1.1	1.2	干型中型铸铁件
	1	0.8~1	1.5	薄壁球墨铸铁件底注式
	1	1.5	1.1	铸铁件表面干燥型
	1.5~4	2~4	1	球墨铸铁件
	1~2	1~2	1	铸钢件（漏包浇注）
	1	1.2~2	1.2~3	青铜合金铸件
	4	2	1	铝合金、镁合金铸件

3.4　灰铸铁件浇注系统设计

浇注系统设计是根据铸件材质、结构、重量、铸型条件及浇注条件等，确定浇注系统类型、结构及其尺寸的过程。通过浇注系统的设计计算，保证金属液以合适的浇注时间注满型腔，并能控制金属液的上升速度，提高铸件质量，减少金属液消耗。

3.4.1　浇注时间的确定

液态金属从开始进入铸型到充满铸型所经历的时间称为浇注时间，用t表示。浇注时间长短对铸件质量有直接的影响，如果浇注时间太短，型腔中的气体难以排除，使铸件产生气孔。金属液流速过大，容易冲击铸型和型芯，并引起胀砂和抬型。如果浇注时间过长，铸件容易产生浇不到、冷隔、氧化夹渣和变形等缺陷。特别是铸型受到长时间的辐射烘烤，容易产生开裂，引起夹砂、粘砂缺陷。合理的浇注时间是指不产生上述缺陷的时间范围。

影响浇注时间的因素有合金的种类、浇注温度、浇注系统的类型、铸件结构(壁厚、尺寸、复杂程度等)和铸型的种类等。目前对浇注时间的确定主要是根据经验公式计算和查取经验数据。

1)浇注时间的计算

根据经验公式计算浇注时间，见表3-2。

表3-2　计算灰铸铁浇注时间的经验公式

铸件重量	浇注时间	系数
<450kg	$t=S\sqrt{G}$	铸件壁厚3~5mm时,$S=1.63$;壁厚6~8mm时,$S=1.85$;壁厚9~15mm时,$S=2.2$
<10t	$t=S_1\sqrt[3]{\delta G}$	一般情况下$S_1=2$；当含碳量小于3.3%，铁液含硫较高，流动性差，浇注温度较低，或底注而冒口在顶部，或有内冷铁等需要快浇时,$S_1=1.7\sim1.9$；当铸件壁厚较厚而质量要求较高，需要快浇，避免烘烤时间过长使涂料层脱落是,$S_1=1.2\sim1.7$
>10t	$t=S_2\sqrt{G}$	铸件壁厚<10mm时,$S_2=1.11$;壁厚11~20mm时,$S_2=1.44$;壁厚21~40mm时,$S_2=1.66$;壁厚>40mm时，$S_2=1.89$

其中t——浇注时间，S、S_1、S_2——系数，δ——铸件主要壁厚；G——浇注重量(包括浇冒口重量)。

2)浇注时间的校核

计算的浇注时间需要验算其合理性。以液面上升速度进行验算，验算方法是先计算液面上升速度，然后与最小液面上升速度进行比较。最小液面上升速度见表3-3。计算方法见式3-1。

$$v=\frac{h}{t} \tag{3-1}$$

式中　v——液面上升速度(mm/s)；

h——铸件浇注时的高度(mm)；

t——浇注时间(s)。

表3-3　灰铸铁铸件允许的最小液面上升速度

铸件壁厚(mm)	<4	4~10	10~40	>40
最小液面上升速度(mm/s)	30~100	20~30	10~20	8~10

计算结果如液面上升速度大于最小液面上升速度时，计算浇注时间的结果合理。如液面上升速度小于最小液面上升速度时，需要采取相应的工艺措施，主要有：

(1)强制缩短浇注时间，提高浇注速度，即增大阻流截面面积。

(2)倾斜浇注。如图3-31所示。图中倾斜的角度大小α或垫高尺寸C需要通过计算后确定，倾斜后浇注应满足浇注时的液面上升速度大于最小液面上升速度。

(3)采用平作立浇的方法。水平造型，浇注时将铸型转90°后竖立进行浇注。但是，这种

方法对砂箱有特殊的要求，需要设计专用砂箱。

3）经验值法确定浇注时间

企业经常采用的经验值见表3-4。

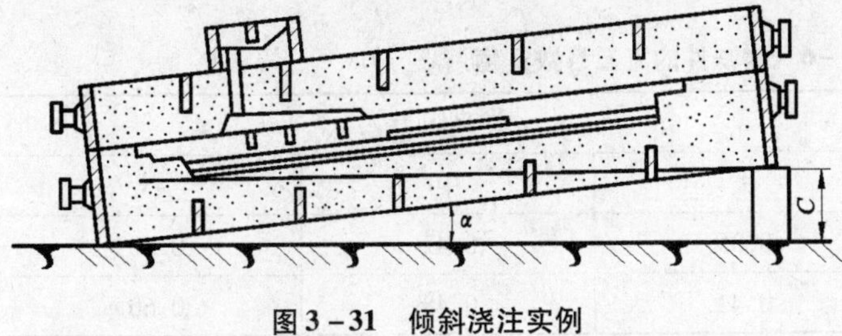

图3-31　倾斜浇注实例

表3-4　经验值法确定浇注时间

浇注重量(kg)	浇注时间(s)
<250	4~6
250~500	5~8
500~1000	6~20
1000~3000	10~30
>3000	20~60

3.4.2　阻流截面面积的确定

由于阻流截面的大小决定了浇注时间的长短，浇注系统设计计算首先确定阻流截面面积。生产中有各种确定阻流截面尺寸的方法和实用的图、表，大多以水力学原理为基础，这里主要介绍水力学计算法。

1）阻流截面面积

将金属液看作普通流体，浇注系统看作管道，根据流量方程和伯努利方程可推导出铸铁件阻流截面积的计算公式。

$$S_{阻} = \frac{G}{0.31\mu \cdot t\sqrt{H_P}} \tag{3-2}$$

式中　$S_{阻}$——阻流截面面积(cm^2)；

G——浇注重量(kg)；

μ——流量系数；

t——浇注时间(s)；

H_P——作用于内浇道的金属液静压头，一般取平均压头(cm)。

1）浇注重量G的计算

浇注重量是指铸件重量与浇冒口重量之和。由于浇注系统设计阶段不能准确计算浇冒口重量，一般采用经验比例的方法进行估值计算。灰铸铁件浇冒口重量占铸件重量的经验比例见表3-5。

表3-5　灰铸铁件浇冒口重占铸件重量的经验比例

铸件重量(kg)	大量流水线生产(%)	成批生产(%)	单件小批生产(%)
<100	20	20~30	25~35
100~1000	15~20	15~20	20~25
>1000	—	10~15	10~20

2）流量系数μ的确定

流量系数是反映金属液在铸型中流动阻力大小的系数。金属液流动阻力越大，流量越小。流量系数的确定方法是：首先根据铸型种类和铸件材质，按表3－6选取相应数值，再根据具体工艺技术条件按表3－7进行修正。

表3－6　铸铁件的流量系数μ值

铸型种类	铸型阻力		
	大	中	小
湿型	0.35	0.42	0.50
干型	0.41	0.48	0.60

表3－7　流量系数μ的修正值

影响μ值的因素	μ的修正值
在1280℃的基础上，每提高浇注温度50℃	+0.05以下
有出气口和明冒口，可减少型腔内气体压力，能使μ值增大 当$\frac{\sum F_{出气口}+\sum F_{明冒口}}{\sum F_{内}}=1\sim1.5$时	+0.05～0.20
直浇道和横浇道的截面积比内浇道大得多时，可减小阻力损失，并缩短封闭前的时间，使μ值增大 当$\frac{F_{直}}{F_{内}}>1.6$，$\frac{F_{横}}{F_{内}}>1.3$时	+0.05～0.20
浇注系统中在狭小截面之后截面有较大的扩大，阻力减小，μ值增加	+0.05～0.20
内浇道总截面积相同而数量增多时，阻力增大，μ值减小 二个内浇道时 四个内浇道时	 -0.05 -0.10
型砂透气性差且无出气口和明冒口时，μ值减小	-0.05
以下顶注式（相对于中间注入式）能使μ值增大	+0.10～0.20
底注式（相对于中间注入式）能使μ值减小	0.10～0.20

3）平均压头H_P的计算

见图3－30所示平均压头计算示意图。在浇注时，图中H_0是实际作用于内浇道处的压头。由于液面上升至分型面以上时，H_0是不断变化的，需要使用平均压头H_P来计算阻流截面面积。

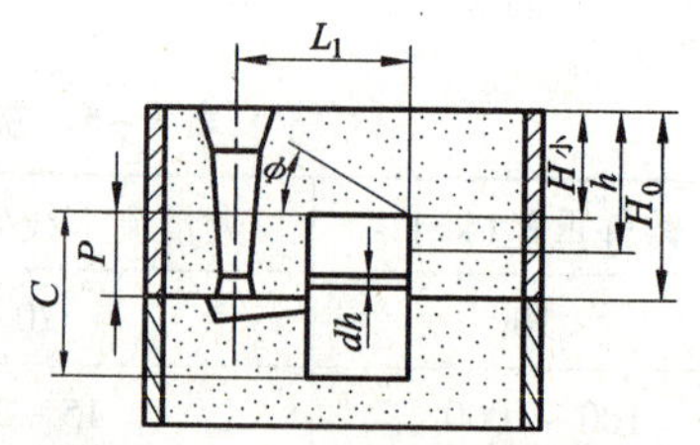

图3－32　平均压头计算示意图

平均压头H_P的计算公式：

$$H_P=H_0-\frac{P^2}{2C} \qquad (3-3)$$

式中　H_0——内浇道以上的金属液压头，等于内浇道至浇口盆液面的高度(cm)；

C——浇注时铸件高度(cm)；

P——内浇道以上的铸件高度(cm)。

对于封闭式浇注系统，在不同的浇注情况下，其计算方法见表3－8。

表3－8 平均压头H_P的计算方法

浇注方式		平均压头H_P
顶注式	$P=0$	$H_P=H_0$
底注式	$P=C$	$H_P=H_0-\frac{C}{2}$
中间注入式	$P=\frac{C}{2}$	$H_P=H_0-\frac{C}{8}$

依据以上参数可以计算出浇注系统阻流截面的面积，然后根据浇注系统各组元的截面比例关系依次计算内浇道、横浇道、直浇道以及其他组元的截面积。

3.4.3 内浇道的设计

内浇道的设计内容包括内浇道的截面形状及其尺寸、长度、开设数量及开设位置等。内浇道的截面面积由其与阻流截面的比例关系确定，最小截面面积为0.4 cm^2，再依据图3－15中各截面形状对应的尺寸关系确定截面尺寸(长、宽、高、半径等)。内浇道的长度主要依据横浇道与铸件的间距确定，与横浇道的位置和吃砂量有关，一般最小长度为45 mm，在横浇道的位置确定后进行计算，见图3－33。内浇道的长度也可查取相关手册中的数据。

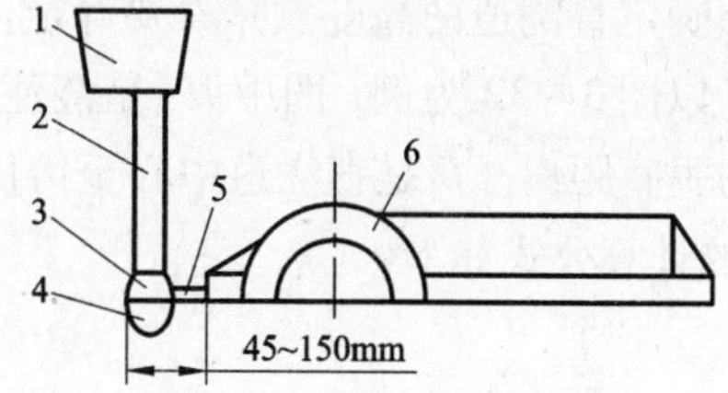

图3－33 内浇道长度的确定

1—浇口盆；2—直浇道；3—横浇道；4—浇口窝；5—内浇道；6—铸件

一般根据铸件重量、壁厚来确定内浇道的数量。以铸件重量200～500 kg，壁厚5～8 mm时为例，内浇道的数量见表3－9。其他情况下，内浇道的数量可查取相关铸造手册。

表3－9 内浇道的数量(当铸件重量200～500 kg，壁厚5～8 mm时)

铸件重量(kg)	内浇道		内浇道数量
	截面积(cm^2)	长度(mm)	
200～250	1.5～1.75	45～50	8～9
250～300	1.6～1.75	45～50	8～9
300～350	1.75～2.0	45～50	8～9
350～400	1.85～2.0	45～50	8～9
400～450	2.0～2.1	50～55	9～10
450～500	2.1～2.25	50～55	9～10

3.4.4 横浇道的设计

横浇道的设计内容主要包括设计挡渣结构，确定截面形状及尺寸、长度等。挡渣结构主要考虑是否使用阻流方式、集渣包、滤网等，如要使用，还应进一步确定其位置和数量。

横浇道的截面面积依据浇注系统各组元截面比例关系以及阻流截面面积确定，横浇道一般使用梯形和高梯形截面，其尺寸由截面积大小和截面形状确定，与内浇道截面尺寸的确定方法基本一致。

横浇道的位置也是一个必须确定的参数。横浇道与铸件或型腔之间可参见图 3－33 确定位置，横浇道与砂箱壁内侧之间一般根据铸件大小至少有 20～50 mm 的吃砂量。

横浇道的长度主要依据横浇道的位置、内浇道的数量及其引入位置来确定，首先要保证横浇道末端与最后一个内浇道之间的距离大于 70～150 mm，再根据内浇道的数量及其间距来确定横浇道的总长度。

3.4.5 直浇道的设计

直浇道的设计主要是确定截面面积、截面形状、截面尺寸，以及直浇道的高度。直浇道的截面面积依据浇注系统各组元截面比例关系确定，截面形状一般采用圆形，根据截面面积计算出直径即可，一般为 $\phi 15$～100 mm。小于 $\phi 15$ mm，会给浇注、充型带来困难，超过 $\phi 100$ mm则很罕见，过粗的直浇道可用两个较细的直浇道代替。

确定直浇道的高度意味着要确定上砂箱的高度，并能保证以较大的压头使铸型能够被充满。以图 3－32 为例，图中 $H_{小}$是浇注时能充满铸型的最小压头，等于铸件顶面至浇口杯液面的垂直距离。L_1是直浇道中心至铸件最高以及最远点的水平距离，ϕ 是压力角。最小压头 $H_{小}$的计算公式如下：

$$H_{小} = L_1 \tan\phi_{\min} \tag{3-4}$$

铸造工艺设计时，应使 ϕ 大于保险压力角 $\phi_{\min}$，也称最小压力角，见表 3－10。

表 3－10　保险压力角 $\phi_{\min}$（单位:°）

铸件壁厚（mm）	L_1（mm）													
	4000	3000	2800	2600	2400	2200	2000	1800	1600	1400	1200	1000	800	600
3～5	按位置具体确定										10～11	11～12	12～13	13～14
5～8	6～7	6～7	6～7	7～8	7～8	8～9	8～9	8～9	8～9	8～9	9～10	9～10	9～10	10～11
8～15	5～6	5～6	6～7	6～7	6～7	7～8	7～8	7～8	7～8	8～9	8～9	9～10	9～10	10～11
15～20	5～6	5～6	6～7	6～7	6～7	6～7	6～7	7～8	7～8	7～8	7～8	7～8	8～9	9～10
20～25	5～6	5～6	6～7	6～7	6～7	6～7	6～7	7～8	7～8	7～8	7～8	7～8	7～8	8～9
25～35	4～5	4～5	5～6	5～6	5～6	5～6	6～7	6～7	6～7	6～7	6～7	6～7	7～8	7～8
35～45	4～5	4～5	4～5	4～5	5～6	5～6	6～7	6～7	6～7	6～7	6～7	6～7	6～7	6～7
备注	用两个或更多的直浇道注入金属液（如从铸件两端注入）时，L_1 则取铸件平分线至直浇道中心线的距离。										用一个直浇道注入金属液			

保险压力角确定后，可以据此计算最小压头 $H_{小}$，然后进一步计算直浇道的最小高度。直浇道最小高度应等于分型面至浇口盆液面的距离减去浇口盆的深度。同时，据此可以确定上砂箱的高度。计算时，应注意浇口盆单独制作，并施放在上砂箱顶面的情况。

树脂砂型浇注系统总截面积可比黏土砂型大 50% 左右，以利于金属液快速充型。当采用封闭式浇注系统时，浇道截面比例可取 $S_{内}:S_{横}:S_{直}=1:1.25:1.25$。

3.4.6　浇口的设计

浇口杯的尺寸大小必须保证其容量满足直浇道的流量要求，以发挥挡渣作用。浇口杯中的金属液重量可以由单位时间内进入铸型的金属液量乘以系数计算，见式3-5。

$$G_{杯}=\frac{G}{t}\cdot m \tag{3-5}$$

式中　$G_{杯}$——浇口杯中的金属液重量(kg)；
G——浇注重量(kg)；
t——浇注时间(s)；
m——与铸件重量有关的系数，见表3-11。

表3-11　铸件重量与系数 *m* 的关系

铸件重量(kg)	≤100	101~500	501~1000	1001~5000	5001~50000
m	3	4	6	7.5	8

浇口盆的深度值应保证大于直浇道直径的6倍以上，以避免产生水平涡流。依据浇口杯中金属液容量及浇口杯深度等主要参数，结合铸型的情况确定浇口杯的其他尺寸。

3.4.7　阶梯式浇注系统设计

当铸件高度超过800 mm时，宜采用阶梯式浇注系统；图3-34是阶梯式浇注系统的典型结构。

阶梯式浇注系统设计应保证金属液从各层内浇道自下而上逐层注入，避免各层内浇道乱流。同时，应避免大量的金属液从最底层内浇道流入，保证充型后金属液上部温度高于下部温度。因此，阶梯式浇注系统结构设计时应满足以下几个条件：

(1)分配直浇道不能被充满。一般将阻流截面设置在直浇道下端 $A-A$ 面，此面以上封闭，完全充满。阻流截面以下完全开放，分配直浇道未充满。

(2) $h_{有效}<H_0$，即分配直浇道内金属液面与型腔内液面高度之差小于相邻两层内浇道之间距。

(3)内浇道在水平方向向上有一定的倾斜角度。

(4)上层内浇道的总面积应取底层内浇道面积的1~2倍，以保证铸件上部有较高的温度。

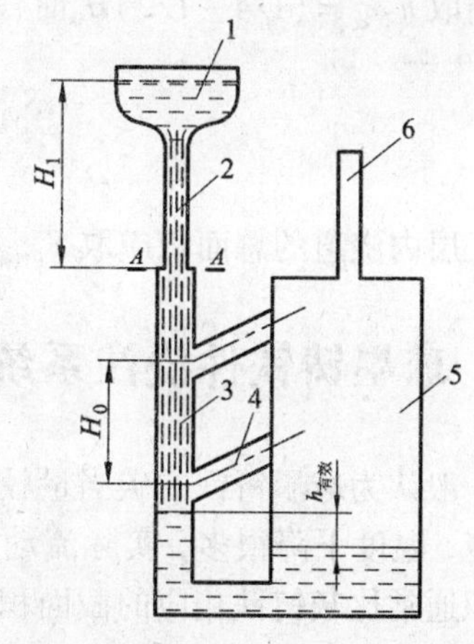

图3-34　阶梯式浇注系统计算示意图

1—浇口盆；2—主直浇道；
3—分配直浇道；4—内浇道；
5—型腔；6—出气孔

阶梯式浇注系统设计计算方法及步骤如下：

1)计算阻流截面 $A-A$ 的截面面积

当铸件顶面低于阻流截面 $A-A$ 时，阻流截面面积按水力学计算公式可得：

$$S_{阻}=\frac{G}{0.31\mu_1 t\sqrt{H_1}} \tag{3-6}$$

式中 $S_{阻}$——阻流截面 $A-A$ 的截面面积（等于主直浇道的截面积，mm^2）；

G——浇注重量(kg)；

μ_1——由浇口杯液面到阻流截面的流量系数，对于只有浇口杯和直浇道的二元系，$\mu_1=0.76$；对于有直浇道、横浇道、内浇道的三元系，$\mu_1=0.58$；对于有浇口杯和直、横、内浇道的四元系，$\mu_1=0.48$；

t——浇注时间(s)；

H_1——阻流截面至浇口盆液面的高度(mm)。

2)计算分配直浇道的截面积

一般按 $S_{阻}:S_{直(分)}=1:(1\sim2)$ 计算分配直浇道的截面积。

3)计算内浇道的截面积

稳定流动时，通过阻流部位的流量 Q_1 和底层内浇道的流量 Q_2 认为近似相等，即 $Q_1=Q_2$。

$$Q_1=S_{阻}\cdot v_1=S_{阻}\cdot\mu_1\sqrt{2gH_1}$$

$$Q_2=S_{内(底)}\cdot v_2=S_{内(底)}\cdot\mu_2\sqrt{2gh_{有效}}$$

由 $Q_1=Q_2$ 得

$$S_{内(底)}=\frac{\mu_1\sqrt{H_1}}{\mu_2\sqrt{h_{有效}}}S_{阻} \tag{3-7}$$

式中 $S_{内(底)}$——底层内浇道的截面积(mm^2)；

$h_{有效}$——分配直浇道内金属液面与型腔内液面高度之差(mm)；

μ_2——分配直浇道中自由液面到型腔内自由液面的流量系数，湿型时，$\mu_2=0.35\sim0.5$；干型时，$\mu_2=0.4\sim0.6$。型腔内阻力大时取下限，阻力小时取上限。

当取 $h_{有效}=(1/4\sim1/2)H_0$ 时，式(3-6)可改写为：

$$S_{内(底)}=\frac{\mu_1}{\mu_2}\frac{\sqrt{H_1}}{\sqrt{(\frac{1}{4}\sim\frac{1}{2})H_0}}S_{阻} \tag{3-8}$$

上层内浇道的总面积应取 $S_{内(底)}$ 的 1~2 倍。

3.5 球墨铸铁件浇注系统设计

一般认为球墨铸铁的碳当量较高，其流动性应比灰铸铁好些，但经过球化和孕育处理后的铁液，温度下降很多，实际流动性比灰铸铁低，所以要求铁液平稳快速充型，其浇注系统截面积通常比灰铸铁相应的截面积大 30% ~100%。球墨铸铁易氧化并产生二次氧化渣和皮下气孔，所以浇注系统应保证铁液充型平稳通畅又具有挡渣能力，为此，可采用开放式（用拔塞浇口杯、闸门浇口杯、滤网、集渣包等措施撇渣）或半封闭式浇注系统。当内浇道通过冒口浇入时，可用封闭式浇注系统，既有利于挡渣，充型较快也平稳。

3.5.1 球墨铸铁件浇注时间的确定

球墨铸铁件浇注系统设计时，其浇注时间按公式(3-9)计算：

$$t=(2.5\sim3.5)\sqrt[3]{G} \tag{3-9}$$

式中　G——浇注重量(kg)，可取铸件重量的1.2~1.4倍。

3.5.2　球墨铸铁件浇注系统设计

1)计算球铁件浇注系统阻流截面面积

其阻流截面面积计算仍使用水力学公式(3-2)，对于湿型铸造的中小球铁件，流量系数可取0.35~0.5。

2)确定球铁件浇注系统各组元截面比例

阻流截面面积确定后，可根据球铁件浇注系统类型，选取各组元截面比例关系，见表3-12。

表3-12　常用球铁件浇注系统各组元截面比例

类型	截面积比例($\sum S_{内}:\sum S_{横}:\sum S_{直}$)	应用范围
封闭式	1:(1.2~1.3):(1.4~1.9)	一般球铁件
开放式	(1.5~4):(2~4):1	厚壁球铁件
半封闭式	0.8:(1.2~1.5) 3:8:4:1	小型薄壁球铁件

3)确定浇注系统各个组元的尺寸

当浇注系统各组元截面面积确定后，需要进一步确定各组元的截面尺寸及其他结构尺寸。一种简便的方法是根据铸件重量，由经验数据确定球墨铸铁浇注系统各组元的尺寸。根据铸件重量按表3-13查出浇注系统各组元的截面积、编号及个数，再按编号由表3-14查出各浇道尺寸。其他结构尺寸如内浇道长度、横浇道长度及直浇道高度等参数的确定基本与灰铸铁件相同。

表3-13　常用球墨铸铁浇注系统尺寸

铸件重量(kg)	内浇道				横浇道		直浇道		
	编号	数目	单个截面积(mm^2)	总截面积(mm^2)	编号	截面积(mm^2)	编号	直径(mm)	截面积(mm^2)
<2	1	1	100	100	1	300	1	20	310
2~5	1	2	100	200	1	300	1	20	310
	3	1	192	192					
5~10	1	3	100	300	2	360	2	23	420
	2	2	150	300					
	3	1	290	290					
10~20	1	4	100	400	3	480	3	27	570
	2	3	150	450					
	3	2	192	384					
	6	1	380	380					

续表 3－13

铸件重量（kg）	内浇道				横浇道		直浇道		
	编号	数目	单个截面积（mm^2）	总截面积（mm^2）	编号	截面积（mm^2）	编号	直径（mm）	截面积（mm^2）
20～50	1	5	100	500	4	540	4	29	630
	4	2	240	480					
	7	1	480	480					
50～100	2	5	150	750	5	840	5	35	980
	3	4	192	760					
	4	3	240	720					
100～200	2	6	150	900	6	1140	6	41	1330
	4	4	240	960					
	7	2	480	960					
200～300	2	9	150	1350	7	1620	7	50	1900
	4	6	240	1440					
	5	5	290	1450					
	7	3	480	1440					

注：未尽参数请参阅相关铸造手册。

表 3－14　常用球墨铸铁浇注系统各组元截面尺寸

内浇道					横浇道					直浇道		
编号	$S_{内}$（mm^2）	a（mm）	b（mm）	c（mm）	编号	$S_{横}$（mm^2）	a（mm）	b（mm）	c（mm）	编号	$S_{直}$（mm^2）	D（mm）
1	100	18	16	6	1	300	18	12	20	1	310	20
2	150	23	21	7	2	360	19	14	22	2	420	23
3	192	25	23	8	3	480	23	15	25	3	570	27
4	240	28	26	9	4	540	24	18	26	4	630	29
5	290	30	28	10	5	840	30	22	32	5	980	35
6	380	38	35	11	6	1140	34	23	40	6	1330	41
7	480	42	38	12	7	1620	40	30	46	7	1900	50
8	560	46	40	13	8	2200	50	38	50	8	2550	57
9	670	50	45	14	9	3250	56	45	64	9	3220	64
10	750	52	48	15	10	4300	64	50	75	10	4650	77
11	1080	63	58	18	11	5650	80	60	80			

4)球墨铸铁件特殊浇注系统设计

球墨铸铁件的浇注系统设计有时会与冒口设计同时考虑，如球墨铸铁件无冒口浇注时，则利用浇注系统进行液态补缩，内浇道起到冒口颈的作用，这种情况将在冒口设计时进行介绍。

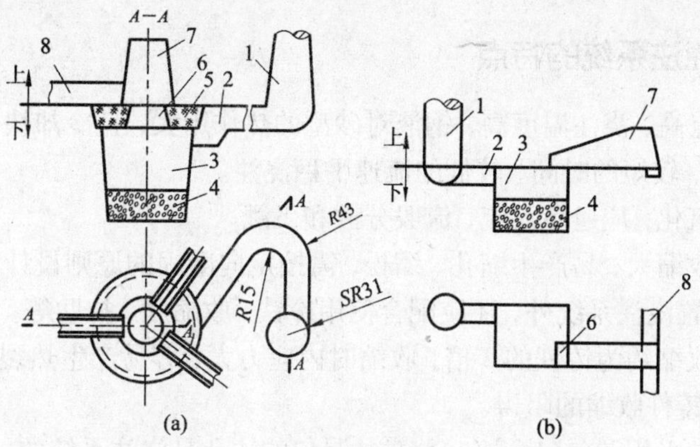

图3-35 型内球化反应室结构及工作原理

(a)圆柱形有盖板(芯)反应室；(b)方形反应室

1—直浇道；2—反应室入口；3—反应室；4—球化剂；5—盖板；6—反应室出口；7—集渣包；8—横浇道

球墨铸铁型内球化时的浇注系统结构与普通浇注系统结构相比，在浇注系统中增设了一个球化反应室，图3-35是两种反应室的结构图。型内球化的浇注系统如图3-36所示，各组元截面比例为：

$$S_{直}:S_{入}:S_{出}:S_{横}:S_{薄片}:S_{内}=2.8:1.1:(1.05\sim1.1):2:1:(>1)$$

其中 $S_{入}$ 及 $S_{出}$ 分别是反应室入口及出口处截面积。

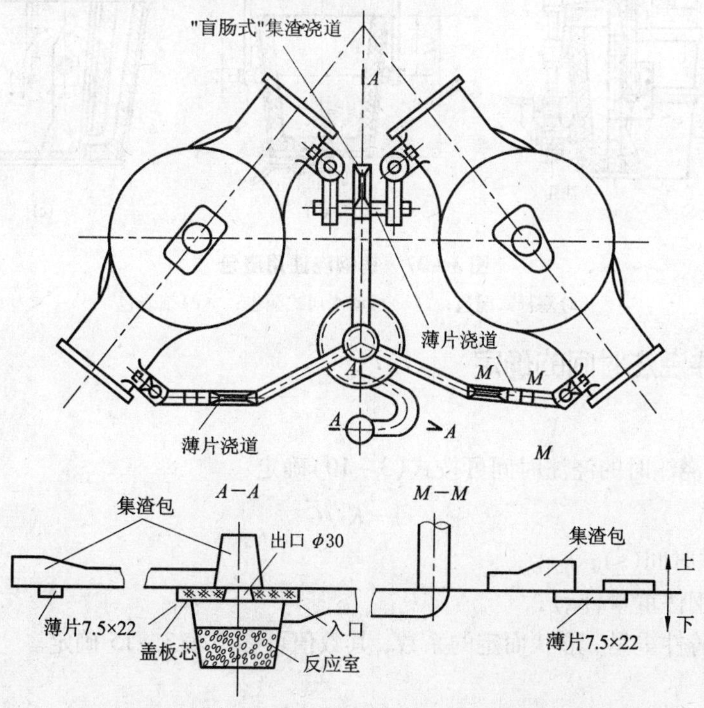

图3-36 进行型内球化时的浇注系统示意图

3.6 铸钢件浇注系统设计

3.6.1 铸钢件浇注系统的特点

(1)铸钢的溶点高，浇注温度高，钢液对砂型的热作用大，且冷却快，流动性差，所以要求以较大的截面积、较短的时间、较低的流速平稳浇注。

(2)钢液容易氧化，应避免涡流、流股分散和飞溅。

(3)铸钢件体收缩大，易产生缩孔、缩松，需按定向凝固的原则设计浇注系统，除了按有利于补缩的方案设置浇注系统外，还应配合使用冷铁、收缩肋，拉肋等。

(4)铸钢件线收缩约为铸铁的 2 倍，收缩时内应力大，容易产生热裂、变形，故浇冒口的设置应尽量减小对铸件收缩的阻碍。

(5)铸钢件通常采用漏包(底注包)浇注，漏包的注孔是浇注系统的一个组元，见图3－37 所示。漏包浇注保温性能好，流出的钢液夹杂物少，但漏包浇注时压力大，易冲坏浇道，所以中、大型铸钢件的直浇道通常使用耐火材料管，当每个内浇道流经的钢水量超过 1t 时，内浇道和横浇道也用耐火砖管。

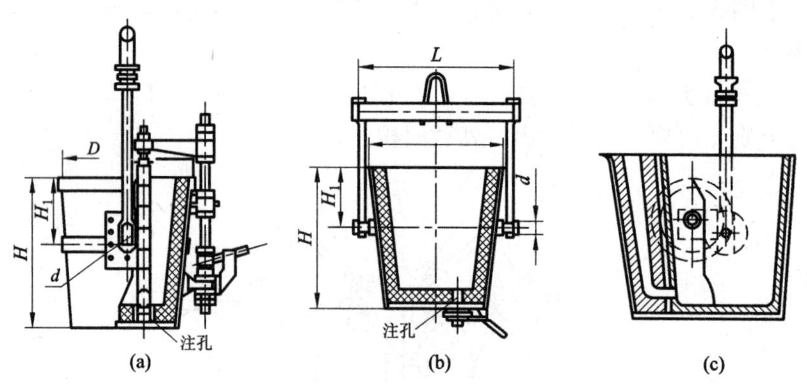

图 3－37 铸钢浇注用浇包

(a)塞杆式漏包； (b)滑动水口式漏包； (c)茶壶包

3.6.2 铸钢件浇注时间的确定

1)经验方法一

铸钢件漏包浇注时的浇注时间可按式(3－10)确定：

$$t = K\sqrt{G} \tag{3-10}$$

式中 t——浇注时间(s)；

G——铸钢件重量(kg)；

K——随铸件重量、形状而定的系数，其数值可参考表 3－15 确定。

表3－15　铸钢件浇注时间计算公式中的K值

浇注重量(kg)	<50	50～500	500～1000
复杂形状	0.5	0.6	0.8
简单形状	0.75	0.9	1.2

2)经验方法二

铸钢件漏包浇注时的浇注时间也可按式(3－11)确定：

$$t=\frac{G}{N\cdot n\cdot q_m} \tag{3-11}$$

式中　t——浇注时间(s)；

G——铸钢件重量(kg)；

N——同时浇注的浇包个数；

n——每个漏包的注孔个数；

q_m——钢液的重(质)量流量(kg/s)，见表3－16。

表3－16　包孔直径与钢液重量流量的关系

包孔直径(mm)	30	35	40	45	50	55	60	70	80	100
钢液重量流量(kg/s)	10	20	27	42	55	72	90	120	150	190

3)经验方法三

生产中有时会直接查取经验浇注时间，见表3－17。

表3－17　铸钢件重量与浇注时间的关系

铸钢件重量(kg)	500～1000	1000～3000	3000～5000	5000～10000	>10000
浇注时间(s)	12～20	20～50	单包浇注:50～80 双包浇注:40	单包浇注:40～150 双包浇注:40～80	80～150

4)校验铸钢件浇注时间

与灰铸铁件类似，对于确定的浇注时间是否合适，用浇注时钢液在型腔内的上升速度 v 进行校验。钢液在型腔内的最小液面上升速度见表3－18。

表3－18　铸钢浇注最小液面上升速度

铸件重量(kg) / 铸件结构	≤5	>5～15	>15～35	>35～65	>65～100	>100
	铸钢浇注最小液面上升速度(mm/s)					
简单	15	10	8	6	5	4
中等	20	15	12	10	8	7
复杂	25	20	16	14	12	10

大型铸件钢液在型腔中的上升速度不应大于30 mm/s。立浇砧座的钢液上升速度可按表中复杂件选取。齿轮类铸件的钢液上升速度可按表中简单件选取。平板、平台类铸件的钢液上升速度可按表中简单件数值降低20% ~30%。大型合金钢铸件和汽轮机汽缸体铸件(含其他泵压铸件)的钢液上升速度可按表中复杂的数值增加30% ~50%。

若验算结果数值太小，就要调整浇注时间，改变浇注质(重)量流量和包孔直径，或者采取如倾斜浇注等其他工艺措施。

3.6.3 铸钢件浇注系统设计

1)设计原则

(1)保证钢液平稳地注入铸型，尽量减轻紊流和飞溅。

(2)内浇道的位置应尽量缩短钢液在型内流动的距离，以避免铸件产生浇不到或冷隔等缺陷。

(3)形状复杂的薄壁铸钢件内浇口设置，应避免钢液直接冲击型壁或砂芯。尽量使钢液沿切向进入型内，或使内浇道向铸件方向截面扩大，以减小冲击作用。

(4)内浇道应避免开在芯头边界及靠近冷铁、芯撑的部位。

(5)圆筒形铸件的内浇道应沿切线方向开设，钢液在型内旋转有利于将钢液内的夹杂浮进冒口。

(6)需要补缩的铸件，内浇道应促使其定向凝固。薄壁均匀、不设冒口的铸件，内浇道应促使其同时凝固。选择内浇道位置时应尽量避免使铸件因产生内应力而导致变形或开裂。

(7)对高度超过600 mm的铸件，需采用阶梯式浇注系统。下层内浇道距铸件底面一般为200 ~300 mm，如型腔下部放有内冷铁，距离还可增大。相邻两层内浇道距离一般在400 ~600 mm之间。浇注大型铸钢件一般采用缓冲式直浇道，同时防止上层内浇道过早的进入钢液，见图3 -38所示。

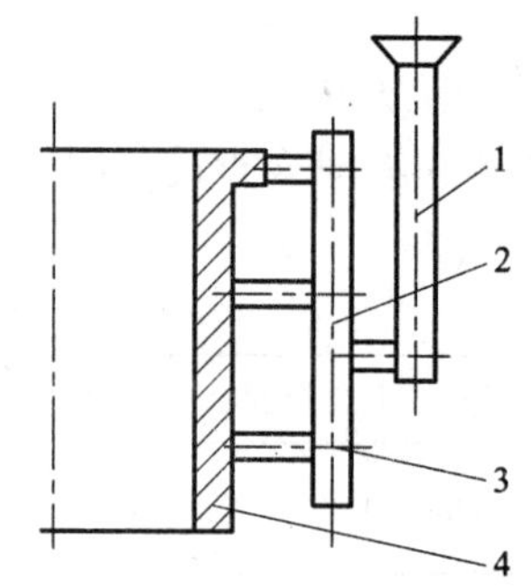

图3 -38 缓冲式直浇道

1—缓冲式主直浇道； 2—分配直浇道； 3—内浇道； 4—铸件

2)浇注系统设计方法

铸钢件浇注系统的设计方法是先确定注孔直径，然后依据各组元截面比例关系，依次确定其他组元的截面积及其尺寸。

(1)确定漏包注孔直径。已知铸型中浇注重量 G 和浇注时间 t，同时考虑浇包注孔数量 n，计算钢液重量流量 q_m：

$$q_m = \frac{G}{t \cdot n} \tag{3-12}$$

又

$$q_m = \mu_{孔} S_{孔} \rho \sqrt{2gH} \tag{3-13}$$

故

$$S_{孔} = \frac{G}{\mu_{孔} \rho \cdot t \cdot n \sqrt{2gH}} \tag{3-14}$$

式中 $S_{孔}$——包孔截面积(mm^2)；

q_m——钢液重量流量(kg/s)；

$\mu_{孔}$——包孔的消耗系数，取0.89；

ρ——钢液密度为7.1×10^{-6}(kg/mm^3)；

g——重力加速度，9.8×10^3(mm/s^2)；

H——钢液在浇包中的高度(mm)。

钢包的容量是根据炉子的容量确定的，而注孔需与钢包的容量相适应，表3－19为常用钢包容量与注孔直径的有关数值。

表3－19 钢包的容量与注孔直径的对应关系

钢包容量(t)	3	5	8	10	12	30	40	60	90
注孔直径(mm)	ϕ30 ϕ50	ϕ35 ϕ40 ϕ45	ϕ35 ϕ40 ϕ45 ϕ50	ϕ35 ϕ40 ϕ45 ϕ50 ϕ55	ϕ55 ϕ60	ϕ40 ϕ45 ϕ50 ϕ55 ϕ60	ϕ40 ϕ45 ϕ50 ϕ55 ϕ60 ϕ70	ϕ40 ϕ45 ϕ50 ϕ55 ϕ60 ϕ70 ϕ80	ϕ40 ϕ45 ϕ50 ϕ55 ϕ60 ϕ70 ϕ80 ϕ90

(2)确定浇注系统各组元截面积。使用漏包浇注应采用开放式浇注系统，要满足$S_{直}\leqslant S_{横}\leqslant S_{内}$的条件。各组元截面积比例关系：

$$\sum S_{孔}:\sum S_{直}:\sum S_{横}:\sum S_{内}=1:(1.8\sim2.0):(1.8\sim2.8):2$$

确定漏包注孔直径后，可依次确定其他浇道的截面面积，横浇道及内浇道一般采用梯形，此后可以计算其截面尺寸，或直接查取相关数表予以确定。

当使用耐火砖管时，可采用$S_{直}=S_{横}=S_{内}$，也可根据漏包注孔直径直接按表3－20确定各浇道的尺寸。

表3－20 根据漏包注孔直径确定各组元耐火砖管的直径和数量

注孔直径(mm)	直浇道最小直径(mm)	直浇道不在横浇道对称位置时，横浇道最小直径(mm)	直浇道在横浇道对称位置时，横浇道最小直径(mm)	内浇道最小直径(mm)			
				40	60	80	100
				内浇道个数			
35	60	60	40	2	1		
40	60	60	40	2	1		
45	60	60	40	3	1		
50	80	80	60	3	2	1	
55	80	80	60	4	2	1	
60	80	80	60	5	2	1	
70	100	100	80	6	3	2	1
80	120	120	80	8	4	2	1
100	140	140	100	13	6	3	2

大量批量生产小型铸钢件时，常采用机器造型，并用转包浇注。这些特点决定了浇注系

统必须有较好的挡渣能力，因此采用半封闭式的浇注系统一阻流浇口，其浇注系统计算请参照相关手册。

3.7 铜合金和铝合金铸件浇注系统设计

3.7.1 铜合金铸件浇注系统设计特点

锡青铜及磷青铜氧化倾向小，易产生分散缩孔和缩松，对于长套筒铸件可使用顶注式雨淋浇道；短小圆筒、圆盘及轴瓦类铸件可采用压边浇道；对于复杂件，可采用带过滤网或集渣包的浇注系统，一般可不设大尺寸冒口。

铝青铜、铝铁青铜、锰黄铜、铝黄铜等氧化性强，易形成氧化渣，收缩大，易产生集中缩孔，浇注系统采用底注开放式，并设有滤网或集渣包。浇道的位置应有利于冒口补缩或使浇道通过冒口注入。

铜合金的浇注系统一般可由查表法确定。根据铸件重量，由图 3－39 可查得直浇道直径，再由表 3－21 确定浇注系统各组元的尺寸。

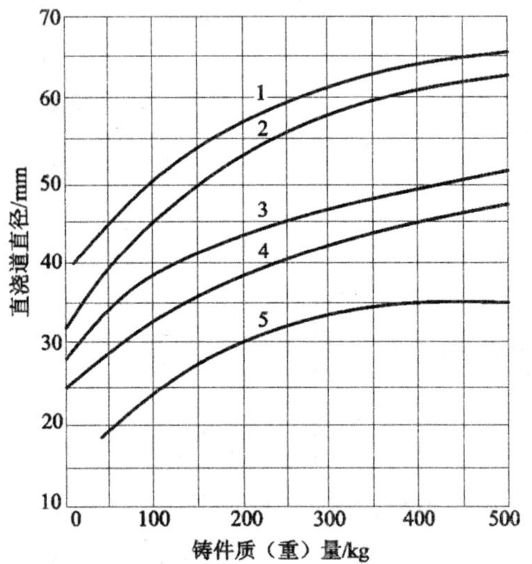

图 3－39　直浇道直径和铸件重量的关系

1—适用于锡青铜类壁厚为 3～7 mm 铸件；
2—适用于锡青铜类壁厚为 8～30 mm 铸件；
3—适用于锡青铜类壁厚为 >30 mm 的铸件；
4—适用于无锡青铜和黄铜铸件；
5—适用于特殊黄铜铸件

表 3－21　铜合金铸件浇注系统各组元截面积比及适用范围

合金种类	各组元截面积比				适用范围
	$S_{直}$	$S_{网}$	$S_{横}$	$S_{内}$	
锡青铜	1		1.2～2	1.2～3	复杂的大、中型铸件，采用底部注入式且内浇道处不设置冒口
	1	0.9	1.2～2	1.2～3	
	1.2	0	1.5～2	1	阀体类铸件，采用雨淋式浇道且内浇道处设暗冒口补缩
	1.2	1	1.5	2～3	阀体类铸件，采用带滤渣网的浇注系统
铝青铜及黄铜	1	0.9	1.2	3～10	复杂的大型铸件
	1	0.9	1.2	1.5～2	中、小型铸件

3.7.2 铝合金铸件浇注系统设计特点

1）铝合金铸件浇注系统设计特点

铝合金的特点是导热率大，在流动过程中铝液降温快；易氧化吸气，且氧化膜的密度与铝液相近，若混入铝液中就难以上浮；凝固收缩大，易产生缩孔、缩松。所以要求铝合金的浇注系统充型平稳，无涡流，充型时间短，挡渣能力强，并有利于补缩。在铝合金浇注系统设计时常采用以下措施：

(1)采用底注式或垂直缝隙式浇注系统。除了高度 <10 mm 不重要的小铸件可采用顶注式外，一般都采用底注开放式或垂直缝隙式浇注系统。

(2)使用倾斜的或蛇形直浇道。为了防止吸气和二次氧化，减少冲击，直浇道在竖直方向倾斜10°~15°或使用蛇形直浇道。

(3)使用滤网。采用滤网的浇注系统，直浇道面积与滤网网眼总面积之比一般为1∶(0.6~0.8)。滤网用薄钢板制成，厚度为0.3~0.8 mm，网孔直径 ϕ0.8~1 mm，孔洞率≥30%。对铝镁合金，网孔0.8~1 mm，其他铝合金1~2 mm。滤网要干净，上喷涂料，使用前经200℃预热。滤网安放在横浇道的搭接处或横浇道内，并与金属液流成一定角度，见图3－40所示。

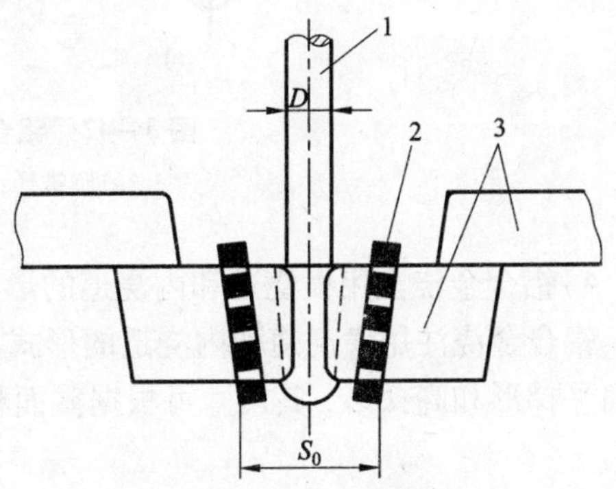

图3－40　滤网的安放

1—直浇道；2—滤网；3—稳流式横浇道

(4)一般直浇道截面积最小。铝合金铸件浇注系统各组元的截面积比例见表3－22。

表3－22　铝合金铸件常用浇注系统各组元的截面积比例

铸件大小	大型铸件	中型铸件	小型铸件
截面比例($\sum S_{直}:\sum S_{横}:\sum S_{内}$)	1∶(2~5)∶(2~6)	1∶(2~4)∶(2~4)	1∶(2~3)∶(1.5~4)

2)铝合金浇注系统用浇口形式

铝合金浇注系统的常用浇口形式见图3－41所示。

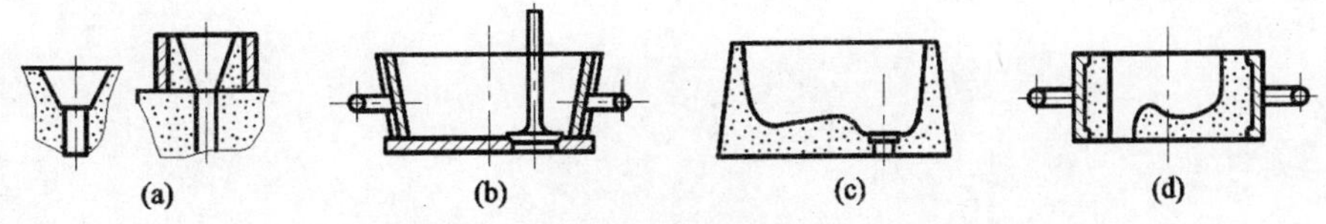

图3－41　铝合金浇注常用的浇口形式

(a)漏斗形浇口；(b)钢板焊接式；(c)砂芯式；(d)砂箱式

3)铝合金浇注用直浇道的形式

直浇道形式有圆锥形、片状和蛇形。其形状见图3－42，截面积在320 mm² 以下时可采用圆形或片状，圆形直浇道的直径最好不超过20 mm，以防产生涡流、吸气。截面积在320 mm² 以上时，宜采用片状。当直浇道总截面积较大时可用2个或2个以上直浇道。

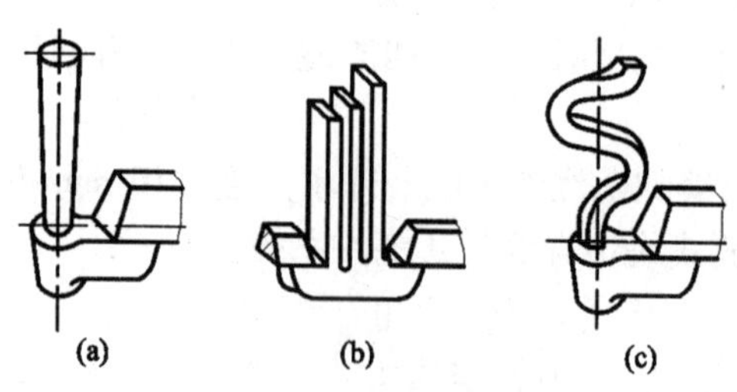

图 3－42　铝合金浇注用直浇道的形式

(a)圆锥形；(b)片状；(c)蛇形

4)铝合金浇注用横浇道和内浇道的形式

铝合金浇注用横浇道和内浇道的形式类似于灰铸铁件，横浇道主要为梯形截面，内浇道为扁平梯形和高梯形，其尺寸可根据截面积大小直接查取铝合金浇注系统设计的相关手册。

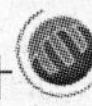

第4章
铸件凝固控制与冒口设计

4.1　铸件的凝固及其控制

铸件的凝固是指金属或合金在铸型中由液态转变为固态的过程。常见的许多铸造缺陷，如浇不足、缩孔、缩松、裂纹、析出性气孔、偏析、非金属夹杂物等，都与凝固过程有直接或间接的关系。所以，认识铸件凝固规律及控制途径，对于防止铸造缺陷，提高铸件性能，从而获得优质铸件是十分重要的。

4.1.1　铸件的凝固温度场

温度场是指传热系统的温度在给定时刻各坐标点上的分布。铸件在铸型中的冷却和凝固过程是非常复杂的，从金属液充填铸型起，铸件与铸型间便开始了热交换。铸件放出过热热量及结晶潜热，温度降低。铸型及周围环境吸收这些热量，温度升高，凝固伴随这一传热过程进行。铸件凝固过程中，热流随时间变化，温度场也随时间变化，因此温度场是动态的。

凝固过程中铸件各部位所处的状态直接取决于温度，铸件断面上存在着已凝固的固态金属区、未凝固的液态金属区和正在进行凝固的液－固两相区。由铸件温度场决定了铸件状态变化规律，如凝固前沿位置及推进情况、凝固区域大小及变化、凝固时间，缩孔、缩松的部位等。铸件温度场是进行浇注系统设计以及冒口、冷铁、铸型材料及其他各种工艺设计的重要依据，也是进行流场、浓度场、应力场及组织性能分析的基础，直接影响着应力、裂纹、偏析的形成。铸件的温度场可直接测量，并广泛应用于计算机数值模拟。

1）铸件温度场的测定

铸件温度场测定方法如图4－1所示，将一组热电偶的热端固定在型腔中的不同位置，液态金属注入型腔后，温度记录仪将铸件断面上各测温点的温度随时间的变化，自动绘制成温度—时间曲线，即冷却曲线。

图4－2是Al－Zn合金（$w_{Zn}=42\%$）铸件各测温点的温度场测定情况，其铸件温度场的测定方法如下：

（1）测定并绘制各测温点的冷却曲线，如图4－2(a)；

（2）在图4－2(a)右侧，以温度为纵坐标、以离开铸件表面的距离（位置）为横坐标绘制

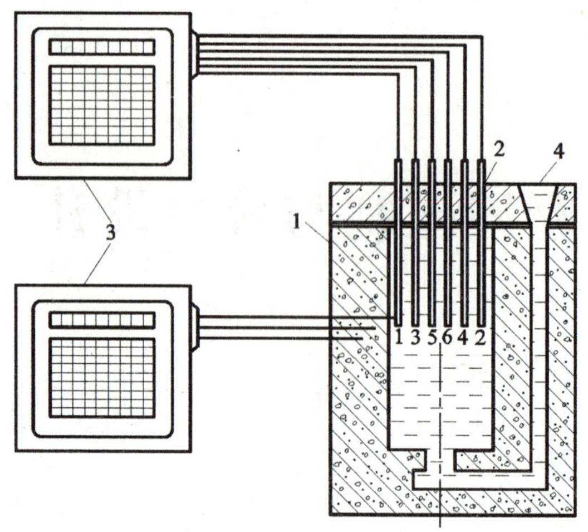

图 4－1　铸件温度场测定方法示意图

1—铸型；2—热电偶；3—自动温度记录仪；4—浇注系统

以坐标系，如图 4－2(b)所示坐标系。

(3)以 4－2(a)中同一时刻(以 4 min 为例)各点的温度分别标注于新坐标系的相应点上，连接各标注点即得到 4 min 时铸件断面自表面到中心的温度分布曲线，即温度场。

(4)以同样方法，可绘制出其他时刻铸件断面上的温度分布，如图 4－2(b)所示。

可以看出，铸件的温度场随时间而变化，为不稳定温度场。如果型腔两侧的散热条件相同，则断面上温度场对型腔中心线是对称的。温度场的变化速率即温度梯度，用于表征铸件冷却强度。温度场能更直观地显示出凝固过程的情况。

图 4－2(c)所示为铸件断面的凝固动态曲线，是根据铸件上各测温点的温度－时间曲线绘制的。其绘制方法如下：

(1)在图 4－2(a)下方，以离开铸件表面的距离为纵坐标、以时间为横坐标建立新坐标系；

(2)在图 4－2(a)上标出合金的凝固开始温度(即液相线温度)t_L和凝固终了温度(即固相线温度)t_S；

(3)将各测温点的冷却曲线与液相线温度及固相线温度的交点，标注到下方新坐标系的相应点上；

(4)将凝固开始的各点连成曲线，称为凝固开始线。凝固结束的各点连成曲线，称为凝固终了线。

凝固开始线与铸件断面上各时刻的液相等温线相对应，由凝固开始线处至铸件中心的合金仍处于液态(液相区)。凝固终了线与铸件断面上各时刻的固相等温线相对应，由凝固终了线处至铸件表面的合金已处于固态(固相区)。两线之间是液固两相区(凝固区)。所以，这两条曲线是表示铸件断面上液相和固相等温线由表面向中心推移的动态曲线。从图上可以看出这三个区随着时间而变化的情况，也就是铸件断面的凝固过程。

图 4－2(d)是 2 min 时铸件断面上的凝固状况。“凝固开始线”从铸件表面向中心移动，所到之处凝固就开始；过一段时间，“凝固终了线”离开铸件表面向中心移动，所到之处凝固

就完毕。凝固动态曲线又称为凝固动态图。

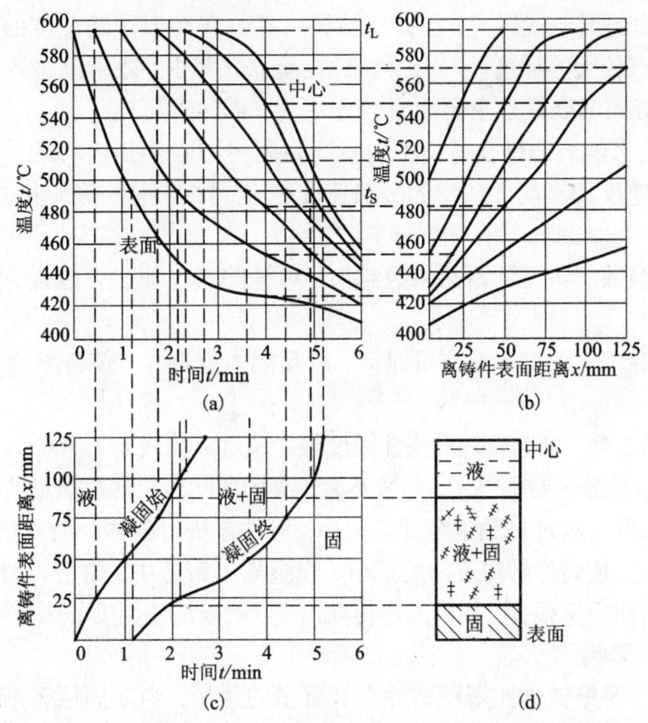

图 4－2　Al－Zn 合金（$w_{Zn}=42\%$）铸件各测温点的温度场测定

(a)冷却曲线；(b)温度场；(c)凝固动态曲线；(d)2 min 时的凝固状态

某一瞬间温度场中温度相同点组成的面（或线）称为等温面（或等温线），它可能是平面（或直线），也可能是曲面（或曲线）。如圆柱形铸件其等温面为平行于铸件表面的圆柱面，纵断面上的等温线为平行于铸件表面的直线，横断面上的等温线为与铸件横断面外圆周同心的同心圆。对于形状不规则的铸件，其等温面一般要由实际测定或通过数值模拟来确定。根据铸件的等温面和等温线，可以直观地判断铸件的凝固顺序，找出最后热节的位置，这对铸造工艺设计是很有意义的。

2）影响铸件温度场的因素

影响铸件温度场的因素主要有金属性质、铸型性质、浇注条件及铸件结构等。

（1）金属性质的影响

①金属的热扩散率。热扩散率是指物体在被加热或冷却时，其内部各部分温度趋于一致的能力。金属的热扩散率大，铸件内部的温度均匀化的能力就大，温度梯度就小，断面上温度分布曲线就比较平坦。反之，温度分布曲线就比较峻陡。铸件的凝固是依靠铸型吸热而进行的，因此铸件表面温度比中心部分的温度低。液态铝合金的热扩散率比液态铁碳合金大得多。所以在相同的铸型条件下，铝合金铸件断面上的温度分布曲线平坦得多，具有比较小的温度梯度。高合金钢的热扩散率一般都比普通碳钢小得多，所以高合金钢在砂型铸造时也有较大的温度梯度。

②结晶潜热。金属的结晶潜热大，向铸型传热的时间就长，铸型内表面被加热后的温度

也就高。因此，铸件断面的温度梯度减小，铸件的冷却速度下降，温度场也较平坦。

③金属的凝固温度。金属的凝固温度越高，在凝固过程中铸件表面和铸型内表面的温度越高，铸型内外表面的温差就越大，且铸型的导热系数在高温段随温度的升高而升高，致使铸件断面的温度场有较大的梯度。轻合金铸件在凝固过程中，之所以比铸钢件和铸铁件有较平坦的温度场，其凝固温度低是主要的原因之一。

(2)铸型性质的影响。铸件在铸型中的凝固是因铸型吸热而进行的。所以，铸件的凝固速度都受铸型吸热速度的支配。铸型的吸热速度越大，则铸件的凝固速度越大，断面上的温度梯度也就越大。

①铸型的蓄热系数。铸型的蓄热系数越大，对铸件的冷却能力越强，铸件中的温度梯度就越大。

②铸型的预热温度。铸型预热温度越高，冷却能力就越小，铸件断面上的温度梯度也就越小。

(3)浇注条件的影响。液态金属的浇注温度很少超过液相线以上100℃，因此，金属由于过热所得到的热量比结晶潜热要小得多，一般不大于凝固期间放出的总热量的5%～6%。但在砂型铸造中，液态金属的所有过热热量全部散失后，铸件才进行凝固。所以增加过热程度，相当于提高了铸型的温度，使铸件的温度梯度减小。在金属型铸造中，由于铸型具有较大的导热能力，而过热热量所占比重又很少，能够迅速传导出去，所以浇注温度的影响不十分明显。

(4)铸件结构的影响

①铸件的壁厚。厚壁铸件比薄壁铸件含有更多的热量，当凝固层逐渐向中心推进时，必然要把铸型加热到更高的温度。铸件越厚大，温度梯度就越小。

②铸件的形状。铸件的棱角和弯曲表面与平面壁的散热条件不同，在铸件表面积相同的情况下，向外部凸出的曲面，如球面、圆柱表面、L形铸件的外角，放出的热量由较大体积的铸型所吸收，铸件的冷却速度比平面铸件要大。反之，向内部凹下的表面，如圆筒铸件内表面、L或T形铸件的内角，铸件的冷却速度比平面部分要小。

4.1.2 铸件的凝固方式

1)凝固区域

铸件在凝固过程中，除纯金属和共晶成分合金外，断面上一般都存在三个区域，即固相区、凝固区和液相区。铸件的质量与凝固区域有密切关系。

图4－3所示是根据铸件断面温度场确定的某一瞬间的凝固区域。左图是状态图的一部分，M合金的结晶温度范围为t_L～t_S。右图是砂型中正在凝固的铸件断面某瞬时的温度场，铸件壁厚为D。在此瞬间，铸件断面上的b和b'点已达到固相线温度t_S，因此，Ⅰ—Ⅰ和Ⅰ′—Ⅰ′等温面为“固相

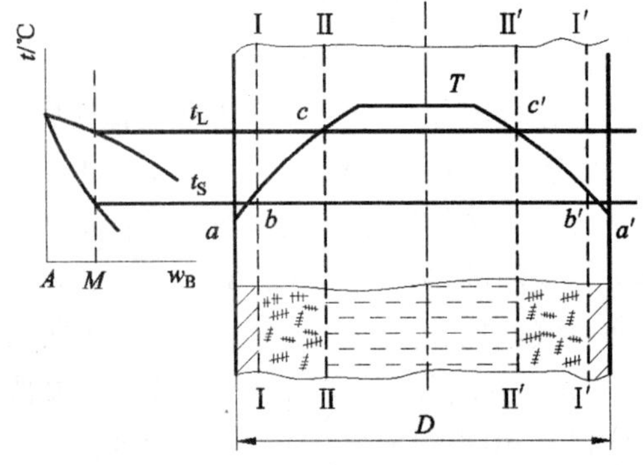

图4－3 某时刻的凝固区域

等温面”。同时，c 和 c' 点已达到液相线温度 t_L，Ⅱ—Ⅱ和Ⅱ′—Ⅱ′为“液相等温面”。所以，在Ⅰ和Ⅱ之间、Ⅰ′和Ⅱ′之间的合金都处于凝固状态，即液固共存状态。这个液相等温面和固相等温面之间的区域即为凝固区域。

从铸件表面到固相等温面Ⅰ和Ⅰ′之间的合金温度低于固相线温度 t_S，因此，这个区域内的合金已凝固成固相，为固相区。液相等温面Ⅱ和Ⅱ′之间的合金温度高于液相线温度 t_L，为液相区。

随着铸件的冷却，液相等温面和固相等温面不断向铸件中心推进，铸件全部凝固后，凝固区域消失。某一瞬间的凝固状况，就是凝固动态图的一个剖面。

2）铸件的凝固方式

一般将铸件的凝固方式分为三种类型：逐层凝固方式、糊状凝固方式（或称体积凝固方式）和中间凝固方式。

如图4－4所示为恒温下结晶的纯金属或共晶成分合金某瞬间的凝固情况。t_c 是结晶温度，T_1 和 T_2 是铸件断面上两个不同时刻的温度场。从图中可观察到，恒温下结晶的金属，在凝固过程中其铸件断面上的凝固区域宽度等于零，断面上的固体和液体由同一界面，即凝固前沿清楚地分开。随着温度的下降，固体层不断加厚，逐步到达铸件中心，这种情况称为逐层凝固方式，如图4－4(a)所示。

如果因铸件断面温度场较平坦，即温度差 t_S 很小，或合金的结晶温度范围 $\Delta t_c = t_L - t_S$ 很宽，铸件凝固的某一段时间内，其凝固区域贯穿整个铸件断面，即在液相区消失之前，铸件表面不结壳，这种情况称为糊状凝固方式，如图4－4(b)所示。

在逐层凝固和糊状凝固之间并无一个明显的界限，很多情况下铸件断面上的凝固区域宽度是介于以上两者之间的中间形式，这种情况则称为中间凝固方式，如图4－4(c)所示。

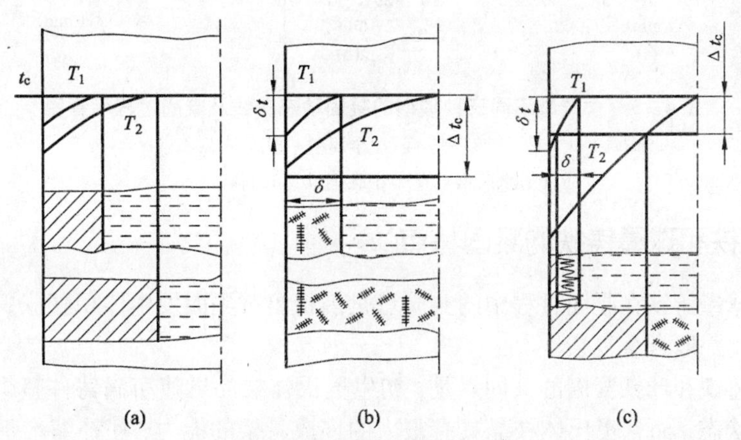

图4－4　凝固方式示意图

(a)逐层凝固；(b)糊状凝固；(c)中间凝固

凝固方式也可以直接从凝固动态曲线上判断。凝固开始线和凝固终了线如果重合在一起，或靠得很近，则是纯金属（或共晶合金）的逐层凝固方式。这两条线如果离得很远，当铸件断面中心线处已开始凝固而表面尚未结壳时，则是糊状凝固方式。中间凝固方式则介于上述两者之间。显然，逐层凝固方式和糊状凝固方式是凝固方式的两个极端情况。

3）影响铸件凝固方式的因素

铸件的凝固方式取决于凝固区域宽度，凝固区域宽度又由合金结晶温度范围和铸件断面温度梯度两个因素决定。

图4－5是不同含碳量的三种碳钢，在砂型和金属型中凝固时，测得的凝固动态曲线及其相应的凝固过程示意图。在金属型中凝固时，铸型激冷能力强，铸件温度梯度大，成分不同、结晶温度范围各异的三种碳钢都趋于逐层凝固方式。这里温度梯度表现出明显的作用。

当在砂型中凝固时，铸型激冷能力小，铸件温度梯度不大，成分和结晶温度范围的大小使凝固动态曲线呈明显差异。结晶温度范围小，$\Delta t_c' = 22℃$的低碳钢仍趋于逐层凝固。结晶温度范围大，$\Delta t_c = 70℃$的高碳钢趋于糊状凝固。中碳钢结晶温度范围$\Delta t_c = 42℃$，介于两者之间，为中间凝固方式。这里，结晶温度范围的作用被突显了。

在铸件断面温度梯度相近的情况下，结晶温度范围越大则凝固区域越宽。图4－5所示的砂型铸造时三种碳钢的凝固说明了这一点。合金的结晶温度范围确定后，凝固区域宽度主要取决于温度梯度。当温度梯度很大时，宽结晶温度范围的合金可以有较小的凝固区域，趋于中间凝固甚至逐层凝固，如图4－5所示为在金属型中凝固的高碳钢的情形。当温度梯度很小时，凝固区域宽度一般均较大，甚至趋于糊状凝固。

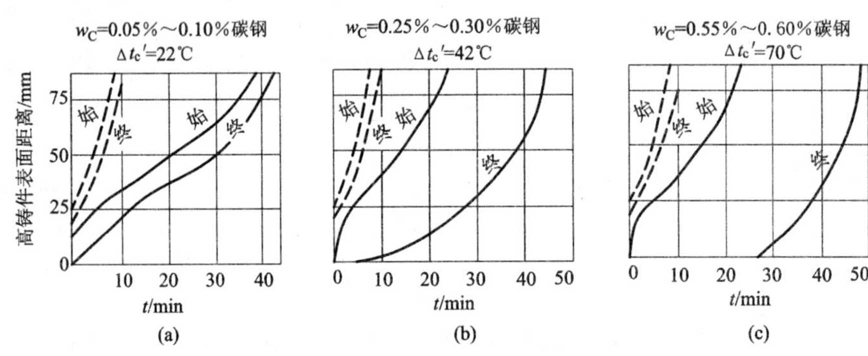

图4－5　含碳量不同三种碳钢的凝固动态曲线及凝固过程示意图

砂型—实线；　金属型—虚线

（a）低碳钢；（b）中碳钢；（c）高碳钢

4.1.3　灰铸铁和球墨铸铁的凝固特点

灰铸铁和球墨铸铁在凝固过程中的共同点是因析出石墨而发生体积膨胀，使它们的缩孔和缩松的形成比一般合金复杂。

亚共晶灰铸铁和球铁凝固的共同点是，初生奥氏体枝晶迅速布满铸件整个断面，使铸件长期处于凝固状态，而且奥氏体枝晶具有很大的连成骨架的能力，使补缩难于进行。所以这两种铸铁都有产生缩松的可能性。但是，由于它们的共晶凝固方式和石墨长大的机理不同，产生缩孔和缩松的倾向性有很大差别。

1）灰铸铁的凝固特点

在灰铸铁共晶团中的片状石墨，与枝晶间的共晶液体直接接触的尖端优先长大，见图4－6（a）。所以片状石墨长大时所产生的体积膨胀压力，大部分作用在所接触的晶间液体上，迫使它们充填奥氏体枝晶间的小孔洞（由于液态和凝固收缩所形成的），从而大大降低了灰铸

铁产生缩松的可能性。这就是灰铸铁的“自补缩能力”。一般灰铸铁件不需要设置专门的补缩冒口，使用出气冒口即可。

被共晶奥氏体包围的片状石墨，通过碳原子的扩散作用其横向也要长大，但是速度很慢。石墨片在横向上长大而产生的膨胀压力作用在共晶奥氏体上，使共晶团膨胀，并传到邻近的共晶团上或奥氏体晶体骨架上，使铸件产生“缩前膨胀”。这种缩前膨胀显然会抵消一部分自补缩效果。但是，由于这种横向的膨胀作用很小而且是逐渐发生的，同时因灰铸铁在共晶凝固中期，在铸件表面已形成硬壳，所以灰铸铁的缩前膨胀一般只有0.1% ~0.2%。所以，灰铸铁件产生缩松的倾向性较小。

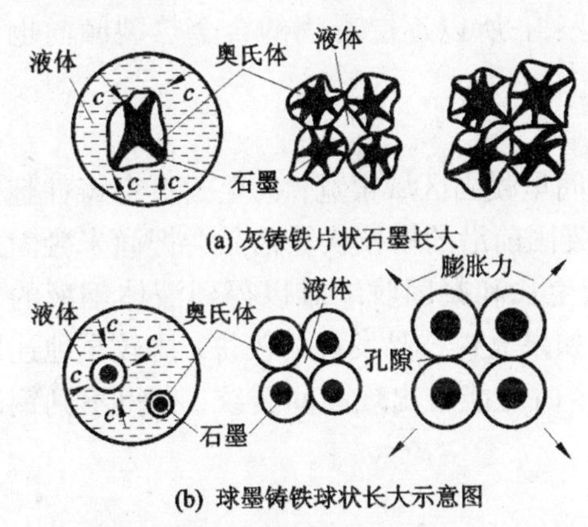

图4-6　灰铸铁和球铁共晶石墨长大示意图

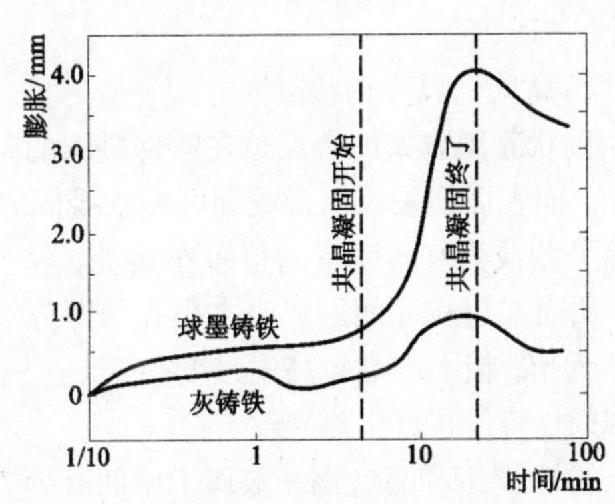

图4-7　湿砂型中灰铸铁件和球铁件的膨胀曲线

2）球墨铸铁的凝固特点

球铁在凝固中后期，石墨球长大到一定程度后，四周形成奥氏体外壳，碳原子是透过奥氏体外壳扩散到共晶团中，使石墨球进一步长大，见图4-6（b）。当共晶团长大到相互接触后，石墨化膨胀所产生的膨胀力，只有一小部分作用在晶间液体上，而大部分作用在相邻的共晶团上或奥氏体枝晶上，趋向于把它们挤开。因此，球铁的缩前膨胀比灰铸铁大许多（图4-7）。由于铸件表面在凝固后期不具备坚固的外壳，如果铸型刚度不够，膨胀力将迫使型壁外移。随着石墨球的长大，共晶团之间的间隙逐步扩大，并使铸件普遍膨胀。共晶团之间的间隙就是球铁的显微缩松，布满铸件整个断面。铸件的普遍膨胀也使铸件产生宏观缩松，这种缩松一般是由共晶团集团之间的间隙构成的，在铸件断面上可以直接观察到。所以，球铁件产生缩松的倾向性很大。如果铸件厚大，球铁的缩前膨胀也导致铸件产生缩孔。所以，球铁件一般要设置冒口进行补缩。

3）影响灰铸铁、球铁产生缩孔和缩松的主要因素

（1）铸铁的成分。对于亚共晶灰铸铁，碳当量增加，共晶石墨的析出量增加，有利于消除缩孔和缩松。共晶成分灰铸铁以逐层方式进行凝固，倾向于形成集中缩孔。但是，共晶转变的石墨化膨胀作用，能抵消或超过共晶液体的收缩，铸件中不产生缩孔，甚至使冒口和浇口的顶面鼓胀起来。

球墨铸铁的碳当量大于3.9%时，充分孕育，增加铸型的刚度，创造同时凝固条件，即可实现无冒口铸造，获得健全的铸件。对缩孔和缩松容积影响较大的是残留镁量，镁阻碍石墨化。因此，对于球铁，应尽可能降级残留镁量。

(2)铸型的刚度。铸铁在共晶转变发生石墨化膨胀时，铸型壁是否迁移，是其影响缩孔容积的重要因素。铸型刚度大，缩前膨胀就小，缩孔容积相应减小。

4.1.4 铸钢的凝固特点

1)低碳钢属于逐层凝固方式

由于逐层凝固的凝固前沿与液态钢液始终接触，凝固区域又很窄小，在发生凝固的体收缩时，可以在阻力很小的条件下，不断地得到钢液的补充，因此铸件发生缩松的可能性很小，而是在铸件最后凝固的地方产生集中缩孔。如果铸件因凝固收缩受到阻碍产生晶间裂纹时、还可能比较容易得到液态钢液的补充，使之愈合起来。所以逐层凝固的合金热裂倾向也比较小。

2)高碳钢属于糊状凝固方式

糊状凝固方式的特点是在铸件凝固的某一段时间里凝固区域很宽，甚至于贯穿铸件整个断面，而表面还没有出现凝固区糊状凝固方式由于凝固前沿的树枝状等轴晶会把尚未凝固的液体分割成为互不联系的很多小熔池，这使晶粒的生长和凝固收缩难以得到液体钢液的补充，从而在树枝晶间形成许多小孔洞即分散缩松。如果大树枝晶发展的较快，比较早地连成晶体骨架，粗大的晶粒高温强度很低，在线收缩发生时可能会出现晶间裂纹，在得不到钢液补填时，铸件将产生热裂纹。

3)中碳钢和高锰钢一般属于中间凝固方式

中间凝固方式的特点是凝固区域的宽度介于上述二者之间，既有逐层凝固的某些特点，也有糊状凝固的某些特点。比较图4-5所示这三种碳钢在砂型中的凝固动态曲线可以看出，随着碳含量的增加，结晶凝固范围 Δt_c 的扩大，液相边界和固相边界两条曲线之间的纵向距离也随之扩大。

铸钢件凝固过程中采用何种凝固方式，主要与钢种的结晶温度范围大小以及铸件截面上温度场的分布状况有关。只有全面认识，并掌握和控制其凝固过程，才能生产出优质铸件。

4.2 铸件的收缩及收缩缺陷

铸件的形成过程是高温液态金属在铸型中冷却、凝固、固相再冷却(有时还有固态相变)至常温的过程，在整个过程中存在着温度和凝聚态的变化。温度降低使原子平均动能减小，空穴数量减少，原子间距缩短，体积减小。凝聚态变化使原子由近程有序排列转变为远程有序排列，大多数合金凝固时体积显著减小。当有固态相变时，因相变前后结构差异，体积便发生相应的缩小或胀大，但即使在状态变化时发生一定膨胀，仍不足以补偿及改变铸件凝固收缩的总趋势。

铸造合金的收缩特性是合金的铸造性能之一。合金收缩是铸件中产生缩孔、缩松、应力、变形和冷裂、热裂等缺陷的根本原因。因此，为了得到尺寸精确、内部致密的健全铸件，必须了解其收缩特性。

4.2.1 铸件的收缩

1)铸造合金的收缩规律

对于特定合金而言，凝固过程中体积的变化主要取决于所处的温度条件。体积变化特性可用相对收缩量表示，称为收缩率，有体收缩率和线收缩率两种表示方法。当金属温度由 $t_0 \to t_1$ 时，体积收缩率为

$$\varepsilon_\nu = \frac{V_0 - V_1}{V_0} \times 100\% = \alpha_V (t_0 - t_1) \times 100\% \tag{4-1}$$

线收缩率为

$$\varepsilon_l = \frac{l_0 - l_1}{l_0} \times 100\% = \alpha_l (t_0 - t_1) \times 100\% \tag{4-2}$$

式中　V_0、V_1——铸件在 t_0 和 t_1 时的体积；

l_0、l_1——铸件在 t_0 和 t_1 时的长度；

α_ν、α_l——铸件在 $t_0 \sim t_1$ 温度范围内的体收缩系数和线收缩系数；

ε_ν、ε_l——铸件在 $t_0 \sim t_1$ 温度范围内的体收缩率和线收缩率。

合金从浇注温度冷却到常温，一般经历三个阶段：液态收缩(Ⅰ)、凝固收缩(Ⅱ)和固态收缩(Ⅲ)。

液态收缩为体积收缩，其表现形式是液面下降，即仅为高度方向的一维尺寸的减少，与高度垂直的截面尺寸不变，因此其收缩率用体收缩率表示。固态收缩则表现为三维尺寸同时缩小，体积也发生相应缩小，其收缩率通常用线收缩率表示。

凝固收缩的表现形式分两个阶段。当结晶尚，未搭成骨架时，表现为液面下降。这是结晶时的收缩、温度降低引起的液态收缩和固态收缩三者的综合反映。当结晶较多并搭成完整骨架时，收缩的总体表现为三维尺寸减小即线收缩，在结晶骨架间残留的液体则表现为液面下降。

实验表明，当合金在凝固后期尚存 20% ~40% 残留液体时，晶体已搭成连续的骨架并开始线收缩，表现出固态收缩的特性，这时的温度称线收缩开始温度。也就是说，合金的线收缩并非始于凝固结束时的固相线温度，而开始于凝固后期的某一温度。

合金在凝固期间发生的线收缩大小与线收缩开始温度至固相线温度区间的大小有关，并显著影响铸件产生热裂缺陷的倾向，这个温度范围称为有效结晶温度范围。

液态收缩、凝固收缩和固态收缩由于所处的状态、表现形式等的不同，对铸件质量的影响也不同。表现为液面下降的体积收缩，包括液态收缩和凝固收缩的一部分，若得不到应有的补偿，如没有冒口，则铸件将产生缩孔、缩松等缺陷；而线收缩则影响铸件的尺寸精度，而且是铸件产生内应力、变形及裂纹的内在原因。

2)铸件的收缩

(1)铸件的受阻收缩。以上对于合金收缩规律的分析，仅涉及合金成分、温度等自身因素对收缩的影响，没有考虑收缩过程中遇到的各种阻碍，这种收缩称为自由收缩。实际上，铸件在铸型中收缩时，要受到各种阻碍而使收缩不能自由进行，这时产生的收缩称为受阻收缩。受阻收缩率总小于自由收缩率。铝的自由收缩率为 1.85% ~1.96%，当阻力为 2.45×10^5 Pa 时，收缩率为 1.53%，阻力更大时将出现裂纹。

铸件的不同部位由于结构、壁厚的差异，以及所处铸型环境的不同，其收缩进程不会完全一致，即使同一部位，其表面与中心的情况也不同，这样就造成各处收缩受到互相牵制。此外，由于铸件与铸型接触，铸件收缩时还会受到型腔表面及型芯等的阻碍。铸件收缩中受

到的阻力有以下几种：

①摩擦阻力。铸件收缩时铸件表面与型腔表面间的相对运动形成的阻力。摩擦阻力的大小与铸件重量、型腔表面的粗糙程度有关。例如碳钢铸件在黏土砂型中的摩擦阻力将使收缩率平均减小0.3%。当型腔、砂芯表面平滑或有光整的涂料、敷料时，摩擦阻力小，可忽略不计。

②热阻力。铸件各部分由于温度不同，收缩不完全同步，收缩时相互制约形成的阻力称热阻力。热阻力的大小与铸件结构、温度分布及材料性质有关。

③机械阻力。铸件收缩时受到来自型壁、型芯等的阻力称为机械阻力，如图4－8所示。铸型和型芯的紧实度、强度及退让性、箱档及芯骨的位置、铸件的厚度或长度等，都影响机械阻力的大小。

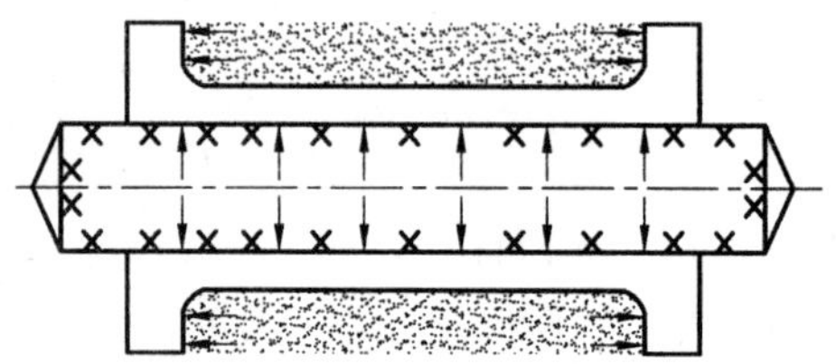

图4－8　收缩时受机械阻碍的铸件

铸件在收缩过程中，不仅受到单一的收缩阻力，而且同时受到几种收缩阻力，其大小的确定比较困难。多以实验的方法来确定实际铸件所受总的收缩阻力。

(2)受阻收缩的收缩率。铸件的收缩大多数是受阻收缩。发生受阻收缩时，模样尺寸就不能按自由收缩率计算。由于具体确定不同铸件的收缩阻力比较困难，生产中是在考虑了种种阻力影响后，采用铸造线收缩率 ε 以确定模样尺寸，从而保证所需的铸件尺寸。

表4－1所示是常用合金的铸造收缩率。应该指出，由于铸件结构及铸型工艺的不同，铸造收缩率的取值将不同，一般可由表列范围结合经验选取。对于重要的、尺寸精度要求较高的铸件，铸造收缩率的选取往往要经过多次试验后才最后确定。铸造收缩率选取不当，将造成铸件尺寸超差甚至铸件报废。值得注意的是，影响铸件尺寸精度的因素很多，如熔模精铸件的尺寸精度，除受到合金铸造收缩率影响外，还受到压型的设计和制造公差，熔模材料及压制工艺，制壳材料及工艺，浇注温度，型壳温度，以及铸件清理工艺等的影响。因此，在工艺设计时，应综合考虑和具体分析。

表4－1　几种合金的铸造收缩率

<table>
<tr><th colspan="3" rowspan="2">合金类别</th><th colspan="2">收缩率/%</th><th rowspan="2">合金类别</th><th colspan="2">收缩率/%</th></tr>
<tr><th>自由收缩</th><th>受阻收缩</th><th>自由收缩</th><th>受阻收缩</th></tr>
<tr><td rowspan="4">灰口铸铁</td><td colspan="2">小型铸件</td><td>1.0</td><td>0.9</td><td>球墨铸铁</td><td>1.0</td><td>0.3</td></tr>
<tr><td colspan="2">中、大铸件</td><td>0.9</td><td>0.8</td><td>碳钢和低合金结构钢</td><td>1.5～2.0</td><td>1.3～1.7</td></tr>
<tr><td rowspan="2">圆筒铸件</td><td>长度方向</td><td>0.9</td><td>0.8</td><td>铝硅合金</td><td>1.0～1.2</td><td>0.8～1.0</td></tr>
<tr><td>直径方向</td><td>0.7</td><td>0.5</td><td>锡青铜</td><td>1.4</td><td>1.2</td></tr>
<tr><td colspan="3">孕育铸铁</td><td>1.0～1.5</td><td>0.8～1.0</td><td>无锡青铜</td><td>2.0～2.2</td><td>1.6～1.8</td></tr>
<tr><td colspan="3">可锻铸铁</td><td>0.75～1.0</td><td>0.5～0.75</td><td>铝铜合金</td><td>1.6</td><td>1.4</td></tr>
<tr><td colspan="3">白口铸铁</td><td>1.75</td><td>1.5</td><td>锌黄铜</td><td>1.8～2.0</td><td>1.5～1.7</td></tr>
</table>

3)铸件的收缩缺陷

铸件在冷却凝固过程中发生的液态收缩、凝固收缩以及固态收缩，对铸件的质量产生重要影响，主要表现在铸件可能会产生以下几种缺陷：

(1)尺寸超差。由于线收缩的发生，铸件尺寸会发生变化，当制作模样时先收缩率取值不当，会使铸件尺寸过大或过小，造成铸件精度下降，严重时会出现铸件报废。

(2)缩孔。铸件内部出现的一种孔眼缺陷，主要由于液态收缩和凝固收缩后得不到液态合金的有效补偿而产生的。

(3)缩松。铸件内部比较密集、但体积比较细小的孔眼缺陷。也是由于液态收缩和凝固收缩后得不到液态合金的有效补偿产生的。

(4)应力。主要有热应力、相变应力和机械阻碍应力。

(5)变形。当内应力大于铸件材质的屈服强度时，会发生铸件变形。

(6)裂纹。当内应力大于铸件材质的抗拉强度时，铸件上会出现裂纹，通常有热裂纹和冷裂纹两种。

因此，在工艺设计时，应充分考虑铸件的收缩情况，防止收缩缺陷发生。

4.2.2　铸件缩孔和缩松的形成机理

铸件形成后，在最后凝固部位由于收缩而出现的集中孔洞称为缩孔，分散而细小的孔洞称为缩松。孔洞的形状不规则，孔壁表面粗糙，并往往可见到枝晶的末梢。缩孔和缩松通常发生在铸件内部。

由于缩孔或缩松的存在，将减小铸件的有效承载面积，甚至造成应力集中而大大降低铸件的力学性能。此外，由于铸件的连续性被破坏，使气密性、加工后表面的粗糙度显著升高、耐蚀性显著降低。缩孔和缩松是铸件的主要缺陷之一，应予以防止。

缩孔、缩松形成于铸件凝固过程中，液态收缩及凝固收缩如果不能得到及时的补偿，则将在相应部位形成孔洞即缩孔或缩松。

1)缩孔的形成过程及条件

为便于分析，以圆柱体铸件为例，并假定铸件为逐层凝固方式。如图 4 -9 所示，当液态金属充满型腔后，由于与铸型的热交换，液态金属温度降低产生液态收缩。若内浇口尚未凝固堵塞，从内浇口可继续流入金属液补偿这一收缩，则型腔内将保持充满状态。若内浇口凝固堵塞，液态收缩得不到补偿，则液面下降而与型腔顶部分离，这就是缩孔形成的开始。

当铸件表面温度降至凝固温度时，表层开始凝固结壳，发生凝固收缩且凝固层开始固态收缩。此时，内部的液态收缩仍在进行着，液面有下降的趋势。如果此时的固态收缩恰好等于凝固层的凝固收缩与内部液态收缩的总和，液面将不致下降。如果固态收缩小于液态收缩与凝固收缩的总和，液面将继续下降。当凝固层不断加厚时，残余液体液面不断下降。截面积减小，最后在铸件中形成上大下小的锥形缩孔。铸件凝固结束后，随着温度继续下降，铸件体积和缩孔容积随之缩小，但缩孔的相对体积(容积)不变。

若最初形成的凝固壳层是封闭的，缩孔将呈封闭形。当合金中含气量不大时，凝固过程析出的气体也不多。液面与顶部凝固层脱离，其间则形成真空。随着缩孔的形成及在大气压力作用下，顶部凝固层可能向缩孔内部凹陷，形成缩陷，缩陷的容积应属缩孔容积的一部分。相反，当缩孔中不断有大量气体析出时，内部压力可能超过大气压力使凝固壳向外鼓出。凝

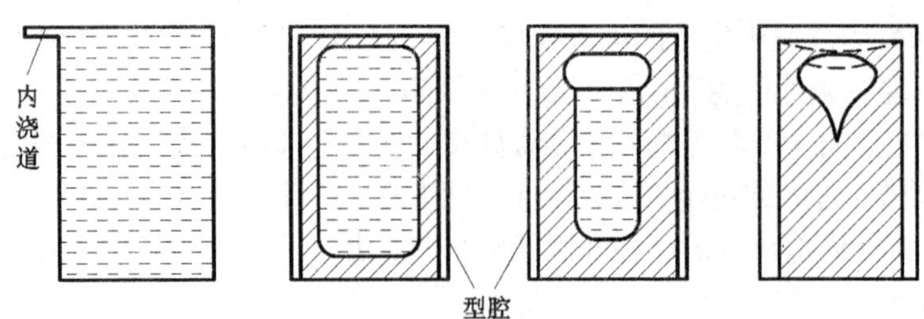

图 4－9　缩孔形成过程示意图

(a)尚未凝固；(b)凝固初期；(c)凝固中期；(d)凝固结束

固层的强度及缩孔内的压力对其是否凹陷或鼓出起决定作用。

综上所述，缩孔产生的条件一是合金的液态收缩与凝固收缩之和大于其固态收缩，二是铸件采取逐层凝固方式。缩孔一般在铸件顶部或最后凝固部位，如果在这些部位设置冒口，缩孔将被移入冒口中。

2)缩松的形成过程及条件

当铸件以糊状凝固方式凝固时，情况有所不同。凝固在铸件整个断面内同时进行，凝固区中的结晶骨架将残余的金属液分割，甚至被封闭在枝晶之间。液态收缩和凝固收缩的体积，由被分割成分散的残余液体分担。若合金的固态收缩小于液态收缩与凝固收缩的总和，且其差值无以补偿，则在相应部位形成分散的收缩孔洞即缩松。如图 4－10 所示。

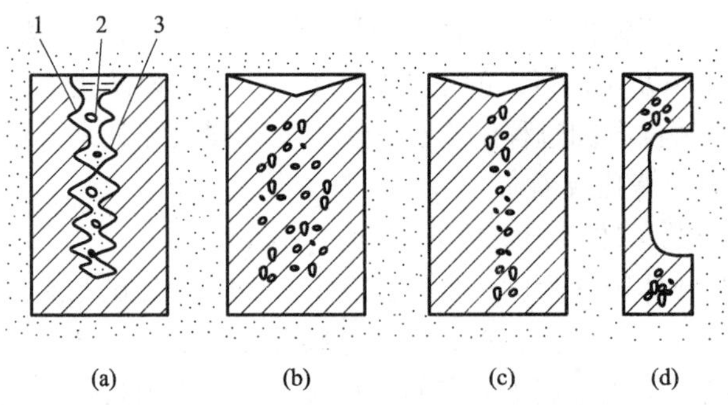

图 4－10　铸件中缩松形成过程示意图

(a)缩松形成过程；(b)弥散缩松；(c)轴线缩松；(d)局部缩松

1—缩松；2—树枝晶间空隙；3—金属液

可见，缩松形成的条件，一是液态收缩与凝固收缩的总和大于固态收缩，二是铸件为糊状凝固的方式。

与缩孔形成过程类似，形成缩松时其孔洞为气体的析出提供了有利条件，因此，一般铸件的缩松中也存在气体，称为气缩孔。气体及其压力的作用会加剧缩松的形成。

缩松多产生于凝固速度小并难以补缩的部位，如铸件厚大部位、冒口根部及内浇口附近等。杆类和板类铸件的壁厚均匀，其轴线区域是凝固最晚又难以补缩的部位，在该部位往往出现缩松，这类缩松称为轴线缩松。

分布在枝晶间的缩松分散细小，只有在显微镜下才能发现，称为显微缩松。一般铸件对显微缩松不作严格规定，对气密性及力学和理化性能要求高的铸件，应减少和防止显微缩松的产生。

4.2.3　缩孔缩松的转化规律

根据以上的讨论可知，铸件中形成缩孔、缩松的倾向与合金的成分之间有一定的规律性。逐层凝固的合金倾向于产生集中缩孔，糊状凝固的合金倾向于产生缩松。对一定成分的合金而言，缩孔和缩松的数量可以相互转化，但它们的总容积基本上是一定的，即：$V_{总} = V_{孔} + V_{松}$。总的缩孔容积取决于合金的收缩特性，也受其他条件影响。

下面以 Fe – C 合金（碳钢和白口铸铁）为例，讨论各种成分的合金在不同条件下，其缩孔和缩松的分配和转化规律，如图 4 – 11 所示。

纯铁和共晶成分铸铁在恒定温度下凝固，铸件倾向于逐层凝固，容易形成集中缩孔而不形成缩松。如果浇冒口设置合理，则缩孔可以完全移入冒口中获得致密的铸件。结晶温度范围宽的合金，倾向于糊状凝固，容易形成缩松，铸件的致密性差。

提高浇注温度，合金的液态收缩增加，缩孔容积和缩孔总容积增加，见图 4 – 11（a）中虚线，但对缩松的容积影响不大。

湿型比干型对合金的激冷能力大，凝固区域变窄，使缩松减少，缩孔容积相应增加，缩孔总容积不变，见图 4 – 11（a）、（b）。金属型的激冷能力更大缩松的容积显著减小。由于在浇注过程中一部分合金的体收缩被后浇注的液补缩，因此收缩的总容积也有所减小，见图4 – 11（c）。

如果浇注速度很慢，浇注时间等于铸件的凝固时间，则不需设冒口即可消除铸件中的中缩孔。在这种条件下，缩孔的总容积显然也将减小，见图 4 – 11（d）。

如果采用绝热铸型，则除了含碳量很低的钢和接近共晶成分的铸铁能形成集中缩孔外，其余成分的合金将出现缩松，见图 4 – 11（e）。

在凝固过程中增加补缩压力，可减少缩松而增加缩孔的容积。如果合金在很高的压力浇注和凝固，则可以得到没有缩孔和缩松的致密铸件。见图 4 – 11（f）、（g）。

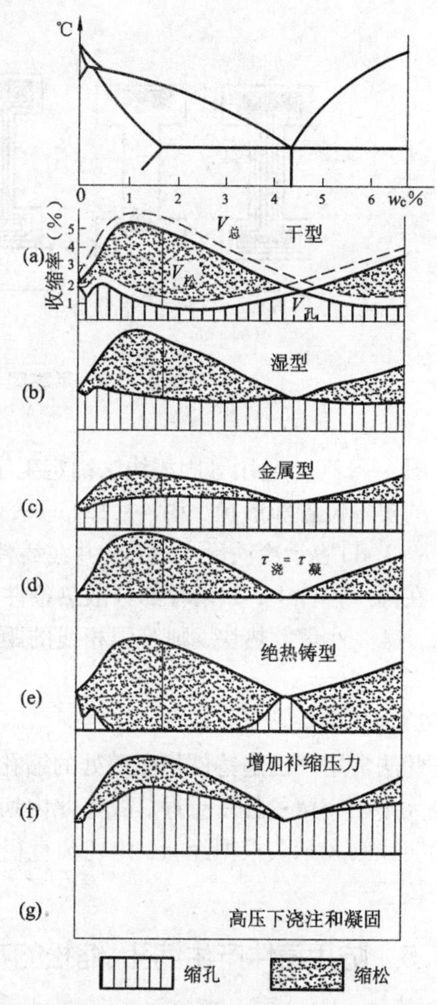

图 4 – 11　Fe – C 合金中缩孔和缩松的分配

掌握了缩孔和缩松与合金状态图的关系，以及在不同铸造条件下它们之间的分配规律，即可根据铸件的技术要求正确地选择合金的成分，或采取相应的工艺措施，以防止和消除缩孔类缺陷的产生。

4.2.4 缩孔位置的确定

缩孔的位置一般在铸件最后凝固的部位。确定缩孔位置是合理设置冒口与冷铁的重要步骤。在生产中，常用等固相线法或内切圆法来确定。

1）等固相线法

一般用于形状比较简单的铸件。此法假定铸件各方向的冷却速度相等，按逐层凝固方式进行凝固，凝固层始终与冷却表面平行且铸件顶部不凝固。这时可将凝固前沿视为固液相的分界线，称为等固相线或等温线。等固相线法就是在逐层向内绘制相互平行的等固相线，直至铸件截面上的等固相线接触为止，此时等固相线尚未连接的部位，就是铸件最后凝固区，即缩孔产生的部位。图 4－12 是固相线法确定工字型铸件中缩孔位置示意图。

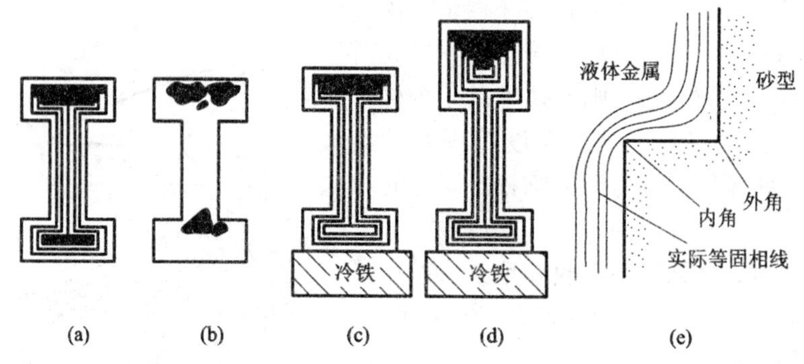

图 4－12 用等固相线法确定铸件中缩孔的位置

图 4－12(a)是用等固相线法确定工字型铸件中缩孔位置示意图。图 4－12(b)是铸件内缩孔的实际位置和形状。图 4－12(c)表示铸件的底部设置外冷铁使缩孔位置上移的情况。图 4－12(d)表示冷铁尺寸适当，并在铸件顶部设置冒口，使缩孔移至冒口的情况。

在同一铸件中，如果各部分散热条件不同，则等固相线的位置也会改变。如图 4－12(e)所示，铸件外角散热快，则等固相线的距离应加宽；而内角散热比正常平壁慢，则等固相线的距离变窄。

2）内切圆法

此法常用来确定铸件相交壁处的缩孔位置，如图 4－13 所示。铸件两壁相交处的内切圆直径大于相交壁的任一壁厚，故把此内切圆称为热节。由于内角处散热慢，实际热节应以图中细实线圆表示。根据经验，内切圆直径放大值可取 10～30 mm。内切圆的中心往往就是缩孔的位置。

4.2.5 防止铸件产生缩孔、缩松的方法

防止铸件产生缩孔和缩松的基本出发点在于如何根据不同的合金凝固特点和铸件结构，制定合理的铸造工艺来有效地控制凝固过程，以便建立良好的补缩条件，尽可能使缩松转化为集中缩孔，并使它移向铸件最后凝固的地方。这样就可以在铸件最后凝固的部位设置必要的冒口，使缩孔最后移入冒口内，从而获得致密的铸件。在工艺上控制凝固过程可以通过设置冒口及补贴冷铁，以及内浇道的引入位置等手段，使铸件按照一定的顺序凝固，或者使铸

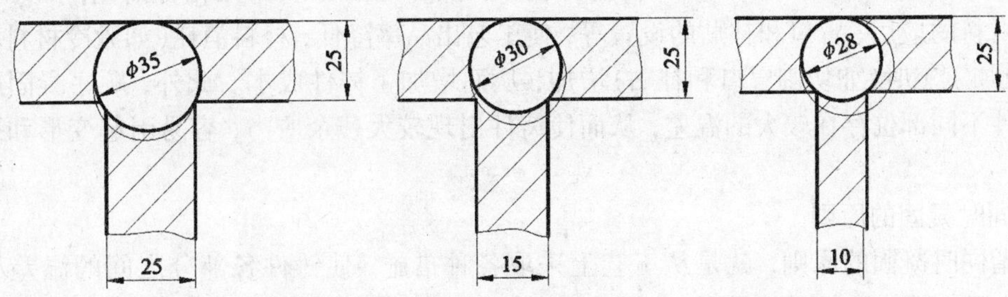

图 4－13　用内切圆法确定铸件中缩孔的位置

件各部位同时凝固如图 4－14 所示。

1）顺序凝固的原则

所谓顺序凝固的原则，就是从工艺上采取各种措施，使铸件上从远离冒口或浇口的部分到冒口或浇口之间建立一个逐渐递增的温度梯度，如图 4－14（a）所示。这样就可使远离冒口的薄的部分先凝固，然后按顺序地向着冒口或浇口的方向凝固，以实现铸件厚大部分补缩细薄部分，而冒口又最后补缩厚大部分，从而将缩孔移入冒口中，最终获得致密而健全的铸件。

顺序凝固和前面提到的逐层凝固是两个不同的概念。逐层凝固是指铸件某一截面上的凝固顺序，即铸件表面层先凝固，然后逐渐向铸件中心长厚，铸件截面中心最后凝固，因此，逐层凝固的合金，其截面中心保持液态的时间长，冒口的补缩通道很晚仍保持畅通，能较充分地发挥其补缩效果，也有利于实现铸件的顺序凝固。由于纯金属、共晶成分或窄结晶温度范围的合金通常表现为逐层凝固，所以工艺上一般都采用顺序凝固的原则，以提高铸件的致密性。

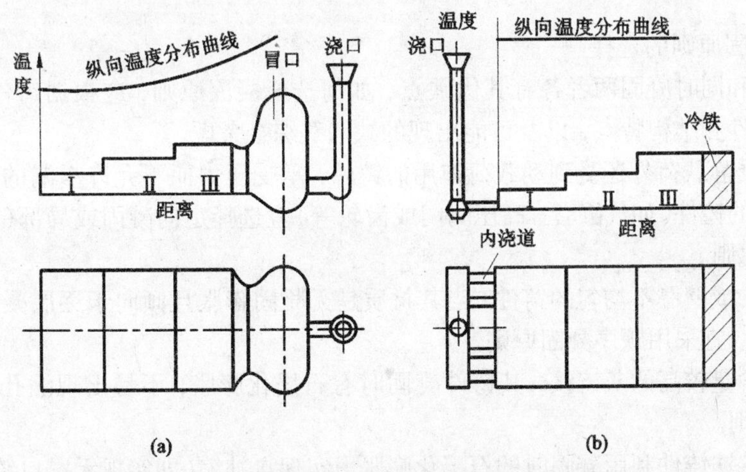

图 4－14　顺序凝固原则和同时凝固示意图

（a）顺序凝固；（b）同时凝固

反之，宽结晶温度范围的合金倾向于糊状凝固，结晶始点较快到达铸件断面中心，结晶骨架迅速布满整个断面，使冒口的补缩通道受到阻碍，顺序凝固的原则就较难以实现。

按照顺序凝固原则可得到致密铸件是其最大优点，但由于要采用种种措施，如冷铁或其他激冷材料的应用、冒口和补贴的设置等，使工艺出品率降低，材料消耗(如激冷材料和金属料)以及加工工时(如切割冒口和补贴)增加，从而增加了铸件成本。此外，顺序凝固原则容易使铸件不同部位存在较大的温差，从而使铸件出现较大残余应力，容易引起变形和裂纹的发生。

2)同时凝固的原则

所谓同时凝固的原则，就是从工艺上采取各种措施，使铸件各部分之间的温差尽量减小，以达到各部分接近同时凝固，如图4－14(b)所示。铸件如按同时凝固原则加以控制，则各部分温差较小，不易产生热裂，冷却后残留应力和变形也较小，而且不必设置冒口，可以简化工艺，节约金属。但是这种凝固原则往往使铸件中心出现分散的缩松，影响铸件的致密性。因此，同时凝固原则主要适用于靠石墨化膨胀实现自身补缩的、碳硅含量较高的灰铸铁和球墨铸铁。对结晶温度范围宽，倾向于糊状凝固，不易实现冒口补缩，而对气密性要求又不高的锡青铜铸件、壁厚均匀的薄壁铸件(其冷却速度快，冒口补缩效果差)，常常采用同时凝固原则。

同时凝固的优点是，凝固期间铸件各部分温差小，应力小，变形和裂纹倾向性较小。由于不用冒口或冒口很小，而节省金属、简化工艺、减少劳动量。缺点是铸件中心区域往往有缩松，铸件不致密。

以上介绍了铸件的两种凝固原则及其适用范围。但是对某一具体铸件而言，到底应该采取顺序凝固原则还是同时凝固原则，还应当根据该铸件的合金特点，具体铸件结构及其技术要求，以及可能出现的其他缺陷(如残留应力、变形、裂纹)等综合考虑，找出矛盾的主要方面，才能最后合理地加以确定。铸件结构若比较复杂，往往将两者综合运用。例如铸件从整体上看壁厚均匀，但个别部位有热节，则从整体上采用同时凝固，在某局部又采用顺序凝固控制。

3)铸件凝固原则的选择

顺序凝固和同时凝固两者各有其优缺点，如何选择凝固原则，应根据铸件的合金特点、铸件的工作条件和结构特点，以及可能出现的缺陷等综合考虑。

(1)除承受静载荷外还受到动载荷作用的铸件，承受压力而不允许渗漏的铸件或要求表面粗糙度值低的铸件(如气缸套、高压阀门或齿轮等)宜选择定向凝固或局部(指铸件重要部位)顺序凝固原则。

(2)厚实的或壁厚不均匀的铸件，当其材质是无凝固膨胀且倾向于逐层凝固的铸造合金(如低碳钢)时，宜采用顺序凝固原则。

(3)碳硅含量较高的灰铸铁，其铸件凝固时有石墨化膨胀，不易出现缩孔和缩松，宜采用同时凝固原则。

(4)球墨铸铁铸件利用凝固时的石墨化膨胀力实现自补缩(即实现无冒口铸造)时应选择同时凝固原则。

(5)非厚实的、壁厚均匀的铸件，尤其是各类合金的薄壁铸件，宜采用同时凝固原则。

(6)当铸件易出现热裂、变形或冷裂缺陷时宜采用同时凝固原则。

图4－15是水泵缸体在不同凝固原则下所采用的两种工艺方案。图4－15(a)是采用同时凝固原则的工艺方案，在铸件壁厚较大的部位安放冷铁，使铸件各部分的冷却速度趋于一

致。当该铸件工作压力要求不高时，使用此种工艺方案，不但可以满足铸件的使用要求，还可以简化铸造工艺。如果该件的致密度有较高要求时，则应采用顺序凝固原则，如图 4 – 15(b)所示。在铸件下面厚实部位安放厚大的冷铁，在铸件顶面厚实部位安放冒口，保证铸件自下而上地顺序凝固，以消除缩松和缩孔缺陷。

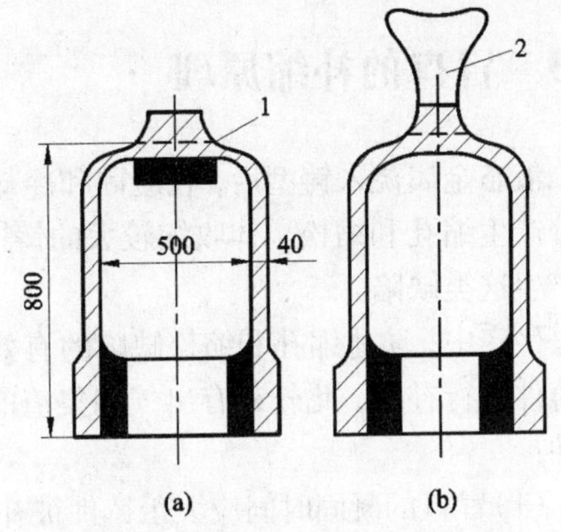

图 4 – 15　水泵缸体的两种工艺方案

(a)同时凝固控制方案；(b)顺序凝固控制方案
1—冷铁；2—冒口

4)铸件凝固的控制措施

(1)应用冒口、补贴和冷铁。冒口、补贴和冷铁的使用是控制铸件凝固最常用的工艺措施。

(2)合理地确定内浇道引入位置。内浇道引入位置可以调节铸件的凝固顺序，当内浇道从铸件厚大处(或通过冒口)或顶注式引入时，有利于顺序凝固。当浇口从铸件的薄处均匀分散引入时，则有利于减小温差，有利于实现同时凝固。

(3)采用合理的浇注工艺。浇注温度和浇注速度的调整，可以加强顺序凝固或同时凝固。采用高的浇注温度缓慢地浇注，能增加铸件纵向温差，有利于铸件顺序凝固。通过多个内浇道低温快浇，则减小纵向温差，有利于铸件同时凝固。浇注位置不同，温度分布不同，补缩效果也不一样。一般情况下，冒口在顶部的顶注式，适合采用高温慢浇工艺，加强顺序凝固。对底注式浇注系统，采用低温快浇和补浇冒口的方法，可以减小铸件的逆向温差，实现顺序凝固。冒口设在分型面上，液态金属通过冒口引入内浇道，采用高温慢浇，有利于补缩。

(4)采用不同蓄热系数的铸型材料。比硅砂蓄热系数大的材料(如石墨、镁砂、锆砂、刚玉等)均可用来加速铸件局部的冷却速度。可以根据需要，用不同的铸型材料来控制铸件不同部位的凝固速度，实现对凝固过程的控制。

(5)卧浇立冷法。若铸件属于易氧化合金不能采用顶注式，而铸件又有补缩冒口时，可采用卧浇立冷的方法，如图 4 – 16 所示，以提高冒口的补缩效果。

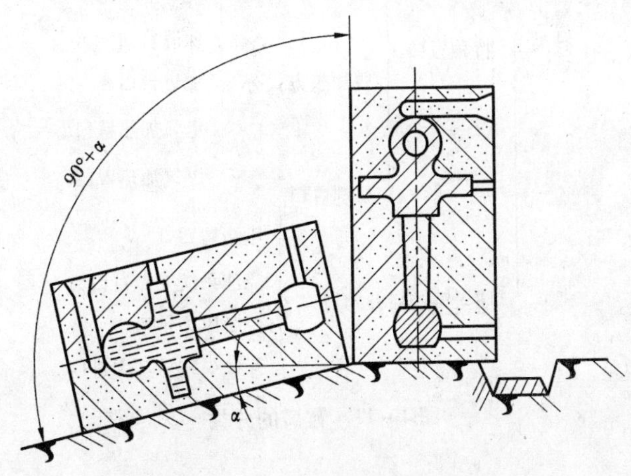

图 4 – 16　铸件的卧浇立冷示意图

4.3 冒口的补缩原理

液态金属浇入铸型后，在凝固和冷却过程中产生体收缩。体收缩可能导致铸件最后凝固部分产生缩孔和缩松。体收缩较大的铸造合金如铸钢、可锻铸铁以及某些有色合金铸件，经常产生这类缺陷。

生产中，防止缩孔和缩松缺陷的有效措施是设置冒口。冒口的主要作用是贮存金属液，对铸件进行补缩，此外还有出气和集渣的作用。为了实现这样的目的，冒口设计应满足以下条件：

(1)冒口的凝固时间应大于铸件被补缩部位的凝固时间；

(2)冒口能提供足够的金属补缩液量；

(3)在整个补缩过程中，冒口与铸件被补缩部位存在补缩通道；

(4)有足够的补缩压力，使金属液能够流到被补缩的区域。

4.3.1 冒口的种类

1)冒口的分类

冒口的分类见图4-17。

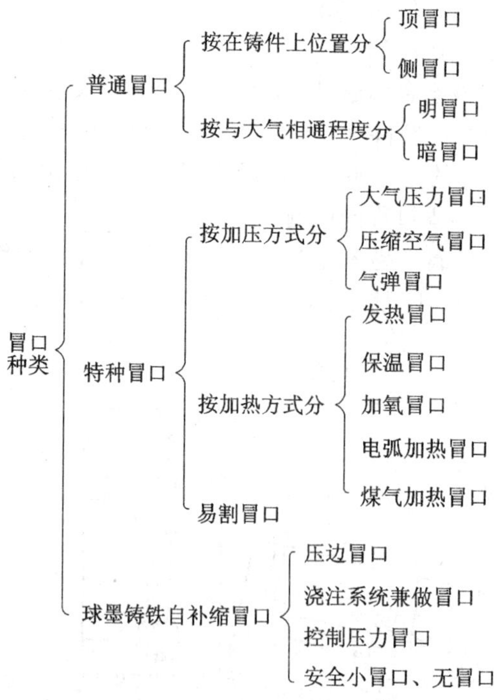

图4-17 冒口的分类

使用最多的是普通冒口，图4-18所示为铸钢件、铸铁件常用的冒口类型。按照冒口在铸件上的位置分类，普通冒口可分为顶冒口和侧冒口(边冒口)两类；按冒口顶部是否与大气相通，普通冒口分为明冒口和暗冒口。

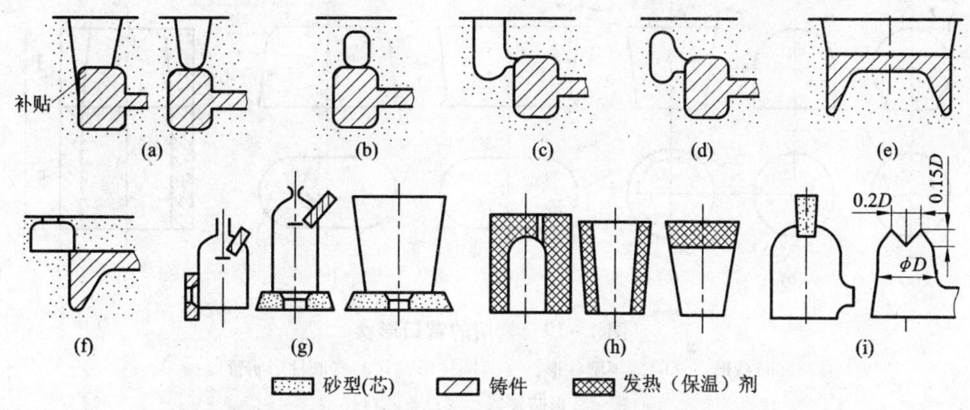

图4－18　铸钢件和铸铁件常用冒口类型

(a)明顶冒口；(b)暗顶冒口；(c)明侧冒口；(d)暗侧冒口；(e)整体冒口
(f)压边冒口；(g)易割冒口；(h)发热和保温冒口；(i)大气压力冒口

顶冒口一般位于铸件最厚部位的顶部，这样可以利用金属液的重力进行补缩，提高冒口的补缩效果，而且有利于排气和浮渣。

采用明顶冒口，造型方便，能观察到铸型中金属液上升情况，便于向冒口中补浇金属液，可以在冒口顶面撒发热剂以减缓冒口冷却速度。但因顶部敞开，散热较快，同样体积的冒口，明冒口较暗冒口的补缩效率低。明顶冒口对砂箱高度无特殊要求，当砂箱高度不够时可设辅助冒口圈，而暗顶冒口要求砂箱高于冒口。因此对于大、中型铸件，尤其是单件、小批量生产的铸钢件，经常采用明顶冒口；而中、小铸件则多用暗顶冒口。

当热节在铸件的侧面时常采用侧冒口，尤其是机器造型的可锻铸铁、球墨铸铁件。侧冒口补缩效果好，造型方便，冒口容易去除，因此应用非常广泛。侧冒口也有明侧冒口和暗侧冒口之分，实际生产中多采用暗侧冒口。采用侧冒口的优点是可依热节位置就近设置冒口，缺点是需占用较大的砂箱面积，当热节不在分型面时会给造型带来麻烦。

常用的特种冒口有大气压力冒口、加压冒口和加热冒口等，它们比普通冒口有更高的补缩效率。

2)冒口的形状

冒口的形状直接影响它的补缩效果，为了降低冒口的散热速度，延长冒口的凝固时间，应该尽量减少冒口的表面积。最理想的冒口形状是球形，但因起模困难，目前尚未普遍采用。实际生产中应用得最多的是圆柱形、球顶圆柱形、腰圆柱形冒口，见图4－19。

圆柱形冒口造型方便，它的散热虽然比球形的快，但仍有较好的补缩效果。对于轮类铸件，热节形状为长条形，圆柱形冒口的经济效果不如腰圆柱形的好。因为使用腰圆柱形冒口时，所需的冒口数量比圆柱形的少，节约金属。

上面分析的是冒口横截面形状对补缩效果的影响，冒口纵截面形状对冒口中缩孔深度也有影响，上大下小的冒口形状有利于冒口中缩孔的上移，避免缩孔深入到铸件中，从而可以减小冒口高度，节省金属量。一般铸件明冒口的斜度为6°。

3)冒口的位置

冒口在铸件上的安放位置对获得健全铸件有着重要的意义。冒口安放位置不当，就不能

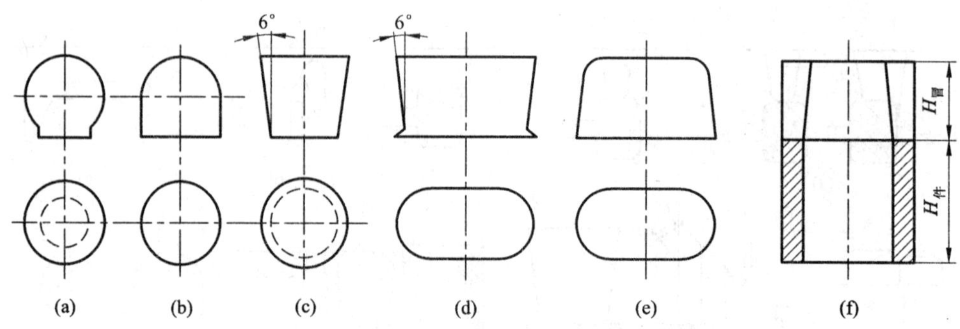

图 4－19　常用的冒口形状

(a)球形；(b)球顶圆柱形；(c)圆柱形；(d)腰圆柱形明冒口；
(e)腰圆柱形暗冒口；(f)整圈接长型

有效地消除铸件的缩孔和缩松，有时还会引起裂纹等铸造缺陷。确定冒口的安放位置应遵循下列原则：

(1)冒口应设在铸件热节的上方(顶冒口)或旁侧(侧冒口)；

(2)冒口应尽量放在铸件最高最厚的地方，以便利用金属液的自重进行补缩；

(3)冒口最好布置在铸件需要进行机械加工的表面上，以减少精整铸件的工时；

(4)在铸件的不同高度上有热节需要补缩时，可按不同高度安放冒口。由于不同高度上冒口的补缩压力不同，应采用冷铁将各个冒口的补缩范围隔开。否则，高处冒口不但要补缩低处的铸件，而且还要补缩低处的冒口，使铸件高处产生缩孔或缩松。如图 4－20 及 4－21 所示。

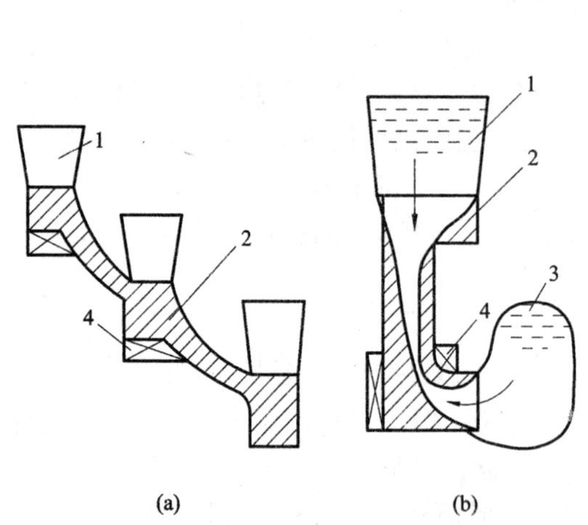

图 4－20　不等高冒口的隔离方法

(a)不等高热节；(b)上下有热节

1—明顶冒口；2—铸件；3—暗侧冒口；4—外冷铁

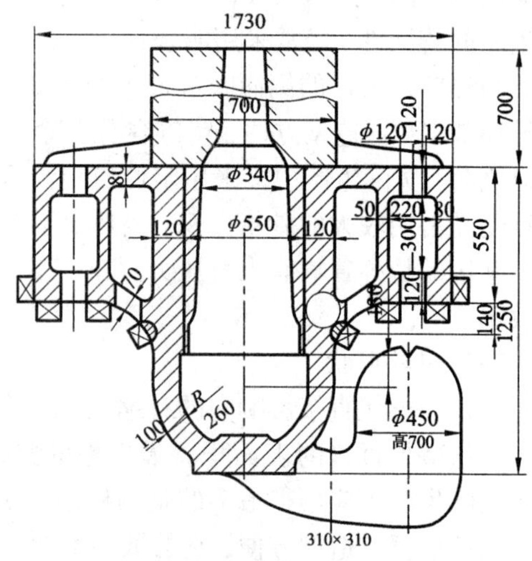

图 4－21　用冷铁将冒口的补缩范围隔离

(5)冒口应尽可能不阻碍铸件的收缩，以免引起裂纹。图 4－22 为钢锚铸件，在图 4－22(a)中，锚尾和锚头分别安置冒口，会阻碍锚柄的固态线收缩。图中内浇道开在锚头处，虽有利于冒口的补缩，却使该处过热，易产生热裂纹。改为图图 4－22(b)方案，内浇道分散引人钢液，可减少热节处产生裂纹的倾向。

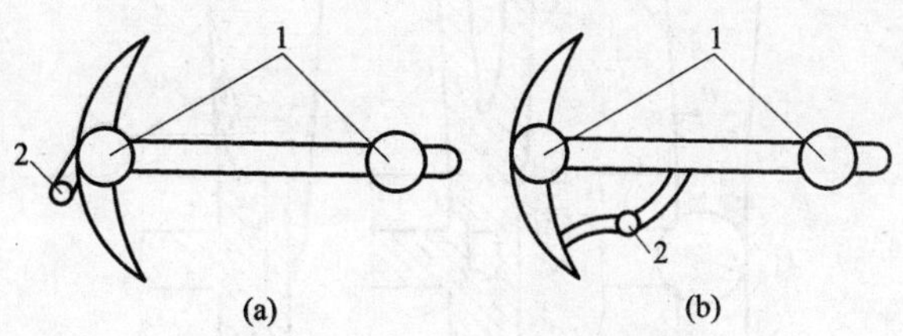

图4-22 钢锚的两种浇注形式

(a)集中引入金属液； (b)分散引入金属液

1—冒口； 2—浇注系统

(6)尽可能用一个冒口同时补缩一个铸件的几个热节，或者几个铸件的热节，如图4-23(a)、(b)所示。这样既节约金属，又可有效地利用模板面积。

(7)为了加强铸件的顺序凝固，应尽可能使内浇道靠近冒口或通过冒口，如图4-23(b)所示。

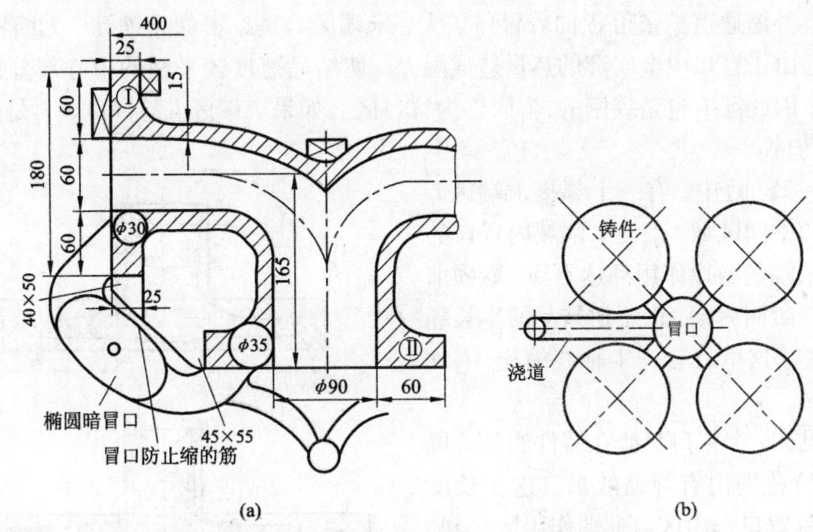

图4-23 一个冒口补缩多个热节或铸件

(a)一个冒口补缩两个热节； (b)一个冒口补缩四个铸件

4.3.2 冒口的有效补缩距离

图4-24为齿轮轮缘处形成缩孔示意图。图4-24(a)为铸钢齿轮，轮缘厚度为B，轮缘和辐板交接处热节圆直径为d。因为d大于B，轮缘上部先凝固，堵塞了液体的补缩通道，结果在热节的中心处形成缩孔，见图4-24(b)。可见，补缩效果不仅取决于冒口的大小，还取决于铸件凝固时补缩通道是否畅通。

图4-24(c)表示轮缘上部加厚，造成上下温差，使凝固区域由下向上逐渐移动。由于凝固是从壁的两侧同时进行的，因此液相等温线之间形成夹角ϕ。在夹角范围内的金属都处于液态，且始终和冒口及凝固区域相通，形成补缩通道。当铸件以顺序方式凝固时，如果铸件

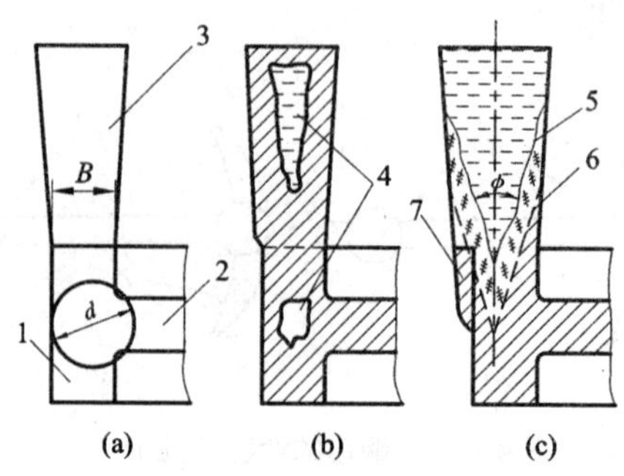

图 4-24　齿轮轮缘处形成缩孔示意图

1—轮缘；2—辐板；3—冒口；

4—缩孔；5—液相等温线；6—固相等温线；7—补贴

凝固过程中始终存在着补缩通道，冒口中的金属液才能不断地补给铸件。

图 4-25 是平板铸件，板厚为 T。在图 4-25(a)的中间设有一个冒口，由于铸件末端比铸件中部多一个冷却端面，因此形成了温度梯度。平板的末端部分较中间部分凝固快，凝固前沿呈楔形，补缩通道扩张角 ϕ 向着冒口扩大，末端区 l_3 是致密的无缩孔、无缩松区。靠近冒口的部分，由于冒口中金属液的热量造成温差，使结晶速度较平板的中心部分慢，凝固前沿也呈楔形，因此区 l_1 也是致密的，l_1 区称为冒口区。如果末端区 l_3 与冒口区 l_1 是连接的，便可获得致密铸件。

在图 4-25(b)中，有一个邻接末端区 l_3 与冒口区 l_1 的中间区域 l_2，在 l_2 区域内冒口的加热作用和末端的激冷作用都达不到，凝固前沿互相平行。凝固后期，由于树枝晶的生长隔断了补缩通道，这里就会产生轴线缩松，l_2 称为轴线缩松区。

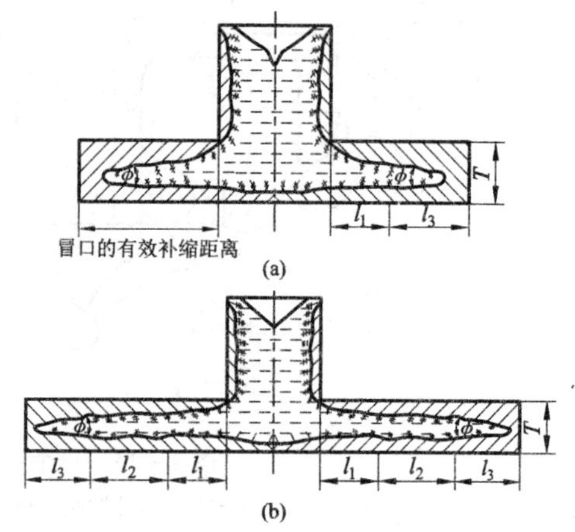

图 4-25　平板铸件的有效补缩距离

由此可见，一个冒口只能在铸件的某一段长度(或高度)范围内有补缩效果。这个长度(或高度)就是冒口作用区与末端作用区之和，称为冒口的有效补缩距离，如图 4-25(a)所示。用 L 表示冒口的有效补缩距离，即 $L = l_3 + l_1$。如果铸件被补缩部分的长度超过这个距离，就会产生缩孔或缩松；反之，被补缩长度小于这个距离，则铸件是致密的，但未充分发挥冒口的补缩作用。

影响冒口有效补缩距离的因素很多，如铸件的结构、合金的化学成分、冷却条件等。在实际生产中，应依据对铸件的质量要求，确定冒口的有效补缩距离。

4.3.3　提高冒口补缩效率的措施

通用冒口的质量占铸件质量比例较大，耗费金属多，同时增加了切除冒口的工作量。所以，提高冒口的补缩效率，减少冒口质量，并使冒口便于切除是节约金属、降低成本的重要任务。

提高冒口补缩效率的主要措施为：提高冒口中金属液的补缩压力，如大气压力冒口、压缩空气冒口等；延长冒口中金属液的保持时间，如发热冒口、保温冒口等；还有便于切割的易割冒口。

1）大气压力冒口

在暗冒口顶部插放一个细的砂芯，或造型时做出锥顶砂，伸入到冒口的中心区，称为大气压力冒口。浇注后冒口表面结壳与大气隔绝后，外界大气压力仍可通过砂芯中的出气孔及砂粒间孔隙进入冒口中，从而增加了冒口的补缩压力，如图4－26所示。

机器造型的中、小铸铁件多用带锥顶砂的大气压力暗边冒口，如图4－26(a)所示。大件，特别是铸钢件多用带砂芯的大气压力暗冒口。对铸钢件可按普通冒口确定尺寸，冒口高度采用允许的最小值。

图4－26(b)所示大气压力侧冒口直径 D_r、冒口颈最小尺寸 b 与铸件热节圆直径 d_y 之间可用式(4－3)和式(4－4)所示的经验比例关系：

$$b=(1.3\sim1.7)d_y \tag{4-3}$$

$$D_r=(2.0\sim2.5)d_y \tag{4-4}$$

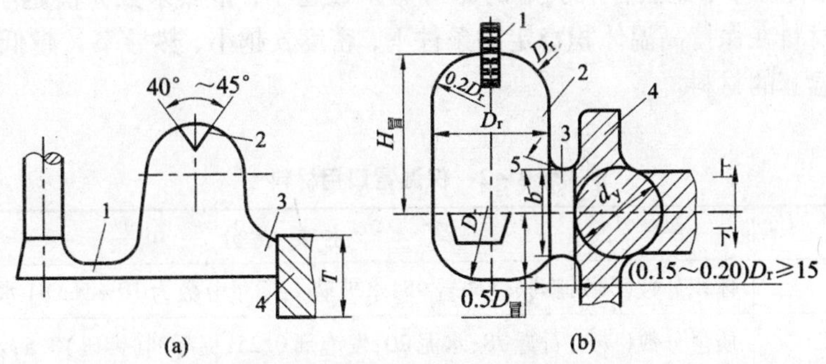

图4－26　大气压力冒口

(a)带顶锥砂的冒口；(b)带砂芯的大气压力冒口

类似于大气压力冒口，增加冒口补缩压力的特殊冒口还有压缩空气冒口和发气压力冒口等，如图4－27所示。压缩空气冒口是待冒口和铸件结壳到一定厚度以后，向冒口内合金液面上通入压缩空气以增加补缩压力的冒口，如图4－27(a)。

发气压力冒口又名气弹冒口，是利用受热发气的物质作为“弹药”，装入耐火材料制成的弹壳内构成“气弹”，将气弹插在暗冒口中间，如图4－27(b)所示。浇注后待冒口和铸件已结壳到一定厚度后，气弹内弹药受热发气，使冒口内压力达到0.4～0.5 MPa，大大地提高了冒口的补缩能力。

2）保温冒口

用保温材料冒口套的冒口叫保温冒口，如图4－28所示。试验表明，使用保温套，可大大延长冒口的凝固时间，一般比普通冒口的铸件工艺出品率提高10%～25%，从而可以显著地节约金属和降低铸件成本。

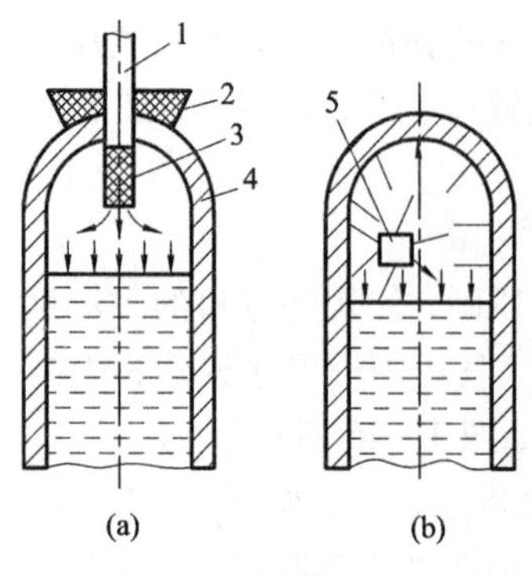

图 4-27　压缩空气冒口和气弹冒口

(a)压缩空气冒口；(b)气弹冒口

1—压缩空气管；2—耐火砖；

3—通气砂芯；4—暗冒已凝固壳层；5—气弹

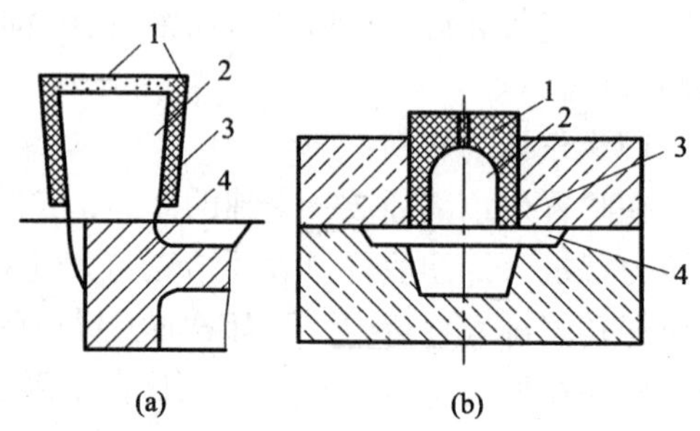

图 4-28　保温、发热冒口

(a)明冒口；(b)暗冒口

1—保温、发热套(剂)；2—冒口；

3—隔离砂；4—铸件

保温冒口套保温性能的高低，主要取决于其保温材料蓄热系数的大小。蓄热系数则是由材质的密度、热传导率、比热容所决定的。蓄热系数越小，蓄热系数 b 值越小，保温性能越好。要求保温材料在保持高温体积稳定的条件下，密度 ρ 越小、热导率 λ 越低越好。表 4-2 列出了常用保温套的材料。

表 4-2　保温冒口用材料

材料	主要成分
珍珠岩	体积分数(%)：膨胀珍珠岩 95；水玻璃 4；质量分数为 10% NaOH 水溶液：
发泡石膏	质量分数(%)：石膏 78；水泥 20；发泡剂 0.25；促凝剂(钾矾)0.5；水(另加)
陶瓷棉	陶瓷棉加木质纤维素
湿砂型	红砂 100/200；水分约 6%(质量分数)

试验结果表明，珍珠岩、发泡石膏和陶瓷棉三种材料中以陶瓷棉为最好，用这种材料做的冒口体积比普通冒口小 8 倍。

其次，保温套的保温性能还与保温套的厚度 δ 密切相关，当 δ 等于热透距离时，则保温能力就达到了理想的状态。从保温效果和经济效益综合考虑，一般取其厚度为保温冒口模数 M_{r1} 的 1～1.5 倍，即 $\delta=(1\sim1.5)M_{r1}$。保温性能好的冒口套，取其下限。

对于明保温冒口的使用来说，为减少其顶面的热辐射损失，应该使用保温剂作覆盖。例如，使用碳化稻壳、保温套碎片或石墨粉等。更简易的方法，可以直接在明冒口上撒保温剂，也能起到一定的保温冒口的效果。

3)发热冒口

用发热材料作冒口套的冒口叫发热冒口，发热冒口包括发热套冒口(图 4-28)和发热剂冒口两类。发热剂冒口如图 4-29 所示，是在普通冒口的顶面撒入发热剂的一种冒口工艺，适用于大、中型冒口，特别是单件生产的大、中型铸件中。

(1)发热冒口的组成。发热冒口所需要的发热材料一般由耐火材料、氧化剂、发热材料

(还原剂)、点火剂、延缓剂(填充剂)、粘结剂等构成。

常用的耐火材料有石英砂、镁砂及铬铁矿砂等，其发热机理是通过氧化剂与发热材料发生氧化还原反应时释放大量热量，常用的发热剂以铝粉为主，氧化剂有氧化铁、硝石、锰矿石、氯酸盐等，其典型的反应如式 4－5 所示。点火剂一般多以硝酸钠、硝酸钾、氧化镁粉为主；填充剂主要起到减缓反应剧烈程度、延长金属液加热时间的作用，通常加入适量硅砂、刚玉砂等以起到延缓剂的作用。

$$2Al + Fe_2O_3 == Al_2O_3 + 2Fe + Q \qquad (4-5)$$

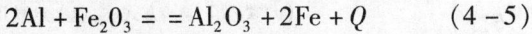

式中，产生的热量 Q 约为 8.38×10^3 J。

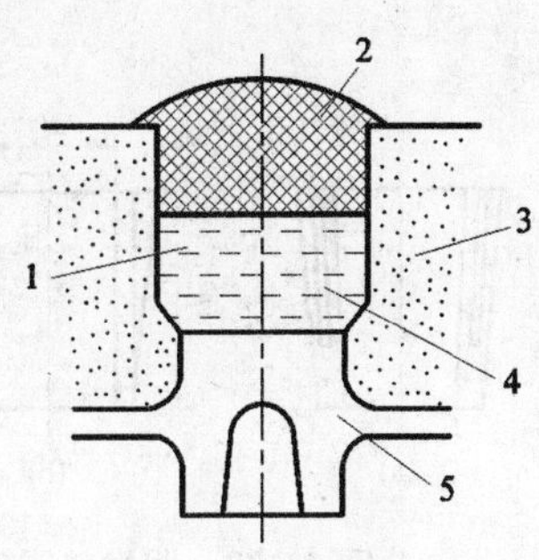

图 4－29　发热剂冒口

1—冒口；2—发热剂；
3—砂型；4—冒口中的钢液；
5—铸件

对于制作发热冒口套的材料，还需要粘结剂以利于加工成型，可以使用膨润土、矾土水泥、水玻璃等无机粘结剂，也可使用酚醛树脂等有机粘结剂。另外，一般还需要加入碱金属氟化物(如冰晶石、萤石等)作为催化剂。表 4－3 列出了几种冒口套用发热剂的配比，供参考。

表 4－3　冒口套用发热材料的配比

粘结剂种类及含量	组元及含量(质量百分比,%)							
	铝粉	氧化铁	氧化锰	耐火砖粉	耐火黏土	硝酸钠	氟化钠	冰晶石
酚醛树脂 5%	22	5	4	55	3	2	4	—
糊精 2%	23	12	4	41①	10①	—	—	6
水玻璃 10%～12%	23	12	4	41①	10①	—	—	6

注：①用于制造小于 ϕ200 mm 暗冒口时的含量。其他情况下含量要相应增加 2%。

延长冒口中金属液态持续时间的方法还有加氧冒口和电弧加热冒口。加氧冒口是在铸型充满后一定时间内，向明冒口顶部吹入氧气，使补加进去的发热剂(硅铁和锰铁)氧化发热，从而使冒口中的钢液温度提高，而浮在顶部的熔渣又可形成多孔性保温层，不仅使冒口顶部结壳时间延长，而且使大气压力长时间作用在钢液上，使冒口的补缩效率得以提高。这种方法一般用在重型件大明冒口上。

电弧加热冒口用于重型铸钢件的生产中。如大型轧钢机架和大型水轮机转子，从浇注到完全凝固需要数小时以上，在这段时间里，采用石墨电极的电弧加热冒口，使冒口保持熔融状态，从而保证铸件充分补缩。

(2)发热冒口的设计。图 4－30、图 4－31 分别为明发热冒口套及暗发热冒口套的典型结构。由于使用了发热材料，发热冒的模数(M_{r2})小于相同条件下的普通冒口，它们之间的关系满足式(4－6)。

$$M_{r2} = M_r / 1.43 \qquad (4-6)$$

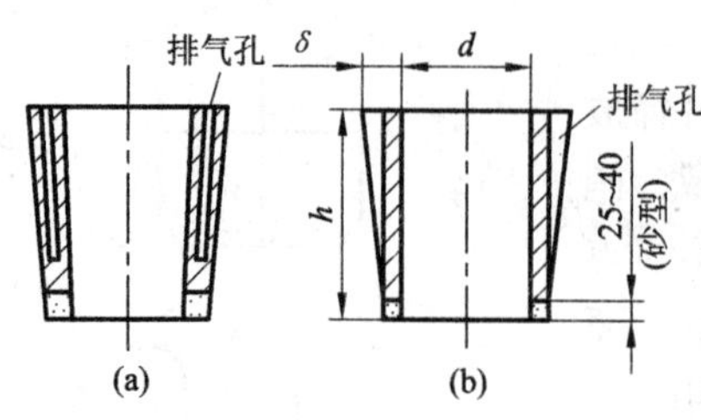

图 4-30　明发热冒口套

(a)类型Ⅰ排气方式；(b)类型Ⅱ排气方式

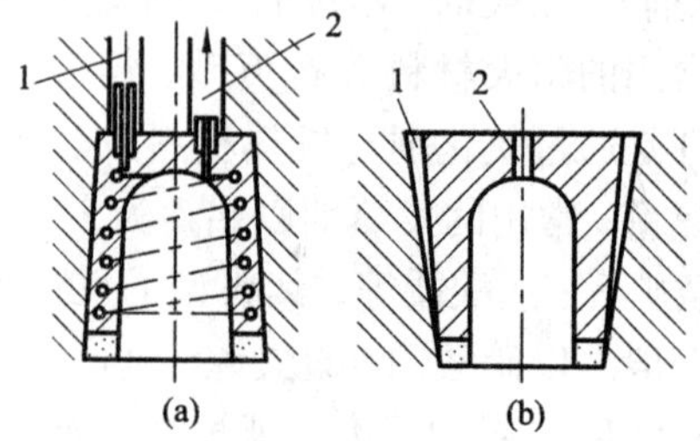

图 4-31　暗发热冒口套

(a)类型Ⅰ排气方式；(b)类型Ⅱ排气方式

1—排气孔；2—排出冒口内的空气孔

4)易割冒口

为便于去除冒口，减轻切割冒口的劳动量，常采用易割冒口，即在冒口根部放一耐火陶瓷或耐火材料制成的带孔隔板，使冒口中金属液通过隔板中的孔对铸件起补缩作用。对于尺寸较小的冒口，可直接敲打掉；对于高韧性的(如镍合金钢)铸件，可利用切割砂轮等机械工具去除。特别对于不易用机械方法切除冒口，而使用气割时又容易引起裂纹的高合金钢(如高锰钢)铸件具有重要意义。图 4-32 为几例典型的易割冒口结构，其与铸件的连接形式可采用顶冒口形式，也可采用侧冒口形式。

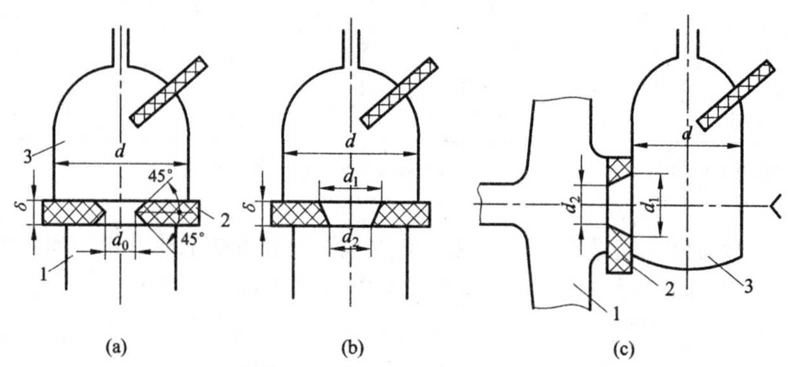

图 4-32　易割冒口

(a)第一种隔板形式；(b)第二种隔板形式；(c)隔片用于侧冒口(可采用第一或第二种隔板形式)

1—铸件；2—割板；3—冒口

易割板的成分可参考表 4-4，混碾均匀后在芯盒内成型，自然干燥 24～48 h，再经烘干、烧结以获得高温强度。表 4-4 中以磷酸为粘结剂的隔板，不仅具有高的常温强度，不易损坏；而且也具有好的高温强度，1000℃时的抗压强度可达 7.6 MPa 以上，能用于合金钢铸件的铸造生产中，可以抵抗钢液的冲刷。

为了使缩小的冒口颈不至于影响补缩，必须恰当选择缩颈直径和隔片的厚度。在保证隔板强度足够的前提下，隔板的厚度越薄越好。

表 4-4　易割板组成和烘烤温度

组成(质量分数,%)			添加物(质量分数,%)			烘烤温度/℃	烘烤时间/h
耐火砖粉	白泥	耐火黏土	磷酸	水玻璃	水		
80~83.4	16.6~20	—	5.6~5.8	—	适量	300~400	3
96~97	3~4	—	—	9.6~9.7	适量	300	2~3
70	30	—	—	—	15	1350	48
50	15	35	—	—	11~13	1200	>30
40~50	25~30	25~30	—	—	14~18	1250~1300	>4

注：磷酸为工业用正磷酸(H_3PO_4)，质量分数为 85%，密度为 $1.70\times10^3 kg/cm^3$。

对于隔板厚度 δ 可用式(4-7)确定；对于长方形、圆形补缩颈尺寸则由式(4-7)、式(4-9)分别计算可得，也可参考表 4-5。

$$\delta=0.56M_c \tag{4-7}$$

对于圆补缩颈，其直径为：

$$d=2.34M_c \tag{4-8}$$

对于长方形补缩颈，其模数：

$$M_n=0.59M_c \tag{4-9}$$

式(4-7)~式(4-9)中 M_c——铸件模数。

表 4-5　隔板与冒口尺寸关系

冒口直径/mm		隔板孔径和厚度/mm			冒口直径/mm		隔板孔径和厚度/mm		
碳钢件	高锰钢件	d_1	d_2	δ	碳钢件	高锰钢件	d_1	d_2	δ
—	75	34	30	5	200	175	70	62	10
100	75	40	35	6	225	200	79	70	12
125	100	46	41	7	250	225	90	80	14
150	125	53	57	8	275	250	105	82	16
175	150	61	54	9					

注：表中尺寸 d_1、d_2、δ 的含义参见图 4-32(b)。

易割冒口尺寸可按以下关系式确定：

当铸件被补缩部分延续长度大于 $8T$ 时，冒口直径 $d=(2\sim2.5)T$；小于 $8T$ 时，$d=(1.5\sim1.8)T$，T 为铸件热节圆直径。

冒口高度：明冒口时，$H=(1.5\sim1.7)d$；暗冒口时，$H=(2.0\sim2.2)d$。

4.4　冒口补贴的设计

实现冒口补缩铸件的基本条件之一是铸件凝固时补缩通道扩张角始终向着冒口，且角度大些为好。然而对于板形件和壁厚均匀的薄壁件来说，单纯增加冒口直径和高度，对于形成或增大补缩通道扩张角的作用并不显著。如果在靠近冒口的一端，向着冒口方向逐渐增加铸件壁的厚度，从铸件结构上造成向着冒口的补缩通道扩张角，却能显著增加冒口的有效补缩距离。这种人为的在冒口附近的铸件壁上逐渐增加的厚度称为冒口补贴，简称补贴。

4.4.1 均匀壁上的补贴

图4－33是壁厚为T的板件（宽厚比>5），立浇后铸件中的缩松情况。当板件的高度H小于冒口有效补缩距离时，铸件中不出现轴线缩松，见图4－33(a)。当铸件高度H大于冒口有效补缩高度时，铸件中部产生缩松，如图4－33(b)所示。从冒口有效补缩距离以上开始加补贴，使铸件壁向着冒口方向逐渐加厚，直到冒口根部为止，铸件加厚量a称为补贴厚度，如图4－33(c)所示。由于加了补贴，铸件从下向上实现了顺序凝固，从而消除了缩松。

板形铸钢件立浇，补贴厚度与铸件壁厚、铸件高度的关系见图4－34。可以看出，当铸件的壁厚T一定时，补贴的厚度a随铸件高度H的增加而增加；当铸件高度一定时，壁厚越小，所需的补贴厚度越大。

杆形铸件（宽厚比<5）立浇，其补缩距离比板形铸件小，需要有较大的补贴量才能保证铸件组织致密。确定杆形铸件的补贴时，首先按杆的厚度从图4－34中查得补贴的厚度a，再根据杆的宽厚比从表4－7中查得补偿系数，两者的乘积即为杆形铸件补贴的总厚度。例如，杆形铸件的横断面宽厚比为3∶1；厚度为30 mm，高为300 mm。由图4－34查得补贴的厚度为55 mm。从表4－6中查得补偿系数为1.25，则此杆件补贴的总厚度为55×1.25=69 mm。

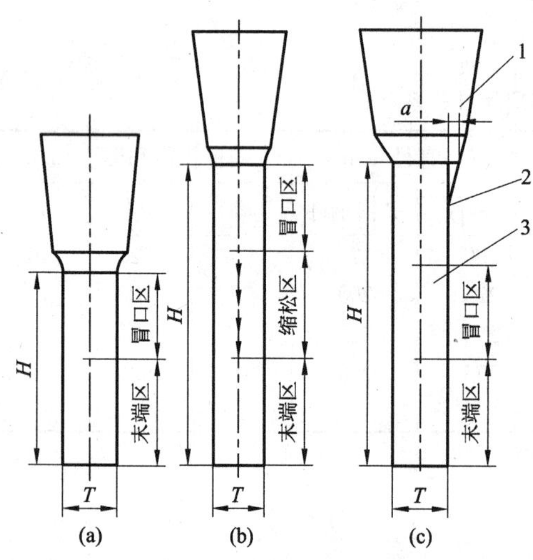

图4－33 铸件垂直壁的补贴

1—冒口； 2—补贴； 3—铸件

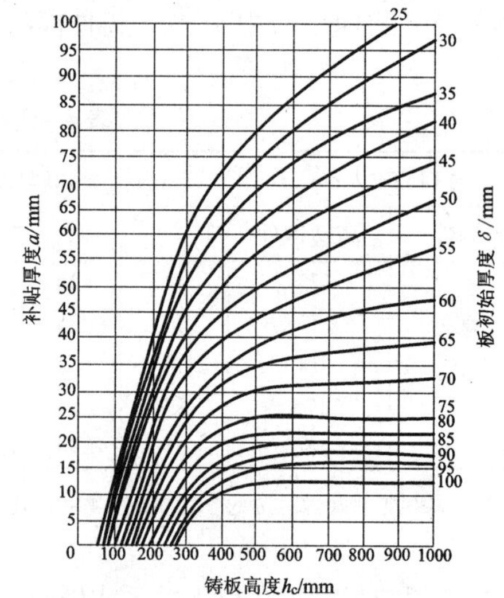

图4－34 补贴厚度与铸件高度及壁厚的关系

图4－34是以碳钢板状铸件顶注实验得出的补贴厚度，对于底注式铸钢板及高合金钢铸板，因铸板的自然温差较小，需增加补贴厚度以促成铸件顺序凝固，增大的补偿系数见表4－7，此表也适用于杆状铸件。

由图4－34可知，对于一定壁厚的铸件，在某一高度以下可以不放补贴。例如，50 mm厚的碳钢铸板，在高度离下端100 mm以下的部分不放补贴铸件也是致密的。只有当距离底端大于100 mm时才需要加放补贴。

表 4-6　杆形铸件补贴厚度的补偿系数

杆的断面宽厚比	补偿系数
4:1	1.0
3:1	1.25
2:1	1.5
1.5:1	1.7
1.1:	2.0

表 4-7　铸件材质和浇注方法对补贴值的影响

材质及浇注方式	碳钢及低合金钢		高合金钢	
	顶注式	底注式	顶注式	底注式
补偿系数	1.0	1.25	1.25	1.56

下面用实例说明均匀壁上补贴的应用。

例 1　图 4-35 是一个圆筒形铸钢件。按比例绘出添加加工余量的铸件图后，以原始壁厚 $S=35$ mm 查图 4-34，得出铸件在高 h_c 小于 85 mm 的部分不需要加补贴，需放补贴的高度为 $h=440-85=355$ mm。以 $\delta=35$ mm，$h_c=440$ mm 查图 4-34，得出的补贴厚度 $a=64$ mm。

例 2　图 4-36 为筒形碳钢铸件，铸件底端放 1#、2#冷铁各一圈，以消除铸件下端的热节并增加末端区的长度。在竖放的每两块补贴之间放一列 3#冷铁，以增加冒口补缩距离，减小补贴宽度。

以壁厚 $\delta=30$ mm，$h\approx1000$ mm 查图 4-34 得补贴上端厚度 $a=97$ mm。而图 4-34 的补贴值仅适用于顶注式碳钢平板铸件，对于底注式铸板，需增加补贴的厚度，才能形成必要的温度梯度以促成顺序凝固，补偿系数见表 4-7。本工艺方案为局部底注式，内浇道分两层，每层三个内浇道同一切线方向分别从三个冒口下方进入铸件。因此，查表 4-7，补贴上端厚度应为：$a=1.25\times97=120$ mm。

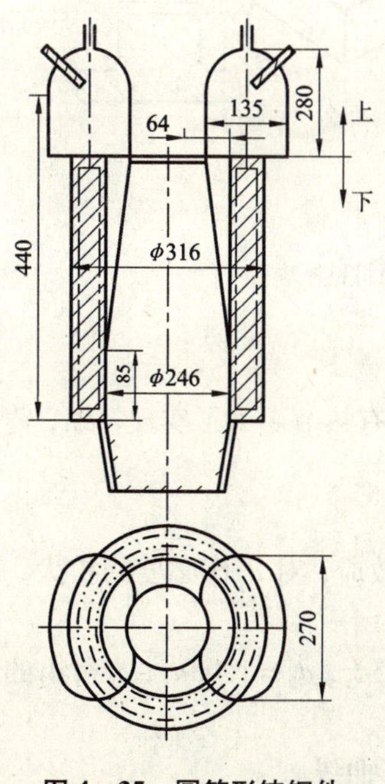

图 4-35　圆筒形铸钢件

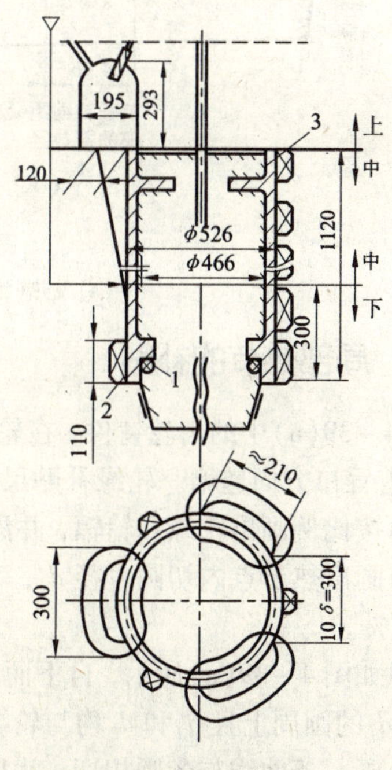

图 4-36　筒形碳钢铸件

在水平方向加的冒口补贴称为水平补贴。在图4－37中，断面为正方形 $T \times T$、长度为 L 的杆形铸件，按冒口区和末端区的数据计算应放两个冒口，如图4－37(a)所示。若采用水平补贴，只要在铸件中间放一个稍大些的冒口，即可实现顺序凝固，获得致密无缩孔、无缩松的铸件，这样既保证了铸件的质量，又减少了冒口数量，节约了金属，如图4－37(b)所示。

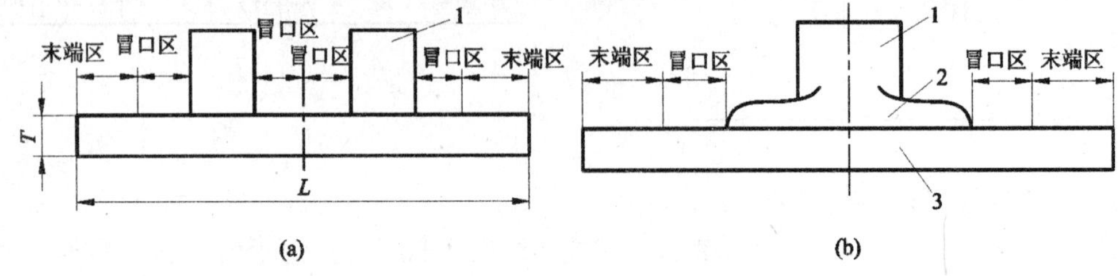

图4－37　水平补贴示意图

(a)无补贴；(b)有补贴

1—冒口；2—水平补贴；3—铸件

水平金属补贴的尺寸常用冒口模数 $M_{冒}$ 来表示，它的模数 $M_{补}$ 按冒口颈的模数计算，$M_{补} = ab/2(a+b-c) = M_{冒(最小)}$，如图4－38所示。

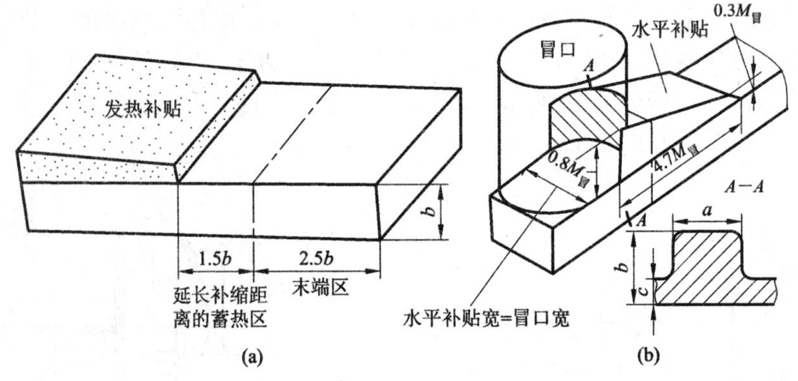

图4－38　水平壁的补贴

(a)发热(绝热)材料补贴；(b)金属材料补贴

4.4.2　局部热节的补贴

图4－39(a)中的齿轮铸件，在轮缘和辐板的交接处有热节。为了实现补缩，铸件断面厚度应朝着冒口方向递增。轮缘补贴尺寸确定方法如下：

(1)按比例画出轮缘和轮辐，并添上加工余量。

(2)画出热节点内切圆直径 d_y，考虑到砂型的尖角效应，对 d_y 作必要的扩大，通常加大6%～12%。

(3)如图4－39(a)所示，自下而上画图，使 $d_1 = 1.05d_y$，$d_2 = 1.05d_1$，d_1 和 d_2 的圆心分别在 d_y 和 d_1 的圆周上且 d_1 和 d_2 均与轮缘内壁相切。

(4)画一条曲线与各圆相切，就是所需要的补贴外形曲线。

图4－39(b)是轮毂的补贴。一般说来，对轮毂的质量要求没有轮缘高，只要用热节点内切圆沿着轮毂内壁连续滚到轮毂冒口根部，然后做出这些圆的外切线，即可得到轮毂冒口的

补贴。其作图步骤与轮缘冒口补贴相似，但滚圆的直径不变。这种补贴在轮毂的圆周上都有。如果轮毂质量要求很高，同样也可用轮缘冒口的补贴方法。

用加补贴的办法以实现顺序凝固是比较有效的，但增加了金属消耗，使铸件形状尺寸与图纸要求相差较大，铸件铸出后要去除补贴，这样增加了铸件清理工作量，也增加了机械加工量，使铸件成本提高。所以，近年来已经开始采用保温补贴，以提高经济效益。

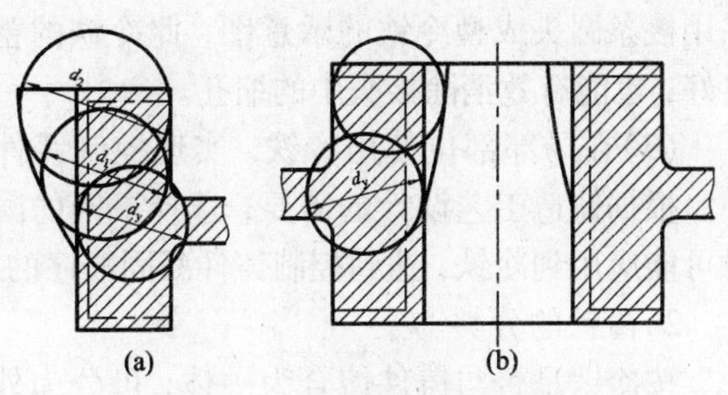

图 4－39　滚圆法确定冒口补贴尺寸

(a) 齿轮轮缘的补贴；(b) 齿轮轮毂的补贴

4.5　冷铁、铸筋和出气口的应用

为增加铸件局部冷却速度，在铸型型腔内部及工作表面安放的金属块称为冷铁。

4.5.1　冷铁的应用

1) 冷铁的作用

(1) 扩大冒口补缩范围。通过设置冷铁，形成人为末端区，可以扩大冒口的补缩范围，以减少冒口数量和提高铸件的工艺出品率。在杆件或板件的两面或三面设置冷铁，可以延长末端区，如图 4－40。

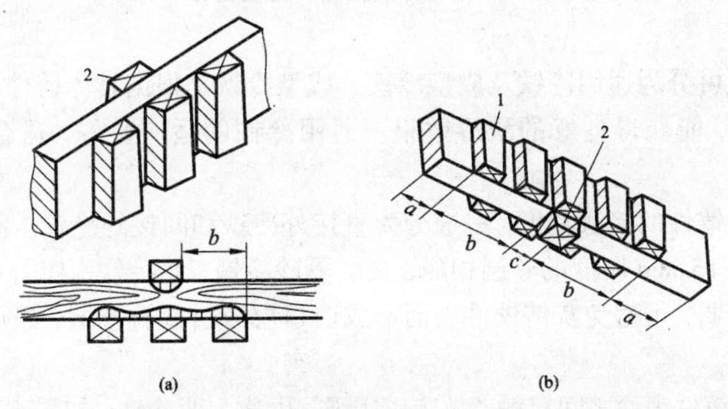

图 4－40　使用冷铁延长人为末端区长度

(a) 两面施放冷铁工艺；(b) 三面施放冷铁形成阶梯形的延长末端区

1—冷铁；2—末端区冷铁；a—人为末端区；b—延长的末端区；c—激冷区

(2) 消除局部热节处的缩松、缩孔及热裂缺陷。冒口难以补缩部位的缩松、缩孔，特别是铸件各壁相连接部分形成热节的区域，通过在壁连接处设置冷铁，可使接头热节处的冷却速度与相邻断面的凝固速度一致，从而减少了热裂的形成，如图 4－41 所示。

图 4－42 为 L 形壁连接处的冷铁设置示意图。图 4－42(a) 在壁连接处采用长弧面冷铁，容易过早冻结补缩通道而形成缩孔；图 4－42(b) 采用短弧面冷铁，消除了缩孔；图 4－42(c)、(d) 中采用矩形冷铁在侧面进行激冷，方便操作，也能消除热节的影响；图 4－42(e) 为

采用棱条圆头成型冷铁的示意图，此冷铁的蓄热性能良好，也能有效消除接头中的缩孔。

(3)在局部部位使用冷铁，实现控制铸件凝固顺序。根据铸造工艺设计的需要，选择不同的凝固顺序时可能应用到冷铁，达到控制铸件凝固顺序的目的。

2)冷铁的分类

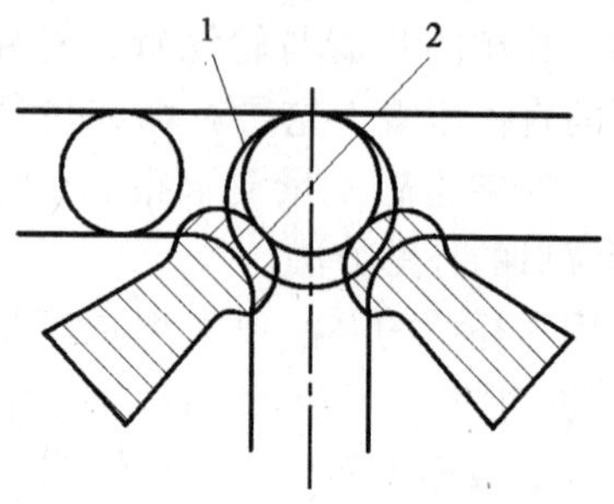

图 4－41　使用冷铁减少热裂的产生

1—未激冷时的内切圆；

2—设置冷铁激冷后的内切圆

按冷铁是否与铸件熔合为一体，可分为外冷铁与内冷铁。造型(芯)时放在模样(芯盒)表面上的金属激冷块称为外冷铁，一般在落砂时就脱离铸件，可重复使用。放置在型腔与铸件熔合为一体的金属激冷块为内冷铁，内冷铁留在铸件中的，有时在机械加工时去除。冷铁根据铸件的材质及激冷作用强弱，可采用钢、铸铁、铜、铝等材质的外冷铁，还可采用蓄热系数比造型材料大的非金属材料(如石墨、铬镁砂、铬砂、镁砂、锆砂等)作为激冷物使用。内冷铁则选择与铸件成分一致或相近的材质制成。

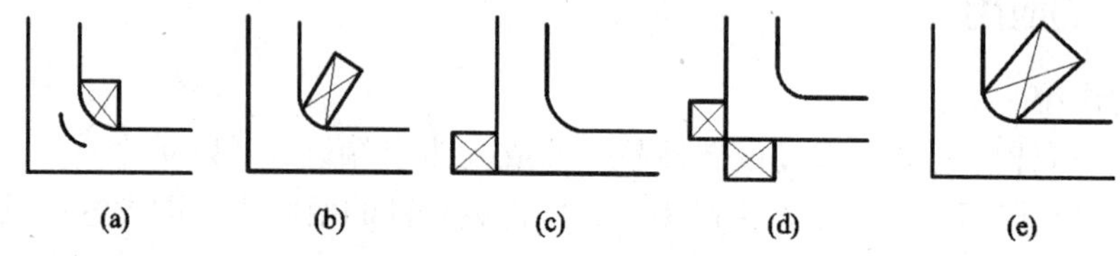

图 4－42　冷铁激冷 L 形壁连接

按冷铁的形状可分为通用冷铁及成型冷铁。成型冷铁是根据具体铸件的尺寸、形状专门进行设计、加工的，能获得良好的激冷效果。通用冷铁的适应性好，适合于多样化流水生产中。

外冷铁根据与铸件的接触程度，一般分为直接外冷铁和间接外冷铁。间接外冷铁同被激冷铸件之间有 10～15 mm 厚度的砂层相隔，又名隔砂冷铁、暗冷铁，如图 4－43 所示。间接外冷铁的激冷作用弱，可避免灰铸铁件表面形成白口层或过冷石墨层，还可避免由于强激冷作用所造成的裂纹。

直接外冷铁与铸件表面之间接触，激冷作用强，也称为明冷铁，如图 4－44 所示。直接外冷铁还可分为有气隙和无气隙两类，设在铸件底面和内侧的外冷铁，在重力和铸件收缩力作用下同铸件表面紧密接触，称为无气隙外冷铁。设置在铸件顶部及外侧的冷铁属于气隙外冷铁。

内冷铁的典型形式有长圆柱形、钉子、螺旋形及短圆柱形等，如图 4－45 所示。

3)外冷铁

(1)外冷铁的特点。在初始阶段，外冷铁处铸件的凝固速度大，随后其凝固速度与砂型差不多，表明外冷铁的激冷作用主要在凝固初期发生作用。冷铁的激冷作用随厚度的增加而加强，但厚度达到一定后，激冷效果提高很有限。因此不必使用过厚的冷铁，外冷铁处铸件的凝固层厚度约为砂型处的 2 倍。

在冷铁和砂型相交处，由于凝固层厚度不同，导致线收缩开始时间不同，这是引发裂纹

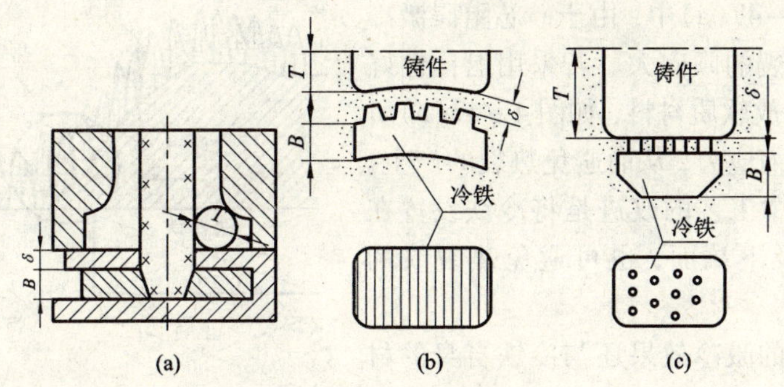

图 4-43　间接外冷铁

(a) $B=(1\sim1.4)T$、$\delta=20\sim30$ mm；(b) $B=(0.8\sim1.2)T$、$\delta=10$ mm；(c) $B=0.5T$、$\delta=10$ mm

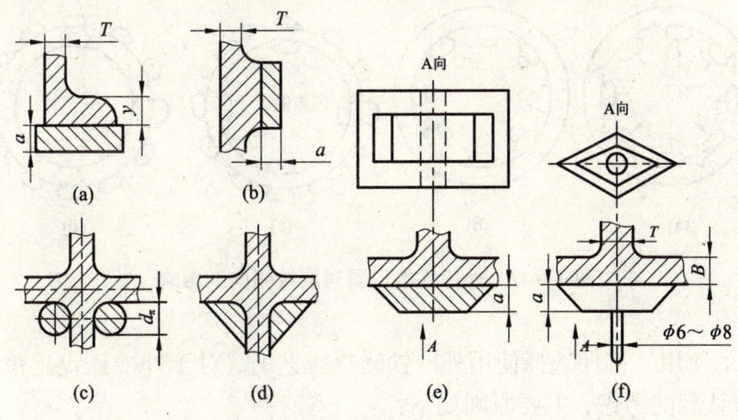

图 4-44　直接外冷铁

(a)、(b) 平面直线形；(c) 圆柱形；(d) 异形；(e) 带切口平面；(f) 平面菱形

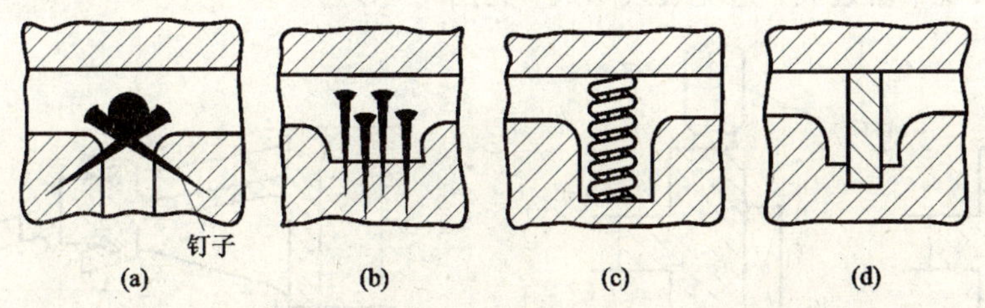

图 4-45　内冷铁的形式

(a) 长圆柱形；(b) 冷钉；(c) 螺旋形；(d) 短圆柱形

的重要原因。其裂纹形成的位置如图 4-46 所示。应用中为避免裂纹的产生，可将外冷铁的侧面做成 45°的斜面，使砂型与冷铁交界处能形成平缓过渡；也可将较大的冷铁改为相互有一定间隙的多块小外冷铁，以减小凝固层向冷铁中心收缩的应力，从而避免裂纹的生成。

图 4-47 所示为筒形铸件的外冷铁设置工艺简图，此时，芯砂的退让性决定了铸件产生

应力的趋势。图4-47(a)中，由于砂芯阻碍激冷后的收缩，形成热裂的倾向大。若采用退让性好的芯砂或在冷铁后放软质衬料，如图4-47(b)所示，可大大减少收缩应力，从而避免热裂的产生。图4-47(c)、(d)中工艺的改进是将冷铁设置在筒形件的外表面及下端面，也可避免热裂纹的形成。

此外，外冷铁的激冷效果还与冷铁自身的材料特性、表面的涂料层的性质及厚度、冷铁形状、尺寸以及布置的位置、金属流经冷铁的时间等因素密切相关。

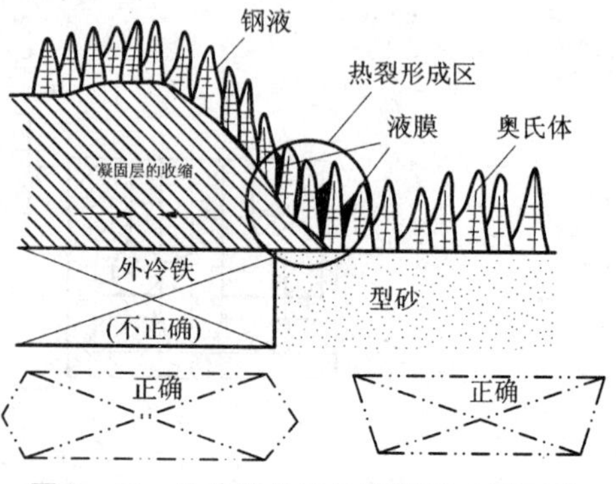

图4-46　外冷铁边界处裂纹形成示意图

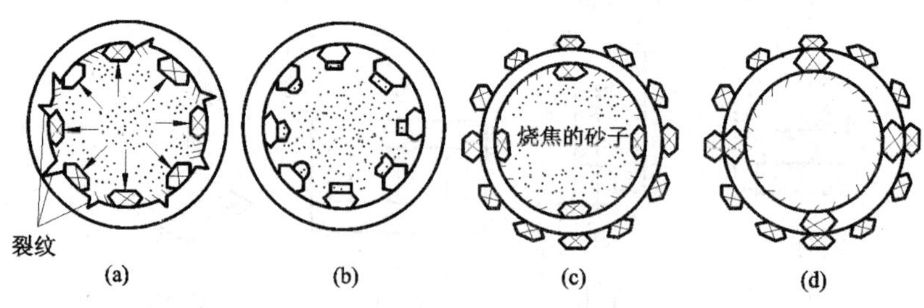

图4-47　外冷铁的设置对裂纹倾向的影响

(2)外冷铁的使用。铸件选择使用外冷铁激冷工艺时，对于外冷铁设置位置及外冷铁自身的要求应进行认真的考虑，主要原则如下：

①设置外冷铁时不应破坏顺序凝固条件，也就是在外冷铁位置选择时不应阻塞补缩通道如图4-48所示。

②外冷铁不宜过大、过长，多个冷铁之间应留有一定间隙。冷铁与铸件的激冷面贴合要合适，尽可能实现平缓过渡，避免裂纹形成，见图4-49。

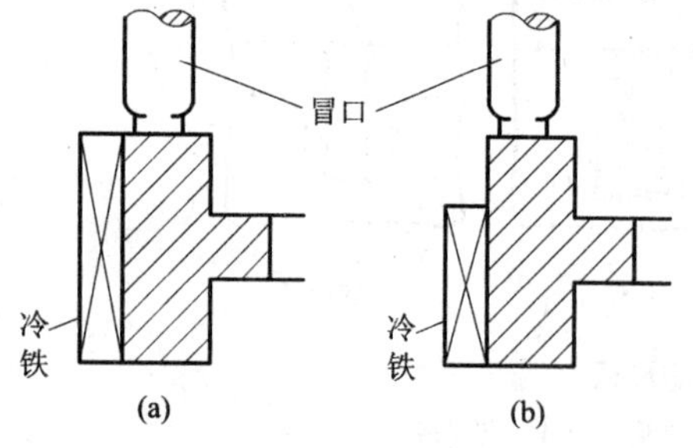

图4-48　齿轮轮缘的外冷铁设置

(a)合理；(b)不合理

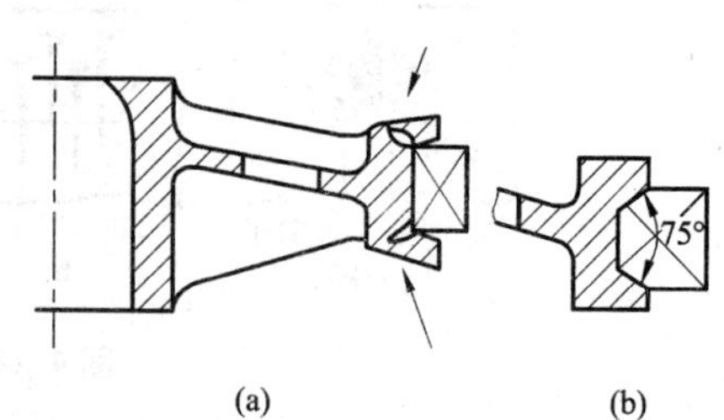

图4-49　凹槽内的外冷铁设置

(a)冷铁无斜面过渡，不合理；(b)合理

③外冷铁工作表面应平整光洁，无油污和锈蚀，必要时使用涂料。

④尽量将外冷铁设置在铸件的底部或侧面，以利于在铸型中的固定。

(3)外冷铁的计算。外冷铁的计算可采用模数法进行，也可利用经验数据直接比对查表。

①确定厚度。外冷铁的厚度可参照表 4－8 加以确定。

表 4－8　外冷铁厚度的经验值

铸件材质	外冷铁厚度	铸件材质	外冷铁厚度
灰铸铁件	$\delta=(0.25\sim0.5)T$	铸钢件	$\delta=(0.3\sim0.8)T$
球墨铸铁件	$\delta=(0.3\sim0.8)T$	铜合金件	铸铁冷铁 $\delta=(1.0\sim2.0)T$；铜冷铁 $\delta=(0.8\sim1.0)T$
可锻铸铁件	$\delta=1.0T$	铝合金件	$\delta=(0.8\sim1.0)T$

注：T 为铸件热节圆直径。

②计算工作表面积。对于铸钢件，无气隙外冷铁的表面积可由式(4－10)计算，有气隙外冷铁的表面积则可通过式(4－11)计算。

$$A_{C1}=V_0\frac{M_0-M_1}{2M_0M_1} \tag{4-10}$$

$$A_{C2}=V_0\frac{M_0-M_1}{M_0M_1} \tag{4-11}$$

式中　A_{C1}、A_{C2}——无气隙、有气隙条件下外冷铁的工作表面积；

V_0——铸件被激冷处的体积；

M_0、M_1——铸件原模数、使用冷铁后的模数。

4)内冷铁

内冷铁的激冷作用强于外冷铁，能有效防止厚壁铸件中心部位缩松、偏析等缺陷的形成。通常是在外冷铁激冷作用不足时才采用内冷铁，主要用于壁厚大而技术要求不高的铸件中，对于承受高温、高压的铸件则不宜采用内冷铁工艺。使用时内冷铁表面必须清洁，不能有油污、锈斑及水汽等；湿沙型时，应在装入内冷铁 3～4 h 内浇注完毕，否则铸件易产生气孔。

(1)内冷铁的熔接过程。如图4－50所示，内冷铁的熔接过程可分为四个阶段。

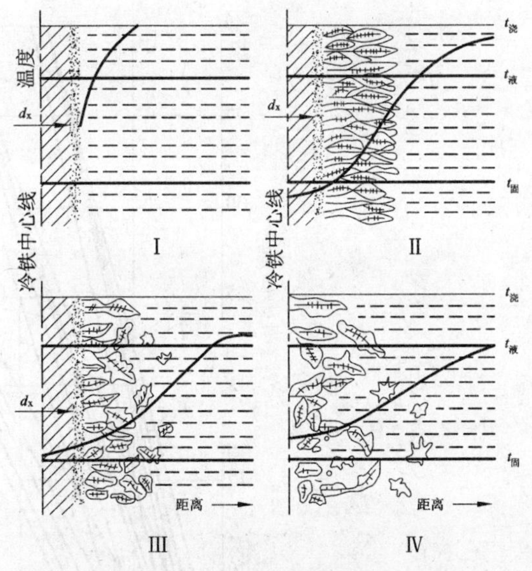

图 4－50　内冷铁的熔接过程示意图

阶段Ⅰ：浇注后，短时间内，冷铁吸热升温，使靠近冷铁表面的金属液体过冷，形成细等轴晶组织。

阶段Ⅱ：细等轴晶表面长大，随时间延长，结晶速度减小，直至结晶前沿停止生长。此时，冷铁温度已经接近固相线温度。

阶段Ⅲ：冷铁作用区温度升高，冷铁周围已经形成的树枝晶重新熔化，冷铁表面达到熔点。

阶段Ⅳ：内冷铁局部完全熔化，最后由于铸件外壁结晶前沿向中心推进而使凝固结束。

可见，内冷铁尺寸过大，其温度不会超过固相线，不能完成上述第Ⅲ个阶段过程，因而不能与铸件熔合，形成“非熔接内冷铁”残留于铸件，则影响其力学性能，甚至会引起裂纹。内冷铁尺寸过小，会出现第Ⅳ阶段，完全被熔化，则其周围出现缩松或缩孔，不能发挥出冷铁的作用。因此，内冷铁要既能保证与铸件熔合，又能避免缩松或缩孔，其尺寸一定适中或选择比铸件熔点略高的材质。

(2)内冷铁质量和尺寸的计算。内冷铁质量可由经验公式(4－12)计算：

$$W_d = KG \qquad (4-12)$$

式中 G——铸件被激冷部分的质量；

K——系数，即内冷铁占铸件被激冷热节处的质量分数，见表4－10。

表4－10 系数 K 的经验值

铸钢件类型	K/%	内冷铁直径/mm
1)小件或质量要求较高,防止圆冷铁降低力学性能	2～5	5～15
2)中型铸件,或不太重要铸件,如凸肩等	6～7	15～19
3)大型铸件对熔化内冷铁十分有利时,如床座、锤头等	8～10	19～30

注：1)对于实体铸件，内冷铁按铸件的总质量计算，其他条件下，按放置冷铁的热节区质量计算。

2)若流经内冷铁处的液态金属量多，取上限；否则，取下限。

对于铸钢件的L型、T型热节中心使用的圆钢内冷铁可直接由图4－51直接查取。

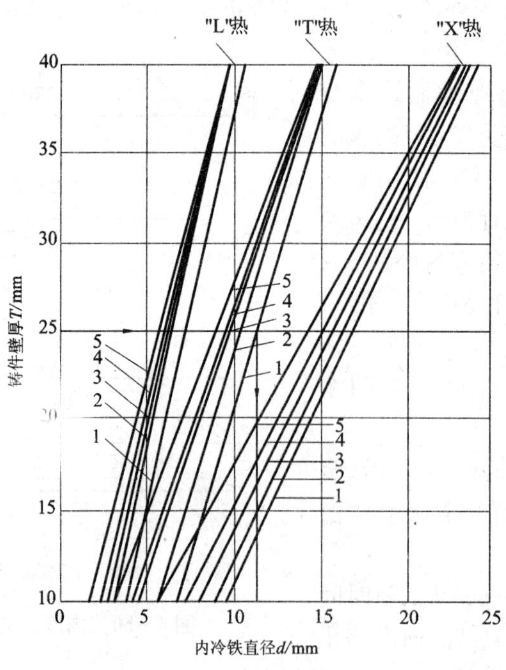

图4－51 T型、L型、X型热节处内冷铁尺寸的确定

4.5.2　铸筋的应用

铸筋是保证铸件质量的一种工艺措施，又称工艺筋。根据其作用不同，铸筋可分为两类：一类为割筋(也称为收缩筋)，用于防止铸件热裂；另一类为拉筋，主要防止铸件产生变形。割筋一般可在清理时除去，而加强筋要在去除应力退火后才能去掉。

1)割筋

割筋是防止热裂的有效措施，主要用于铸钢件的生产上。割筋为防止铸件热裂而设，要达到此目的，必须满足：其厚度要薄于铸件壁厚，筋才能先于铸件壁凝固并获得强度，承担铸件收缩时产生的拉应力，避免铸件热裂的产生。割筋设置的方向应和拉应力方向方向一致，而与热裂纹方向相垂直。割筋也可以配合冷铁使用。常用的割筋形式主要有三角筋、井字筋、弧形筋及长筋等，如图4－51所示。

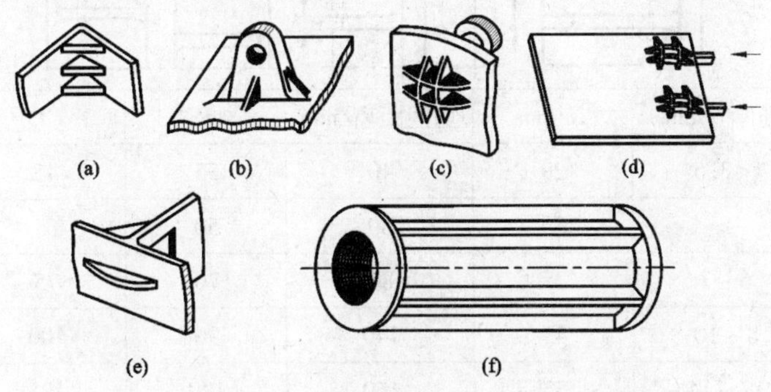

图4－51　割筋的结构及其实例

(a)、(b)三角筋；(c)、(d)井字筋；(e)弧形筋；(f)长筋

易产生热裂的铸件典型结构如图4－52所示。铸件在凝固收缩时，承受拉应力的壁称为主壁，与主壁相连的壁是邻壁，它和主壁相交处形成热节并使主壁产生拉应力。邻壁长度和主、邻壁厚之间的关系，决定着收缩应力的大小。

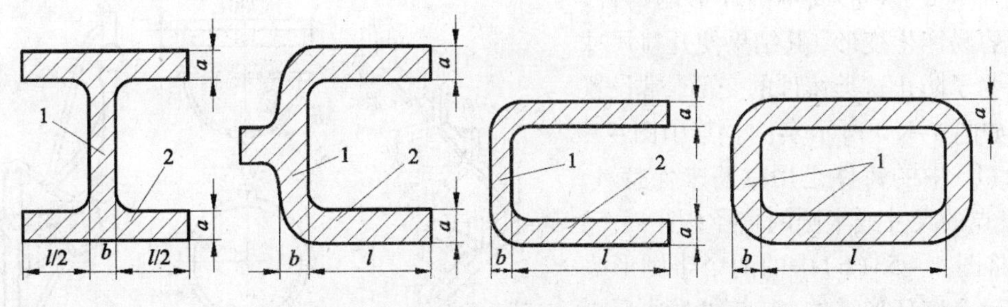

图4－52　容易产生热裂的典型铸件结构

1—主壁；2—临壁

依实践经验，当 $a/b>(1\sim2)$，$l/b<2$ 或 $a/b>(2\sim3)$，$l/b<1$ 时，可不设割筋；否则，应设置割筋。

割筋除用于防止热裂外，还能起到加强冷却的作用。单纯为加强散热作用而设置的割筋又称激冷筋。

常见的割筋形式及尺寸可参考表 4 - 11。

表 4 - 11　割筋的形式及尺寸

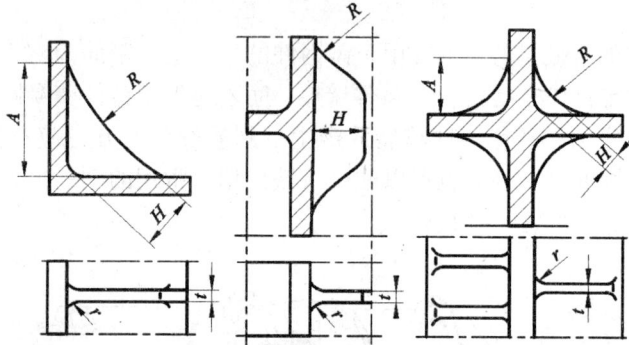

主要壁厚/mm	筋厚 t/mm	H/mm	筋间距离/mm	R	A	r
6 ~ 10	< 3.5	20	40	35	45	2
11 ~ 15	5	30	60	50	65	3
16 ~ 25	6 ~ 7	35	80	70	75	4
26 ~ 40	8 ~ 10	45	140	90	100	5
41 ~ 60	12 ~ 14	55	160	120	125	5
61 ~ 100	16 ~ 18	65	180	160	140	6
101 ~ 200	20 ~ 24	70 ~ 80	200	160	170	8
201 ~ 300	25 ~ 30	85 ~ 100	200	160	210	10

2) 拉筋

断面呈 U、V 形或半圆环形的铸件，铸出后容易产生变形，其结果使开口尺寸增大。为了防止这类铸件的变形，常设置拉筋，如图 4 - 53 所示实例。其中图 4 - 53(a)、(b) 中的铸件是用拉筋来保持 A、B、C 三点的尺寸或半圆的直径；图 4 - 53(c) 是将图 4 - 53(b) 中的两个半圆形零件合成一个圆环形零件，待铸件退火后再分割成两个半圆形铸件；图 4 - 53(d) 中的铸件是壁厚相近而形状较复杂的大型薄壁件(件长 12 m，质量 1.5×10^4 kg)。为使其均匀冷却，从多个浇口均匀注入金

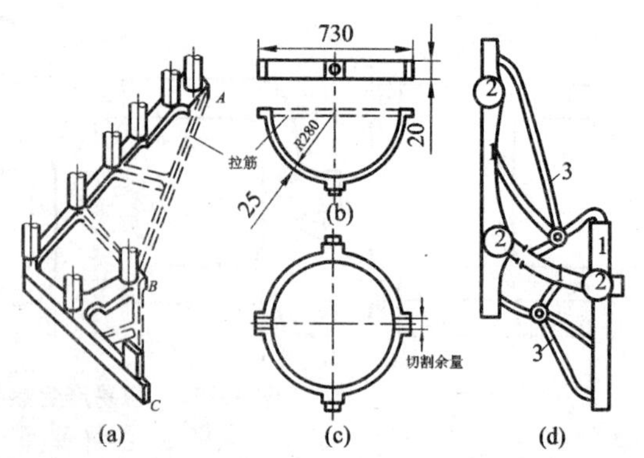

图 4 - 53　防止铸件变形的拉筋

1—铸件；　2—冒口；　3—浇注系统

属液。冷却时，浇注系统先凝固，起到了拉筋的作用。

拉筋的厚度应小于铸件的壁厚，一般为铸件壁厚的0.4～0.6倍。以保证其先凝固，防止铸件变形。由于铸件结构复杂多变，拉筋的形式和尺寸难以统一，应根据实际情况拟定。

4.5.3　出气孔

出气孔是型腔出气冒口、砂型和砂芯排气通道的总称；其在诸如发动机缸体等形状复杂、砂芯发气量大的铸件中，也是必不可少的工艺措施。

1)出气孔的作用及设置原则

出气孔用于排出型腔、砂芯以及金属液析出的气体，减小充型时型腔内气体压力，改善金属液的充型能力；排出先充填型腔的低温金属液及浮渣；还可作为观察金属液充满型腔的标志。

出气孔一般设置在铸件浇注位置的最高处，充型金属液最后达到的部位，砂芯发气和蓄气较多的部位以及型腔内气体难以排出的"死角"等处(如法兰、筋条、凸台等处)。但同时还应注意，设置出气孔时不应破坏铸件的补缩条件，也就是说，不应设置在铸件的热节或壁厚处，以免出气孔冷却快导致铸件在该部位产生收缩类缺陷。若确实需要，则可考虑采用引出式出气孔，将其对凝固顺序的影响降到最低。

直接出气孔不宜过小，必要时可在出气孔上部设置溢流杯，既可排出夹杂含量高的低温金属液，又可防止在出气孔根部产生气孔。出气孔根部直径(或厚度)，一般为所处位置铸件厚度的0.4～0.7倍，凝固时体收缩大的合金取下限，防止形成接触热节产生缩孔类缺陷。在没有明冒口的铸型系统中，虽然砂型能透气，但在液态金属的快速充型过程中，是很难完全排出气体的。因此在此情况下，一般要求明出气孔根部总截面积要不小于内浇道总截面积。对于采用暗出气孔的砂型，出气孔根部总截面积至少为内浇道总截面积的1.5倍，以避免型内气压过大。

2)出气孔的种类

出气孔按是否与大气直接相通，分为明出气孔和暗出气孔，如图4－54所示。按是否与铸件直接相连，分为直接出气孔和引出式出气孔(又称间接出气孔)，如图4－55所示。

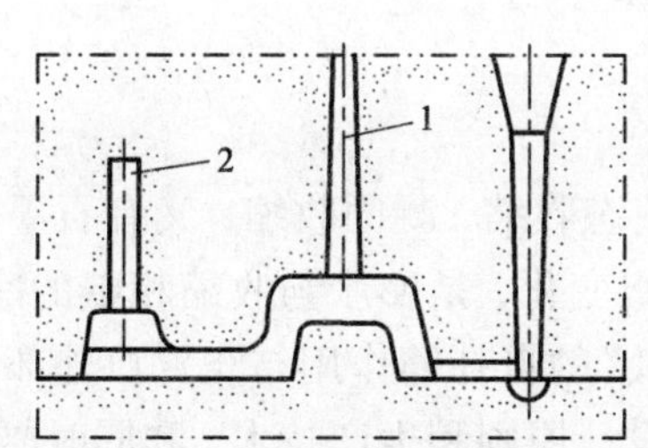

图4－54　明出气孔和暗出气孔的结构

1—明出气孔；　2—暗出气孔

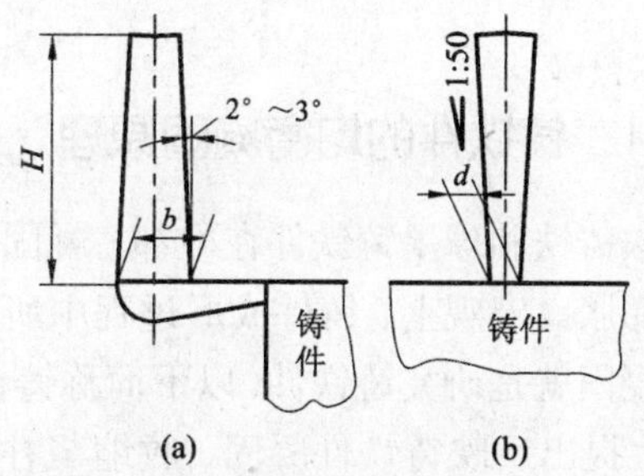

图4－55　引出式出气孔和直接出气孔结构

(a)引出式出气孔；　(b)直接出气孔

出气孔的截面形状有圆形截面与扁形截面两类，扁形出气孔多用在铸件的法兰部位或大平面上。圆柱形出气孔多用在凸台、筋条及暗冒口等处。

机器造型生产的薄壁复杂铸件，如气缸体、气缸盖等，常采用出气针或出气片等结构来排出铸件易产生气孔缺陷部位的气体。出气针一般设置在铸件凸台、螺栓凸台等处，出气片一般设在法兰等处。

具体的出气孔的标准形式及尺寸可参考相关资料。

图 4－56 给出了汽油机缸体典型件的出气孔布置图，明出气孔 1 用于排出 8# ～13# 曲轴箱缸筒砂芯的气体，1～4 构成了一排气通道；明出气孔 5 与排气道 6 构成了一排气通道，用来排出缸筒型腔部位的气体，这部分气体来自金属液中的气体、浇注过程的吸气及 8# ～13# 砂芯、5# 水套芯产生的气体。暗出气孔 7 是用于排出水套盖板法兰螺栓凸台处的气体。明出气孔 8 用于排出 5# 砂芯（水套芯）的气体，并与该砂芯内的排气道相连。暗出气孔 9 是用于排除水套盖板法兰面的气体。出气片 10 的设置可以排出曲轴箱法兰处气体。明出气板 15 用于气门室砂芯（1#、2# 砂芯）气体的排出，由于该砂芯被铁液所包围，且位于下箱底部，所以采用了排气板，使之与铸型运输下车台面下的排气槽相连，通过铸型底面将气体排出。

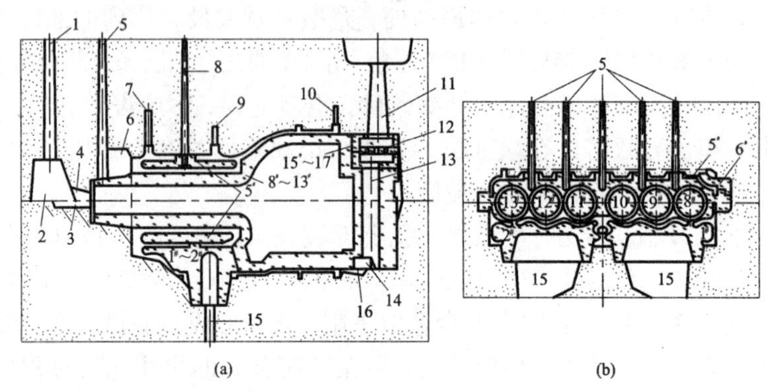

图 4－56　汽油机缸体铸件出气孔布置简图

（a）沿缸筒轴线方向剖面图；（b）沿缸体水套方向剖面图

1、5、8—明出气孔；2—减压排气室；3、4、6—排气道；7、9—暗出气孔；10—暗出气片；11—直浇道

12—陶瓷过滤器；13—分配直浇道；14—横浇道；15—明出气板；16—内浇道

4.6　均衡凝固理论及其应用

4.6.1　铸铁件的均衡凝固原理

灰铸铁和球墨铸铁件在冷却、凝固过程中，既有液态收缩、凝固收缩，又有石墨析出产生的膨胀。宏观上，铸件成形过程中所表现出来的体积变化，是膨胀与收缩相抵的净结果。均衡凝固就是研究铸铁件（以下简称铸铁件）“胀缩相抵”的自补缩作用与浇冒口外部补缩的规律，提出反映铸铁件凝固、收缩与补缩特点的工艺设计原则和生产技术，和同时凝固、顺序凝固并存，作为铸件工艺设计的原则。

铸铁在凝固过程中存在着缩和膨胀并存的现象，其收缩与膨胀叠加示意图如图 4－57 所示。*ABC* 为铸件的总收缩曲线，为液态收缩和凝固收缩之和；*ADC* 为铸件的石墨化膨胀曲线；*AB′P* 为膨胀和收缩相抵的净结果曲线，称为铸件的表观收缩，是铸件表现出来的收缩量；*P* 为均衡点，此时表观收缩为零，即为冒口补缩中止时间；*AP* 为冒口补缩时间。

与顺序凝固不同，均衡凝固技术强调冒口只是补充铸件膨胀和收缩相抵的差额，充分利

用石墨化膨胀的自补缩作用。铸铁冷却时产生体积收缩，凝固时因析出石墨又发生体积膨胀，膨胀时又抵消一部分收缩。均衡凝固就是利用收缩和膨胀的动态叠加，采取工艺措施，使单位时间内的收缩与补缩、收缩与膨胀按比例进行的一种凝固原则。

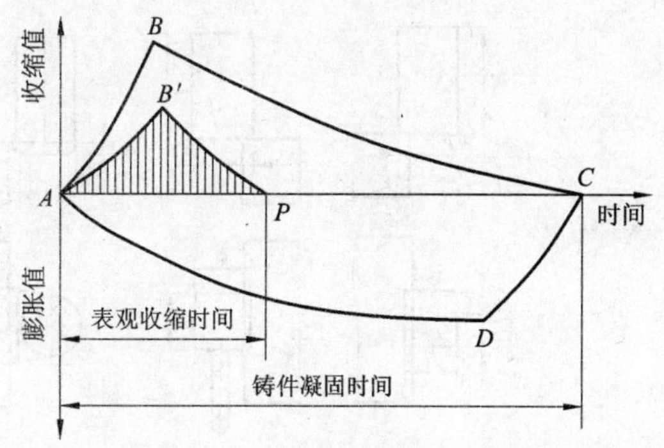

图 4－57　铸铁件收缩与膨胀的叠加

由图可见，当铸件收缩值大，石墨化膨胀量小时，则表观收缩值大，均衡点 P 后移，冒口补缩量大，补缩时间长。如果铸件无膨胀（如铸钢、白口铸铁）P 点和 C 点重合，铸件凝固时间就是冒口补缩时间。

铸件的收缩速度大，即收缩来得集中，相对石墨化膨胀后移，表观收缩加大，则必须加强冒口的外部补缩。这相当于小型球铁件和高牌号灰铸铁件的情况。对于厚大铸铁件，收缩速度小，相对石墨化膨胀提前，有利于胀缩相抵，使均衡点前移，缩短了冒口的补缩时间。所以，凡有利于铸件收缩后移，石墨化膨胀提前的因素，都有利于胀缩的早期叠加，使均衡点 P 前移，从而使冒口尺寸减小。提高铸型刚性，可以提高石墨化膨胀的利用程度，不使型壁外移消耗膨胀量于型腔扩大，也有利于 P 点前移。

4.6.2　均衡凝固理论的应用

按上述均衡凝固原则，冒口的设计要点为：

(1) 冒口不必晚于铸件凝固，冒口在尺寸上或模数上可以小于铸件的壁厚或模数。冒口的凝固时间只要大于或等于铸件的表观收缩时间就可以了。

(2) 采用“短、薄、宽”的冒口颈。以保证在 P 点前，补缩通道畅通，而在 P 点后，冒口颈很快凝固，便于在铸件内部建立必要的石墨化膨胀压力来完成自补缩。铸铁件推荐冒口类型及结构，如图 4－58 所示。具体尺寸，可查阅有关资料。

(3) 冒口不应该放在铸件的热节上，冒口要靠近热节，以利于补缩，又要离开热节，以减少冒口对铸件的热干扰。这是均衡凝固的技术关键之一。

(4) 热节（冒口根部）处安放冷铁来平衡壁厚差，缩短热节处的凝固和收缩时间，以适应冒口的补缩，有效地防止热节（冒口根部）处的缩松。

(5) 利用刚性大的铸型并将其卡紧，以最大限度地利用石墨化膨胀。

(6) 铸铁件的体积收缩率受众多因素的影响，不仅与化学成分、浇注温度有关，还和铸件大小、结构、壁厚、铸型种类、浇注工艺方案有关。越是薄小件越要强调补缩，厚大件补缩要求低。

(7) 铸件的厚壁热节应放在浇注位置的下部。当厚薄相差较大时，厚壁热节处安放外冷铁，铸件可不安放冒口。如果铸件大平面处于上型，可采用溢流冒口保证大平面的表面品质。

(8) 采用冷铁平衡壁厚差，消除热节。不仅能防止厚壁处热节的疏松，且可使石墨化膨胀提前，减少冒口尺寸，增强自补缩作用。

(9) 优先采用顶注式浇注工艺。使先浇入的铁液尽快静止，尽早发生石墨化膨胀，以提

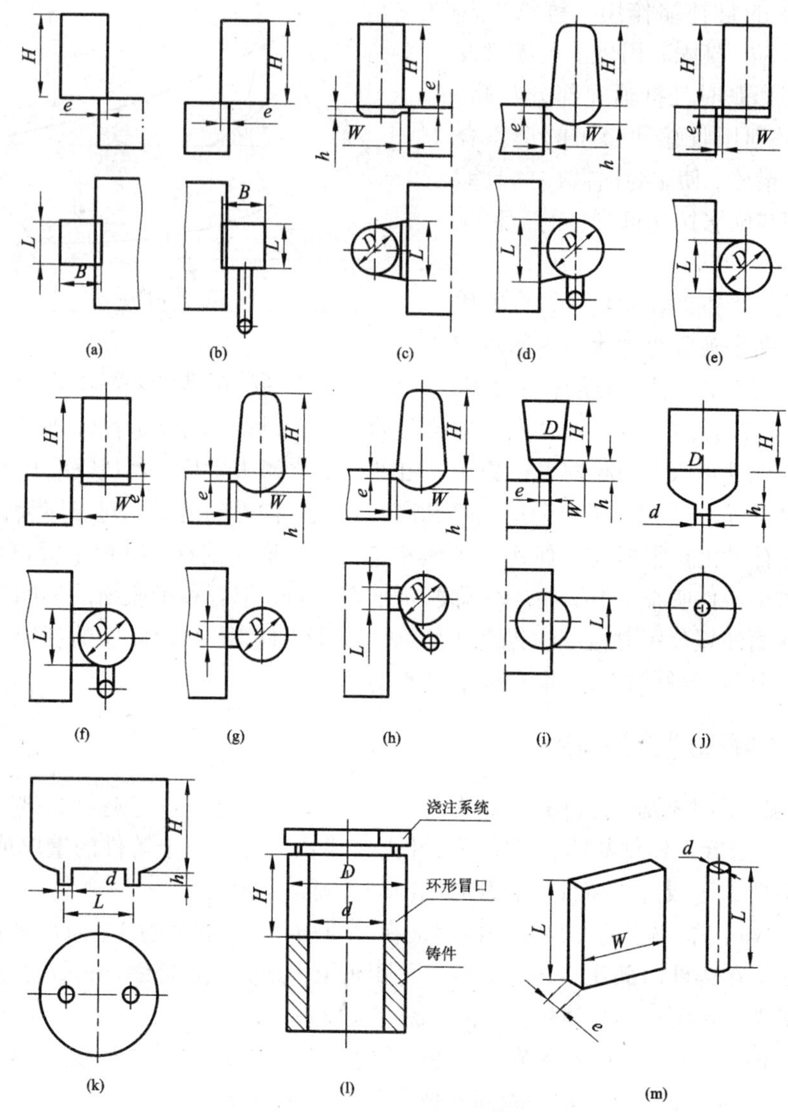

图 4-58 铸铁件推荐冒口类型及结构

(a)压边冒口；(b)压边浇冒口；(c)飞边冒口；(d)热飞边冒口；(e)耳冒口；(f)热耳冒口；(g)侧冒口
(h)热侧冒口；(i)鸭嘴冒口；(j)单缩颈顶冒口；(k)双缩颈顶冒口；(l)环形冒口；(m)出气冒口、冷筋冒口

高自补缩程度。避免切线引入，防止铁液在型内旋转，降低石墨化膨胀的自补缩利用率。

4.7 铸钢件冒口设计

为了生产出致密无缩孔、缩松的铸件，冒口是不可缺少的工艺措施之一，冒口的设计在工艺设计中占有十分重要的位置。冒口设计的主要内容有冒口在铸件上安放位置和形状的选择，确定冒口的数量和补缩范围，计算冒口的尺寸，校核冒口的补缩能力。

冒口尺寸主要指冒口的根部直径(或宽度)和高度。冒口尺寸过大，会增加铸件成本；尺寸

过小，会产生缩孔和缩松。所以，正确确定冒口尺寸，对于铸件质量和降低成本具有重要意义。

计算冒口尺寸有很多方法，归纳起来主要有图表法、数学解析法、经验比例计算法等。图表法生产上使用方便，但有一定的局限性。数学解析法依据不同理论，如传热学理论或凝固理论建立数学模型和有关方程式，在确定各种边界条件之后进行计算，这是一个十分复杂的运算过程，很难用人工完成。由于计算机普及和使用，给这一工作带来方便。通过凝固过程的模拟来确定各种工艺参数和冒口尺寸大小。国内外有许多 CAE 软件可以提供这类服务，目前较多是在十分重要或大型铸件上有所应用，也取得了好的成效。应该说这是工艺设计发展的方向。经验公式法很多工厂都在使用，工厂对经常生产同一类型的铸件，总结出适合本单位的一些经验公式来计算冒口尺寸，简单、方便，没有过多的计算，能较好地满足生产需要。经验比例法也是在一定的理论基础上加上经验系数得出的，有实用价值，也有一定的准确性。

下面主要介绍比例法和模数法设计冒口。

4.7.1　铸钢件冒口的补缩距离

含碳量 0.20% ~0.30% 碳钢铸件冒口的有效补缩距离如图 4 -59 所示。

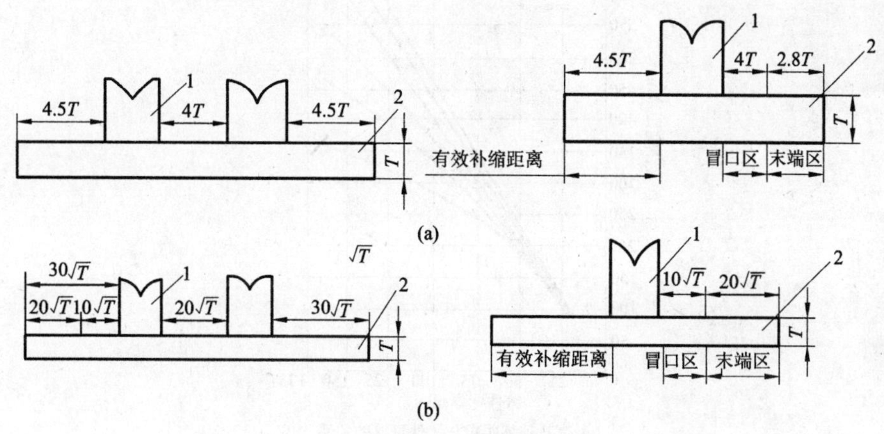

图 4 -59　板形和杆形铸钢件的冒口有效补缩距离

(a)板形铸钢件；(b)杆形铸钢件

1—冒口；2—铸件

断面的宽厚比大于 5∶1 称板形件，断面的宽厚比小于 5∶1 称杆形件。对于两端均用冒口补缩的板形或杆形铸钢件，靠近末端的冒口有效补缩距离为：

板形铸件：$L=4.5T$；杆形铸件：$L=30\sqrt{T}$。

而冒口之间因少了一个散热端面，有效补缩距离稍小一些。

板形铸件 $L=4T$；杆形铸件：$L=20\sqrt{T}$。

图 4 -60 是根据不同尺寸的铸钢板件和杆件的试验结果，作出的冒口区长度、末端区长度、有效补缩距离与铸件壁厚的关系曲线。由图可见，对于板形或杆形铸钢件，当宽厚比一定时，随着铸件壁厚的减少，冒口区长度和末端区长度都随之减少。这说明均匀壁厚的薄壁铸钢件，冒口有效补缩距离较小，单纯靠冒口很难避免轴线缩松。另外，当铸件壁厚一定时，

随着宽厚比的减少，冒口区长度和末端区长度也显著减少，说明消除杆形铸钢件的轴线缩松要比消除板形铸钢件的轴线缩松更困难。

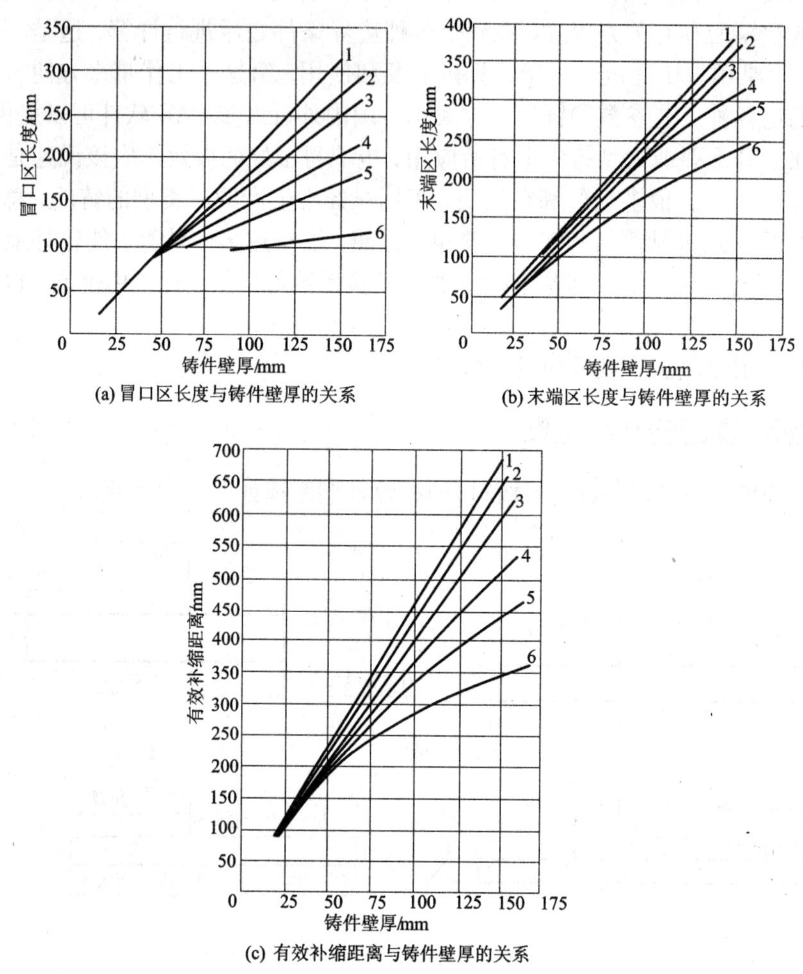

(a) 冒口区长度与铸件壁厚的关系

(b) 末端区长度与铸件壁厚的关系

(c) 有效补缩距离与铸件壁厚的关系

图 4－60　冒口区、末端区、有效补缩距离与铸件壁厚的关系

1—宽厚比 5∶1；2—宽厚比 4∶1；3—宽厚比 3∶1；4—宽厚比 2∶1；5—宽厚比 1.5∶1；6—宽厚比 1∶1

有些铸件是由各种厚度不同的板组成，构成阶梯形铸件。试验指出，这种铸件的冒口有效补缩距离和厚度的关系如图 4－61 所示。可以看出，阶梯形铸件延长了冒口的有效补缩距离。

试验表明，板形铸件冷铁置于末端时，冷铁的适宜厚度是铸件板厚；当冷铁置于两冒口半之间时，冷铁的适宜厚度为二倍板厚，见图 4－62(a)。由图可见，冷铁使铸件末端的纵向冷却速度增大，从而使板形铸件末端区长度约增加 50 mm，此数值与板厚无关。对杆形铸件的影响见图 4－62(b)，使末端区增加了一倍铸件厚度。在两个冒口之间安放冷铁时，则相当于在冒口之间增加了一个强烈的激冷区，因此，大大地增加了两个冒口之间的有效补缩距离。

实际生产中，常以满足铸件的使用要求为标准，以铸件的重要性和铸件不同部位的重要程度来决定冒口的位置和个数。因此，铸件质量要求对冒口有效补缩距离的选择有影响，铸

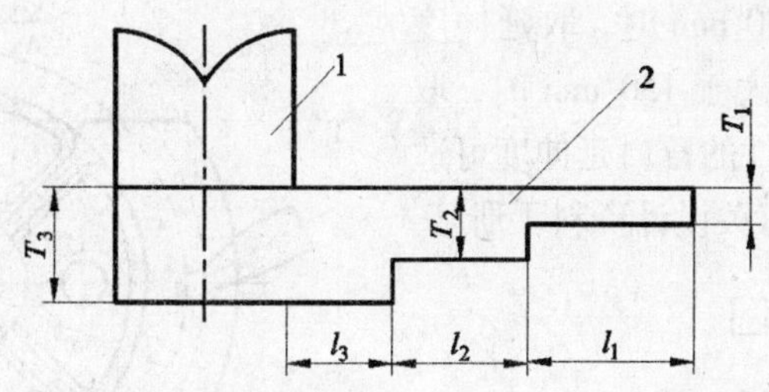

图4-61　阶梯形板件冒口水平方向有效补缩距离

1—冒口；2—铸件；$l_1 = 3.5T_2$，$l_2 = 3.5T_2 - T_1$，$l_1 = 3.5T_3 - T_2$

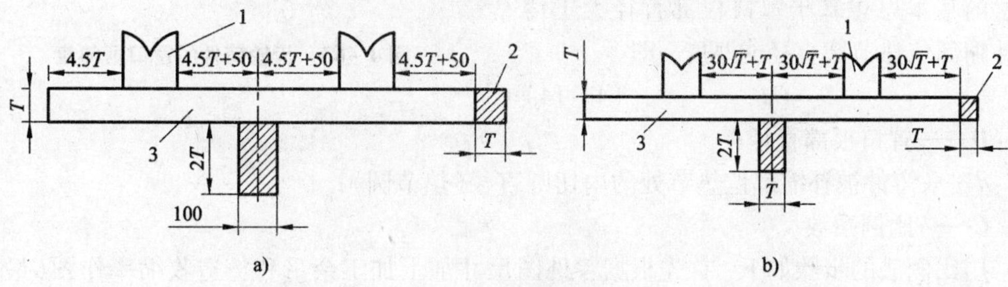

图4-62　冷铁对冒口有效补缩距离的影响

(a)板形铸件；(b)杆形铸件

1—冒口；2—冷铁；3—铸件

件的质量要求愈高，检验方法愈严格，所选用的冒口有效补缩距离就愈小。板形铸钢件冒口的有效补缩距离与质量要求标准之间的关系见表4-12。

表4-12　板形铸钢件有效补缩距离与质量要求的关系

质量要求标准	工艺措施	
	不设置冷铁	设置冷铁
	可选择的冒口有效补缩距离/mm	
一般标准(有轴线缩松)	$12T$	$16T$
X光射线	$8T$	$12T$
半显微透视	$4T$	$6T$
显微透视	$2T$	$3T$

确定冒口水平方向补缩距离的另一种方法是冒口延伸度法。冒口延伸度是指，当每两个冒口之间的距离相等时，冒口根部尺寸之和与同方向铸件长度的比率。即冒口的延伸度定义为：

$$冒口延伸度 = \frac{冒口根部尺寸之和}{同方向铸件之长度} \times 100\% \tag{4-13}$$

用齿轮铸件说明冒口延伸度的定义，见图4-63。

$$冒口延伸度 = \frac{2L_0}{\pi D} \times 100\%$$

合适的冒口延伸度随铸件厚度而定，通常，铸件厚度≤100 mm时，取延伸度为38% ~

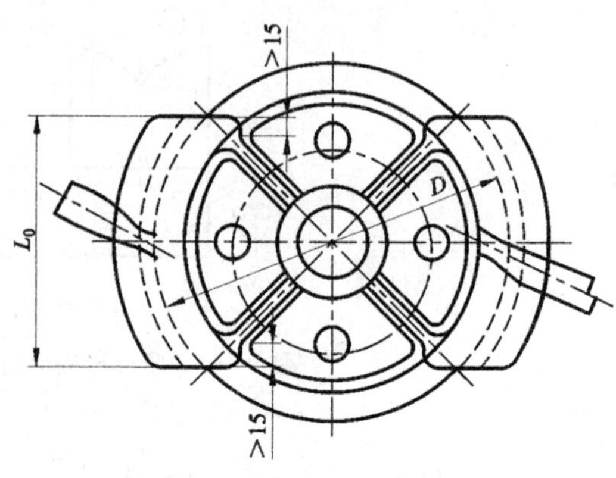

图4-63 齿轮铸件的冒口延伸度

40%；铸件厚度为100~150 mm时，取延伸度为35%~38%；铸件厚度大于150 mm时，取延伸度为30%。不重要铸件的冒口延伸度可适当减少，具体数据可查阅有关设计资料手册。

4.7.2 比例法设计冒口

比例法也称热节圆法，是适应性比较强的一种方法，应用较为广泛，使用简单方便。比例法的基本思想基于冒口根部直径大于铸件被补缩部位热节圆直径或厚度，即

$$D = Cd \qquad (4-14)$$

式中 D——冒口根部直径；

d——铸件被补缩部位热节处的内切圆直径(热节圆)；

C——比例系数。

采用比例法的步骤如下：首先根据零件图尺寸加上加工余量和铸造收缩率作图(最好按1∶1)直接量出，也可以根据铸件相交壁的尺寸进行计算，冒口根部的尺寸和冒口尺寸可参考表4-13。

表4-13 比例法设计冒口数据表

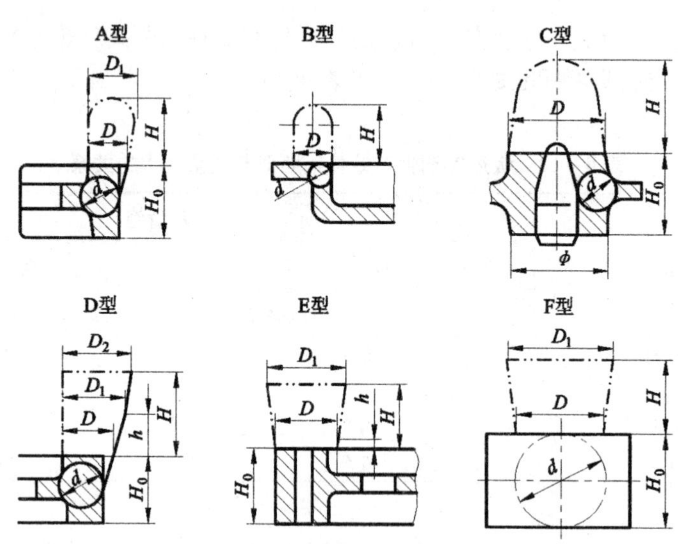

类型	H_0/d	D	D_1	D_2	h	H	冒口延伸度%	应用举例
A型	<5 >5	$(1.4\sim1.6)d$ $(1.6\sim2.0)d$	$(1.5\sim1.6)D$			$(1.8\sim2.2)D$ $(2.0\sim2.5)D$	25~40 30~35	车轮、齿轮、联轴器
B型	$1<d<50$	$(2.0\sim2.5)d$				$(2.0\sim2.5)D$	30~35	瓦盖
C型	<5 >5	$D=\phi$ $D=\phi$				$(1.3\sim1.5)D$ $(2.4\sim1.8)D$	100 100	

续表 4－13

类型	H_0/d	D	D_1	D_2	h	H	冒口延伸度%	应用举例
D 型	<5	$(1.5\sim1.8)d$	$(1.3\sim1.5)D$	$1.1D$	$0.3H$	$(2.0\sim2.5)D$	20	车轮
	>5	$(1.6\sim2.0)d$			$0.3H$	$(2.5\sim3.0)D$		
E 型	<5	$(1.3\sim1.5)d$	$(1.1\sim1.3)D$		15～20	$(2.0\sim2.5)D$	100	制动器
	>5	$(1.6\sim1.8)d$	$(1.3\sim1.5)D$		15～20	$(2.5\sim3.0)D$		
F 型		$(1.4\sim1.8)d$	$(1.3\sim1.5)D$			$(1.5\sim2.2)D$	50～100	锤坐立柱
		$(1.5\sim1.8)d$	$(1.3\sim1.5)D$			$(2.0\sim2.5)D$		

(1)确定冒口根部尺寸 D。冒口根部尺寸 D 值的系数在一定范围内变动，当 d 值小时，可取上限；当 d 值大时，可取下限。如表中 D 型，当 $H_0/D<5$ 时，$D=(1.5\sim1.8)d$，d 值大时可取 $D=1.5d$；d 值小时可取 $D=1.8d$。

(2)确定冒口高度。应注意的是表中给出的高度是以冒口根部直径 D 乘以一定范围的系数的，因此，要恰当地选择 H 和 D 的比例关系。

(3)确定冒口数量。表 4－13 中给出的冒口延伸度是指冒口根部总长度，即所有冒口根部水平方向长度的总和占被补缩铸件同方向长度的百分比。如果齿轮铸件轮缘直径为 $D_{件}$，其周长为 $\pi D_{件}$，一个冒口根部延轮缘长度方向的尺寸为 l，冒口数量为 n，则冒口延伸度为 $L=nl/\pi D_{件}\times100\%$。按表 4－13 D 型查得 $L=nl/\pi D_{件}\times100\%=30\%\sim35\%$，据此可求出每个冒口长度 l 值。同样，当 l 值确定后，也可求出冒口的个数 n。

(4)计算冒口的重量。冒口的大小尺寸是否恰当，可用工艺出品率来进行验算和调整。工艺出品率又称为成品率或铸件收得率。可按下式计算：

$$工艺出品率=\frac{铸件毛重}{(铸件毛重+浇冒口总重)}\times100\% \tag{4-15}$$

表 4－14 是碳钢和低合金钢工艺出品率。计算出的工艺出品率若大于表 4－14 给出的数值，说明冒口偏小，反之，说明冒口偏大，都应予以调整。重要件、质量要求高的件(如有气密性试验件)，工艺出品率要低些。必需指出的是上面表中给出的工艺出品率数值，并非绝对的，随着技术的进步，应努力提高工艺出品率。

表 4－14　碳钢和低合金钢工艺出品率

铸件类别	铸件毛重/kg	铸件绝大部分厚度/mm	工艺出品率	
			普通明冒口	暗冒口
小型铸件	100 以下	20 以下	约 65(65)	约 67(70)
		20～50	约 63(67)	约 63(67)
		50 以上	约 58(60)	约 64(64)
中型铸件	100～500	30 以上	约 66(67)	约 68(70)
		30～60	约 63(67)	约 66(68)
		60 以上	约 60(63)	约 64(66)
大型铸件	500～5000	50 以下	约 68(69)	约 69(76)
		50～100	约 64(67)	约 68(70)
		100 以上	约 62(64)	约 66(69)

续表 4－14

铸件类别	铸件毛重/kg	铸件绝大部分厚度/mm	工艺出品率	
			普通明冒口	暗冒口
特型铸件	5000 以上	50 以上 50～100 100 以上	约 65(65) 约 63(67) 约 58(60)	约 70(70) 约 68(70) 约 66(69)
机械加工的齿轮	500 以下 500～1000 1000 以上	—	— 56～59① 56～60①	58～62① 59～62① 59～62.5①
机械加工的齿圈	1000 以下 1000 以上	—	57～60① 59～61①	59～61① 60～62.5①
非加齿的齿圈	1000 以上	—	66～69	65～70
内外圆机械加工的圆桶活塞	1000 以上	—	61～67	62～69

①在轮缘不采用冷铁时。注：当铸件重要加工面较多时，工艺出品率就要低些，当机械加工面大于 50% 时，为大量机械加工铸件，采用括号内的工艺出品率。

下面以图 4－64 所示 ZG35SiMn 钢齿轮为例，用比例法确定冒口方案。从图中看出齿轮外径 $\phi775$ mm 高 180 mm，轮缘、轮毂与轮辐的交接处均为热节，需补缩。

(1)轮缘冒口尺寸计算。轮缘热节圆直径用作图法求出 $d=50$ mm，考虑补贴增厚把热节圆直径 d 的数值取为 60 mm，即 $d=60$ mm。$H_0/d=180/60<5$。

从表 4－13 中查知轮缘部分冒口的补缩属 A 型，则冒口尺寸为：

$D=(1.4\sim1.6)d=1.6\times60\approx90$ mm（考虑 d 比较小，取上限）。

$D_1=(1.5\sim1.6)D=1.5\times90\approx130$ mm。

$H=(1.8\sim2.2)D=1.8\times90\approx160$ mm。

初步设定 180 mm 长的冒口 6 个，其冒口的延伸度为（把直径近似取 800 mm）：

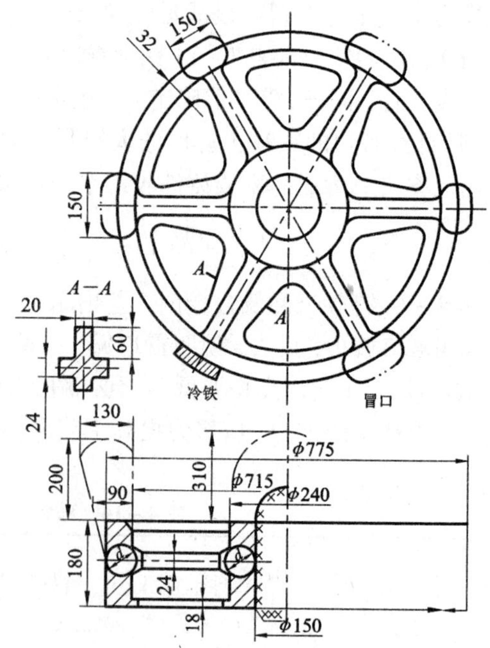

图 4－64　ZG35SiMn 钢齿轮

$$L=\frac{nl}{\pi D}=\frac{6\times180}{3.14\times800}\approx43\%$$

高于表 4－13 给出的标准。冒口尺寸可能偏大。

(2)钢轮毂冒口计算。轮毂从表 4－13 查知属 E 型补缩，轮毂冒口尺寸为 $D=240$ mm，$H=(1.3\sim1.5)D=1.3\times240\approx310$ mm。轮毂部分能满足需要。

校核工艺出品率：轮缘冒口、轮毂冒口和浇道共 200 kg，铸件重 250 kg。

工艺出品率 =250/(200 +250) =55%，显然低些，可以适当缩小冒口尺寸，提高钢的利用率。

4.7.3　模数法设计冒口

1) 铸件模数的概念

铸件凝固快慢主要取决于铸件本身所含热量多少和铸件冷却时散热的速度，前者与铸件体积成正比，后者则与铸件表面积成正比。将铸件体积除以散热面积定义为铸件的模数 *M*，即：

$$M=\frac{V}{A} \tag{4-16}$$

式中　*M*——铸件的模数，也称当量厚度或折算厚度、换算厚度(cm)；
V——铸件体积或局部体积(cm^3)；
A——铸件散热面积(cm^2)。

铸造技术引入铸件模数的概念，以表征铸件的散热速度。当铸件体积越小，散热面积越大，模数 *M* 数值愈小，则铸件冷却快，凝固时间短，反之亦然。根据铸件上不同部位模数的大小，可以分析比较铸件各个部位凝固的相对快慢。

如果在冒口设计中引入模数的概念，保证冒口的模数大于铸件中被补缩部位的模数，就能达到冒口比铸件更晚凝固的目的，这是冒口能起到补缩铸件的必要条件之一。

2) 铸件模数的计算

一般来说，模数的计算可以运用定义式 4 - 16 进行计算，但是计算过程比较繁琐，特别是很少计算整个铸件的模数，而只计算铸件局部结构的模数，基本可以满足需要。工程上将一个铸件看成由多个简单几何体的组合，因此，掌握简单几何体及组合体的模数计算公式显得更有必要。表 4 - 15 和表 4 - 16 列出了常用几何体和组合体的模数计算公式，使用时可以查表并进行计算。

表 4 - 15　简单几何体的模数计算公式

序号	几何体名　称	简图	模数计算公式
1	平板或圆板	D, T	$A \geqslant 5T$ 的平板或圆板 板中截出边长为 1 厘米的小方块， $V=1$ 厘米$^2 \times T$，$S=2$ 厘米^2 $M=\frac{V}{S}=\frac{T}{2}$厘米 因为板是由任意多个小方块组成，故其模数 $M=\frac{T}{2}$

续表 4－15

<table>
<tr><th>序号</th><th>几何体名 称</th><th>简图</th><th colspan="4">模数计算公式</th></tr>
<tr><td>2</td><td>矩形杆或方形杆</td><td> 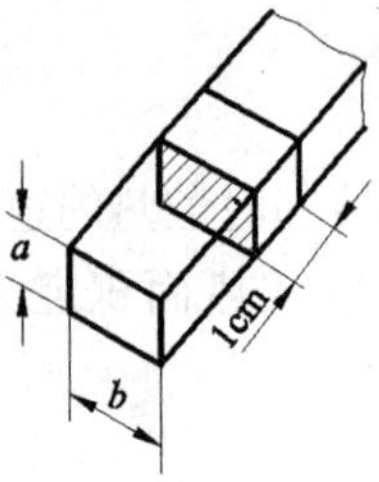</td><td colspan="4">矩形杆或方截面杆，杆中截取长度为 1cm 的小方块，
$V=a\times b\times 1cm$，
$S=(a+b)\times 1\text{cm}\times 2$，$M=\dfrac{V}{S}=\dfrac{a\times b}{2(a+b)}$长杆为任意多个小块组成，故其模数 $M=\dfrac{a\times b}{2(a+b)}$
方杆时 $a=b$，故 $M=\dfrac{a^2}{4a}=\dfrac{a}{4}$</td></tr>
<tr><td rowspan="4">3</td><td rowspan="4">立方体，正圆柱体，球体</td><td rowspan="4"> 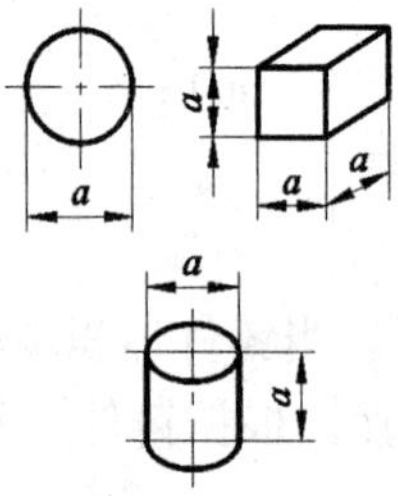</td><td colspan="4">正立方体及其内切圆柱体或内切球体：三者模数相同。</td></tr>
<tr><td></td><td>立方体</td><td>圆柱体</td><td>球体</td></tr>
<tr><td>V</td><td>a^3</td><td>$\pi a^3/4$</td><td>$\pi a^3/6$</td></tr>
<tr><td>S</td><td>$6a^2$</td><td>$\pi a^2/2+\pi a^2$</td><td>πa^2</td></tr>
<tr><td></td><td></td><td></td><td>M</td><td>$\dfrac{a}{6}$</td><td>$\dfrac{a}{6}$</td><td>$\dfrac{a}{6}$</td></tr>
<tr><td>4</td><td>实心圆柱体</td><td> 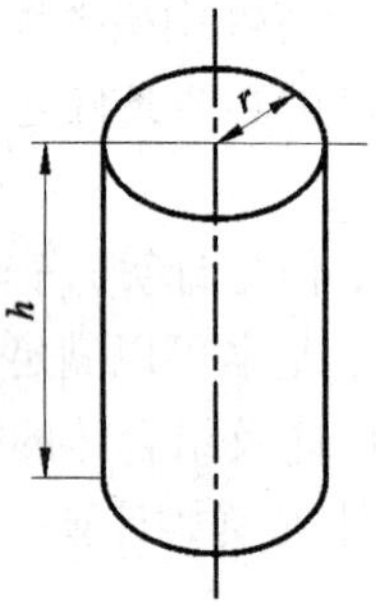</td><td colspan="4">实心圆柱体，$h\leqslant 2.5D$ 时，$V=\pi r^2 h$，$S=2\pi r^2+2\pi rh$
$M=\dfrac{\pi r^2 h}{2\pi r^2+2\pi rh}=\dfrac{rh}{2(r+h)}$
$h>2.5D$ 的圆柱体，其两端面可略去不计，$M=\dfrac{\pi rh}{2\pi rh}=\dfrac{r}{2}=\dfrac{D}{4}$</td></tr>
<tr><td>5</td><td>环形体或空心柱体</td><td> 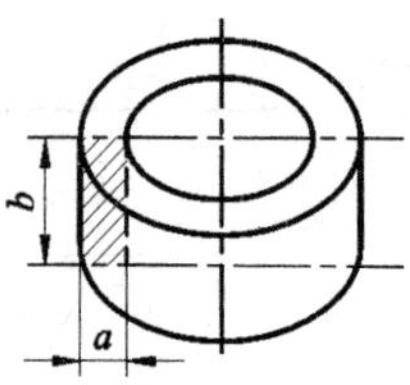</td><td colspan="4">$b<5a$ 空心环，$M=\dfrac{a\times b}{2(a+b)}$；
$b>5a$ 时的空心圆柱体或空心管子，$M=\dfrac{a}{2}$</td></tr>
<tr><td>6</td><td>梯形截面杆</td><td> 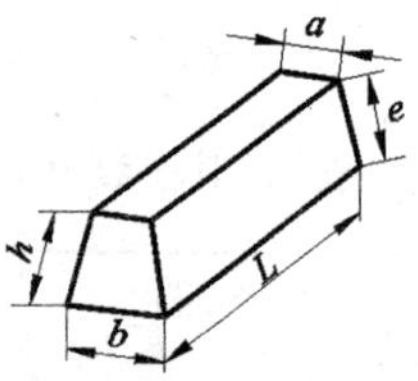</td><td colspan="4">梯形截面杆的模数：$M=\dfrac{(a\times b)h}{2(a+b+h+e)}$</td></tr>
</table>

表 4-16　简单组合体模数计算公式

序号	几何体名称	简图	模数计算公式
1	带法兰的环形体	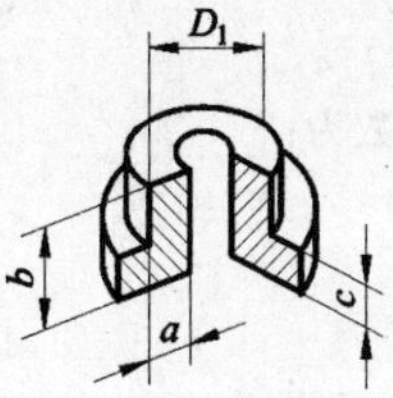	设 $D_n = n \times a$ $V = D_n \pi ab = na^2 \pi b$ $S = 2a^2 \pi n + a\pi(n+1)(b-c) + a\pi(n-1)b$ $M = \dfrac{V}{S} = \dfrac{ab}{2(a+b)} - \dfrac{c(n+1)}{n}$
2	角形杆状组合体	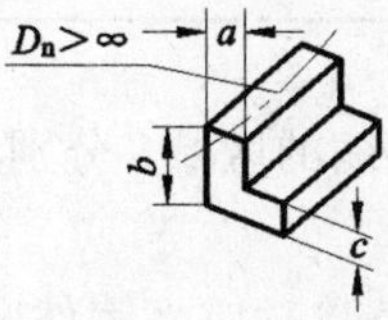	当 $D_n \to \infty$ 时，展开即成角形杆组合体 $M = \dfrac{ab}{2(a+b)-c}$
3	圆柱体与圆盘组合	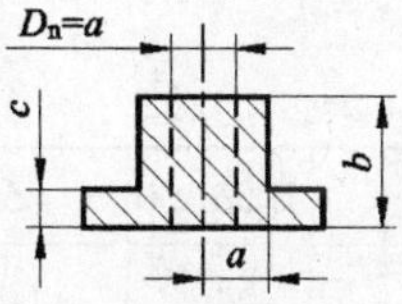	当 $D_n = n \times a = a$ $M = \dfrac{ab}{2(a+b-c)}$
4	圆柱体与板相交的轮毂	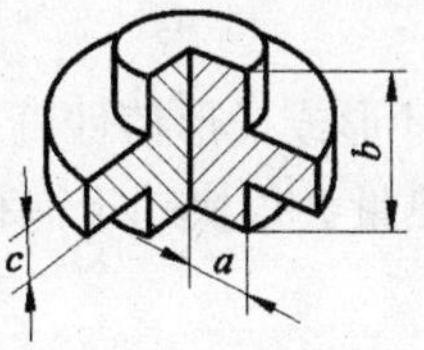	为上式的特殊情况，其模数为 $M = \dfrac{ab}{2(a+b-c)}$
5	两个矩形杆组成的轮体	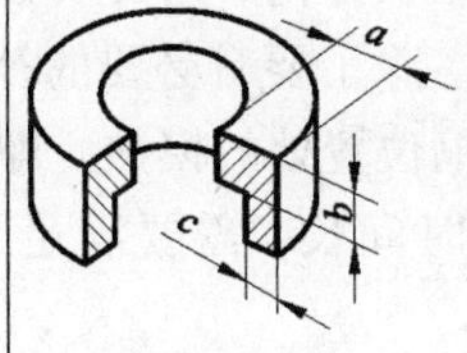	此类件可近似地展开成 $a \times b$ 的方形断面杆，模数 $M = \dfrac{ab}{2(a+b-c)}$
6	板件相交	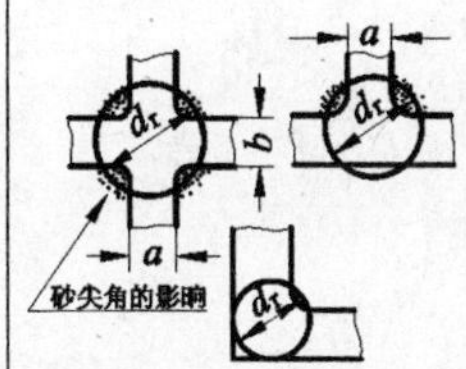	当板宽 $b \gg d_r/2$ 时，“+”、“T”、“L”形相交板的热节处模数为： $M = \dfrac{d_r}{2}$
7	杆件相交	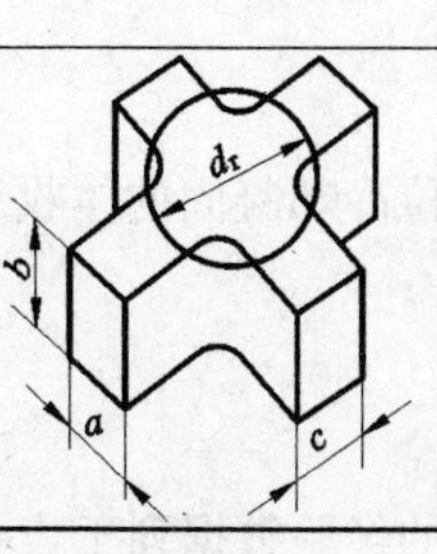	杆件与杆件相交处热节的模数为： $M = \dfrac{d_r b}{2(d_r + b)}$

续表 4-16

序号	几何体名称	简图	模数计算公式
8	相交杆与板件组合		相交杆与板相接处的热节模数为：$M=\frac{ad_r}{2(a+d_r-b)}$ b——假想板的非冷却面

实际上在计算铸件模数时，要把铸件划分为几个需要补缩的区域，分别计算每一区域的模数，其中最大的模数即为铸件的模数。

要注意的是环形铸件的内径(砂芯尺寸)很小时，计算模数时应将铸件厚度乘以系数 K，K 值见表 4-17。

表 4-17　系数 K 值

型芯直径 d/mm	5δ	4δ	3δ	2δ	1.5δ	5δ	$\delta/2$
系数 K	1.28	1.33	1.40	1.54	1.57	1.67	1.80

当砂芯直径小于外径 25% 时，按实心计算。这是因为环形或桶形铸件直径很小时，内表面及相应的型芯体也缩小。由于型芯是被封闭的，其吸收热量会很快趋于饱和。

3)模数法设计冒口原理

由于模数的大小反映了铸件凝固的快慢，不管铸件的形状如何，只要模数相等，它们的凝固时间就相等或大体相等。所以在用模数法设计冒口时，除了要有必要的补缩通道外，一个首要的前提条件是保证冒口的模数大于或等于铸件被补缩位置处的模数。即：$M_{冒}\geqslant M_{件}$

为了实现冒口的凝固时间比铸件被补缩的部位凝固时间长，需要满足下面几个比例关系：

明顶冒口：$M_{冒}=(1.1\sim1.2)M_{件}$　　(4-17)

暗顶冒口：$M_{冒}=(1\sim1.1)M_{件}$　　(4-18)

侧暗冒口：$M_{冒}:M_{颈}:M_{件}=1.2:1.1:1$　　(4-19)

在钢水通过冒口浇注时：$M_{冒}:M_{颈}:M_{件}=1.2:(1\sim1.03):1$　　(4-20)

其中，$M_{冒}$——冒口模数；

$M_{颈}$——冒口颈模数；

$M_{件}$——铸件被补缩部位模数。

冒口的体积内必须有足够的钢液来补偿铸件被补缩部位冷却凝固的体收缩，即：

$$V_{冒}-V_{冒终}=\varepsilon(V_{冒}+V_{件})\tag{4-21}$$

在保证无缩孔条件下，上式可以写成：

$$V_{冒}\eta\geqslant\varepsilon(V_{冒}+V_{件})\tag{4-22}$$

式中　η——冒口补缩效率，$\eta=V_{冒}+V_{冒终}/V_{冒}\times100\%$，$\eta$ 的经验数据列于表 4-18；

$V_冒$、$V_{冒终}$——冒口初始和终了的钢液体积(cm^3)；

$V_件$——铸件被补缩部位的体积(cm^3)；

ε——金属在液态和凝固期间的体收缩率(%)，具体数值见表4－19；

$\varepsilon(V_冒 + V_件)$——缩孔体积(cm^3)。

表4－18　冒口的补缩效率

冒口种类或工艺措施	圆柱形或腰圆形冒口	球形冒口	补浇冒口时	浇口通过冒口	发热保温冒口	大气压力冒口	压缩空气冒口	气弹冒口
η/%	12～15	15～20	15～20	30～35	25～30	15～20	35～40	30～35

在计算冒口时，一般首先按式(4－17)～式(4－20)确定冒口模数，然后校核冒口是否有足够的钢液补缩铸件的收缩。

4)模数法设计冒口步骤

(1)首先计算铸件的模数。通常多数铸件会有几个形状不同的热节点，这时应分别求出每个热节点部位的模数，以便安放大小不等、形状各异的冒口。

(2)计算冒口的模数。根据求出铸件各部位的模数，利用式(4－17)～式(4－20)计算对应部位冒口的模数$M_冒$。

(3)计算铸件合金的体收缩率ε。ε可从表4－19中查出钢的体收缩率，钢的体收缩率与其化学成分和浇注温度有关。

表4－19　确定铸钢体收缩率ε

普通碳钢体收缩率	合金钢的体收缩率
$\varepsilon = \varepsilon_c$	$\varepsilon = \varepsilon_c + \varepsilon_x$
1.5%C　1.0%C　0.8%C　0.4%C　0.2%C　0.1%C　0.0%C 碳钢的体收缩率 ε_C/%：0　1　2　3　4　5　6　7　8　9 浇注温度/℃：1400　1500　1600　1700 碳钢体收缩率与成分及温度的关系	ε_c与普通碳钢相同，可由左图中查出。 $\varepsilon_x = \sum K_i \cdot X_i$ ε_x——合金元素对体收缩率的影响； X_i——合金钢中各合金元素的含量，X分别为X_1，X_2，X_3…； K_i——各合金元素对体收缩率的修正系数，可从本表下栏中查出，各元素分别为K_1，K_2，K_3，…；则各合金元素体收缩量的总影响为$\varepsilon_c = \sum K_i X_i = K_1X_1 + K_2X_2 + K_3X_3$……

合金元素	W	Ni	Mn	Cr	Si	Al
修正系数	－0.53	－0.0354	+0.0585	+0.12	+1.03	+1.70

如计算 ZG1Cr18Ni9Ti 在 1550℃时的凝固收缩值，化学成分见表 4－20。从表 4－19 中查出 0.1%的碳含量的收缩值为 3%，Si、Mn、Cr、Ni 对收缩值的修正系数从表 4－19 中查出分别为 +1.03、+0.0585、+0.12、－0.0354，计算结果见表 4－20。

表 4－20　ZG1Cr18Ni9Ti 的凝固收缩值

成分		收缩修正系数 K	收缩值/%
元素	含量/%		
C	0.1	—	3
Si	1.5	+1.03	+1.545
Mn	2.0	+0.0585	+0.117
Cr	20	+0.12	+2.4
Ni	11	－0.0354	－0.389
合计	—	—	+6.637

（4）确定冒口的形状和尺寸。在冒口的模数和收缩率 ε 确定以后，依据选择冒口的类型和形状，从工厂或有关铸造手册的冒口资料中查到所需冒口的具体尺寸数据。

（5）校核冒口数目。依据冒口的有效补缩范围，校核冒口能否满足需要。

（6）校核冒口的最大补缩能力。在凝固过程中，铸件和冒口都产生凝固收缩，要做到铸件无缩孔，则要求集中在冒口内的缩孔总体积是：

$$V_{冒}\eta = \varepsilon(V_{冒} + V_{件})$$

对圆柱形和腰状柱形冒口的补缩效率为 $\eta = 14\%$，球形冒口 $\eta = 20\%$。故圆柱形和腰状柱形冒口和球形冒口能补缩的铸件的最大体积分别为

$$V_{件} = \frac{14 - \varepsilon}{\varepsilon V_{冒}} \text{和} V_{件} = \frac{20 - \varepsilon}{\varepsilon V_{冒}}$$

把已求出的冒口体积代入上面式子，即可得出冒口所能补缩的最大体积。如果求出的冒口体积数大于被补缩铸件或被补缩部位的实际体积，说明冒口补缩能力有余。反之，补缩能力不够，需要加大冒口尺寸。

5）模数法计算冒口的例子

以图 4－64 所示 ZG35SiMn 钢齿轮为例，用模数法确定冒口。

（1）铸件模数计算。将轮缘视为杆－板相交件，从图 4－64 给出的尺寸，$a = 60(d \approx a)$，$b = 180$，$c = 24$，则模数为：$M_{件} = \frac{a \times b}{2(a+b) - c} = \frac{6 \times 18}{2(6+18) - 2.4} = 2.37\text{cm}$。

（2）冒口模数 $M_{冒} = 1.1 \times 2.37 = 2.6\text{cm}$。

（3）合金的体收缩率为 $\varepsilon = \varepsilon_c + \varepsilon_x$，ZG35 钢 1540℃浇注温度从表 4－19 查出 $\varepsilon_c = 4.7\%$，$\varepsilon_x = 0.0585 \times 1 + 1.03 \times 1 = 1.0885\%$（Mn：1%，Si：1%）。

所以 $\varepsilon = 4.7\% + 1.0885\% = 5.79\%$，取 6%。

（4）依据 $\varepsilon = 6\%$ 和 $M_{冒} = 2.6$ cm，查标准腰形冒口表 4－21，一个冒口最多只能补缩 4.7 $\times 10^3$ cm^3 铸件体积。

表 4-21 标准腰形明冒口($b=1.5a$, $h=1.25a$)

类型Ⅰ	类型Ⅱ
(图)	(图)

类型	M_R (cm)	a (mm)	b (mm)	h (mm)	V_R (dm³)	G_R (kg)	4.5% V_C (dm³)	4.5% G_C (kg)	5% V_C (dm³)	5% G_C (kg)	6% V_C (dm³)	6% G_C (kg)	7% V_C (dm³)	7% G_C (kg)
Ⅰ	2.19	100	150	125	1.8	13	3.9	30	3.3	26	2.5	19	1.8	14
Ⅱ	2.07				1.6	11	3.3	26	2.9	22	2.1	16	1.6	12
Ⅰ	2.40	110	165	138	2.5	17	5.2	41	4.5	35	3.3	26	2.5	19
Ⅱ	2.27				2.1	15	4.5	35	3.8	29	2.8	22	2.1	16
Ⅰ	2.62	120	180	150	3.2	22	6.8	53	5.8	45	4.3	33	3.2	25
Ⅱ	2.48				2.8	19	5.8	45	5.0	39	3.6	28	2.8	21
Ⅰ	2.84	130	195	163	4.1	28	8.7	68	7.4	58	5.5	43	4.1	32
Ⅱ	2.69				3.5	24	7.4	58	6.3	49	4.7	36	3.5	27

注：a、b、h、V_R、G_R 为冒口参数；右侧为当收缩率为下列值时，最大能补缩的铸件体积 V_C(G_C)。

(5)验算冒口补缩能力。轮缘设1个冒口，一个冒口应补缩轮缘部分最大体积为 $1/6V_{件}$，即：图4-64中铸件高180 mm，轮缘长 $\pi D=3.14\times775\approx2500$ mm $=250$ cm，铸件壁厚近似取4 cm，则：

$$\frac{1}{6}V=\frac{18\times4\times250}{6}=3\times10^3$$

显然 4.7×10^3 cm³ 的补缩体积能力有较大余地，适当缩小冒口尺寸，可以满足需要。

轮毂视为空心圆柱体或圆环体，依图4-64给出的尺寸计算。

轮毂厚度为 $\delta=(240-150)/2=45$ cm；

轮毂砂芯直径 3×45 cm ≈150 cm；

查表4-18修正系数 $K=1.4$；

则轮毂模数的计算厚度为 1.4×45 cm。

然后就可以按空心圆柱体模数公式计算出轮毂的模数值 $M_{件}$，接下来的步骤同上。

4.8 铸铁件冒口设计

4.8.1 灰铸铁件冒口设计

灰铸铁凝固时，由于石墨化膨胀可以抵消大部分凝固时的体收缩，因此，冒口主要用于补给液态体收缩。低牌号灰铸铁的碳、硅含量高，凝固收缩小，小型普通灰铸铁件可以不设补缩冒口。高牌号灰铸铁、合金灰铸铁和中、大型普通灰铸铁件需要设置补缩冒口。

铁液的冷却速度越快，其收缩量越大。冷却速度主要受浇注温度、铸件壁厚和砂型的性质等影响。因此，设计冒口尺寸时，应考虑铸件壁厚、冷却速度、铸型性能的影响。

1）灰铁件冒口的补缩距离

灰铁件冒口的补缩距离一般为铸件壁厚或热节圆直径的 6 ~ 11 倍，高牌号灰铸铁取偏小值。

灰铸铁件冒口的补缩距离与铸铁的共晶度有关，见图 4 – 65，由图可知，共晶度越低，灰铸铁件冒口补缩距离越短。

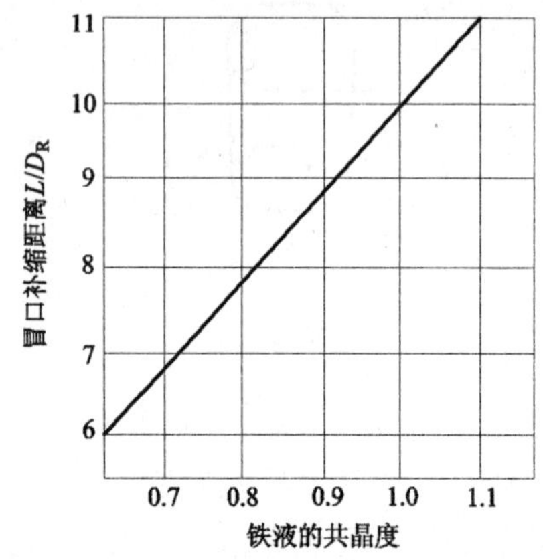

图 4 – 65　共晶度对灰铁件冒口补缩距离的影响

L—冒口补缩距离；　D_R—冒口直径

2）灰铸铁冒口尺寸的确定

灰铁件冒口尺寸主要用比例法来确定。它是从顺序凝固原则出发，以铸件热节圆或截面厚度为基础，按比例放大求得冒口直径和高度。常用的冒口形式和参数见表 4 – 22。对于高牌号铸铁、合金铸铁和质量要求高的铸铁件，取表中数值的上限，反之取下限。

表 4 – 22　常用冒口的形式和参数

明顶冒口	明边冒口	暗边冒口
$D_R=(1.2\sim2.5)T$ $H_R=(1.2\sim2.5)D_R$ $d=(0.8\sim0.9)T$ $h=(0.3\sim0.35)D_R$	$D_R=(1.2\sim2.5)T$ $H_R=(1.2\sim2.5)D_R$ $a=(0.8\sim0.9)T$ $b=(0.6\sim0.8)T$	$D_R=(1.2\sim2.5)T$ $H_R=(1.2\sim2.5)D_R$ $H=0.3H_R$ 浇道通过冒口浇注时： $d=(0.33\sim0.5)T$ 浇道不通过冒口浇注时： $d=(0.5\sim0.66)T$

注：1）T 为铸件厚度或热节圆直径。

2）明冒口高度 H_R 可以根据砂箱高度适当调整。

3）随着明冒口直径 D_R 增大，冒口颈处的角度取小值。

4.8.2 可锻铸铁件冒口设计

可锻铸铁件的生产过程由两步构成：首先是铸造出白口铸件，然后经石墨化退火得到可锻铸铁件。白口铸铁没有自补缩能力，凝固收缩要靠冒口补缩，以消除缩孔和缩松缺陷。

可锻铸铁件的冒口补缩距离通常取铸件壁厚的4~4.5倍，厚壁铸件取下限。

白口铸铁的液态和凝固体收缩率比较大，如果过热度为100℃，则它从浇注温度到凝固结束的体积收缩率见表4-23。

表4-23 亚共晶白口铸铁凝固体收缩率

w_C	2.0	2.5	3.0	3.5	4.0
体积收缩率 ε/%	6.6	6.3	6.0	5.7	5.4

可锻铸铁件通常采用侧冒口，而且铁液通过冒口进入型腔，如图4-66所示。当铸件质量大于1 kg，按模数法设计冒口时，冒口的直径和冒口颈截面积可由图4-67查出。

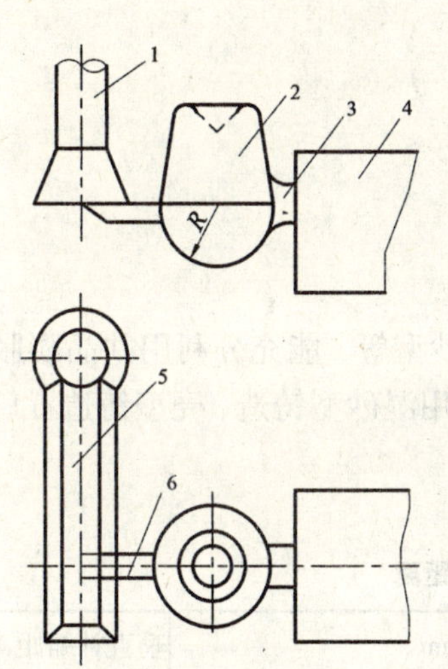

图4-66 可锻铸铁件带暗冒口的浇注系统

1—直浇道；2—暗冒口；
3—冒口颈；4—铸件；
5—横浇道；6—内浇道

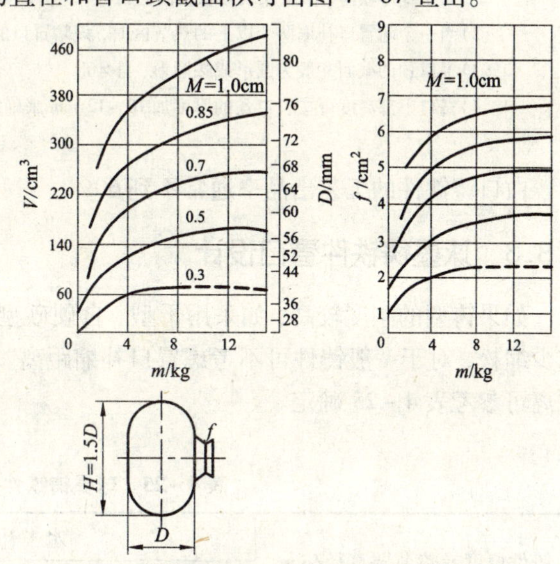

图4-67 确定可锻铸铁件补缩冒口尺寸图

V—冒口体积；D—冒口直径；
f—冒口颈截面积；m—铸件质量；
M—铸件模数

对于薄壁铸件，按比例法设计冒口时，重量较大或较高的铸件，取冒口直径 $D_R=(3\sim5)T$，T 为铸件的壁厚或热节圆直径；对于一般铸件，取冒口直径 $D_R=(2.2\sim3.0)T$。冒口尺寸可参考表4-24。

表 4-24 可锻铸铁件侧暗冒口尺寸的确定

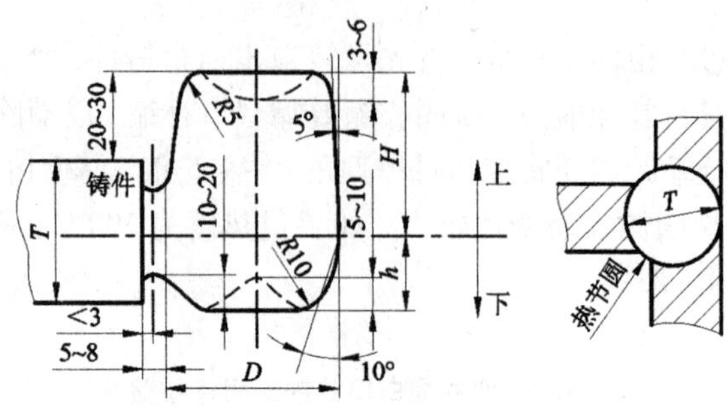

冒口直径 D	铸件被补缩位置		冒口颈截面积与补缩热节圆面积之比
	上型	下型	
$D=(2.2\sim2.8)T$	$H=1.5D$ $h=0.25D$	$H=D$ $h=0.25D$	(1~1.5):1

注： 1)对于壁厚较薄，但重要或形状较高的铸件，D/T 的数值应适当扩大，一般可取 $D=(3\sim4)T$。

2)当一个暗冒口补缩两个以上的热节区时，该暗冒口的直径要相应增大到表中数据的 1.2~1.3 倍。

3)冒口颈的截面一般为圆形或腰圆形、月牙形。

4)冒口下部高度可按冒口颈的厚度加 10~12 mm 来确定。

白口铸铁件的工艺出品率通常不到 60%。

4.8.3 球墨铸铁件冒口设计

如果铸型的刚度较高，如采用干型、自硬砂型、水泥砂型等，能充分利用共晶膨胀压力减少缩松，对于一般铸件可不考虑冒口补缩距离。如果采用湿砂型铸造、壳型铸造冒口补缩距离可参考表 4-25 确定。

表 4-25 球墨铸铁件冒口补缩距离

铸件厚度或热节圆直径/mm	水平补缩距离/mm			垂直补缩距离/mm
	湿型	湿型	湿型	壳型
6.35	—	31.75	—	—
12.75	101.6~114.3	101.6	88.9	88.9
15.86	—	—	127	—
19.05	—	—	—	133.4
25.4	101.6~127	104.3	127	165.1
38.10	139.7~152.4	—	—	228.6
50.8	—	228.6	—	—

注：表中三组湿型数据是在不同试验条件下获得的。

球墨铸铁的液态体收缩率 ε，与浇注温度 t_p，碳当量 CE 的关系见图 4-68。

球墨铸铁件可以采用与灰铁件类似的压边冒口，也可以采用如下方法设计冒口。

1）比例法设计冒口

比例法设计冒口遵循顺序凝固原则，即铸件比冒口颈先凝固，冒口颈比冒口先凝固。铸件的液态体收缩由冒口补给，铸件进入共晶膨胀期把多余的铁液挤回冒口，依靠冒口中的铁液重力消除凝固后期的缩孔、缩松。这种设计方法，虽不能消除铸件的缩松，但可用于任何壁厚各种砂型的球墨铸铁件铸造，对砂型的刚度无严格要求。但这种冒口的尺寸较大，工艺出品率低，增加铸件成本。对厚实球墨铸铁件采用大冒口补缩的效果，不如采用压边冒口的好。常见的冒口尺寸设计方法见表 4－26。

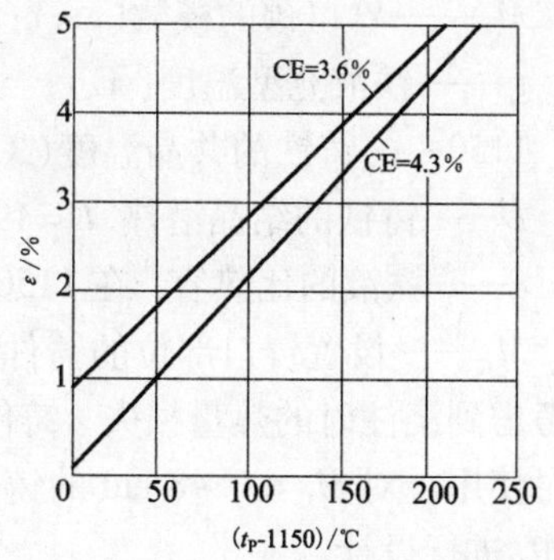

图 4－68　球墨铸铁的液体收缩率与浇注温度和碳当量的关系

表 4－26　球墨铸铁件冒口尺寸

明冒口	侧冒口	半球形冒口	环形冒口
$D_R=(1.2\sim3.5)T$ $H_R=(1.2\sim2.5)D_R$ $B=(0.4\sim0.7)D_R$ $h=(0.3\sim0.35)D_R$	$D_R=(1.2\sim3.5)T$ $H_R=(1.2\sim1.5)D_R$ $A=(0.8\sim0.9)T$ $S_1=(0.8\sim1.2)T$ $L=(0.3\sim0.35)D_R$ $h=(0.4\sim0.5)D_R$ $R=(0.5\sim0.7)D_R$ $S=3D_R/4$	$H_R=(1.5\sim4)T$ $D_R=2H_R$ $\alpha=30°\sim40°$ $\phi=25\sim35$ $R=(0.25\sim0.4)H_R$	$H_R=(0.5\sim1.0)H_c$ $b_R=(1.5\sim2.5)T$ α 取值如下： $H_R=0.5H_c$，$\alpha=30°$ $H_R=0.8H_c$，$\alpha=45°$ $H_R=H_c$，$\alpha=60°$

注：1）一般壁厚铸件，取 $D_R=T+50$ mm。
2）圆柱体、立方体等取 $D_R=(1.2\sim1.5)T$。

2）控制压力法设计冒口

按照铸件的模数不同，采用三种设计方法。

（1）直接压力冒口设计。这种方法适用于 $M_C\leqslant0.48$ cm 的铸件。设置冒口的目的是补给铸件的液态收缩，因此、冒口颈应在铸件液态收缩结束或共晶膨胀开始时及时凝固，利用铸件全部共晶膨胀压力补偿铸件的二次收缩以消除铸件缩松。

根据金属由浇注温度冷却到共晶温度，铸件单位表面积释放的热流量等于冒口颈从浇注温度到完全凝固通过单位表面积的热流量，得出的冒口颈模数 M_N 的计算式为：

$$M_N=\frac{(t_p-1150)M_C}{t_p-1150+\dfrac{L}{c}} \tag{4-23}$$

式中 M_N——冒口颈的模数(cm)；

t_p——铁液充型温度(℃)；

1150——铸铁的共晶温度(℃)；

L——铸铁的结晶潜热，$L = 193 \sim 247$ kJ/kg；

c——铁液的比热容，在 1150 ~ 1350℃范围内，$c = 835 \sim 9637$ J/(kg · K)；

M_C——设置冒口部位的铸件的模数(cm)。

考虑到浇注时的热量损失、铸件外壳凝固的热损失等，将式(4－23)整理成图 4－68，供设计时使用。对 $M_C \leqslant 0.48$ cm 的铸件，通常采用浇注系统当作冒口进行补缩，内浇道的截面积按 M_N进行设计。

应用实例如图 4－69 所示，铸件壁厚 9.5 mm，模数 $M_C = 0.47$ cm，充型温度为 1320℃时，由图 4－68 得内浇口模数 $M_N = 0.4$ cm。图中浇注系统的阴影部分起冒口作用。

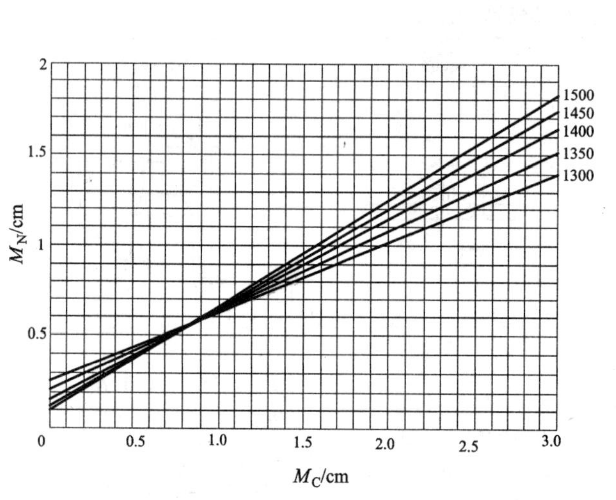

图 4－68 $M_N - M_C$的关系曲线

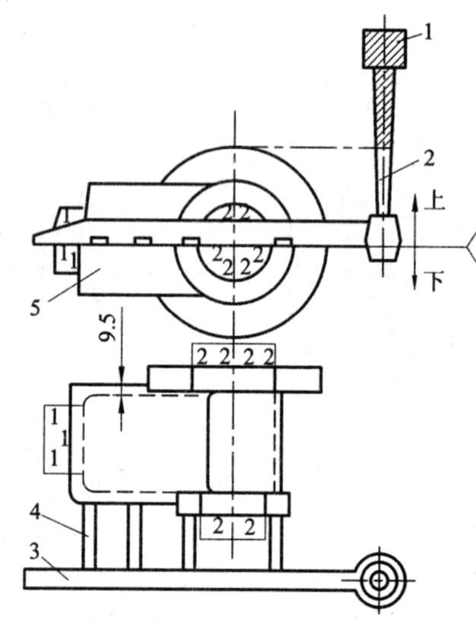

图 4－69 浇注系统兼作冒口

1—浇口杯； 2—直浇道； 3—横浇道； 4—内浇道(冒口颈)； 5—铸件

(2)控制压力冒口设计。这种冒口适用于 $0.48\ \text{cm} < M_C < 2.5$ cm、砂型硬度大于 85 的湿型生产的球墨铸铁件。其基本原理如图 4－70 所示，浇注结束后，冒口补给铸件的液态体收缩。在铸件发生共晶膨胀初期冒口颈畅通，允许铸件内部铁液回填冒口以释放共晶膨胀的过剩压力。在铸件共晶膨胀结束之前，冒口颈凝固截断通道以控制回填程度，或者以一定的暗冒口容积控制回填程度，利用部分共晶膨胀在铸件内建立适度的内压力以抵消二次收缩缺陷，从而获得既无缩孔和缩松，又能避免胀大变形的铸件。这种冒口又称“释压冒口”。

要控制冒口的回填，可采取以下三种方法：冒口颈适时凝固；利用暗冒口的容积实现控制，暗冒口被回填，即告终止；采用冒口颈尺寸和暗冒口容积双重控制。上述三种控制回填量的方法都是可行的。考虑到生产中金属的冶金质量和浇注温度出现较大波动时，对冒口颈的凝固时间、金属的液态收缩量、冒口中金属的比容等有较大影响，因而也将影响回填冒口的金属量，以及对铸件中共晶膨胀压力的控制。所以无论采用哪一种控制方法，都必须重视金属的浇注温度和冶金质量。三种方法中以同时利用冒口容积和冒口颈的凝固时间进行控制

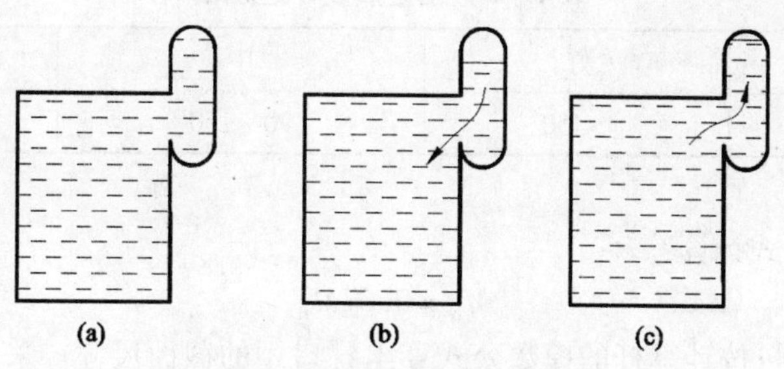

图4-70　控制压力冒口作用示意图

(a)浇注初期；(b)铸件液态收缩阶段；(c)铸件膨胀回填阶段

更为合理可靠。但明冒口只能用冒口颈尺寸来控制，浇注温度、冶金质量的波动都可以使控制失败，因此并不十分可靠。一般控制压力冒口选择侧暗冒口或压边暗冒口，安放在铸件的厚大部分。

冒口模数 M_R 主要与设置冒口部分的铸件模数 M_C 和金属液的冶金质量有关，见图4-71。冶金质量好时，M_R按"冶金质量好"曲线取值；冶金质量差时，M_R按"冶金质量差"曲线取值；冶金质量一般时，取两条曲线之间的中间值。以选定的冒口模数 M_R 值计算冒口尺寸，以冒口有效补缩体积(即高于铸件最高点的体积)校核铸件液态收缩所需补缩的体积，两者都满足要求时，所选择的冒口尺寸合适，一般要求冒口有效补缩体积应大于铸件液态收缩体积。铸件液态体积收缩率($\varepsilon = V_S/V_C$)由图4-72确定。

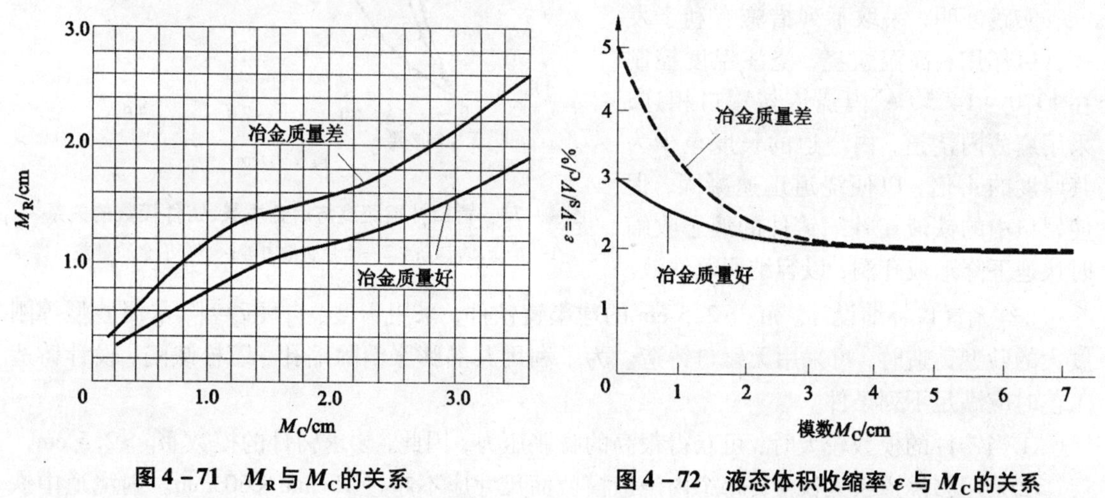

图4-71　M_R与M_C的关系

图4-72　液态体积收缩率 ε 与 M_C 的关系

V_C——设置冒口部位的铸件体积；

V_S——铸件液态收缩体积

根据金相试样上的石墨球数确定冶金质量。从25.4 mm厚(M_C = 0.79 cm)的Y形试样上截取金相试样，以1 mm^2面积上的石墨球数作为评定标准，见表4-27。

表 4－27　冶金质量评定标准

冶金质量等级	好	中	差
石墨球数(个/mm^2)	>150	90～150	<90

冒口颈模数按下式计算：

$$M_N = 0.67M_R \tag{4-24}$$

由上式计算后，再按计算杆的模数公式算出冒口颈的截面尺寸。采用短冒口颈，其横截面可选用圆形、正方形或矩形。采用暗冒口容积和冒口颈模数双重控制，可在湿砂型中铸造出合格的铸件。

凝固部位能向冒口输送回填铁液的距离与冶金质量和铸件的模数密切相关，见图 4－73。冶金质量好、模数大，输送距离也大。超出可输送距离的部位，铸件内膨胀压力过大，可能导致型壁移动，促成铸件胀大变形，铸件内部可能产生缩松。向冒口输送回填铁液的距离称为冒口补缩距离。质量要求高且壁厚均匀的球墨铸铁件，可依据冒口补缩距离，计算冒口数量。

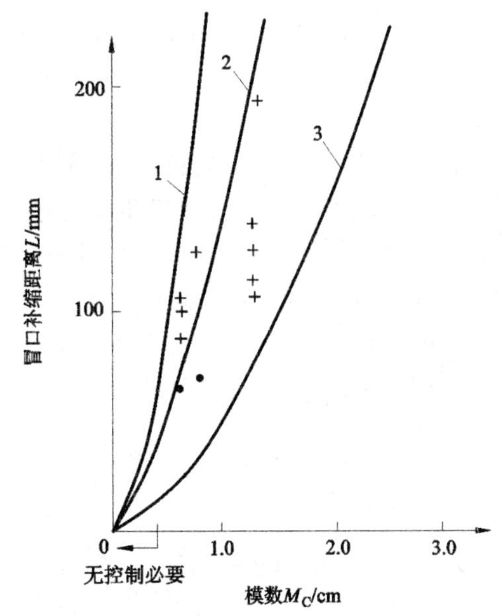

图 4－73　冒口补缩距离与冶金质量、铸件模数的关系

1—冶金质量好；　2—冶金质量中等；　3—冶金质量差

实践证明，采取下列措施有利于发挥冒口作用：高温快浇，浇注温度控制在 1370～1425℃；内浇道与冒口相连；采用扁薄内浇道，内浇道的长度至少为其厚度的 4 倍，以便浇道迅速凝固，促使冒口中的铁液在补缩铸件的液态收缩时快速下降形成孔洞，以容纳回填铁液。

(3)无冒口补缩设计。M_C >2.5 cm 的球墨铸铁件，采用干型、自硬砂型、水泥砂型等刚度大的砂型铸造时，可采用无冒口铸造。为了利用共晶膨胀消除缩孔、缩松缺陷，设计铸造工艺时应满足下列条件。

①当铸件的模数较大时，可获得很高的膨胀压力，因此，要求铸件的模数 M_C >2.5 cm，

②采用多浇道引入铁液，每个内浇道横截面尺寸应不超过 15 mm×60 mm。内浇道中铁液快速凝固使铸件内部很快建立起共晶膨胀压力。

③设置 ϕ20 的明排气孔，约 0.5 m^2放 1 个，均匀布置。

④采用高硬度、高刚性的砂型，防止型壁移动。铸型的上型和下型紧固牢靠，防止抬箱。

⑤冶金质量好，以减小铁液一次和二次收缩量，降低缩孔、缩松倾向。

⑥低温快浇，浇注温度控制在 1300～1350℃，以减少液态体收缩量。

⑦为了安全起见，可采用 1～2 个重量不超过 2% 的小暗冒口，用于消除可能生产的轻微缩松和缩孔。

4.9　有色合金铸件冒口设计

4.9.1　有色合金铸件冒口补缩距离

1)铜合金铸件冒口补缩距离

锡青铜、磷青铜、铅青铜和部分黄铜的凝固温度范围宽，呈糊状凝固，冒口的有效补缩距离短，易出现缩松缺陷，通常采用冒口和冷铁配合使用的方法来消除它。无锡青铜和部分黄铜的凝固温度范围较窄，易形成集中缩孔，这类铸件冒口的有效补缩距离较大，只要冒口设计得合理，便可消除缩孔。典型铜合金铸件冒口的有效补缩距离见表 4 - 28。

表 4 - 28　典型铜合金铸件冒口的有效补缩距离

合金类型	铸件形状	末端区长	冒口区长	补缩距离
锡锌青铜(Sn 80%，Zn 4%)	板状件 杆状件	$4T$ $10\sqrt{T}$	0	$4T$ $10\sqrt{T}$
铝铁青铜(Al 9%，Fe 4%)	板状件	$5.5T$	$3T$	$8.5T$
锰铁黄铜(Cu55%，Mn3%，Fe1%)	板状件	$5T$	$2.5T$	$7.5T$

注：1)在干型、水平浇注条件下测出。

2) T 为板或杆的厚度。

2)铝合金铸件冒口补缩距离

铝合金的特点是密度小、导热快、熔点低、收缩大。共晶型铝合金易形成集中缩孔；非共晶型铝合金呈糊状凝固，冒口补缩效果较差，容易出现缩松缺陷。共晶型铝合金的冒口有效补缩距离 $L=4.5T$，非共晶型铝合金有效补缩距离 $L=2T$(T 为铸件厚度)。对于含硅 7% 或含铜为 4% 的铝合金，几乎无法确定其补缩距离，因为不论板的长度如何，剖开后均不同程度地存在分散缩松。铝合金铸件冒口的有效补缩距离见表 4 - 29。

表 4 - 29　铝合金铸件冒口的有效补缩距离

简图	铝合金类型	冒口补缩距离
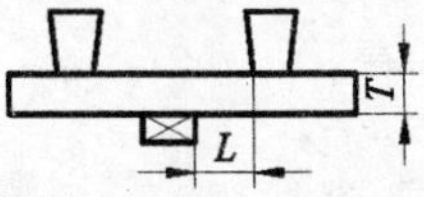	共晶型	$L=4.5T$
	非共晶型	$L=2T$

4.9.2　有色合金铸件冒口设计

1)确定冒口形式和尺寸

有色合金铸件冒口形式和尺寸可参照表 4 - 30 来确定。在确定冒口尺寸时，一般小件或质量要求高的铸件，系数取上限。

表 4－30　有色金属铸件冒口的尺寸

简图	合金种类	冒口尺寸/mm	应用特点
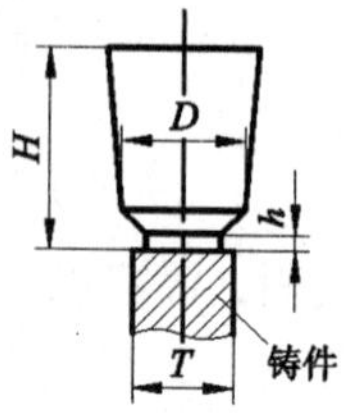 H, D, h, T, 铸件	锡青铜和磷青铜	$D=1.2T$ $H=(1.5\sim2)T$ $h=5\sim8$	适用于圆柱形、矩形及丁字形截面铸件。
	铝青铜和黄铜	$D=(1.3\sim1.5)T$ $H\geqslant2T$ $h=5\sim8$	
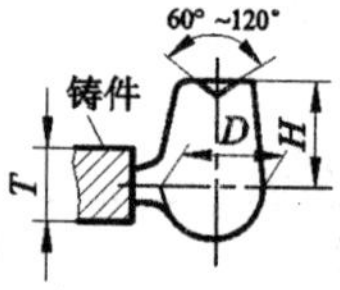 60°~120°, 铸件, D, H, T	锡青铜和磷青铜	$D=(1.2\sim1.5)T$ $H=(1.5\sim2.5)D$	适用于轮、套类铸件
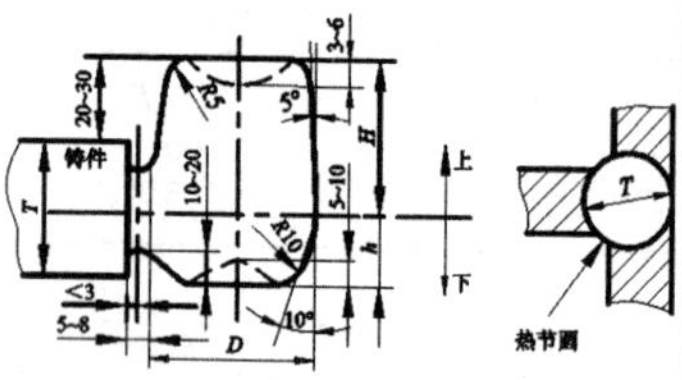 3~6, 20~30, R5, 5°, H, 铸件, T, 10~20, 5~10, 上, R10, h, 下, ≤3, 5~8, 10°, D, T, 热节圆	铝合金	$D=(1.2\sim2)T$ $H=(1.2\sim2)D$ $h=5\sim8$	一般在铸件壁厚 $\delta\geqslant25$ mm 或要求高的铸件 $\delta\geqslant20$ mm 时，才设置冒口，且多与冷铁配合使用。

注：一般小件或质量要求较高的铸件，系数取上取。表 4－30 是设计图表中的极少部分，具体设计时参阅专业设计手册图表资料。

2）确定冒口数目的

根据有色合金铸件冒口有效补缩距离和需要补缩区域大小确定。

第5章
铸造工艺设计

铸造生产过程从零件图分析开始，一直到铸件成品验收合格入库为止，要经过很多道工序。对于生产某一个铸件，制订铸造生产工艺技术文件的过程就是铸造工艺设计。工艺技术文件以图形、文字和表格的形式对铸件的生产工艺过程进行科学的规定，称为工艺规程。铸造生产工艺规程是铸造生产的直接指导性文件，也是技术准备和生产管理的依据。

5.1　铸造工艺设计基础

铸造工艺设计的目标就是采用先进的工艺方法获得高质量、低成本的铸件。

5.1.1　铸造工艺设计的依据

在设计之前，设计人员必须掌握工厂的生产条件，了解主产任务和要求等详细情况。这些是铸造工艺设计的原始条件和基本依据。

1)生产任务和要求

(1)零件图。所提供的零件图必须清晰无误，有完整的尺寸和各种标注。对图样应仔细审查，认为有必要进行修改时，需与设计方或订货方共同协商，以修改后的图样作为铸造工艺设计的依据。

(2)零件的技术要求。它主要包括金属材料的牌号、金相组织、力学性能；铸件重量、尺寸允许偏差、是否经过水压、气压试验；零件的工作条件；允许缺陷存在的部位和缺陷程度等。在编制工艺时，应满足这些技术要求。

(3)产品数量及交货期。根据产品数量计算出生产纲领后，其生产组织方式有三种形式：年产量大于5000件以上的为大量生产，生产过程中应尽量使用专用设备和装备；年产量在500～5000件的为成批生产，生产过程中一般应使用通用设备和装备；铸造一件或年产量小于500件的即为单件或小批量生产，生产过程中所用工艺装备应尽可能简单以缩短生产准备时间和降低工艺装备的费用。交货期是指生产厂家向订货方交付合格铸件的日期。

(4)铸件成本和环境保护。铸造工艺设计人员应时刻关心铸件成本、节约能源和环境保护问题。从零件结构的铸造工艺性的改进到造型、造芯方法的选择，铸造工艺方案的确定，浇注系统和冒口的设计，直至铸件清理方法等，每道工序都与上述问题有关。例如对铸钢件采用保温冒口后，绝大多数的铸件工艺出品率都可以提高 10% ~20%，甚至更高。对铸钢来说，这种损耗约占 6%。用普通砂型冒口的铸钢件成品率约为 43%；而用保温冒口的铸钢件成品率约为 68%。相应地，利润率也由原来的 5.37% 增加为 14.16%。

采用不同的铸造工艺，对铸造车间或工厂的金属成本、熔炼金属量、能源消耗、铸件工艺出品率和成品率、工时费用、铸件成本和利润率等，都有显著的影响。

铸造工艺设计中要注意节约能源。例如，采用湿型铸造法比干型铸造法要节省燃料消耗。使用自硬砂型取代普通干砂型，采用冷芯盒法制芯，而不选用普通烘干法制或热芯盒法，都可以节约燃料或电力消耗。

为了保护环境和维护工人身体健康，在铸造工艺设计中要避免选用有毒害和高粉尘的工艺方法，或者应采用相应对策，以确保安全和不污染环境。例如，当采用冷芯盒制芯工艺时，对于硬化气体中的二甲基乙胺、三乙胺、SO_2 等应进行严格的控制，经过有效地吸收、净化后，才可以排放入大气。对于浇注、落砂等造成的烟气和高粉尘空气，也应净化后排放。

2）车间条件

（1）车间设备。包括车间各种设备的生产能力，如起重运输设备能力（最大起重量和高度），造型机及制芯机型号和机械化程度，熔化炉的数量和主产率，烘干炉和热处理炉的大小，厂房高度和大门尺寸等。

（2）各种原材料的使用和供应情况。

（3）车间工人的技术水平和生产经验。

（4）制造模具等工艺装备车间的加工能力。

5.1.2 铸造工艺规程

为了使制订的铸造工艺便于执行、遵守和交流，用文字、表格及图纸说明铸造工艺的顺序、方法、工艺规范以及所采用的材料和规格的技术文件，称为铸造工艺规程。

在铸造生产中，编制出合理的铸造工艺规程，对安全和文明生产，改善劳动条件，促进企业生产和管理的科学化等方面都有着重要的意义。编制和贯彻工艺守则和铸造工艺规程是获得优质高产铸件的一项技术管理措施。

铸造工艺规程可分为下列两类：

1）铸造工艺守则

铸造工艺守则也称为铸造操作规程，它对工人共性的操作做了具体的规定，不因铸件的变换而变更，所以，它是铸造车间通用的技术文件。铸造工艺守则的种类和内容，可根据铸造车间的具体生产情况制定。常规的铸造工艺守则有配砂工艺守则、造型工艺守则、制芯工艺守则等。铸造工艺守则一般是以条款的形式来表达的。

2）铸造工艺文件

通常所说的铸造工艺文件是指铸造工艺图、铸件图、铸型装配图和铸造工艺卡片等，也称“三图－卡”。广义上讲，铸造工艺装备的设计也属于铸造工艺设计的内容，例如模样及模板图、芯盒图、砂箱图、压铁图、专用量具和样板图、组合下芯夹具图等等。这些工艺文件的格式和内容，是针对每个具体铸件而制定的。

5.1.3　铸造工艺设计步骤

铸造工艺设计内容的繁简程度，主要决定于批量的大小、生产要求和生产条件。一般包括下列内容：铸造工艺图，铸件(毛坯)图、铸型装配图(合箱图)、工艺卡及操作工艺规程。

大量生产的定型产品、特殊重要的单件生产等铸造工艺设计内容一般比较细致。单件、小批生产的一般性产品，设计内容可以简化。在最简单的情况下，只绘制一张铸造工艺图。

铸造工艺设计项目的内容和程序见表 5－1。

表 5－1　铸造工艺设计的一般内容和程序

项目	内容	用途及应用范围	设计程序
铸造工艺图	在零件图上，用标准(JB2435—78)规定的红、蓝色符号表示出：浇注位置和分型面，加工余量，铸造收缩率(说明)。起模斜度，模样的反变形量，分型负数，工艺补正量，浇注系统和冒口，内外冷铁，铸肋，砂芯形状，数量和芯头大小等	用于制造模样、模板、芯盒等工艺装备，也是设计这些金属模具的依据。还是生产准备和铸件验收的根据。适用于各种批量的生产	(1)零件的技术条件和结构工艺性分析 (2)选择铸造及造型方法 (3)确定浇注位置和分型面 (4)选用工艺参数 (5)设计浇冒口,冷铁和铸筋 (6)砂芯设计
铸件图	反映铸件实际形状、尺寸和技术要求。用标准规定符号和文字标注，反映内容：加工余量，工艺余量，不铸出的孔槽，铸件尺寸公差，加工基准，铸件金属牌号，热处理规范，铸件验收技术条件等	是铸件检验和验收、机械加工夹具设计的依据。适用于成批、大量生产或重要的铸件	(7)在完成铸造工艺图的基础上，画出铸件图
铸型装配图	表示出浇注位置，分型面、砂芯数目，固定和下芯顺序，浇注系统、冒口和冷铁布置，砂箱结构和尺寸等	是生产准备、合箱、检验、工艺调整的依据。适用于成批、大量生产的重要件，单件生产的重型件	(8)通常在完成砂箱设计后画出
铸造工艺卡	说明造型、造芯、浇注、开箱、清理等工艺操作过程及要求	用于生产管理和经济核算。依据批量大小，填写必要内容	(9)综合整个设计内容

5.2　铸造工艺设计过程

对某一个零件进行铸造工艺设计时，认真考虑多种可能的铸造工艺方案，进行分析比较，选择其中最先进、最经济、最合理的一个方案来设计。

5.2.1　读图及技术要求分析

读图过程一方面要熟悉零件结构特点和技术要求，理解零件设计意图，另一方面还要审查零件结构是否合理，尺寸是否完整。

零件的结构特点主要从零件的表面组成、尺寸大小、重量、壁厚、壁连接与过渡等方面进行分析。异型表面如齿形、椭圆面、螺纹、叶片等表面对模样制作带来难度，要设法加以解决。

技术要求分析一般包括对图形标注部分如尺寸精度、形状及位置精度、表面粗糙度等方面的分析，以及零件图上"技术要求"文字部分内容的分析。有时铸造生产甲乙双方以补充文件的方式约定了一些技术要求，特别是检验项目及内容，更要重点分析。

结构分析和技术要求分析的落脚点一般是要确定铸件上哪些表面重要或不重要，哪些面是加工表面或非加工表面。这些分析的结果将作为确定铸造工艺方案的依据。

5.2.2 合金的铸造性能分析

铸造合金除应具备符合要求的力学性能和必要的物理、化学性能外，还必须有良好的铸造性能。合金的铸造性能主要从流动性、收缩性、偏析性、吸气性和夹杂性等方面进行分析，其结果将用于配制型砂、浇注系统设计、冒口及补缩系统设计等等方面。许多铸造缺陷如浇不足、缩孔、缩松、铸造应力、变形、裂纹等都与合金的铸造性能有关。

不同铸造合金的铸造性能有很大的差别，工艺设计差别也大。如灰铸铁流动性好，自补缩能力强，收缩率小，具有好的铸造性能，一般按同时凝固原则进行工艺设计。铸钢的熔点高流动性差、收缩率高(达到2%)在熔炼时易吸气和氧化，在浇注过程中易产生粘砂、浇不足、冷隔等缺陷。在铸件厚大部分，很容易形成缩孔、缩松缺陷。所以，所用型(芯)砂须有良好的透气性、耐火性、强度和退让性，应遵守顺序凝固原则进行工艺设计，厚大部分设置冒口。

5.2.3 零件结构铸造工艺性分析

零件结构的铸造工艺性分析是在保证零件的结构应符合铸造生产的要求，易于保证铸件的质量和降低成本的前提下，为简化铸造工艺过程和防止铸造缺陷的产生而进行的铸件结构合理化工作。当然，零件图上的零件结构一般是不能随意修改的，在铸造工艺方面应尽量采取各种措施，实现用户对零件提出的各项技术要求。只有当铸件质量得不到保证，或在不影响使用性能的前提下，并征得设计部门和用户的同意，才能修改零件图使其符合铸造工艺性的要求。

铸件结构是否合理，与铸造合金种类、产量、铸造方法和生产条件有着密切关系。总之，铸件结构合理性，对保证质量，提高生产效率，改善劳动条件，降低成本等具有重要意义。

下面分别从保证铸件质量，防止缺陷和简化铸造工艺等方面对铸造零件的结构进行铸造工艺性分析。

1)从避免缺陷方面分析铸件结构的合理性

(1)铸件的壁厚要求

①铸件的最小允许壁厚。铸件的最小允许壁厚是在一定的条件下，铸造合金能充满铸型的最小壁厚。为了避免浇不到、冷隔等缺陷，铸件不应太薄。应使铸件的设计厚度不小于最小允许壁厚。最小允许壁厚和铸造合金的流动性密切相关。合金成分、浇注温度、铸件尺寸和铸型的热物理性能等都显著地影响铸件的充填。在普通砂型铸造的条件下，铸件最小允许壁厚如表5-2所示。

表5－2 砂型铸造铸件最小允许壁厚(mm)

铸件尺寸	铸钢	灰铸铁	球墨铸铁	可锻铸铁	铝合金	镁合金	铜合金
<200×200	6~8	5~6	6	5	3	—	3~5
200×200~500×500	10~12	6~10	12	8	4	3	6~8
>500×500	15	15	—	—	5~7	—	—

一般情况下，复杂铸件、经水压试验的铸件的最小壁厚取表中的上限，简单铸件取下限。

②铸件的临界壁厚。铸件不应太薄，但也不能过厚。过厚的铸件容易产生缩孔、缩松、晶粒粗大等缺陷，从而使铸件的力学性能降低。因此，各种铸造合金都存在一个临界壁厚。铸件壁厚超过这个临界壁厚，铸件的力学性能并不随铸件厚度的增加而成比例增加，而是单位壁厚的力学性能显著地下降。因此，铸件的结构设计应科学地选择壁厚，做到既能满足铸件性能要求，又不使铸件过分笨重。在砂型铸造条件下，各种铸件的临界壁厚可按最小允许壁厚的三倍来考虑。对于过厚的铸件壁可以采用加强肋来设法减小，如图5－1所示。

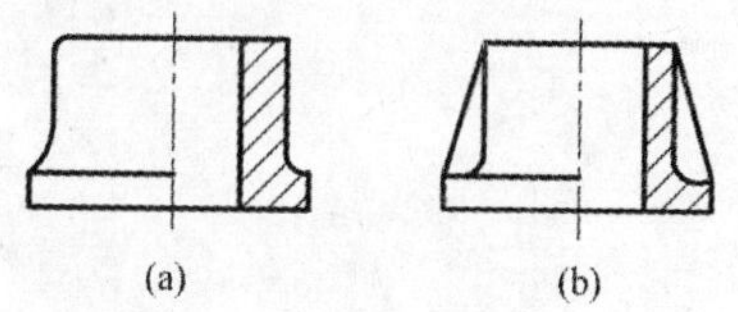

图5－1 采用加强肋减小铸件厚度

(a)不合理；(b)合理

③铸件内壁应薄于外壁。铸件的内壁和肋等散热条件较差，应薄于外壁，以使内、外壁能均匀地冷却，减轻内应力和防止裂纹。各种铸造合金砂型铸造铸件的内、外壁厚相差值，可参见表5－3所示，图5－2为铸件内部壁厚相对减薄的实例，图中$B<A$。

表5－3 砂型铸造铸件的内外壁厚相差值

合金种类	铸铁件	铸钢件	铸铝件	铸铜件
内壁比外壁应减薄的值	10%~20%	20%~30%	10%~20%	15%~20%

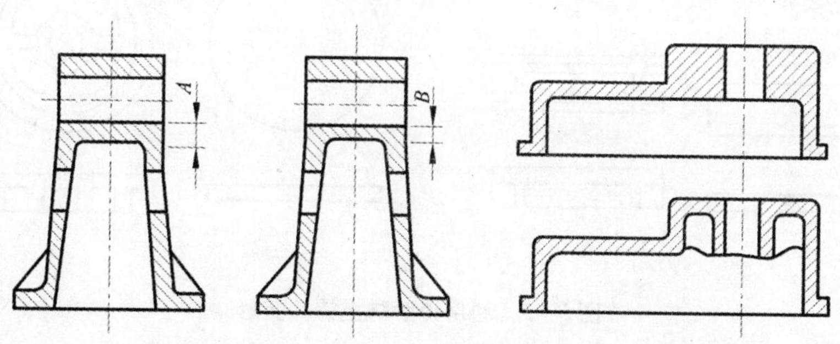

图5－2 减薄铸件内壁厚度实例

(2)铸件壁厚应力求均匀，注意壁厚过渡和圆角。铸件壁厚不均匀，会导致冷却不均匀，引起大的内应力，从而使铸件产生变形和裂纹，厚壁部位产生缩孔，铸件壁厚适当，有利于保证铸件的力学性能。

图5－3所示两种铸钢件结构，图5－3(a)两壁交接呈直角形构成热节，铸件收缩时阻力较大，故在此处经常出现热裂。图5－3(b)为改进后的结构，热裂消除。

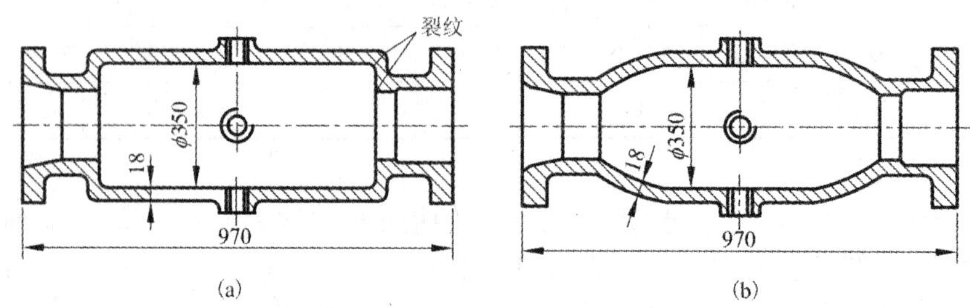

图5－3　铸钢件结构的改进

(a)不合理；(b)合理

铸件薄、厚壁的相接、拐弯等壁与壁的连接，都应采取逐渐过渡和渐变的形式，并应使用较大的圆角连接。避免因应力集中导致裂纹缺陷，如图5－4所示。

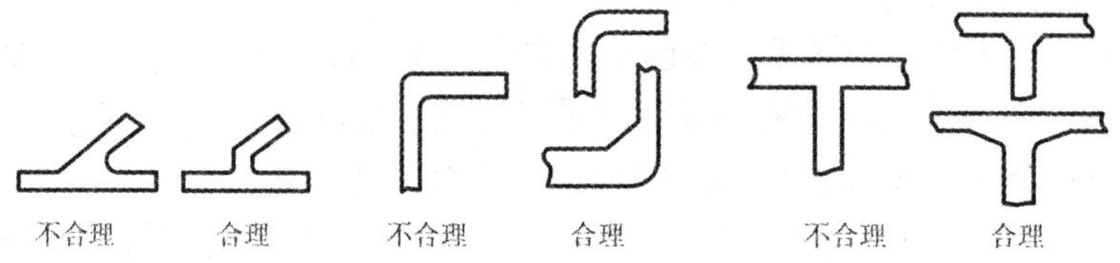

图5－4　壁与壁连接的几种形式

(3)利用铸筋防止和减小铸件变形。较长件和大的平板件应防止翘曲，为此应正确选择铸件的截面形状和合理地设置加强筋，其形式如图5－5所示。

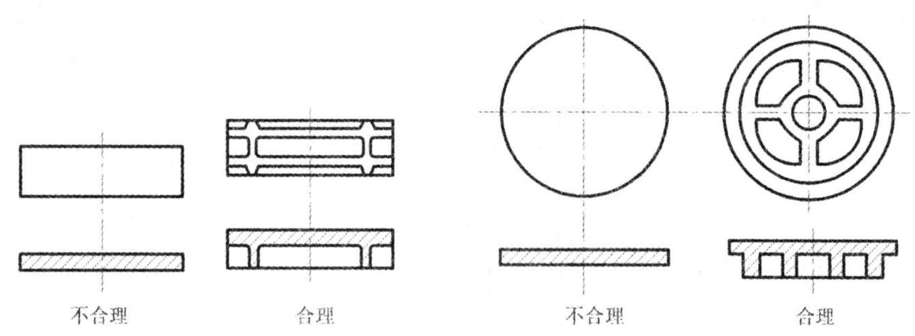

图5－5　利用铸肋防止铸件变形

2)从简化铸造工艺过程角度分析铸件结构工艺性

(1)铸件外形力求简单。铸件外形尽可能采用平直轮廓，尽量少用非圆曲面，以便于制模、造型和简化铸造生产的各个工序，如下图5－6所示。

(2)尽量避免使用型芯和活块。有些铸件侧壁上的凸台、凸缘、肋板等常常防碍起模，致使生产铸件时，不得不增加砂芯或制作活块。如果对其结构稍加改进，就可以避免这些缺

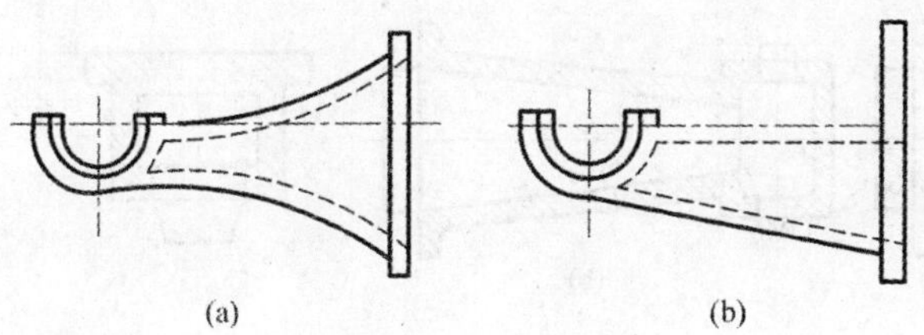

图5-6　铸件形状的设计

(a)复杂形状；(b)简单形状

点，如图5-7所示。

尽量取消外表侧凹。铸件侧壁上如有凹入部分，则必然妨碍起模，这就需要增加外砂芯才能形成铸件凹入部分的形状。稍加改进，即能避免侧凹部分，如图5-8所示。型芯和活块会增加工艺的复杂性，增加工作量，提高成本，并易产生缺陷。

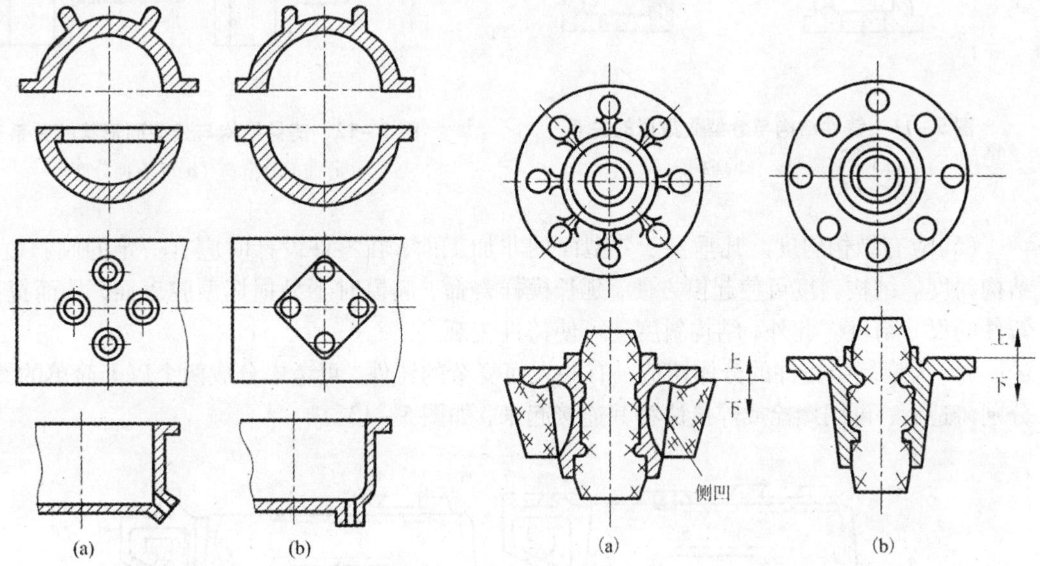

图5-7　铸件外壁的凸台和突出部分设计

(a)不合理；(b)合理

图5-8　外表侧凹铸件结构的改进

(a)侧凹用砂芯形成；(b)改进侧凹

(3)改进铸件内腔结构，减少砂芯数量，有利于砂芯的固定和排气。图5-9(a)是轴承架铸件图，为获得内腔需要两个砂芯，其中大的砂芯呈悬臂状态，下芯时必须用芯撑支撑。如改成图5-9(b)结构，它的内腔只需下一个整体砂芯即可铸出，这样减少了一个砂芯，而且砂芯安放的稳固性大大提高，合箱方便，易于排气。图5-10(a)结构需要用一个砂芯形成内腔，改为图5-10(b)结构后，便可用砂胎直接形成内腔，省去一个砂芯。

(4)分型面应少而简单。铸件分型面的数量应尽量少，且尽量为平面，以利于减少砂箱数量和造型工时，简化造型工艺，提高铸件尺寸精度。有的铸件，只要结构稍加改进，就可以减少分型面，见图5-11。或将曲面分型改为平直分型面，见图5-12。

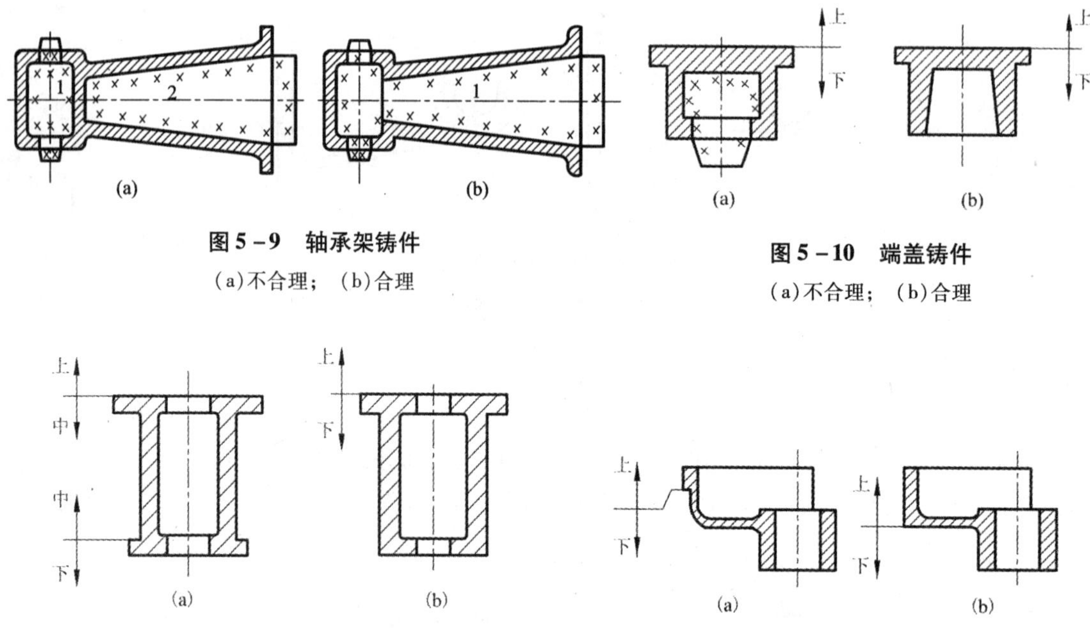

图 5－9　轴承架铸件

(a)不合理；(b)合理

图 5－10　端盖铸件

(a)不合理；(b)合理

图 5－11　铸件结构与分型面数目的关系

(a)三箱造型；(b)两箱造型

图 5－12　铸件结构与分型面形状的关系

(a)曲面分型；(b)平直面分型

(5)应有结构斜度。凡垂直于分型面的非加工面，在零件设计时应有一定的倾斜度，即结构斜度。结构斜度可使起模方便，延长模样寿命，起模时不易损坏型腔表面，从而提高了铸件的尺寸精度。此外，结构斜度还可使铸件美观。

(6)大型复杂铸件的分体铸造。有些大而复杂的铸件，可考虑分成两个以上简单的铸件，分别铸造后，再用螺栓或焊接法将其连接起来，如图 5－13。

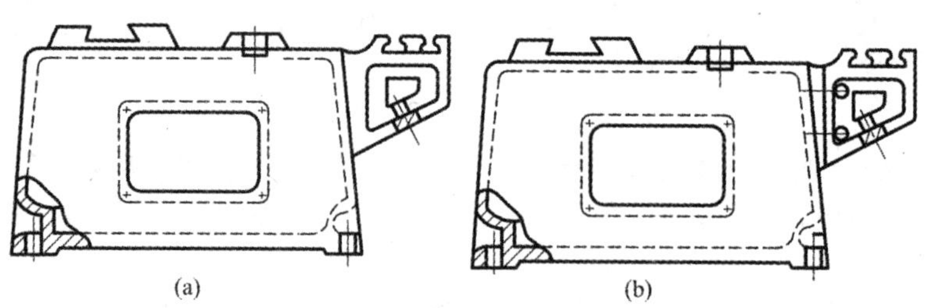

图 5－13　床身的分体铸造

(a)整体铸造；(b)分体铸造

5.2.4　制定铸造工艺方案

制定铸造工艺方案就是根据实际生产条件和铸件的生产批量对拟采用铸造方法生产的零件进行工艺分析，并在进行了各种可能方案的比较以后，择优确定铸型的种类、造型制芯方法和浇注泣置、分型面、砂芯以及浇冒口系统的设计等等。

本节将讨论造型、制芯方法和铸型浇注位置的确定、分型面的选择和砂芯设计等问题。

浇口和冒口两部分分别在第3章及第4章中介绍。

机器造型和造芯方法很多，根据具体情况选用。

1）确定铸型种类

用于砂型铸造的铸型，有湿型、干型、表面干型、自硬型几种。各种铸型都有其特点。应根据铸件重量、铸件结构和质量要求，生产批量及车间生产条件来选择。

（1）湿型。湿型是最广泛使用的一种铸型。它具有很多的优点。例如，生产率高，生产周期短，适宜于成批、大量生产，砂型不需烘干，节约燃料，铸型不易发生变形，铸件精度高，砂型的落砂性好，砂箱使用寿命较长。但是湿型也存在一定的缺点，如铸型强度低，水分含量高，易产生气孔、夹砂、粘砂等缺陷。因此，铸造大型、厚壁以及形状复杂的铸件，往往还不宜采用湿型。

（2）干型。干型指的是将砂型和砂芯刷上涂料后，送进烘干炉里进行烘干，使整个砂型和砂芯都得到干燥的铸型。干型强度高，耐火性能大大提高，铸件质量容易得到保证。但是生产周期长，成本比较高。一般适用于单件或小批生产的结构复杂、技术条件要求高的铸件，适用于大型、重型复杂的铸件。

（3）表面干型。表面干砂型和砂芯是将修好的砂型和砂芯，刷涂料后，将表面进行烘干。它是介于湿型和干型之间的一种改良铸型。它具有湿型的优点，也具有干型一些特点。因此，近年来一些中大型铸件（1000～5000 kg）正在推广使用这种表面干型。

（4）自硬型。自硬型是利用化学作用使型砂硬化的铸型。它具有很多特点，这是改变铸造生产落后面貌的先进工艺，应大力推广。目前使用自硬型有水玻璃砂自硬型、双快水泥自硬砂自硬型、树脂砂自硬型。

2）选择造型和造芯方法

在砂型铸造中，造型、造芯的方法可分为手工和机器两大类。应全面考虑铸件结构特点、技术要求、生产批量、车间生产条件等因素，选择相应的造型和造芯方法。

（1）手工造型和造芯方法。手工造型和造芯是铸造生产的最基本方法。由于它工艺装备简单，灵活多样，适应性强，所以在单件或成批生产中，特别是对于重型和复杂铸件，应用很广。就是在大量生产中，工艺装备的制造，新产品的试制，也是用手工方法造型和造芯。但手工造型和造芯生产率低，劳动强度大，同时影响铸件质量稳定性的因素很多。因此，在可能条件下应尽量采用机器造型和造芯。

（2）机器造型和造芯。机器造型一般用于成批、大量生产。因为在这种条件下用机器造型和造芯，不但可以改善铸件质量，提高生产率，而且制造模板、砂箱、芯盒等工艺装备在经济上也是合理的。

随着铸造机械的改进和发展，使大量铸件生产用机器来完成，所以在选择造型和造芯方法时，应视具体生产条件，在可能情况下尽量选用机器造型和造芯，这是发展方向。

3）确定浇注位置

确定浇注位置是铸造工艺设计中重要的一环，关系到铸件的内在质量、铸件的尺寸精度及造型工艺过程的难易程度。因此，往往须制订出几种方案加以分析、对比，择优选用。浇注位置与造型（合箱）位置、铸件冷却位置可以不同。生产中常以浇注时分型面是处于水平、垂直或倾斜位置，分别称为水平浇注、垂直浇注或倾斜浇注，但这并不代表铸件的浇注位置。浇注位置一般在选择造型方法之后确定。根据合金种类、铸件结构和技术要求，结合选定的造型方法，先确定出铸件上质量要求高的部位（如重要加工面、受力较大的部位、承受压力的部位等）。结合生产条件估计主要废品倾向和容易发生缺陷的部位（如厚大部分容易出现收缩缺陷，大平面上容易产生夹砂结疤，薄壁部位容易发生浇不到、冷隔，壁厚相差悬殊的部位易产生应力集中，发生裂纹等）。这样在确定浇注位置时，就应使重要部位处于有利的状态，并针对容易出现的缺陷，采取相应的工艺措施予以防止。

确定浇注位置在很大程度上着眼于控制铸件的凝固。实现顺序凝固的铸件，可消除缩孔、缩松，保证获得致密的铸件。在这种条件下，浇注位置的确定应有利于安放冒口。实现同时凝固的铸件，内应力小，变形小，金相组织比较均匀一致，不用或很少采用冒口，节约金属，减小热裂倾向。这时，如果铸件有局部肥厚部位，可置于浇注位置的底部，利用冷铁或其他激冷措施，实现同时凝固。灰铸铁、球墨铸铁件常利用凝固阶段的共晶体积膨胀来消除收缩缺陷，因此，可不遵循顺序凝固条件而获得健全铸件。因此选择铸件浇注位置时，首先以保证铸件质量为前提，同时尽量做到简化造型工艺和浇注工艺。确定浇注位置应遵循“三下一上”的原则。

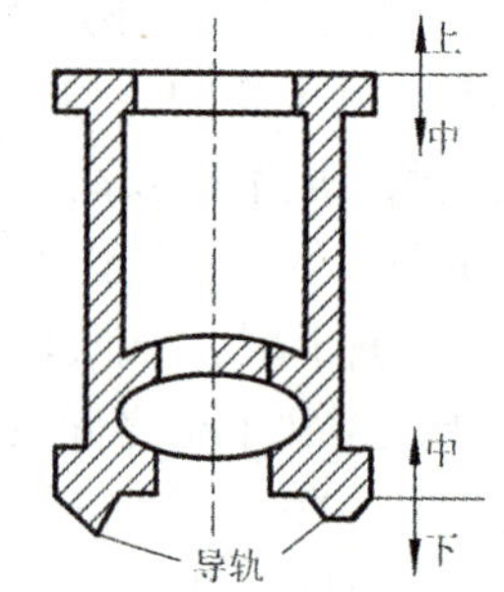

图5－14　C620床身的浇注位置（铸铁）

（1）重要加工面应朝下或呈直立状态。在浇注时，铸件朝下或垂直放置的表面比朝上的表面质量好。经验表明，气孔、非金属夹杂物等缺陷多出现在朝上的表面上，而朝下的表面或侧立面通常比较光洁，出现缺陷的可能性小。个别加工表面必须朝上时，应适当放大加工余量，以保证加工后不出现缺陷。各种机床床身的导轨面是关键表面，不允许有砂眼、气孔、渣孔、裂纹和缩松等缺陷，要求组织致密、均匀，以保证硬度值控制在规定范围内。因此，尽管导轨面比较肥厚，于灰铸铁而言，床身的最佳浇注位置是导轨面朝下，如图5－14所示。对于圆筒零件，内外表面要求组织致密、均匀，一般采取筒身直立的浇注位置，加图5－15所示。锥齿轮铸件的齿形部分的质量要求较高，因此其齿坯表面应朝下，如图5－16所示。

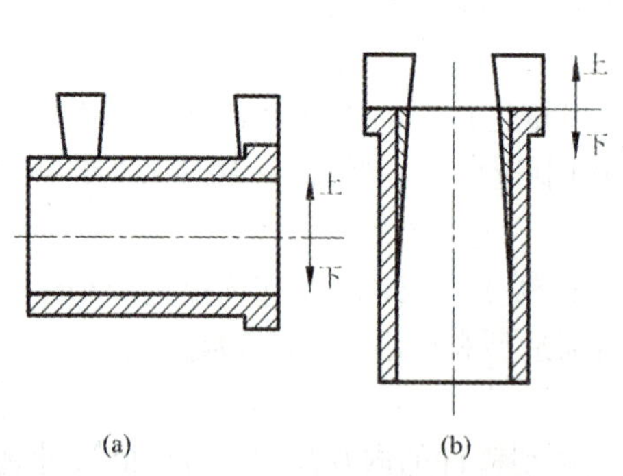

图5－15　起重机卷筒的浇注

（a）不合理；（b）合理

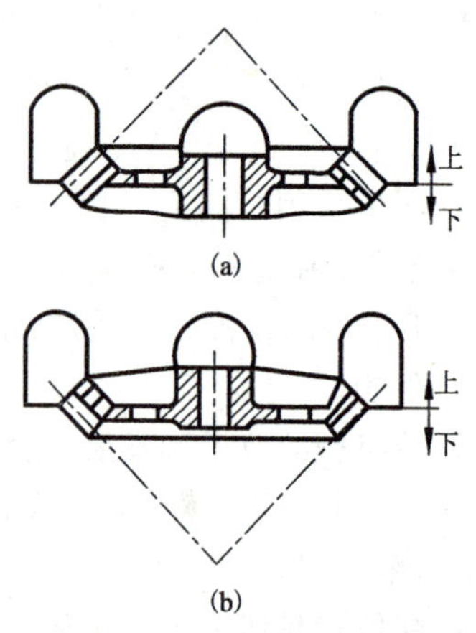

图5－16　锥齿轮铸件的浇注位置

（a）不合理；（b）合理

（2）尽可能使铸件的大平面朝下，避免夹砂结疤类缺陷。铸件大平面朝下既可以避免气孔和夹渣，又可以防止在大平面上形成夹砂缺陷。对于大的平板类铸件，可采用倾斜浇注，以便增大金属液面的上升速度，防止夹砂、结疤类缺陷，见图 5-17、图 5-18 所示。

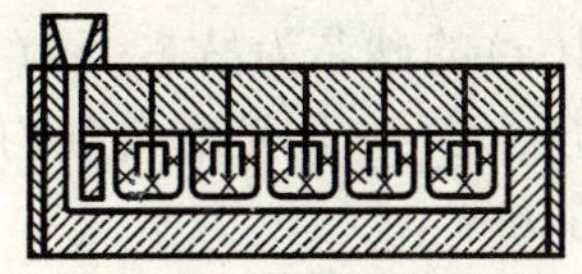

图 5-17　大平面铸件的正确浇注位置

图 5-18　大平板类铸件的倾斜浇注

(3)薄壁部位应尽量朝下。对具有薄壁部分的铸件，应把薄壁部分放在下半部或置于内浇道以下，或倾斜浇注，以免出现浇不到冷隔等缺陷。如图 5-19 所示。

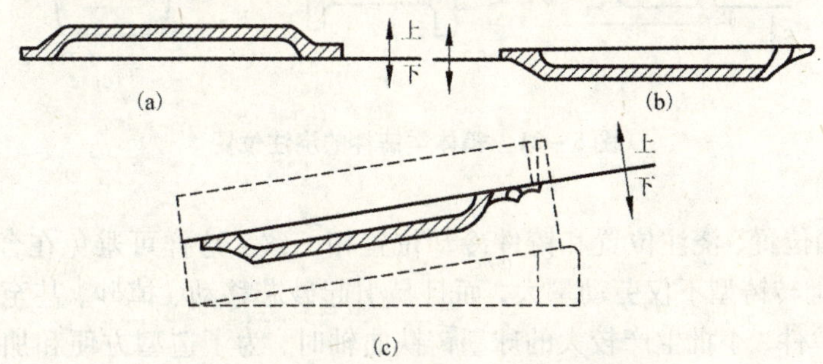

图 5-19　薄壁部分的铸件的浇注位置

(a)不合理；(b)合理；(c)倾斜浇注

(4)厚大部分应放在上部，以利于铸件的补缩。对于因合金固态收缩率大或铸件结构厚薄不均匀而容易出现缩孔、缩松的铸件，浇注位置的选择应优先考虑实现顺序凝固的条件，要便于安放冒口和发挥冒口的补缩作用。厚大部分应尽可能安放在上部位置。而对于局部处于中、下位置的厚大部位，应采用冷铁或侧冒口等工艺措施解决其补缩问题。收缩大的铸钢件，正确浇注位置如图 5-20 所示。

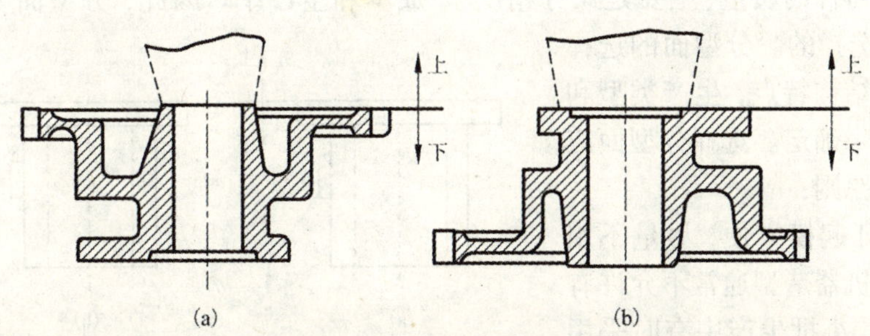

图 5-20　收缩大的铸钢件浇注位置选择

(a)不利于补缩；(b)利于补缩

(5)尽量避免用吊砂、吊芯或悬臂式砂芯，便于下芯、合箱及检验。应尽量少用或不用砂芯，若确需使用砂芯时，应保证砂芯定位可靠，安放稳固，排气通畅及下芯和检验操作方便，还应尽量避免使用吊砂、吊芯或悬臂式砂芯。经验表明，吊砂在合型浇往时容易塌箱，在上半型安放吊芯很不方便，悬臂砂芯不稳固，在金属液浮力作用下容易偏斜，故应尽量避免悬臂砂芯。箱体铸件的浇注位置如图 5－21 所示。其中图(a)的砂芯为吊芯；图(b)的砂芯为悬臂芯，两者均不稳固；图(c)的砂芯安放在下型，下芯、定位、固定和排气均比较方便，且容易直接测量型腔尺寸，是箱体类铸件应用最广的浇注方案。

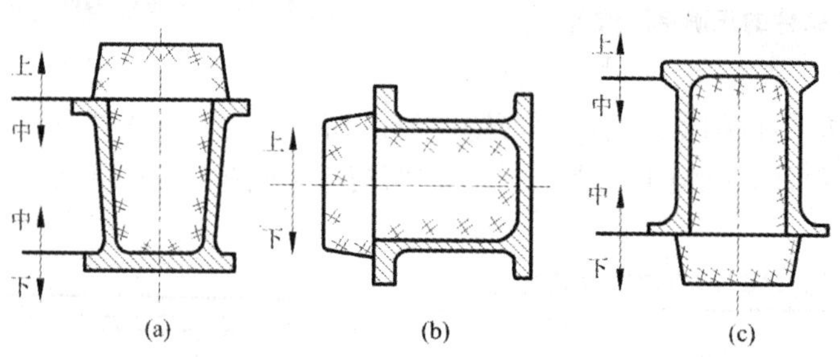

图 5－21　箱体类铸件的浇注位置

(6)应使合箱位置、浇注位置和铸件冷却位置相一致。这样可避免在合箱后，或浇注后再次翻转铸型。翻转铸型不仅劳动量大，而且易引起砂芯移动、掉砂、甚至跑火等缺陷。在个别情况下，如单件、小批生产较大的球墨铸铁曲轴时，为了造型方便和加强冒口的补缩效果，常采用卧浇立冷方案，浇注后将铸型竖立起来，让冒口在最上端进行补缩。当浇注位置和冷却位置不一致时，应在铸造工艺图上注明。

此外，应注意浇注位置、冷却位置与生产批量密切相关。同一个铸件如球铁曲轴，单件小批生产的条件下，采用卧浇立冷是合理的。而当大批大量生产时，则应采用造型、合箱、浇注和冷却位置相一致的卧浇、卧冷方案。

4)选择分型面

一般说来，分型面在确定浇注位置后再选择。但是，分析各种分型面的利、弊之后，可能再次调整浇注位置。在生产中浇注位置和分型面有时是同时确定的。分型面的选择在很大程度上影响着铸件的质量(主要是尺寸精度)、成本和生产率。因此，分型面要仔细分析对比、慎重加以选择的。分型面的选择要根据铸件的结构特点，生产类型和车间生产条件来确定。选择分型面应注意如下几项原则：

(1)要保证起模方便，尽量不用或少用活块。机器造型通常不允许有活块，而单件、小批生产中有时采用活块较为经济，如图 5－22。

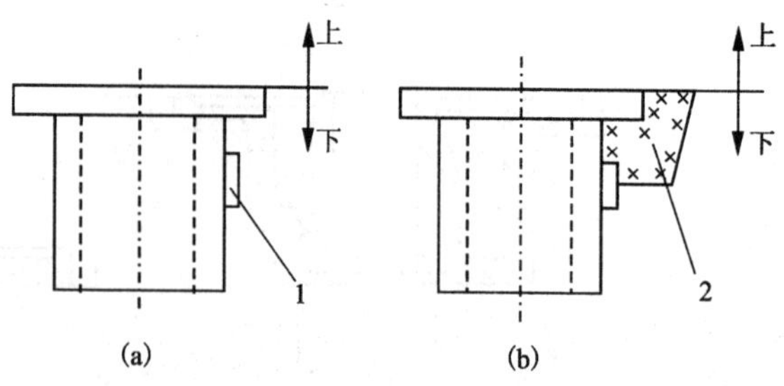

图 5－22　铸件的两种造型方案

(a)用活块；(b)用外砂芯

(2)应尽量减少分型面数目。一个铸件常常可选择一个或几个分型面。对于铸件精度来说，多一个分型面就增加一个影响尺寸误差的因素，不利于提高铸件精度。在机器造型条件下，分型面一般只选取一个，即为上

下两箱造型，铸件上不能出砂的部位均用砂芯。如图5－23(a)所示。虽然总的原则是应尽量减少分型面，但针对具体情况，有时采用多分型面也是有利的，如图5－23(b)所示有两个分型面，对单件生产的手工造型是合理的，因为能省去一个砂芯的费用。

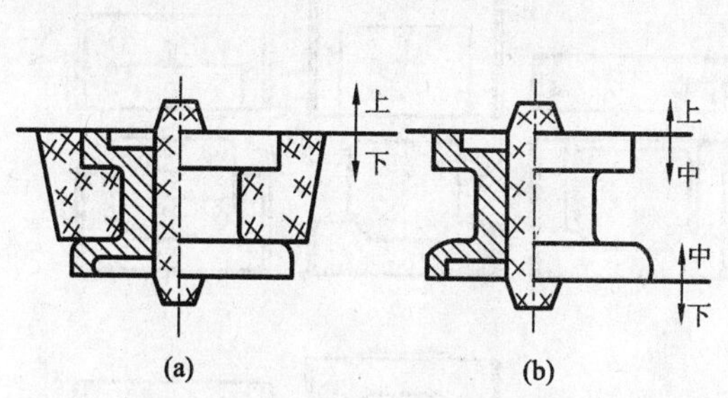

图5－23　确定分型面数目举例

(a)一个分型面；(b)两个分型面

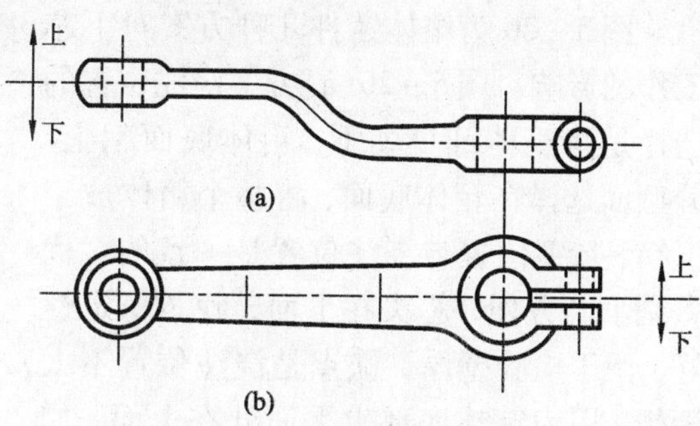

图5－24　起重臂的分型面

(a)不合理；(b)合理

(3)尽量选用平直分型面。为了制作模样方便和简化造型过程，分型面应选取平直分型面，易于保证铸件精度，如图5－24所示。在机器造型中，如铸件形状需采用曲面分型面，应尽量选用规则的曲面或折面。这是因为上、下模底板表面曲度必须准确一致，才能合箱严密，这会给模底板加工带来难度。

手工造型时，曲面分型面是用手工切挖型砂来实现的，增加了切挖工序，常用此法减少砂芯数目。因此，手工造型有时采用挖砂造型形成曲面分型面。

(4)应尽量使铸件整个或大部分置于同一半型内。在造型时能将整个铸件放置在同一半型内，可以减少产生位置偏差的可能性，从而能保证铸件的位置精度。图5－25(a)是圆盘分型方案，将整个铸件放于下箱内，铸型合箱后不管发生错箱或不发生错箱，其中$e'=e''$。图5－25(b)方案是将铸件置于上、下两箱内，如果发生错箱时，就会产生$e'\neq e''$现象。如果铸件产生了很大的位置偏差，甚至会使铸件报废。

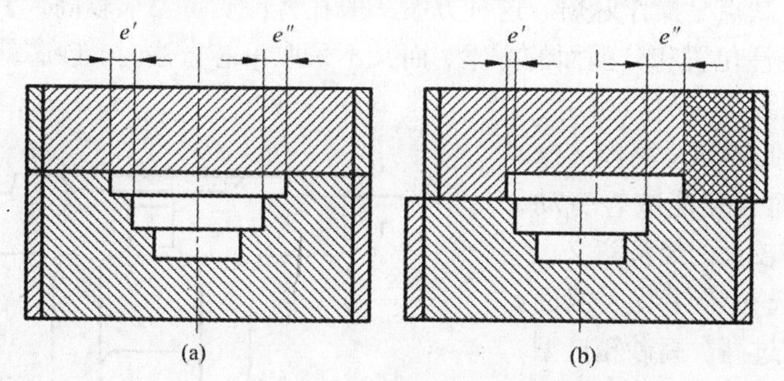

图5－25　圆盘铸件分型面的选择

(a)正确($e'=e''$)；(b)不正确($e'\neq e''$)

(5)应尽量使砂芯数量少，芯头稳固可靠，下芯方便，便于合箱及检验壁厚。砂芯数量多，则增加制造砂芯费用，使下芯与合箱工序复杂化并降低铸件精度。如果有可能，使用自带砂芯(砂胎)代替一般砂芯，这样便不存在上述缺点。

选择分型面时，应尽量使主要砂芯放在下箱内，而它的芯头也应位于下箱，这样便于下芯和检验壁厚等尺寸。避免将砂芯固定在上箱(即为吊芯)，因为吊芯操作复杂，会降低生产率，这对于手工和机器造型都不利的。

图5-26为箱体铸件几种方案对下芯工作的影响。图5-26(a)方案浇注位置的选择是将箱体开口朝下，箱体底面朝上。分型面选择在箱体底面，将整个箱体放于下箱，造型位置与浇注位置是一致的。优点是下芯方便，芯头在下面，砂芯稳定性好，便于检验壁厚。缺点是浇注位置不太理想，因为箱体底部大平面处在上面，如果壁厚比较薄时，容易出现浇不足现象。此外，下箱高度较高，上箱高度较低。

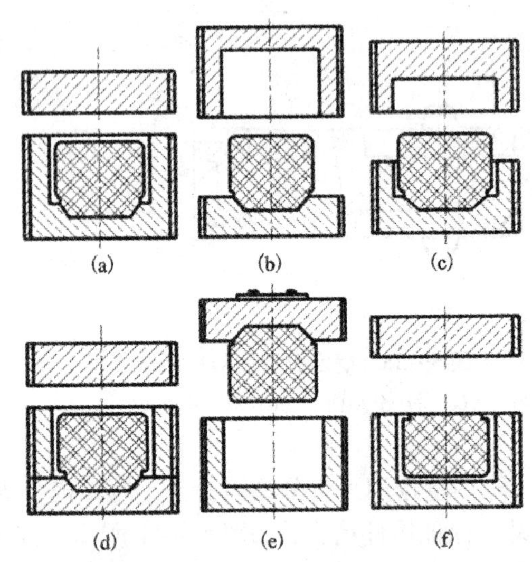

图5-26　箱体铸件几种工艺方案对下芯工作的影响

从上述分析可知，这个方案虽然存在一定的缺点，但是有突出的优点，此方案不论手工或机器造型都是合适的。如果箱体高度较高，为了减少下箱高度，可以将分型面取在箱体高度方向的1/2或1/3处，如图5-26(c)所示。

图5-26(b)方案中的浇注位置与图5-26(a)图方案一样，分型面取在下面开口处，将整个铸件置于上箱内。优点是下芯方便，缺点是下芯后不能检查壁厚，合箱也不方便。一般情况很少选择此方案。如果箱体高度比较高，形状比较复杂，在手工生产条件下，可将图5-26(b)方案改为三箱造型如图5-26(d)所示。

图5-26(e)方案中的浇注位置与上述情况相反，箱体开口向上，分型面选择在箱体上面，将整个铸件放在下箱内，砂芯吊在上箱的工艺方案。优点是浇注位置符合要求，铸件质量容易得到保证。缺点是操作麻烦。这种方案一般在铸件质量要求较高，手工造型情况下采用。如果用上述浇注位置和分型面的方案，而又不采取吊芯方法时，砂芯就必须借助于芯撑固定在下箱内，见图5-26(f)所示。

(6)应尽量降低铸型总高度。这样不仅节约型砂而且还能减轻劳动量，对机器造型有较大的经济意义。

分型面通常选在铸件最大截面上，以使砂箱不致过高。高砂箱造型困难，填砂、紧实、起模、下芯都不方便。几乎所有造型机都对砂箱高度有限制。手工造型时，对于大型铸件，一般选用多分型面，即用多箱造型以控制每节砂箱高度，使之不致过高。图5-27中的方案2为大型铸件托架所选用的分型面。

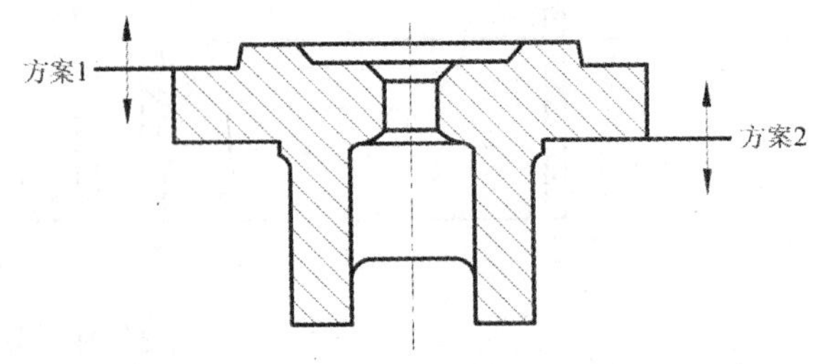

图5-27　托架分型面的选用

(7)分型面的选择，应尽量减少铸件毛刺飞边。

(8)分型面的选择应避免铸型合箱后再翻转铸型。

总之，一个铸件应从哪几项原则为主来选择分型面，需要进行多方面的比较，应根据实际生产条件，并结合经验做出正确的判断。

5)设计砂芯

砂芯是铸型的重要组成部分，作用是形成铸件的内腔、孔和不易起模的外形。

砂芯应满足以下要求；砂芯的形状、尺寸以及在铸型中的位置应符合铸件要求；具有足够的强度和刚度；在铸件形成过程中砂芯所产生的气体能及时排出型外；铸件收缩时阻力小；制芯、烘干、组合装配和铸件清理等工序操作简便；芯盒的结构力求简单。

(1)砂芯设计的主要内容。

①确定砂芯的数量和每一个砂芯的形状及其尺寸，芯砂种类及造芯的方法，并按照下芯先后次序注明砂芯的序号。

②确定每一个砂芯的芯头个数，形状和尺寸。

③确定芯骨的材料、形状和尺寸以及砂芯的通气方式。这里重点介绍砂芯形状及数目的确定以及芯头结构设计。

(2)砂芯分块的基本原则。一个铸件所需要的砂芯数量主要取决于铸件的结构和铸造工艺方案。由于制造砂芯的原材料要求高，工艺装备比较复杂，劳动量比较大，因此，应尽可能少用砂芯。对于铸件上高度比较小而直径(或宽度)又比较大的内腔或孔，应采用自带砂芯，即由砂型上的砂胎来形成。自带砂芯的高度(H)与宽度(D)之比不能太大，否则拔模时容易损坏。

砂芯高度 $H<D$(D 为吊砂或砂胎直径)，用于下半型；$H<3D$，用于上半型。若手工造型时，H 值取上述数据的一半。机器造芯中 H 值可取上限值。图 5－28 是用砂胎取代砂芯的实例。

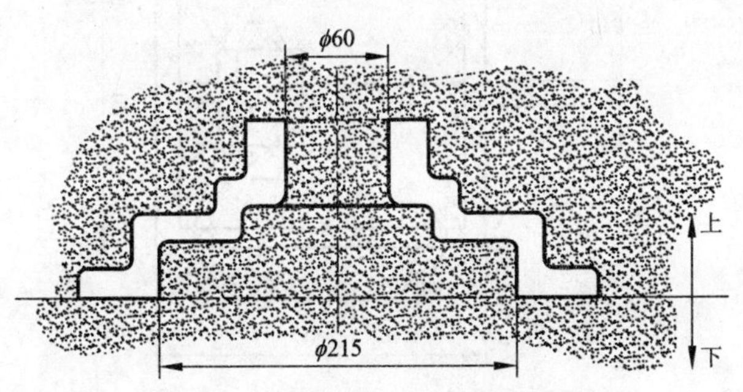

图 5－28　用砂胎取代砂芯的实例

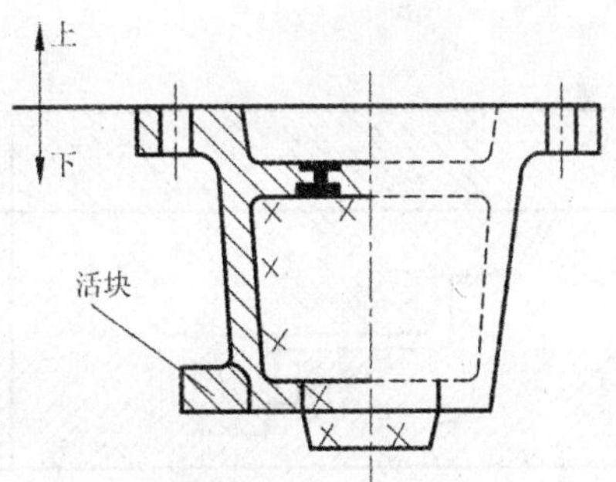

图 5－29　用活块减少砂芯的实例

在手工造型中，通常难以起模的位置，一般尽量用模样活块取代砂芯。这样，虽然增加造型工时，但却节省了芯盒、制芯工时及费用，见图 5－29 所示。

整体制造的砂芯，易于保证铸件的精度，芯盒工装的数目较少，砂芯的强度和刚度较大，但是，对于尺寸过大，形状复杂的砂芯，制芯、烘干、下芯、合箱、检查尺寸及砂芯的排气都不太方便，生产中常常分成两个或者数个砂芯来制造。砂芯分块的一般原则是：使造芯到下芯的整个过程方便，铸件内腔尺寸精确，不致造成气孔等缺陷并使芯盒结构简单。

①保证铸件内腔尺寸精度。对于铸件内腔尺寸精度要求较高的部位，应由同一砂芯形成，一般不宜分割成几个砂芯。但大型砂芯为保证某一部分的精度，有时也将砂芯分块。如图5－30所示，手工造型时的大砂芯，为保证500 mm×400 mm方孔四周壁厚均匀并提高精度，需将砂芯分块。

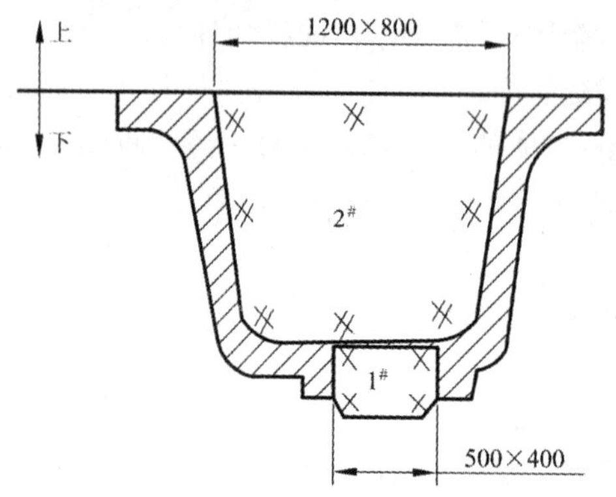

图5－30　为保证铸件精度而将砂芯分块的实例

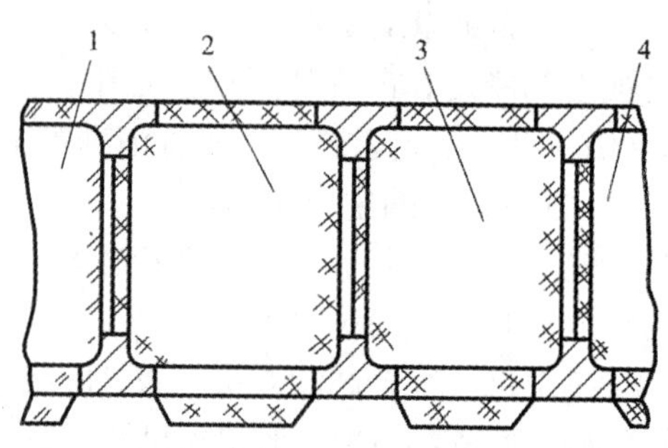

图5－31　大型铸件内部空腔砂芯的分割

1—1号砂芯；　2—2号砂芯；　3—3号砂芯；　4—4号砂芯

②应使造芯及烘干操作方便。为了简化复杂大型铸件内腔的砂芯尺寸和形状，要把复杂的大砂芯分割成如数块，如图5－31所示。这样使每块砂芯形状简单，而且简化了芯盒结构和造芯工艺，也缩短砂芯供干时间。细而长的砂芯，应分成数段，并设法使芯盒通用。砂芯上的细薄连接部分或悬臂凸出部分应分块制造，待烘干后再连接装配。为下芯方便，分割砂芯如图5－32所示。有的砂芯尺寸并不大但内腔比较复杂，如不进行分割就无法造芯，如图5－33所示。

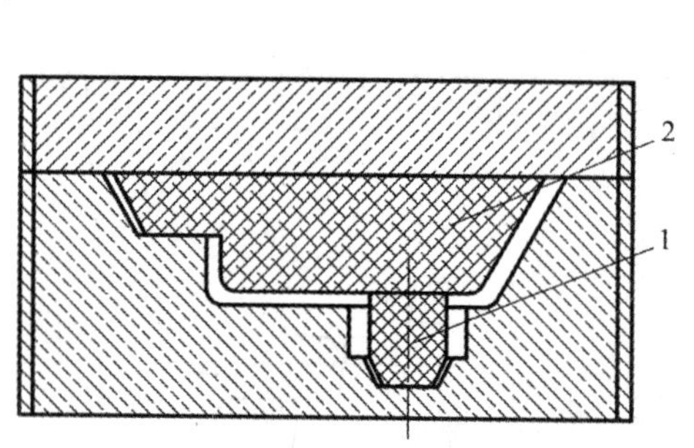

图5－32　为了下芯方便砂芯的分割

1—1号砂芯；　2—2号砂芯

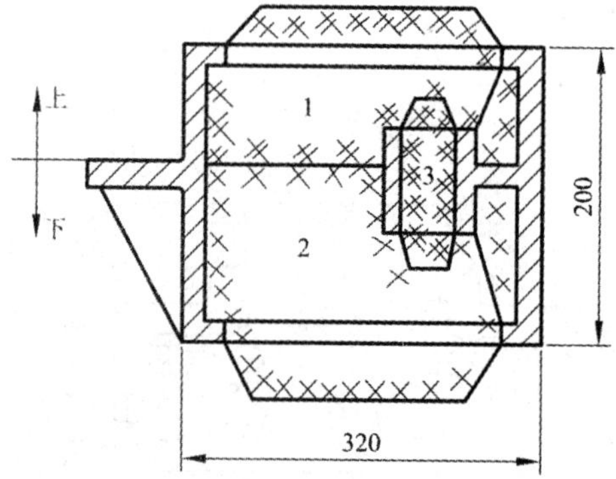

图5－33　复杂内部空腔砂芯的分割

1—1号砂芯；　2—2号砂芯；　3—3号砂芯

③应使芯盒捣砂面宽敞，且砂芯烘干支撑面最好为平面。对于进炉烘干的大砂芯或外形复杂的砂芯，常沿最大截面分为两半制作，这样既可以使捣砂面宽敞，便于向芯盒内安装芯骨和填砂，又可获得平直的烘干支持面。砂芯烘干的支撑形式如图5－34所示。

平面烘干板结构简单，通气性好且价廉，见图5－34(a)所示。砂胎烘干法不精确，也不方便见图5－34(b)所示。图5－34(c)所示烘干器虽精确、简便，但结构复杂、昂贵且维修量大。

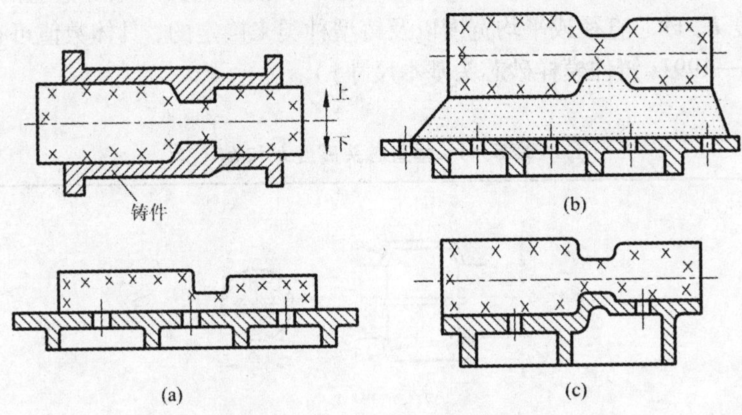

图 5-34　烘干砂芯的几种方法

(a)平面烘干板；(b)砂胎支撑烘干；(c)成型烘干器烘干

(3)芯头结构。砂芯安放在铸型内，一般是靠芯头来支撑的。在某些情况下也可借助芯撑来支持。芯头虽然不直接形成铸件的形状，但是砂芯在铸型内的位置是靠芯头定位的，所以它对铸件内腔各部分的尺寸精度有很大影响。芯头结构基本上有两大类，即垂直芯头和水平芯头。

①垂直芯头。直立放置在铸型中的芯头称为垂直芯头。垂直芯头典型结构如图 5-35 所示，包括有上、下芯头的高度 h_1、h、斜角 α、间隙 S 等参数，以及压环和集砂槽等结构。

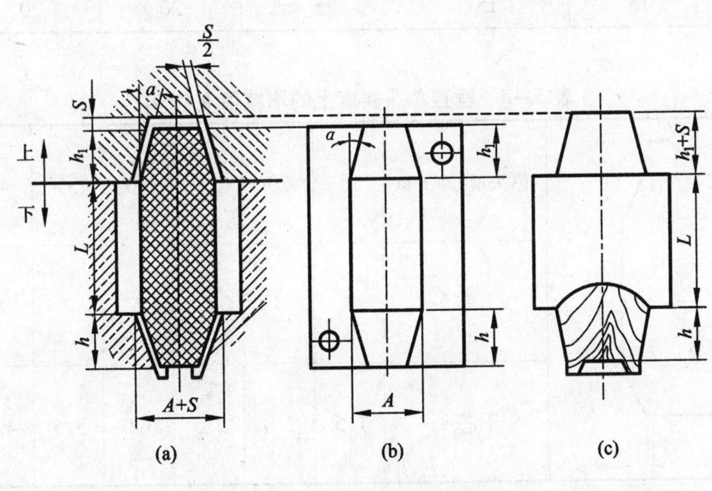

图 5-35　垂直芯头结构

(a)铸型；(b)芯盒；(c)模样

垂直芯头一般有上、下芯头，其高度可以设计成相等，即 $h_1 = h$。有时为了上箱合箱方便，上芯头高度可以比下芯头短一些，即 $h_1 < h$，也可以不做出上芯头，即 $h_1 = 0$。

为了下芯及合箱方便，上、下芯头必须具有一定斜角 α，上芯头比下芯头的斜度要大。如果没有斜度，当砂芯安放时稍有点偏斜，合箱就会压坏砂芯和铸型。

垂直芯头的上芯头高度 h_1，下芯头高度 h、芯头斜度、芯头间隙等数值的确定是根据铸件内腔砂芯高度 L、砂芯直径或平均宽度以及铸型种类来确定的，具体数值可查表 5－4 和表 5－5（JB/T5106—1991《铸件模样砂芯头基本尺寸》）。

表 5－4　垂直芯头高度 h 和 h_1

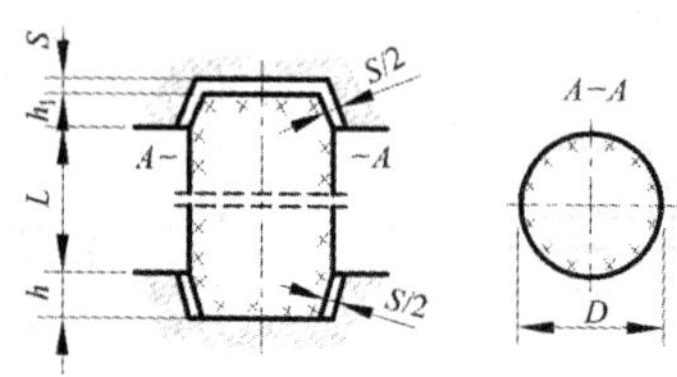

L	D				
	≤30	31～50	51～100	101～150	151～300
≤30	15	15～20	—	—	—
31～50	20～25	20～25	20～25	—	—
51～100	25～30	25～30	25～30	20～25	20～25
101～150	30～35	30～35	30～35	25～30	25～30
151～300	35～40	35～45	35～45	30～40	30～40

由 h 查 h_1

下芯头高度 h	15	20	25	30	35	40
上芯头高度 h_1	15	15	15	20	20	25

表 5－5　垂直芯头斜度上的增减值 h 和 h_1

芯头高度/mm	15	20	25	30	35	40	用 a/h 或 a_1/h_1 表示时
上芯头	3	4	5	6	7	8	1/5
下芯头	1.5	2.0	2.5	3.0	3.5	4.0	1/10

芯头与芯座之间有一定间隙 S。正确地选择芯头与芯座之间的装配间隙是非常重要的工作，因为芯头间隙大小影响铸件精度和合箱下芯的方便性。间隙愈大，下芯、合箱愈方便，但铸件精度就差；间隙愈小，下芯、合箱愈困难，甚至芯头不经修磨就无法下到芯座里。在机械化生产时，要求正确选择芯头间隙，达到芯头不经修理就能装配，且有一定的互换性。

垂直芯头的间隙见表 5－6。

表5－6 垂直芯头与芯座之间的间隙 S

铸型种类	芯头直径 D/mm				
	≤25	26～50	51～100	101～150	151～200
湿型	0.5	0.5	1.0	1.0	1.5
干型	0.5	1.0	1.5	1.5	2.0

常用垂直芯头的形式如图5－36所示。其中，图5－36(c)为盖板芯头形式，为了增加芯头强度，芯头高度应适当增加。图5－36(e)为悬吊芯头形式，芯头只起定位作用，芯头高度可以适当减小。

在许多情况下，只有一个细长下芯头时，为了增加下芯后的稳固性，可以适当增加下芯头支撑面积。如当垂直砂芯长度与直径之比超过2.5倍时，为了增加砂芯的稳固性，建议采用图5－36(f)所示扩大下芯头的形式，其扩大后芯头直径 D 应等于该处直径 D_1 的1.5～2倍，这样才能保证砂芯装入铸型的稳固性。

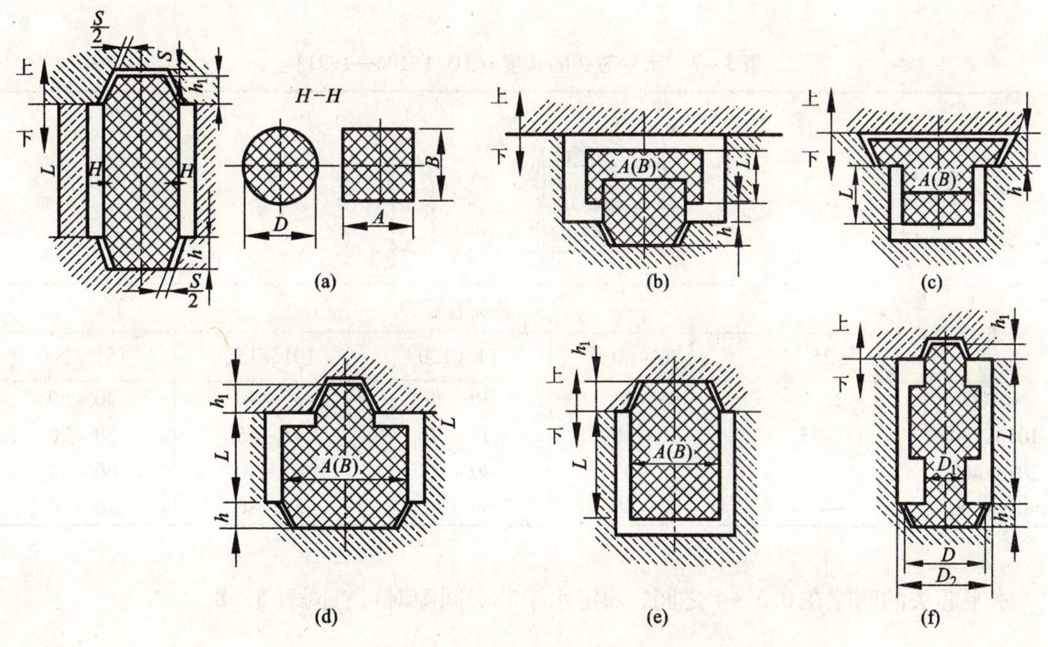

图5－36 垂直芯头的几种形式

(a)有上芯头，下芯头；(b)只有下芯头；(c)盖板芯头；(d)上小下大芯头；(e)吊芯；(f)扩大下芯头

②水平芯头。水平放置在砂型中的芯头称为水平芯头。水平芯头结构如图5－37所示。同样包括芯头长度 l、斜角 α、间隙 S 等。

一般双支点水平芯头的尺寸和间隙如图5－37所示。其数值是根据水平砂芯的长度、砂芯直径 D 或砂芯截面平均宽度、铸型种类等可由表5－7中查出。

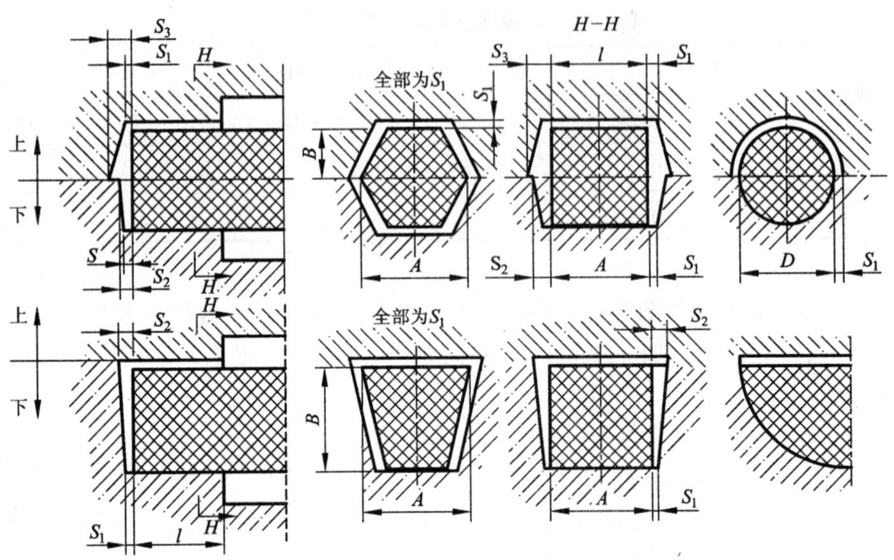

图5－37　双支点水平芯头尺寸和间隙

表5－7　水平芯头的长度l(JB/T5106—1991)

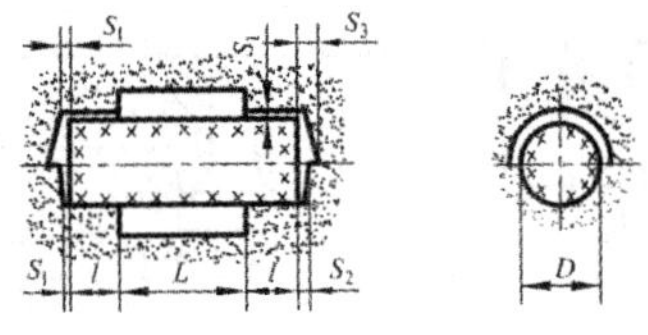

L	芯头直径D				
	≤25	26～50	51～100	101～150	151～200
≤100	20	25～35	30～40	35～40	40～50
101～200	25～35	30～40	35～40	45～55	50～70
201～400	—	35～45	40～60	50～70	60～80
401～600	—	40～60	50～70	60～80	70～90

水平芯头的间隙在0.5～4之间，确定水平芯头间隙时可查阅表5－8。

表5－8　水平芯头的间隙S_1、S_2、S_3(mm)

D/mm		≤50	51～100	101～150	151～200
湿型	S_1	0.5	0.5	1.0	1.0
	S_2	1.0	1.5	1.5	1.5
	S_3	1.5	2.0	2.0	2.0
干型	S_1	1.0	1.5	1.5	1.5
	S_2	1.5	2.0	2.0	3.0
	S_3	2.0	3.0	3.0	4.0

注：S_1、S_2、S_3请参阅图5－7。

当铸件的水平芯头在分型面以下，其方向与拔模方向垂直时，为了便于下芯和简化分型面，要将芯头适当增大，使其引申到分型面上来，这种芯头通常称为引申芯头或爬芯头，如图5－38所示。

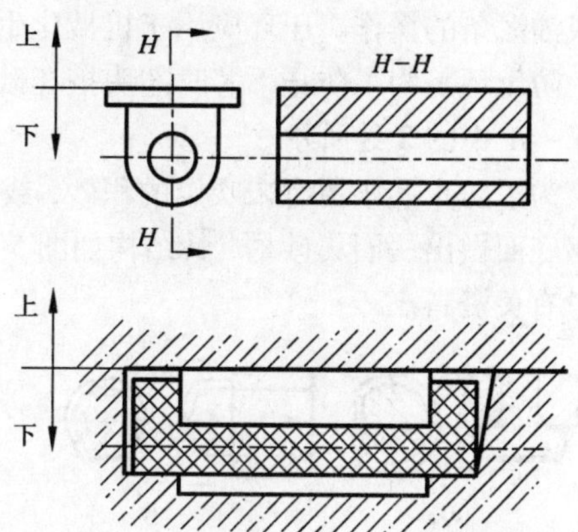

图5－38 引申芯头或爬芯头

单支点水平芯头，通常称为悬臂芯头。悬臂芯头结构形式如图5－39所示。其中(a)、(b)、(c)三种悬臂芯头尺寸，可参考下列经验数据计算：

当D或$H<150$ mm时，$h=D$(或H)；$l=1.25L$，见图5－39(a)。

当D或$H>150$ mm时，h＝$(1.5\sim1.8)D$或$h=(1.5\sim1.8)H$；$l\geqslant L$，见图5－39(b)和5－39 (c)。

对于图5－39(d)悬臂芯头尺寸，也可以从JB/T5106—1991《铸件模样砂芯头基本尺寸》资料中查出。悬臂芯头必须加长或加大，才能平衡支持整个砂芯，使其不致下垂或被金属液冲离。

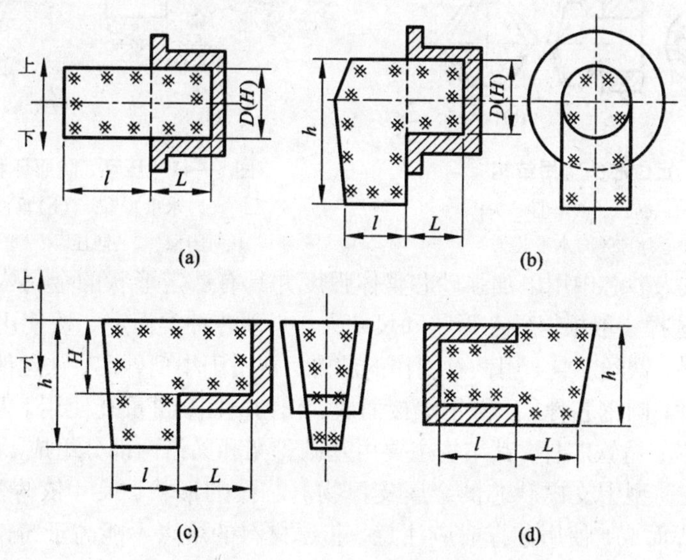

图5－39 悬臂芯头的几种形式

③芯头上其他结构。对于定位要求严格或下芯时容易搞错方位的砂芯，芯头要做出定位装置。带有定位装置芯头称为定位芯头。垂直芯头的定位结构要能防止砂芯转动，水平芯头的定位既要防止砂芯水平移动，又要注意防止绕水平轴线转动。定位芯头的结构形式如图5－40所示。

压环是湿型铸造时，为了防止金属液流入芯座与芯头之间的间隙内，堵住砂芯的出气道，而在芯座上形成的砂环。压环在合箱时能压住砂芯，代替用人工在出气孔周围撤一团砂子或油泥条的操作。压环应用于机械化生产中，其结构如图 5－41 中的 1 处所示。

防压环是为了防止下芯时芯头挤坏砂型上的芯座，可在芯座上做出一圈凹槽，其结构如图 5－41 中的 2 处所示。

为了防止芯座留有未吹走的积砂，或在下芯时被芯头碰掉的砂子影响下芯的精度，可在芯座底面做出一圈集砂槽，其结构如图 5－41 中的 3 处所示。芯头各部分结构尺寸的设计可参考有关资料。

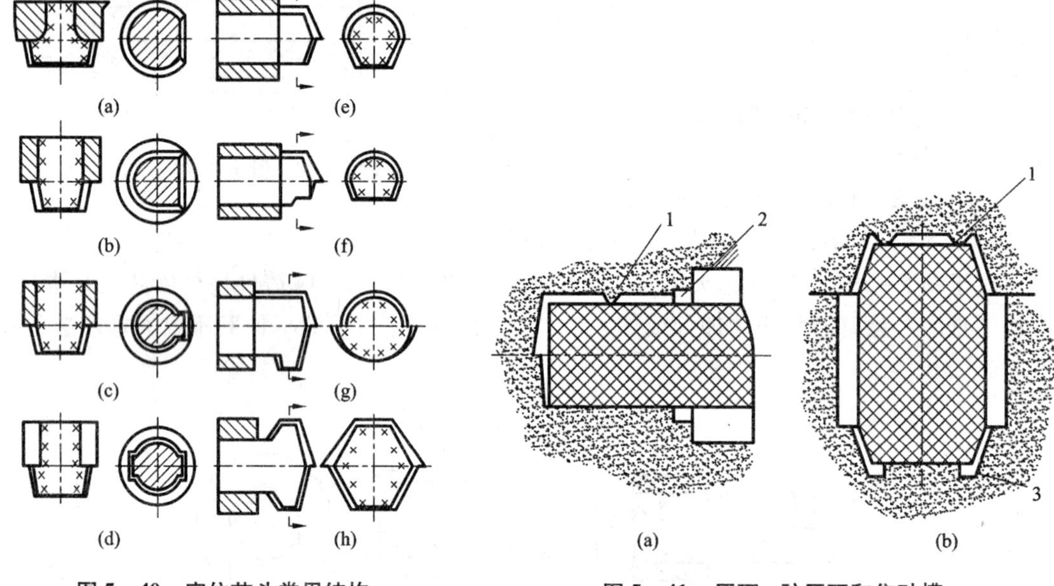

图 5－40　定位芯头常用结构

(a)、(b)、(c)、(d)垂直芯头；
(e)、(f)、(g)、(h)水平芯头

图 5－41　压环、防压环和集砂槽

(a)水平芯头；(b)垂直芯头
1—压环；2—防压环；3—集砂槽

(4)芯骨。放入砂芯中用以加强砂芯整体强度并具有一定形状的金属构件称为芯骨。芯骨形状及材料的选择一般根据砂芯形状和尺寸大小、砂芯种类而定。按使用情况可分为三种类型，它们分别是：铁丝芯骨，用铁丝制作的芯骨，常用于小型砂芯，铁丝使用前应进行退火处理，以消除弹性；圆钢芯骨，由圆钢焊接而成，较为坚固，可重复使用，但难以清砂，适用于形状简单的砂芯；铸铁芯骨，其结构主要由基础骨架和叉齿两部分组成。

(5)芯撑。在铸型中支撑砂芯的金属支撑物。芯撑的形状、尺寸依铸件形状结构而定，大多由钢板冲、焊而成，使用芯撑时应注意，芯撑材料的熔点不能高于铸件材质的熔点；芯撑应有足够的强度；芯撑表面应无锈、无油、无水气；应尽量将芯撑放置在铸件的非加工面或不重要的面上；有气密性要求的铸件应避免采用芯撑，以免熔合不好而达不到要求。

(6)砂芯的排气。砂芯在高温金属液作用下，短时间内会产生大量气体，这就需要在砂芯中做出通气道，以使气体能迅速排出型外。形状复杂、尺寸较大的砂芯，应开设纵横沟通的通气道，通气道必须通至芯头端面，不能通到砂芯的工作表面。

6)确定砂型中铸件数目

对于中小铸件，尤其是小铸件，在生产中常把几个相同的铸件放在同一个砂型中，有时也可以把几个材质相同、壁厚相近的不同铸件放在同一砂型中生产，以提高生产率，降低成本。

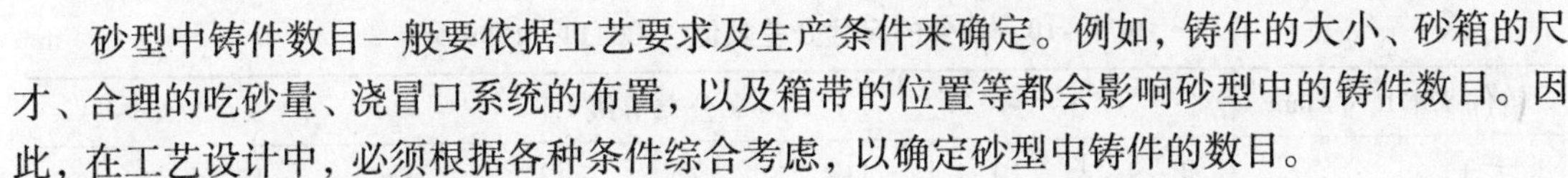

砂型中铸件数目一般要依据工艺要求及生产条件来确定。例如，铸件的大小、砂箱的尺寸、合理的吃砂量、浇冒口系统的布置，以及箱带的位置等都会影响砂型中的铸件数目。因此，在工艺设计中，必须根据各种条件综合考虑，以确定砂型中铸件的数目。

7）确定铸造工艺参数

工艺参数选取得准确、合适，才能保证铸件尺寸（形状）精确，使造型、制芯、下芯、合箱方便，提高生产率，降低成本。工艺参数选取不准确，则铸件精度降低，甚至因尺寸超过公差要求而报废。这些工艺参数，除铸造收缩率、机械加工余量和起模斜度以外，其余的都只用于特定的条件下。下面着重介绍这些工艺参数的确定方法。

（1）加工余量。机械加工余量不足，就会使铸件因表面光洁度和尺寸精度达不到图纸上的要求而报废。机械加工余量太大，则会增加机械加工工时，且浪费金属材料，降低铸件的技术经济指标。根据GB/T6414—1999《铸件尺寸公差与加工余量》之规定，确定机械加工余量之前，必须先确定“铸件尺寸公差”与“加工余量等级”。

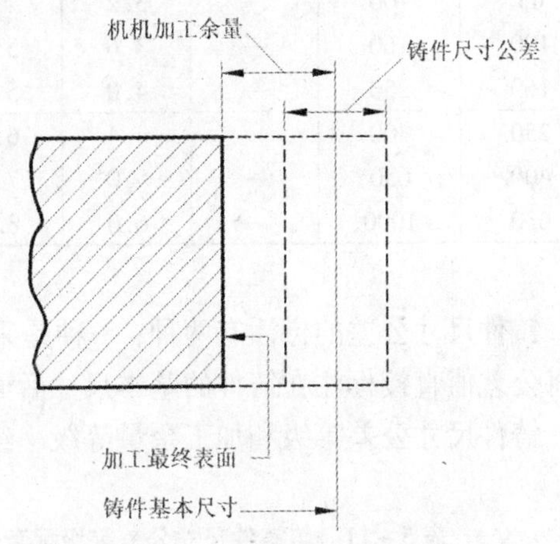

图5-42 加工余量值与铸件尺寸公差的关系

（2）铸件尺寸公差的确定。尺寸公差与加工余量的关系如图5-42所示。

在GB6414—1999《铸件尺寸公差与加工余量》中，规定了铸件的尺寸公差。表5-9列出了手工造型小批和单件生产铸件的尺寸公差等级，大批量生产、机器造型以及其他铸造方法时查阅相关铸造手册。

表5-9 小批和单件生产铸件的尺寸公差等级（GB6414—1999）

造型材料	铸件尺寸公差等级CT					
	铸钢	灰铸铁	球墨铸铁	可锻铸铁	铜合金	轻金属合金
干、湿型砂	13~15	13~15	13~15	13~15	13~15	11~13
自硬砂	12~14	11~13	11~13	11~13	10~12	10~12

确定机械加工余量等级就是确定加工余量大小程度的等级。其代号用“MA”表示，并由精到粗分为A、B、C、D、E、F、G、H和J共九个等级。对于小批和单件生产的铸件加工余量等级可查表5-10。

表 5-10 铸件的尺寸公差数值(GB6414—1999) mm

铸件基本尺寸/mm		公差等级 CT							
大于	至	1~9	10	11	12	13	14	15	16
—	10	—	2.0	2.8	4.2	—	—	—	—
10	16	—	2.2	3.0	4.4	—	—	—	—
16	25	—	2.4	3.2	4.4	6.0	8.0	10.0	12.0
25	40	—	2.6	3.6	5.0	7.0	9.0	11.0	14.0
40	63	—	2.8	4.0	5.6	8.0	10.0	12.0	16.0
63	100	—	3.2	4.4	6.0	9.0	11.0	14.0	18.0
100	160	—	3.6	5.0	7.0	10.0	12.0	16.0	20.0
160	250	—	4.0	5.6	8.0	11.0	14.0	18.0	22.0
250	400	—	4.4	6.2	9.0	12.0	16.0	20.0	25
400	630	—	5.0	7.0	10.0	14.0	18.0	22.0	28.0
630	1000	—	6.0	8.0	11.0	16.0	20.0	25.0	32.0

铸件尺寸公差的标注有两种：一种是采用公差等级标注如 GB6414—1999 CT10；另一种是将公差值直接标注在铸件的基本尺寸后面，如(95 ±1.1) mm。

铸件尺寸公差等级和加工余量等级一经确定后，其加工余量数值按表 5-11 选取。

表 5-11 与铸件尺寸公差等级配套使用的铸件机械加工余量(GB/T6414—1999) mm

公差等级 CT	1~9	10				11				12				13				14		15		16	
加工余量等级	—	E	F	G	H	E	F	G	H	F	G	H	J	F	G	H	J	H	J	H	J	H	J
基本尺寸/mm	加工余量数值																						
~100	—	2.5 1.5	3 2	3.5 2.5	4 3	3 2	3.5 2.5	4 3	4.5 3.5	4 2.5	4.5 3	5 3.5	6 4	5.5 3.5	6 4	6.5 4.5	7.5 5.5	7.5 5	8 6	9 5.5	10 6.5	11 6.5	12 7.5
>100 ~160	—	3 2	3.5 2.5	4 3	5 4	3.5 2.5	4 3	4.5 3.5	5.5 4.5	5 3.5	5.5 4	6.5 5	7.5 6	6.5 4	7 4.5	8 5	9 6.5	9 6	10 7	11 7	12 8	13 8	14 9
>160 ~250	—	3.5 2.5	4 3	5 4	6 5	4.5 3.5	5 3.5	6 4.5	7 5.5	6 4	7 5	8 6	9.5 7.5	7.5 5	8.5 6	9.5 7	11 8.5	11 7.5	13 9	13 8.5	15 10	15 9.5	17 11

注：未尽数据查阅相关铸造工艺手册

表中的基本尺寸，是指有加工要求的表面上的最大基本尺寸和该表面距它的加工基准间尺寸二者中较大尺寸。确定回转体的加工余量时基本尺寸取其直径或高度(长度)中较大的尺寸。铸件上其他加工面上的加工余量的数值可以采用按上述方法查得的加工余量数值。对于单件和小批生产的铸件上不同的加工面允许采取相同的加工余量数值。

国标中还有两项规定：对应于表 5-10 某一确定的铸件尺寸公差等级，砂型铸造的铸件，其顶面的加工余量的等级比底面、侧面的加工余量的等级降一级选用。例如尺寸公差为 CT10 级，底面、侧面的加工余量的等级 MA-G，顶面的加工余量的等级 MA-H。

砂型铸造孔的加工余量的等级可选用与顶面相同的等级。加工余量应在铸件图上或技术文件中说明。例如加工余量按 GB/T6419—1999 CT10-MAH/G 级(斜线上为顶面加工余量

的等级，斜线下为侧面和底面加工余量的等级。具体例子参见图5－49(a)连接盘零件图的工艺参数的选择。

(3)铸件的孔、槽。对于铸件上的孔和槽是否要铸出要根据具体情况决定，既要考虑铸出这些孔和槽的可能性，又要考虑铸出的必要性和经济性。

一般来说，较大的孔、槽应当铸出，以减少切削加工工时，节约金属材料，可减小铸件上的热节。灰铸铁件和铸钢件最小铸出孔的参考数值见表5－12。

表5－12　铸件毛坯的最小铸出孔

生产批量	最小铸出孔的直径 d(mm)	
	灰铸铁件	铸钢件
大量生产	12～15	—
成批生产	15～30	30～50
单件、小批量生产	30～50	50

(4)起模斜度。起模斜度的大小取决于模样材料的表面粗糙度、模样上垂直于分型面壁的高度，以及造型材料特点和造型方法等。加工面的起模斜度再加上加工余量之后做出。起模斜度的形式和应用如下图5－43所示。

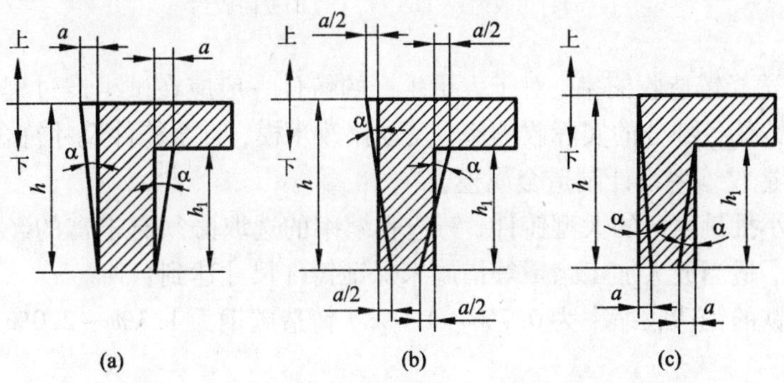

图5－43　起模斜度的三种形式

(a)增加铸件厚度法；(b)加减铸件厚度法；(c)减少铸件厚度法

同一铸件的拔模斜度尽可能取一种或两种。起模斜度一般以宽度或角度来表示。用机械加工方法制造金属模样时，一般采用角度表示起模斜度以便于制造。而用手工制造模样时应标出毫米数。具体大小按JB/5105—1991，《铸件摸样起模斜度》的规定选取。具体大小按JB/5105—1991表5－13选取。

表 5-13　起模斜度上的增减值

测量面高度 H	金属模	木模
≤20	0.5～1.0	0.5～1.0
>20～50	0.5～1.2	1.0～1.5
>50～100	1.0～1.5	1.5～2.0
>100～200	1.5～2.0	2.0～2.5
>200～300	2.0～3.0	2.5～3.5
>300～500	2.5～4.0	3.5～4.5

(5)铸造收缩率。铸造收缩率的影响因素：合金的种类及成分、铸件冷却、收缩时受到的阻力的大小、冷却条件的差异等，因此，要十分准确地给出铸造收缩率是很困难的。铸件的收缩率不是一个常数要考虑结构和退让性。图 5-44 反映了不同铸件结构对收缩率的影响情况，收缩阻力不同，在不同方向上收缩率会有差异。

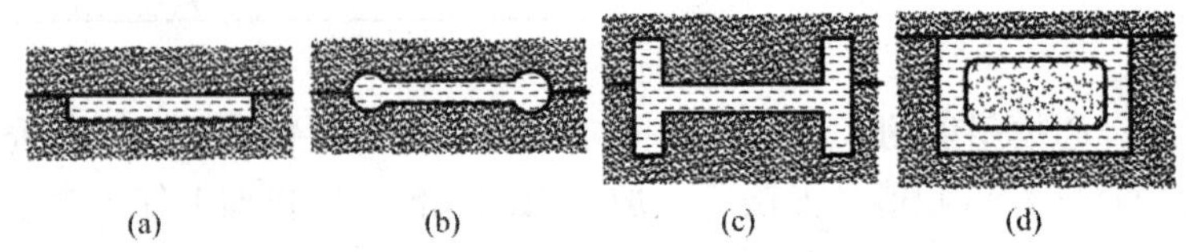

图 5-44　铸件的结构对收缩率的影响

(a)自由收缩；　(b)、(c)、(d)受阻收缩

如何正确地选择铸造收缩率，对于大量生产的铸件一般应在试生产过程中，对铸件进行多次划线，测定铸件各部分的实际收缩率，反复修改木模，直至铸件尺寸符合铸件图样要求。然后再以实际铸造收缩率设计制造金属模。

对于单件、小批量生产的大型铸件，铸造收缩率的选取必须有丰富的经验，同时要结合使用工艺补正量，适当放大加工余量等措施来保证铸件尺寸达到合格。

通常，灰铸铁的铸造收缩率为 0.7%～1.0%，铸造碳钢为 1.3%～2.0%，铸造锡青铜为 1.2%～1.4%。

生产中制造摸样时，为了方便起见，常用特制的缩尺。缩尺的刻度比普通尺长，其加长的尺长等于收缩量。目前使用的有 0.8%、1.0%、1.5%、2.0% 等缩尺。

(6)工艺补正量。工艺补正量可粗略地按经验式 5-1 来确定。

$$e \leqslant 0.002L \tag{5-1}$$

式中　e——工艺补正量；

L——加工面到加工基准面得距离。

由于单件生产不能在取得该产品的经验数据后再设计，为了确保铸件成品率而采用施加工艺补正量措施。对于成批、大量生产的铸件或永久性产品，不应使用工艺补正量，而应修改模具尺寸。

使用工艺补正量要求有丰富的经验，各种大型铸件的工艺补正量的经验数据都是在一定生产条件下取得的，在使用时应仔细分析。

(7)分型负数　分型负数的大小和砂箱尺寸、铸件大小有关。一般大件，起模后分型面容易损坏，修型烘干后变形量大，所以合型时垫的石棉绳等也厚度大些，故分型负数也应增大。此外，还和工厂习惯，垫用材料有关。一般在0.5~6 mm之间。

干砂型、表面烘干型、自硬砂型以及砂箱尺寸超过2 m以上的湿型才应用分型负数，湿型分型负数一般较小。

除以上工艺参数外，根据具体铸造条件，可适当考虑砂芯负数、非加工壁厚的负余量和反变形量的参数。

5.2.5　绘制铸造工艺图

1)铸造工艺图的基本概念

铸造工艺图是铸造行业所特有的一种图纸。它规定了铸件的形状和尺寸，也规定了铸件的基本生产方法和工艺过程。单件、小批的生产情况下，可直接在零件图上绘制，供制造模样、造型、检验和技术存档。对成批、大量生产的情况，为便于长期保存和利于复制交流，常用墨线绘制在描图纸上，可晒制成单一颜色线条的铸造工艺图。铸造工艺图是生产过程的指导性文件，它为设计和制造铸造工艺装备提供了基本依据。

2)铸造工艺图表达的内容

在零件图上用各种工艺符号表示出铸造工艺方案，其中包括：铸件的浇注位置、铸型分型面、型芯的数量和形状、固定方法及下芯次序、加工余量、起模斜度、收缩率、浇注系统、冒口、冷铁的尺寸和布置等。以上内容分别用图形、符号及工艺要求来表达。但上述内容并非在每个图形上都要表达，而是与铸件的批量、造型方法等有关。依据铸造工艺图，结合所选造型方法等便可绘制出模样图及合箱图。图5-45为支座的铸造工艺图、模样图及铸型装配图。

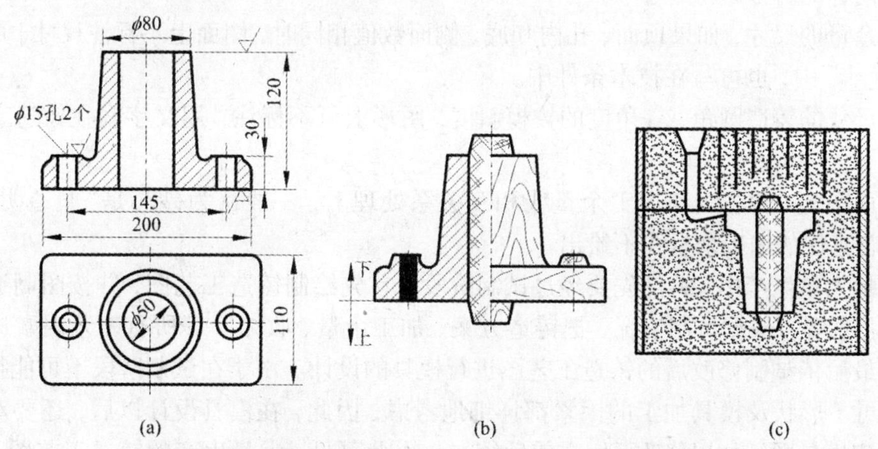

图5-45　支座的零件图、铸造工艺图和模样图、合箱图

(a)零件图；(b)铸造工艺图(左)和模样图(右)；(c)铸型装配图

3)铸造工艺符号及表示方法

绘制铸造工艺图，除了要正确掌握一般机械制图的规则以外，还必须熟悉铸造工艺符号规定及表示方法。铸造工艺符号及绘制方法参阅 JB2435—78。

绘制铸造工艺图的过程，就是编制铸造工艺的过程。

4)绘制铸造工艺图的程序和注意事项

(1)一般程序。根据产品图及技术条件、产品生产批量及需用日期，结合工厂实际条件选择铸造方法；

分析铸件的结构工艺性，判断缺陷的倾向，提出结构的改进意见和确定铸件的凝固原则；

标出浇注位置和分型面；绘出各视图上的加工余量及不铸孔、构槽等工艺符号；

标出特殊的拔模斜度；

绘出砂芯形状、分块线(包括分芯负数)、芯头间隙、压紧环和防压环、积砂槽及有关尺寸，标出砂芯负数；

画出分盒面，填砂(射砂)方向，砂芯出气方向，起吊方向等符号；

绘出浇注系统、冒口的形状和尺寸，同铸试样的形状、位置和尺寸；

冷铁和铸筋的形状、位置、尺寸和数量，固定组合方法及冷铁留缝大小等；

模样的分型负数、分模及活块形状，反变形量的大小和形状、位置，非加工壁厚的负余量、工艺补正量的加设位置和尺寸等；

大型铸件的吊柄，某些零件上所加的机械加工用夹头或加工基准台等。此外，有的铸造工艺图尚需说明：浇注要求，压重，冒口切割残留量，冷却保温处理，拉筋处理要求，退火要求等。

工艺要求(技术条件)中还需说明选用缩尺，一箱布置几个铸件或与某名称铸件同时铸出，选用设备型号及砂箱尺寸等。

(2)注意事项。每项工艺符号只在某一视图或剖视图上表示清楚即可，不必在每个视图标写相同内容的符号。

加工余量的尺寸，如果顶面、孔内和底、侧面数值相同时，图面上不标注尺寸，可填写在“木模工艺卡”中，也可写在技术条件中。

相同尺寸的铸造圆角、等角度的拔模斜度，图形上可不标注，用文字写在铸造工艺图的旁边。

在剖面图上，砂芯线和加工余量线相互关系处理上，一般认为砂芯是“非透明体”，因而，被砂芯遮住的加工余量线不绘出。

在大批大量生产中，铸件先要经过试制阶段。首先绘制铸造工艺图，并按图制造试制用的木模、芯盒等。根据试制情况，把铸造方案、加工余量、收缩率等所有工艺因素进行变更和调整。最后依试制修改后的铸造工艺图进行模具的设计。由于在试制阶段不可能把铸件的每一个尺寸、形状及模具加工的因素都详细地考虑，因此，在模具设计以后，还要对原有铸造工艺图依模具图纸加以修改，使之前后统一。由此可见，大量生产的铸造工艺图，往往不是直接指导生产的依据，它实际上被模具图所取代，但它在试制阶段起主导作用。

所标注的各种工艺尺寸或数据，不要盖住产品图上的数据，应方便工人操作，符合工厂的实际条件。

5)铸造工艺图绘制举例

例1 图5-46(a)为一个连接盘零件图，材料为HT200，采用砂型铸造，年生产量200

件，试绘制铸造工艺图。

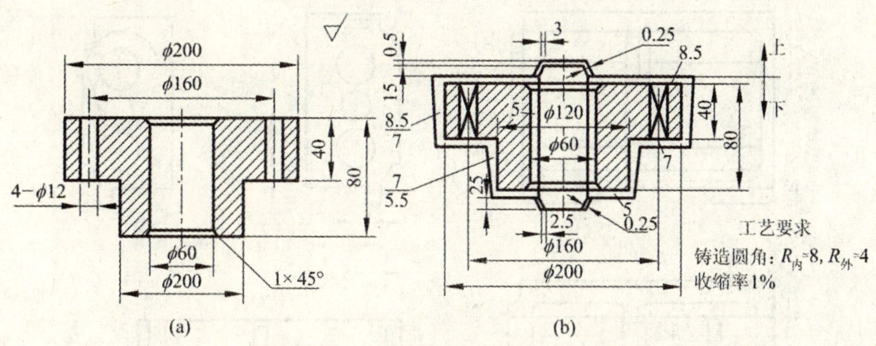

图 5 - 46　连接盘零件图及铸造工艺图

(a)零件图；(b)铸造工艺图

(1)生产性质及零件结构分析。该零件属小批生产，零件上 ϕ60 mm 的孔较大要铸出，需用一个型芯。四个 ϕ12 mm 的小孔可不铸出，铸后进行机械加工。铸造工艺图上的不铸出孔用红线打叉，见图 5 - 46 (b)。

(2)确定浇注位置和分型面。该铸件要全部机械加工，为使造型方便选 ϕ200 mm 端面为分型面，采用两箱整体模造型。分型面用红线表示，并写出"上、下"。

(3)确定加工余量。该铸件为回转体，铸件最大尺寸 ϕ200 mm。加工余量的选择见 GB/T6414—1999。砂型铸造灰铸铁件的公差及配套的加工余量等级为 14/H。按规定顶面和孔的加工余量等级应降一级，由 H 降为 J 级。查表得：

ϕ200 mm 顶面的单侧加工余量为 9 mm；

ϕ200 mm 与 ϕ120 mm 相邻的台阶面，单侧加工余量为 6.0 mm；

ϕ200 mm 外圆单侧的加工余量为 7.5 mm；

ϕ120 mm 外圆的单侧加工余量为 6.0 mm；

ϕ120 mm 端面是底面，单侧加工余量为 6.0 mm；

ϕ60 mm 孔的单侧加工余量为 6.0 mm；

加工余量可用红色线在加工符号附近注明加工余量的数值。

(4)确定起模斜度。因为铸件侧面要全部进行机械加工，所以起模斜度按零件图尺寸采用增厚法。两处平行于起模方向的侧壁高度均为 40 mm，查 JB/5105—1991 表得起模斜度 a 为 1.0 mm。

图 5 - 46(b)中"8.5/7.5"和"7/6"表示考虑加工余量和起模斜度后，上端分别加 8.5 mm 和 7 mm，下端分别加 7.5 mm 和 6.0 mm。

(5)确定线收缩率。该铸件高度方向收缩无障碍，而径向收缩受型芯的阻碍，由于是小批生产，为便于造芯，各尺寸方向的收缩率均取 1%。

(6)芯头尺寸。该芯头为垂直芯头。查 JB/T5106—1991 得芯头尺寸，见图中蓝线。

(7)铸造圆角。铸造圆角按(1/5 ~ 1/3)壁厚的方法，取 $R_{内}$ 为 4 mm；$R_{外}$ 为 2 mm。

(8)绘出铸造工艺图，如图 5 - 46(b)所示。

例 2　图 5 - 47 为 C6140 车床的进给箱零件图，铸件重 35 kg，年产量 4000 件/年，试对 C6140 车床进给箱体铸件进行铸造工艺设计。

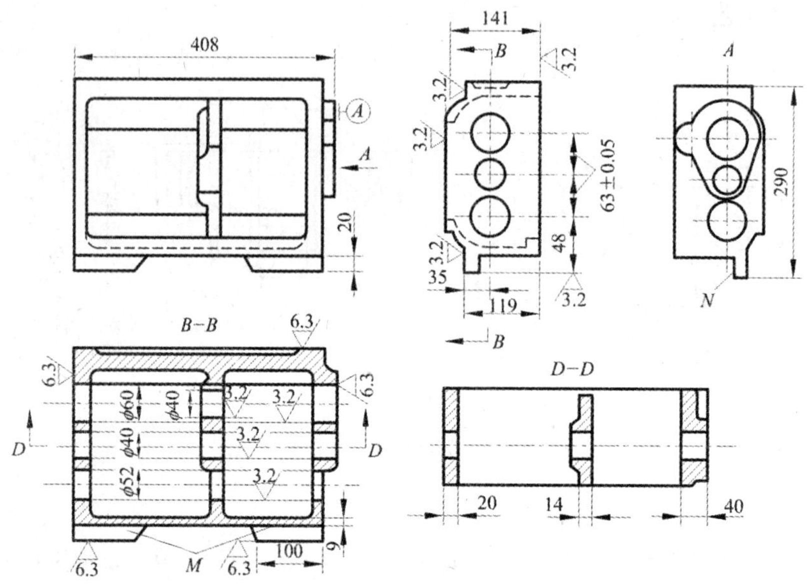

图 5－47　C6140 车床进给箱体零件图

(1)确定铸造方法。根据产品图及技术条件、产品生产批量及需用日期，结合工厂实际条件选择铸造方法。该进给箱体位于床身侧面，内装齿轮和轴，它是车削加工的进给部分，铸件牌号为 HT150 普通灰铸铁，勿需考虑补缩。轮廓尺寸为 408 × 290 × 141 mm，铸件重 35 kg。壁厚较均匀，最小壁厚为 9 mm，最大壁厚为 28 mm，是灰铸铁件适宜壁厚，在一般情况下不会产生浇不足、缩孔和缩缺陷。

分析该进给箱体零件，铸件内腔和外部形状比较简单，起模方便，内腔砂芯形状简单，下芯方便，芯子稳定性好，选用常用的砂型铸造方法，可满足要求。铸件四面都有砂芯或芯头，内浇道引入位置选择较困难。图 5－47 中 *M* 部分为两个凸台，凸台底面(即 *N* 面)不加工。如果从三个轴孔中心线分型时，则凸台采用下芯或使用活块成形。该零件没有特殊质量要求的表面，仅要求尽量保证基准面 *A* 不得有明显铸造缺陷，以便进行定位。在制订铸造工艺方案时，主要应着眼于工艺上的简化。

(2)选择铸型种类。该箱体铸件结构比较简单，尺寸比较小，重量也比较轻，属于中、小型铸件，又是灰铸铁，铸型选取黏土湿型较为合理。

(3)选择造型、造芯方法。进给箱体铸件产量 4000 件/年，属于大批量生产，一般应采取机械化生产。应根据铸件结构和工厂生产设备条件综合考虑选择造型和造芯机械。造芯方法的选择考虑目前工厂造芯设备条件不足，故采用手工造芯。但是考虑到进给箱体属于大量生产，铸件质量要求比较高，所以选用了植物油芯砂和合脂芯砂，并采用金属芯盒和成型烘干器来生产砂芯。

(4)选择浇注位置。图 5－48 进给箱体浇注位置选择方案有：

方案Ⅰ：将零件薄壁多的部分放在下型，容易浇满。*A* 面是该零件加工基准面，也是和床身相装配的面，采取 *A* 面朝下质量易保证。缺点是内腔的下芯头的尺寸小，芯子的稳定性差；箱体外部砂芯的芯头大部分处于上箱，对下芯和合箱不利，使上箱高度增加，对造型不利。

方案Ⅱ：优点是使铸件大部分处于下箱，使上箱高度减低，内腔砂芯下芯头大于上芯头，下芯方便，芯子稳定性好。缺点是A面处在上面，质量不易保证。

综合以上的分析，选择Ⅱ方案比较好。A面采取适当增加加工余量的措施，以确保其质量要求。

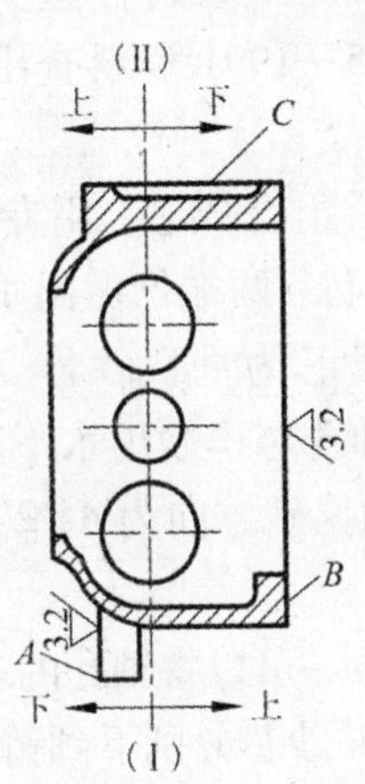

图5-48 进给箱体浇注位置选择

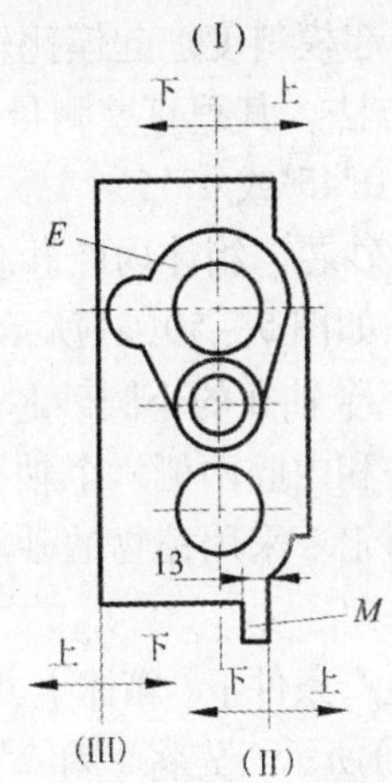

图5-49 进给箱体分型面选择

(5)选择分型面 图5-49为进给箱体分型面的选择方案。

方案Ⅰ：铸件大量生产时，箱体上的九个轴孔应铸出。为了下芯、合型方便，从轴孔的中心线分型。优点是浇注位置与分型面一致。下芯头尺寸较大，型芯稳定性好，不容易产生偏芯。适于铸出轴孔，铸后轴孔的飞边少，便于清理。同时，其主要缺点是基准面A朝上，使该面较易产生气孔和夹渣等缺陷，且型芯的数量较多。凸台用型芯来形成，槽C可用型芯。

方案Ⅱ：铸件绝大部分位于下型。此时，凸台E和槽C妨碍起模，也需采用型芯或活块来成形。它的缺点除基准面朝上外，其轴孔难以直接铸出。轴孔若拟铸出，因无法制出型芯头，必须加大型芯与型壁的间隙，致使飞边清理困难。

方案Ⅲ：从B面分型，铸件全部置于下型。其优点是铸件不会产生错型缺陷；基准面朝下，其质量容易保证；同时，铸件最薄处在铸型下部，金属液易于充满铸型。缺点是凸台E、A和槽C都需采用活块或型芯，而内腔型芯上大下小稳定性差；若拟铸出轴孔，其缺点与方案Ⅱ相同。

在单件生产条件下，宜采用方案Ⅱ或方案Ⅲ。因为在单件、小批量生产条件下，因采用手工造型，使用活块造型较型芯更为方便。同时，因铸件的尺寸允许偏差较大，九个轴孔不必铸出，留待直接切削加工而成。此外，应尽量降低上型高度，以便利用现有砂箱。故本例选用方案Ⅰ。

(6)确定铸造工艺参数。

①铸件公称重量=35×(1+5%)≈37 kg。铸件重量偏差按有关表格查得数据为6%，即得到的铸件重量不得超过37 kg(公称重量可用首批铸件平均重量来校对)。

②确定铸件收缩率。进给箱体材料为HT150，重37kg。收缩时受阻碍，收缩率由JB/5105—1991查出为0.8%。

③确定机械加工余量。进给箱体加工余量等级取F级，可根据GB/T6414—1999资料查得

最大加工余量为6.5 mm，最小的加工余量为4.5 mm。公差等级取11级，铸造公差为7 mm。

④铸出孔。进给箱体铸件是大量生产，铸铁件最小铸出孔尺寸为15～30 mm。箱体上九个轴孔最小为ϕ32 mm，最大为ϕ57 mm（包括加工余量以后的尺寸），所以九个轴孔全部铸出。在砂芯设计时应尽量保证九个轴孔的相对位置尺寸和同轴度。

（7）确定起模斜度。起模比较困难的垂直壁大部分需要加工，且铸件壁不太厚，采取增加铸件壁厚方法。其垂直壁测量高度35～84 mm，从JB/5105—1991资料查出起模斜度为1～1.5 mm或0°45′或0°45′～1°。

（8）设计砂芯。箱体内腔砂芯分割为两块分别制造，然后组合成芯，用专用夹具把组芯下到铸型内，如图5－50（a）所示。其中1#砂芯为垂直砂芯，上下两端均做出垂直芯头，砂芯和内腔侧壁三个轴孔的小圆砂芯做成一体，带水平芯头。2#砂芯为垂直砂芯，同样做出上下垂直芯头，并和内腔两侧六个轴孔圆芯做成一体，其中五个轴孔芯子做出水平芯头。

1#和2#砂芯，采用植物油砂芯，金属芯盒制造。1#砂芯的捣砂方向为A，2#砂芯捣砂方向为B。

在成批生产条件下，箱体上九个轴孔要铸出，为了造芯方便，可以将轴孔的芯子单独做出，如图5－50（b）所示。先将1#和2#砂芯下到铸型内，再把3#和4#砂芯分别下到铸型内。把3#和4#砂芯头分别下到1#和2#砂芯上的芯座里，然后在3#和4#砂芯外面的空隙里堵上砂子。

如果箱体上九个轴孔不铸出，那么1#和2#砂芯形状就大大的简化了。

进给箱体的其他砂芯形状比较简单，其结构型式见铸造工艺图（图5－53）所示。

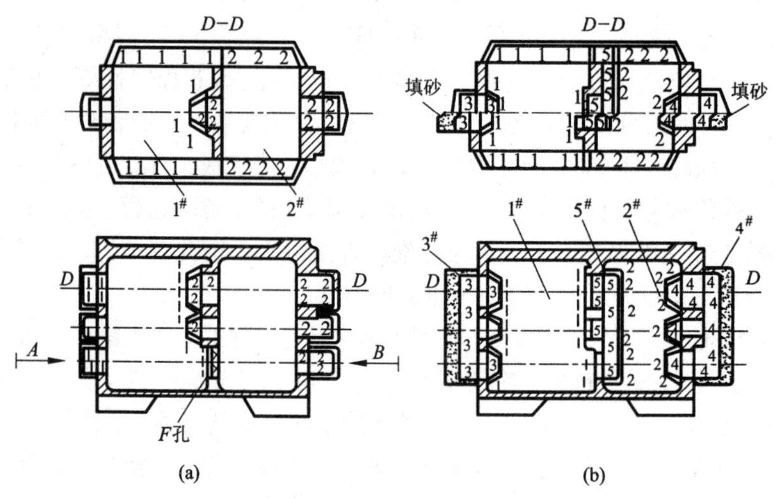

图5－50　砂芯设计方案

（a）方案Ⅰ；（b）方案Ⅱ

（9）设计浇注系统。进给箱体浇注系统的结构如图5－51所示。

①设计内浇道。由于箱体外部四周都有砂芯，内浇道开设位置只能选择在两个凸台砂芯之间。此处壁厚为9 mm，可开设两个内浇道，截面形状为扁平梯形。

②设计横浇道。横浇道截面一般选择高梯形，档渣效果较好。

（10）浇注系统计算。选用封闭式浇注系统，内浇道截面积按水力学公式计算。

$$\sum A_{内} = \frac{G}{0.31\mu t\sqrt{H_P}} \tag{3-2}$$

式中 G 为铸型中铁液总重量，即铸件和浇冒口重量之和，取浇冒口占铸件重量的20%，即

$$G=37\times(1+20\%)=44(\mathrm{kg})$$

μ 为流量系数，查得 $\mu=0.42$。t 为浇注时间，S_2 取2.2，所以

$$t=S_2\sqrt{G}=2.2\times\sqrt{44}(\mathrm{s})。$$

H_P 为平均压力头，计算平均压力头，参见图5－52。

$$H_P=H_0-\frac{H_c}{8}=20-\frac{15.1}{8}=18(\mathrm{cm})$$

计算内浇道(阻流截面)截面积：

$$\sum A_{内}=\frac{44}{0.31\times\times0.42\times14.5\times\sqrt{18}}=5.5(\mathrm{cm^2})$$

取内浇道总截面积为5 cm²，则每个内浇道截面积应为2.5 cm²，其扁平梯形截面尺寸为下底×上底×高＝24 mm×21 mm×10 mm，在铸造工艺图上绘制内浇道截面图并标注尺寸。

确定浇注系统各组元的截面比为：$A_{内}:A_{横}:A_{直}=1:1.1:1.15$

由于工艺上两个铸件共用一个横浇道，每侧横浇道截面积 $A_{横}=2.5\ \mathrm{cm^2}\times1.1\times2=5.5\ \mathrm{cm^2}$，其截面尺寸可取为下底×上底×高＝25 mm×20 mm×25 mm。

确定直浇道的截面积为 $A_{直}=2.5\ \mathrm{cm^2}\times1.15\times4=11.5\ \mathrm{cm^2}$，因此，直浇道底部最小直径 $d=38$ mm。

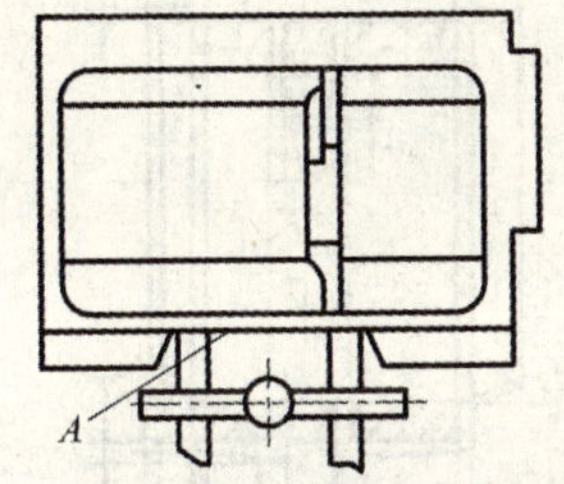

图5－51　进给箱体浇注系统的结构

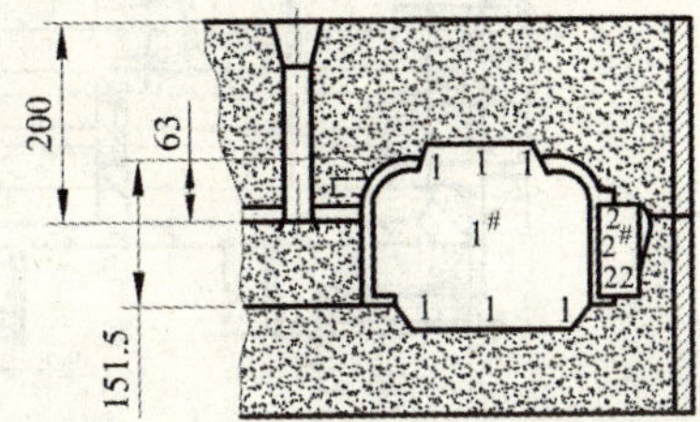

图5－52　平均压力头计算示意图

(11)绘制铸造工艺图。采用分型方案Ⅰ时的铸造工艺图如图5－53所示。

5.2.6　绘制铸件图

1)铸件图的作用及内容

铸件图是反映铸件实际尺寸、形状和技术要求的图样。对铸造生产而言，工艺装备的各种图纸，必须保证和铸件图相符合。铸件图是铸造生产、铸件检验与验收铸造工装设计以及机械加工工装设计的重要依据。

铸件图上的主要内容有铸件形状和尺寸、未注圆角、壁厚，铸件允许的缺陷说明等。

同一张产品零件图，不同的铸造工艺，分型面及所使用的起模斜度大小、方向等都有差异，铸件的形状和尺寸也有差异，铸件图和铸造工艺密切相关，因此必须绘出铸件图。在大批大量生产中，所有铸件的机械加工生产线上的工装，都必须依照铸件的真实形状去设计，而不能按零件图去设计。单件、小批生产的车间，直接依靠铸造工艺图进行生产准备、施工及验收，机械加工车间也是直接依照产品图进行加工，因此，没有必要绘制铸件图。连接盘

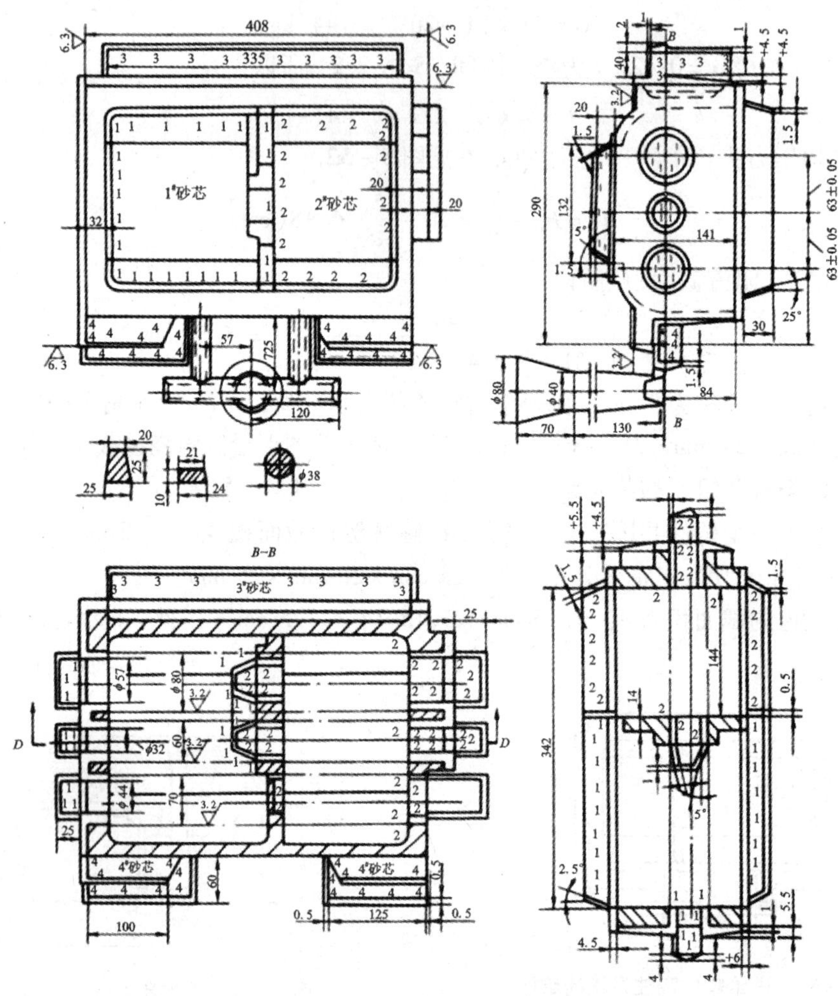

图 5-53　采用分型方案 I 时的铸造工艺图

铸件图如图 5-54，进给箱体铸件图见图 5-55。

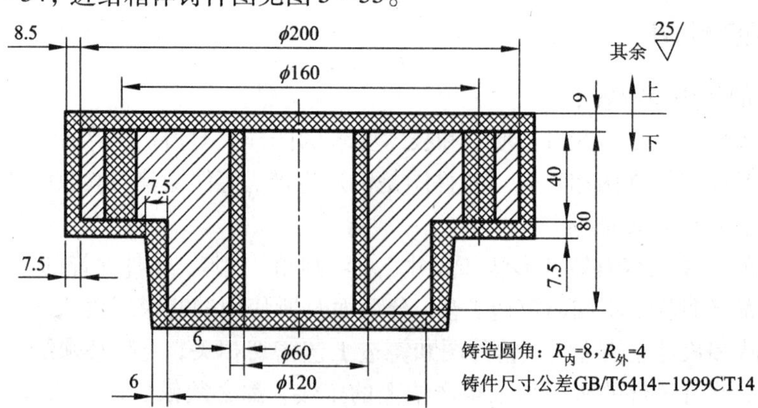

图 5-54　连接盘铸件图

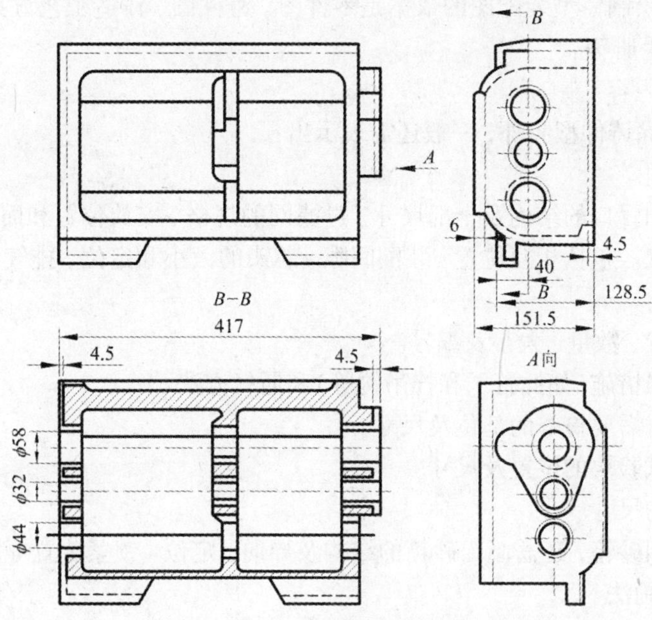

图5-55 进给箱体铸件图

2)铸件图的画法及尺寸标注

(1)铸件图的画法。用粗实线表示铸件的外形轮廓，用细双点划线表示零件的外形。在粗实线与细双点划线之间标注加工余量数值。在剖面图上用网格线表示加工余量或不铸孔、槽等。

(2)铸件图的尺寸标注。铸件图上只需注出铸件主要外廓的长、宽、高度尺寸、加工余量和需要加工切除的工艺余量、工艺筋等尺寸。铸件尺寸公差除有特殊要求必须标注外，其余一般公差不必在每个尺寸上标注。但有些工厂习惯于将铸件的全部尺寸都标注在铸件图上，以便于铸型设计、划线及检验。

标注尺寸的方法以零件尺寸为基础，铸件图上标出零件的公称尺寸，加工余量(包括起模斜度)等在零件的尺寸线上向外标注，并带有括号。另外，也可以以铸件尺寸为基础，即标注铸件尺寸，加工余量等则由铸件外廓尺寸线向内标注尺寸。这种方法在个别大量生产工厂应用，而大多数工厂应用前种方法。无论那种方法，不铸孔和沟槽等均不标注尺寸。

(3)铸件图的其他标注。

①加工定位点(面)和夹紧点(面)的标注符号为“⟺”。

②相同的铸造圆角及拔模斜度在技术条件中说明。只标明特殊的铸造圆角尺寸及拔模斜度。

③用细实线画出分型面在铸件上的痕迹，并注明“上”、“下”字样，以说明浇注位置。

④浇冒口残余的表示方法为，用细双点划线画出内绕道、冒口根的位置和形状，再用指引线引出并以文字说明，如“内浇道残余不应大于××毫米”等。

⑤还应标出公差、硬度、不允许出现的铸造缺陷及检验方法等技术要求。

5.2.7 绘制铸型装配图

铸型装配图是设计铸造工艺装备和编制铸造工艺规程的主要依据之一，反映了铸造工艺方案的整体情况。绘制铸型装配图的依据是零件图、铸件图、铸造工艺方案草图和铸型工艺设计有关的标准、手册等。

1)铸型装配图内容

铸型装配图上除铸件型腔外，一般还需表示出：

(1)铸型分型面。

(2)浇注系统和冒口的结构及全部尺寸、过滤网的规格、安放位置和面积大小。

(3)砂芯的形状。包括相互位置、装配间隙、芯头的大小和定位、排气方法，每个砂芯应按下芯顺序编号。

(4)冷铁的位置、数量、大小及编号。

(5)铸型的加强措施(如插钉子和挂吊钩等)和通气方法。

(6)铸型装配时需要检查的部位及尺寸。

(7)铸件附铸试验块的位置及尺寸。

(8)砂箱内框的尺寸。

(9)若是用专用砂箱，还需画出砂箱的结构及导向、定位、锁紧装置等。

2)铸型装配图画法

铸型装配图的主剖视图应尽可能选用自然的铸件浇注位量。画俯视图时一般应将上箱搬离，如果型腔结构简单、砂芯少，为了表示冒口布置情况也可不揭开。为了保持图面清晰，除主要轮廓线外，尽可能不用或少用虚线线条。进给箱铸型装配如图 5 -56 所示。

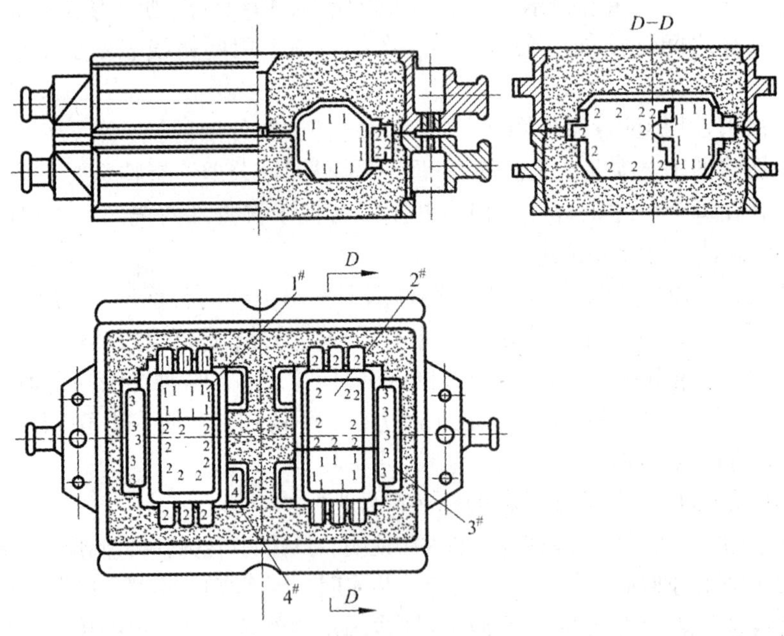

图 5 -56　进给箱体铸型装配图

铸型装配图的习惯画法和常用符号见表 5 -14。

表 5-14 铸型装配图的习惯画法和常用符号

符号名称	表示方法	说 明
铸型剖画与未剖部分	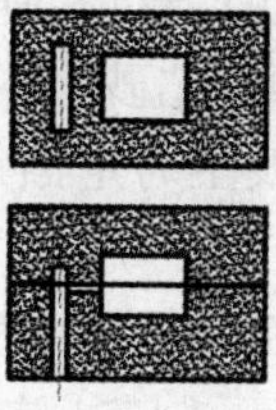	铸型剖面部分需要画剖面线，其画法与制图标准相同，剖面线之间的距离约取 5 ~ 15 mm，在剖面上按习惯再画上一些点。铸型未剖部分在型腔和砂箱的周围画上一些密集的点，其中间部位的点应稀疏一些
砂芯	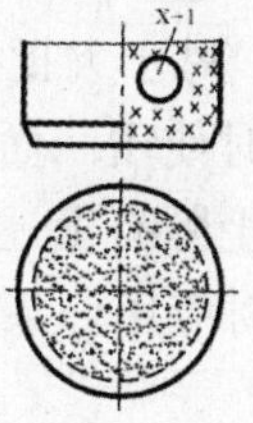 X-1	砂芯的剖面用等距离垂直交叉的细实线表示，如果砂芯较大时，其中间部分可以不画剖面线，在剖面上也应画出点 砂芯未剖部分，只在其边缘画些密集的点子，中心部位点稀疏一些 各个砂芯都应按下芯的顺序编号，最先下人的砂芯为“芯-1”，或“X-1”（X是“芯”字汉语拼音字头）
砂芯粘合面和芯头装配间隙	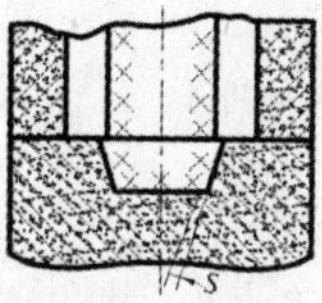 S	对分别造芯，经烘干后再粘合成整体的砂芯，其粘合面用粗实线和符号“S”表示 芯头与芯座之间的装配间隙应放大画出，并标注间隙值
冷铁	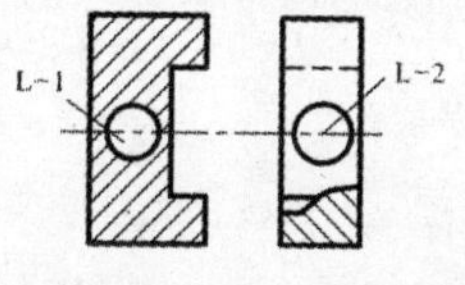 L-1 L-2	冷铁的剖面按机械制图标准绘制，未剖部分用加粗的粗实线画出其外廓形状 各冷铁也应按其在铸型或砂芯中的位置顺序编号，如“冷-1”或“L-1”等，采用组合冷铁时，还应标注冷铁间的间隙尺寸
芯骨	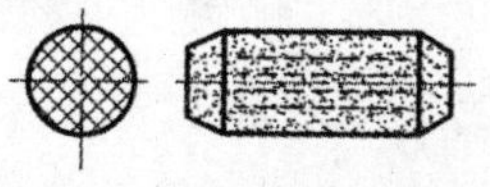	铸铁或铸铝的大芯骨在剖视图上用剖面画出，未剖部分用较粗的虚线画出其外廓形状；用铁丝弯成的小芯骨，在剖视图上用粗实线画出，不必画剖面线，复杂砂芯采用几种不同规格的铁丝作芯骨时，也分别编号表示
砂芯通气孔道	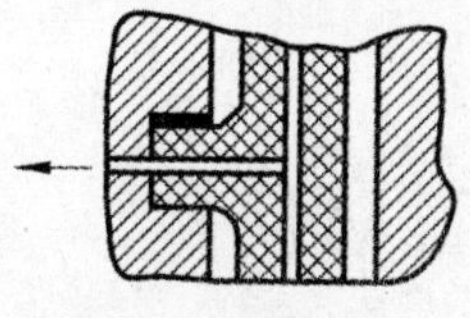	主要或较大的通气道应在图中表示出来，在造芯时用气孔针扎出的小的通气孔道，只在造芯工艺卡上注明，铸型装配图上可以省略
金属钉子或弯钩	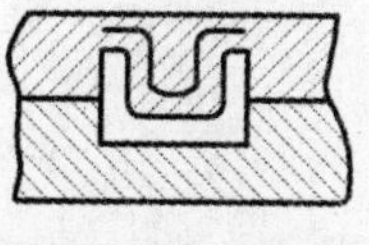	在造型时插入的钉子或埋设的弯钩，用粗实线表示其位置和形状；钉、钩的规格、数量及其位置尺寸不必具体说明，可在造型工艺卡上表示

5.2.8 填写铸造工艺卡片

工艺卡是铸造工艺设计的重要文件之一，也是生产管理的重要文件。工艺卡一般以表格形式，说明所用金属牌号及各种非金属材料（如型砂、芯砂）的技术要求，造型、制芯操作注意事项、浇注规范、使用砂箱以及各种原材料消耗及工时定额等。根据工艺操作需要，附以合箱简图或工艺简图。

由于各工厂生产批量及生产条件不同，所使用的工艺卡形式有很大差异。对于单件、小批生产类型的工厂，指导模样和模板制造，以及造型、制芯、浇注操作的工艺卡，大都采用图章的形式在铸造工艺图的背面盖印，工艺卡和铸造工艺图同时应用。铸造工艺图是直接指导操作的文件，因此，这类工艺卡都只填写简明数据。对于大批大量生产，模具制造都要依照专用的工装图纸，铸造工艺图只在试制和模具设计时使用。而对造型、制芯、浇注操作直接起指导作用的文件只有工艺卡。因此，这种工艺卡上除有上述要求的表格数据以外，一般附有铸型装配简图或工艺草图，以便造型、下芯合箱时应用。某厂使用的砂型铸造工艺卡如表5－15所示，供参考。

表5-15 某厂使用的砂型铸造工艺卡

(单位)		砂型铸造工艺卡	产品型号		工艺简图或要点：
更改记录			零件号		
			零件名称		
			材料		
			每台件数		

工艺参数	直浇道	$\Sigma A_{直}$=cm²	横浇道	$\Sigma A_{横}$=cm²	内浇道	$\Sigma A_{内}$=cm²	过滤网	ΣA_{Δ}=cm²	补缩冒口颈/mm		出气冒口颈/mm	
	数量		数量		数量		数量		数量		数量	
	ΣA_{Δ}：$\Sigma A_{横}$：$\Sigma A_{直}$=											

造型	造型方式	铸型种类	砂型名称	砂型编号	每型型砂重	铸型重	通气方式	扣箱方式	紧固方式
					kg	kg			

制芯	砂芯编号	砂芯号	数量	制芯方式	通气方式	芯骨材料	芯骨数量	砂芯重量	芯骨回收率
								kg	

工装	名称	编号	材料	规格	定位方式	检修周期
	上箱					
	中箱					
	下箱					
	模样					
	模底板					
	芯盒					
	压铁					

涂料	编号	名称	涂料次数	
			烘干前	烘干后

烘干	类别		烘炉	烘干规范
	砂型	形式		
		编号		
	砂芯	形式		
		编号		

浇注	浇包容量	型内零件数	零件最小壁厚	重量/kg			温度/℃		时间	
				单件重	浇冒口重	铁液总重	出炉	浇注	浇注	型内冷却
									秒	分

芯撑	材料	数量	会签	
			审核	
冷铁	规格	数量	校对	
			拟制	

第 6 章

砂型铸造工艺装备设计及选用

砂型铸造工艺装备(简称工装)主要包括模样、模板、芯盒、砂箱、浇冒口模、芯骨、芯撑、烘芯板、定位销(套)及造型、下芯用的夹具、样板、模具和量具等。铸造工艺装备是服务于铸造工艺的，是实现铸造工艺顺利执行，保证优质、高效生产，改善工人劳动条件的重要技术措施。在熟悉铸造工艺的基础上，掌握工装设计的基本技能，对提高分析和解决铸件质量问题的能力极为重要。

工装设计的主要依据是铸件的生产任务、铸造工艺方案、铸造工艺图和铸件图；其次，还要参考所用的造型和造芯机械的规格参数以及本单位有关的技术标准，考虑工装生产能力等，使设计的工艺装备既能满足工艺的要求，又便于加工制造，使用稳定可靠。

本章介绍模样、模板、芯盒和砂箱等常用工装的技术要求、结构设计和选用的方法，具体设计时应更多的考虑使用铸造工艺及工装设计方面的手册。

6.1 模样设计

模样是用来形成铸型型腔的工艺装备。为确保铸件的质量，模样必须有足够的强度和刚度，以及与铸件技术要求相适应的表面粗糙度和尺寸精度，同时要便于加工制作、使用方便且成本低。

模样的设计内容和步骤一般为：模样材质的选择；模样结构设计；模样尺寸的确定以及对模样提出技术要求等。

6.1.1 模样的材质选择及其制作工艺

铸造生产中使用的模样按制作材料可分为木模、金属模、塑料模、菱苦土模、气化消失模等。

1)木材

常用的制模木材有红松、白松、杉木、银杏木及柚木等。红松是制作木模的基本材料，柚木价格较高。目前，生产中大量使用层胶板，并配合使用木模涂装工艺，取得了良好的效果。

使用木材制作模样，其结构形式分为实体模样、空心框架模样和刮板模样。

木模的制作工艺流程如下：

木模结构设计→木模结构分解、加工 →组装木模→检验、着色和涂漆

2）金属材质

制造金属模样的材质有铝合金、铜合金、铸铁、铸钢和钢材等。

（1）铝合金。这是制造金属模样应用最广的材料，其特点是密度小、不生锈、加工后表面比较光滑，具有足够的强度和耐磨性，良好的使用性能。常用的牌号有铝硅合金 ZL201、ZL102、ZL103、ZL104 等。

（2）铸铁。铸铁强度高、耐磨性好，材料易得，价格便宜，加工性能也很好，但制成的模具较笨重，而且易氧化生锈，使用受到一定的限制，一般用于尺寸较大的模样。常用的牌号有 HT150、HT200、QT500－7 等。

（3）铸钢及钢材。一般用于制造受冲击、易损坏的模样或局部，如模样的芯头部分、出气冒口和通气针等。常用的材料牌号有 45 钢和 ZG35 等。

（4）铜合金。青铜和黄铜具有很好的强度和耐磨性，耐生锈，加工性能极好；加工后表面光滑，不粘砂，特别适宜做模样。但因为铜材价格昂贵，故实际应用并不多，只用于一些细薄复杂的模样（暖气片、活塞环等）。常用的铜合金牌号有 ZHMnFe55－3－1、ZHMnFe52－4－1、ZQSnZnPb6－6－3。

金属模的制作工艺流程如下：

金属模结构设计→制作母模→铸造金属模毛坯→机械加工→装配成模→调试修理

用来铸造金属模毛坯的模样称为母模，制作母模时相当于将金属模本身看作是一个铸件。

3）塑料模

塑料模是以环氧树脂为主要原材料的模样，其使用性能接近金属模样，比木模的制造周期短、成本低。塑料模的结构有三种形式，实体模样、薄壳框架模样和复合塑料模样。塑料模的原材料情况见表 6－1。

塑料模的制作有浇注和层敷两种方法，其工艺流程如下：

塑料模设计→制造母模→制作阴模→浇注或层敷成形→硬化、起模、修整→装配塑料模

母模制作使用木模或石膏模。阴模是用于浇注塑料的模型，类似于铸造的铸型和芯盒。塑料模的精度和表面粗糙度主要取决于母模，考虑到阴模要使用脱模剂，塑料模作出后，表面用砂纸打光而去掉一定厚度，故母模尺寸应放大 0.1～0.3 mm 余量。

表 6－1　塑料模的原材料使用情况

原材料	作　用
环氧树脂	粘接剂
硬化剂	使用乙二胺、β－羟乙基二胺等促进交联反应，使环氧树脂固化
增塑剂	改善硬化后塑料韧性，降低硬化速度，增加流动性，便于制模操作
稀释剂	降低环氧树脂粘度，提高流动性
填料	改善塑料力学性能，节约环氧树脂用量，降低成本
辅助材料	着色剂、清洗剂、脱模剂等

4)菱苦土模样

菱苦土是天然碳酸镁所组成的菱镁矿经750～850℃焙烧后，磨细而成的粉状固体。其主要成分是氧化镁(MgO)、氧化钙(CaO)、二氧化硅(SiO_2)。菱苦土有白色、米黄色和灰色，其氧化镁含量依次降低，制作模样的质量越来越差。菱苦土与卤水($MgCl_2 \cdot 6H_2O$ 的水溶液)混合后，发生化合反应而硬化。菱苦土混合料常用配方见表6－2。

表6－2　制作菱苦土模样的混合料组成

编号	混合料体积比				抗压强度(MPa)	用途
	菱苦土	木屑	卤水	滑石粉		
1	1	3	0.8	表面装饰辅料	5.5	大型件
2	1	2.5	0.8		7.1	中型件
3	3	7	2.4		7.76	小型件

菱苦土模样一般制作成骨架模，其模样的制作工艺过程如下：

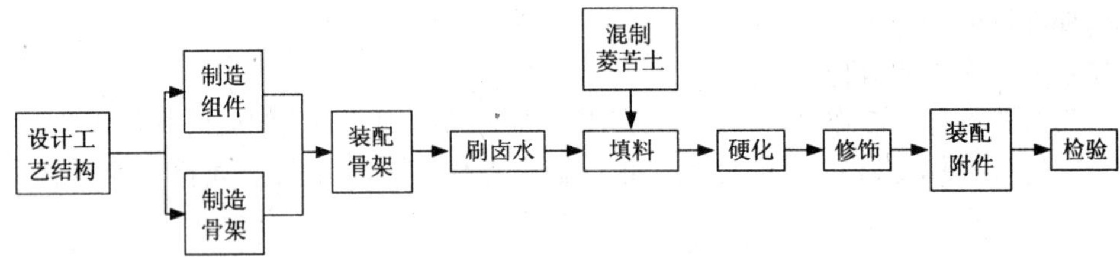

图6－1　菱苦土骨架模的制作工艺流程

菱苦土模样的骨架可以使用木质骨架，也可以使用钢结构骨架。

5)气化消失模(泡沫塑料模)

气化消失模是实型铸造(或消失模铸造)用的模样，使用聚苯乙烯材料经发泡后，利用发泡成形或型材加工成形制作模样。

6)光成形模样

光成形模样用于铸造工艺中，即快速铸造，可以快速制造模样。其成形是利用光敏聚合树脂，在激光的照射下，逐点扫描，堆积成形。这种方法工艺简单，制造周期短，成本低，适合小批量、形状复杂、精密铸件的快速生产。

光成形制作模样的工艺流程如下：

CAD 三维建模→激光扫描固化成形→母模→陶瓷型铸造→模样毛坯→机械加工→模样

光成形方法可用于制作母模，之后利用陶瓷型铸造制作模样。也可以运用该技术制作阴模或芯盒。

6.1.2　模样尺寸的基本计算

模样的尺寸除了要考虑产品零件的尺寸以外，还要考虑零件的铸造工艺尺寸，包括机械加工余量、起模斜度、工艺补正量等各种工艺参数等等，以及铸造合金的线收缩率。模样尺寸可由下式计算：

模样尺寸＝铸件尺寸×(1＋铸造线收缩率)

　　　　＝(零件尺寸±铸造工艺尺寸)×(1＋铸造线收缩率)　　(6－1)

公式中“±”的用法：“＋”用于模样凸体部位的尺寸；“－”用于模样凹体部位尺寸。

模样尺寸是指模样上直接形成铸件的尺寸，不包括模样本身的结构尺寸，如壁厚、加强筋等。铸造线收缩率在铸造工艺图上由铸造工艺设计人员在工艺要求中给出。因模样上的芯头部分和浇冒口模样等不形成铸件本体，故不必考虑铸造收缩率。

实际生产中，木模制作一般不需要计算模样尺寸，而是直接使用缩尺进行尺寸检测和控制。

6.1.3　模样的结构设计

1)模样的结构及组成

模样按结构形式可分为：整体模样、分开式模样、刮板模样、骨架模样等。模样的结构组成包括模样本体、芯头、活块、工艺结构、模样各模块之间的定位及连接结构。

(1)模样本体。模样本体是形成铸件外形的结构。模样本体与零件相比设置了活块、起模斜度、加工余量、工艺补正量、分型负数、砂芯负数、反变形量等工艺结构。

(2)模样芯头。模样芯头是形成砂型中的芯座，支撑砂芯芯头并与之形成装配关系。

(3)浇冒口系统。包括浇注系统、冒口、排气通道、冒口补贴等相应结构。

(4)定位及连接结构。主要包括分型后两半模样的定位结构，以及模样拆分加工后组装、模样与模板之间的定位与连接结构。这些主要依靠定位销和定位孔以及镶嵌件和螺纹连接。

(5)活块及其连接结构。模样上妨碍起模的部分做成活块，活块与模样应有合理的连接与起出结构，如榫、滑销、燕尾与燕尾槽连接，活块的起出结构如捏手、提针孔等。

(6)其他结构。如起模装置、敲模板、吊模等。

另外，木模设计时，还应注明喷刷涂料及着色的相关说明。

模样设计时，主要进行模样结构规划与轮廓设计、壁厚设计、尺寸计算与标注等。企业在模样设计时，经常在零件图、铸件图或铸造工艺图的基础上进行设计。规范的做法是独立设计，并且配套绘制模样工艺图、模样结构图。有时，为了模样制作方便，还会设计模样关键部位相应的样板图。

通过对比分析，明确零件、铸件、模样、型腔四者之间的差异，以及手工造型和机器造型用模样的差异，有助于理解铸造工艺及工装设计方法。

2)金属模样的加工工艺性及技术要求

金属模样的制造一般属于单件生产，铣削和钳工的机械加工工作量较大，加工周期较长。因此，设计模样时要力求符合机械加工工艺性，尽量简化机械加工工艺，减少钳工的工作量。模样表面设计尽量采用规则表面，尽量避免螺纹、齿形等异型表面的使用。必要时，模样毛坯上可设置如工艺搭子、工艺凸台这样的工艺结构，加工完成后切除。对于复杂结构的模样可拆分加工后组装。

金属模样多用于成批大量铸造生产，故对模样表面粗糙度和尺寸应严格要求，这对保证铸件质量是很重要的。而金属模样多数是由铸造毛坯经机械加工而成，因此在进行模样设计时，根据模样的使用要求、制造条件和模样尺寸大小，对模样从坯件到模样成品，提出各方面要求，才能更好地保证模样的使用性能和合理的加工费用。

(1)对金属模样铸造毛坯的要求。模样毛坯的材质应符合各项标准的要求。模样坯件的加工表面不允许有铸造缺陷。为保证模样尺寸的稳定，模样坯件应进行去应力退火处理。

(2)对金属模样成品的要求。通常情况下，模样的制造精度要比铸件精度高得多，一般金属模样的尺寸公差大约限制在铸件公差值的20% ~40%范围内。

3)金属模样的结构设计

金属模样按照尺寸大小可分为大型模样(>500 mm)、中型模样和小型模样。按照模样本体结构是否有分型面，分为整体模和分开模；模板上的模样按照与模底板的连接方式分为装配式和整铸式。

根据模样的大小，可将模样设计成空心结构或实体结构。一般模样轮廓尺寸小于50 mm或高度小于30 mm时，设计成实体结构。大中型模样则设计成空心结构。

模样结构设计时，应进行以下结构设计：

(1)轮廓设计。模样本体外形一般与铸件随形设计，两者之间只是尺寸上的差异。模样轮廓设计时应考虑芯头、外型芯、浇冒口、通气孔及其他如起模斜度等工艺结构对模样轮廓形状的影响。

(2)模样尺寸及精度要求。模样尺寸标注既反映了模样大小，也反映了模样的精度。尺寸标注时，应使设计基准与加工(工艺)基准一致，符合基准统一原则，以便减小加工误差。模样的制造公差一般为±0.2，考虑模样使用过程中的磨损，对于小于300 mm的模样，凸体尺寸偏差可取0 ~ +0.2 mm，凹体尺寸偏差可取 -0.2 ~0 mm。以图6 -2所示模样为例，零件凸体尺寸为ϕ100 mm，单边加工余量1.4 mm。铸件精度为CT11时，其公差为5mm(对应ϕ102.8 mm时的公差值)。增加起模斜度后，相应尺寸增加0.394 mm。线收缩率为1%。

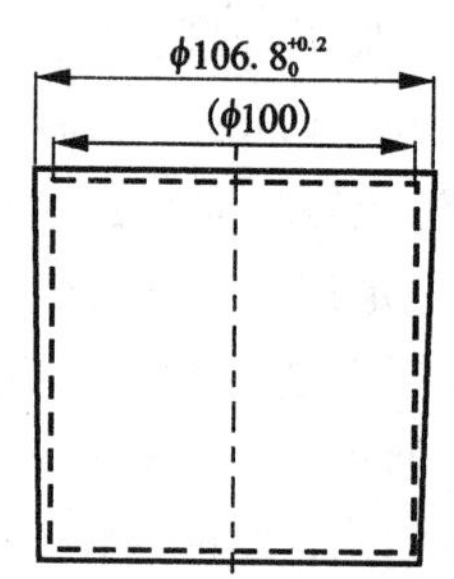

图6 -2 模样凸体尺寸计算与标注示意图

标注时，其模样上相应尺寸应为：

(100 + 2 × 1.4 + 1/2 × 5 + 0.394) × (1 + 1%) = 106.75，取106.8 mm，标注为$\phi106.8_{0}^{+0.2}$。其中，1/2是指考虑铸件尺寸公差时，取一半计入模样尺寸。

如上述ϕ100 mm零件尺寸为凹体尺寸，不考虑起模斜度尺寸，其他条件不变，则模样相应的尺寸及标注为：

(100 -2 ×1.4 -1/2 ×5) ×(1 +1%) =95.65，取96.7 mm，标注为$\phi\ 95.7_{-0.2}^{0}$。

模样本身的结构尺寸如壁厚、加强筋等不必计算收缩量。模样芯头的尺寸，也就是砂型上芯座的尺寸为：砂芯尺寸 + 芯头间隙。

(3)壁厚设计。模样采用空心结构时，壁厚设计应保证足够的强度、刚度及使用寿命，同时尽量减轻模样重量，节约原材料，降低成本。确定金属模样壁厚主要采用经验图表和经验公式法。

经验图表查取金属模样壁厚见图6 -3。横坐标是模样平均轮廓尺寸值，纵坐标是模样壁厚，图中三条曲线分别代表铝合金、铸铁和黄铜模样的壁厚。

模样壁厚也可以用经验公式法确定，计算公式见式(6 -2)。

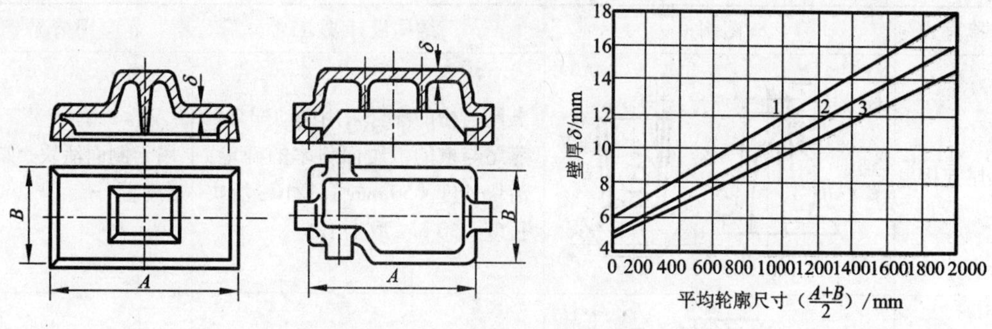

图6-3　确定金属模样壁厚

(a)模样轮廓及壁厚；(b)确定模样壁厚经验图

1—铝合金；2—铸铁；3—铜合金

$$\delta = \alpha(1 + 0.0008L) \qquad (6-2)$$

式中　δ——金属模样壁厚，取整；

α——系数，铸铝为6，铸铁与铸铜为5；

L——模样平均轮廓尺寸，$L = (A+B)/2$。

铝合金模样常用壁厚可参考表6-3选用。

表6-3　铝合金模样常用壁厚

模样平均轮廓尺寸$(A+B)/2$	<500	500~1000	>1000
铝合金模样壁厚(mm)	8	10	12

在高压造型时，为了防止变形和压坏，将选取的壁厚增加50%~100%。

(4)加强肋设计。为了使空心模样具有一定的强度和刚度，金属模样要设置加强筋。对于平均轮廓尺寸小于150 mm的空心模样可以不设置加强筋。

加强筋的数量和布置形式取决于模样的尺寸和形状，应力求均匀、规则，并尽可能使筋条错开以利于铸造成形。加强筋的厚度一般选取铸件壁厚的80%~100%。对于模样高度小于75 mm时，其加强筋高度比模样壁低5~10 mm，以减少切削加工量。对于较高的模样，筋可以设计成拱形，但最小高度应不低于壁厚的5倍。高压造型的模样加强筋数量还应比一般造型时多，筋的高度与分模面平齐，以提高模样刚度。

(5)金属模样的活块结构。模样上妨碍从铸型中取出的部分应做成活块。另外，模样上的浇冒口和出气孔，为了造型起模和操作方便，一般亦做成活块。活块从铸型中取出的方式有三种：①起模时活块留在型中，起模后再从型中取出活块；②起模前将活动部分先退入模样或模板内；③起模前从铸型顶部取出活动部分。各种活块的结构形式及设计要点见表6-4。

表 6-4　活块与模样的连接方式及设计要点

连接方式	图例	结构设计要点	应用情况
燕尾连接	6.3；H_1；H；3°；活块；模样本体；60°；60°；$H_1<H$	燕尾与槽的配合采用滑动配合。燕尾与槽的滑脱面斜率的确定：活块长度 <50 mm 取 1/10；活块长度 >50 mm 取 1/12。	用于侧面活块，如凸台、搭子。
滑销连接	活块；ϕ(H13)；模样本体；滑销；ϕ(h9)；ϕ(S7)	直径较大的冒口和有方向要求的活块用两个滑销，并将活块做成空心结构，以减轻重量。有时使用销套提高精度和使用寿命。	用于起模前取出的活块，而且具有反向起模斜度的活块部分，如浇冒口、凸台。
榫连接	活块；t；d；榫头；模样本体	定位不分可在活块上，也可在模样上。	起模取出的活块，如冒口。

如型腔较深较窄，取出活块不够方便，这时在活块上设计相应的提针孔，或在活块上设计捏手取出活块。为使活块放置在模样上稳定，对于伸出部分较大时，可使用支撑钉加以支撑。如起模后活块容易松动，可在活块上使用紧钉插入铸型。图 6-4 是活块起出和支撑的结构示意图。

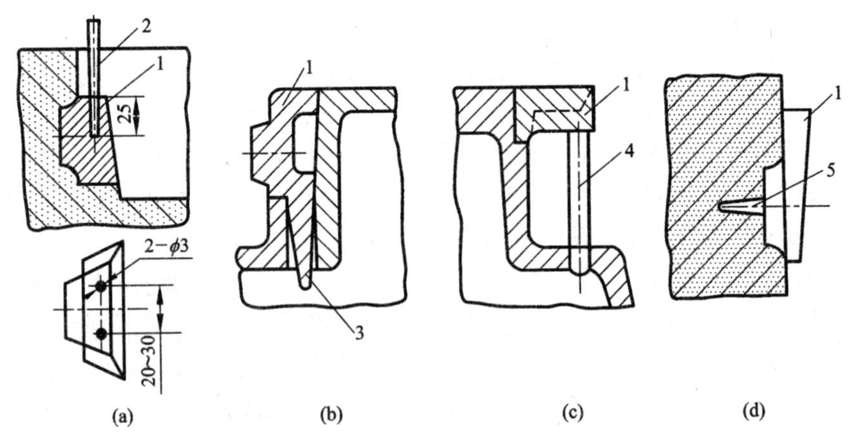

图 6-4　活块起出和支撑的结构设计

(a)提针起出活块；(b)捏手起出活块；(c)防止活块松动的支撑钉；(d)紧钉

1—活块；2—提针；3—活块捏手；4—支撑钉；5—紧钉

造型线上机器造型时，很少使用活块，如有不便起模的结构，可采用外型芯工艺措施，但是相应地改变了模样的结构，设计时应引起注意。

6.2　模板设计

6.2.1　模板的结构组成及应用

1）模板的应用

模板也称型板，一般由模底板、模样通过装配而成。在不同条件下使用的模板结构不同，图6－5是水平分型机器造型用模板，由模样、模底板及模板框组成，装配后整体安装在造型机上。手工造型用模板一般将模底板和模板框合并设计，其上装配模样后使用。模板造型可以提高生产效率和铸件质量，不仅在大批大量生产中使用，也可在单件小批生产时使用。模板设计的依据是铸造工艺方案及铸造工艺图、造型机的规格、模板加工条件和工装制造水平。

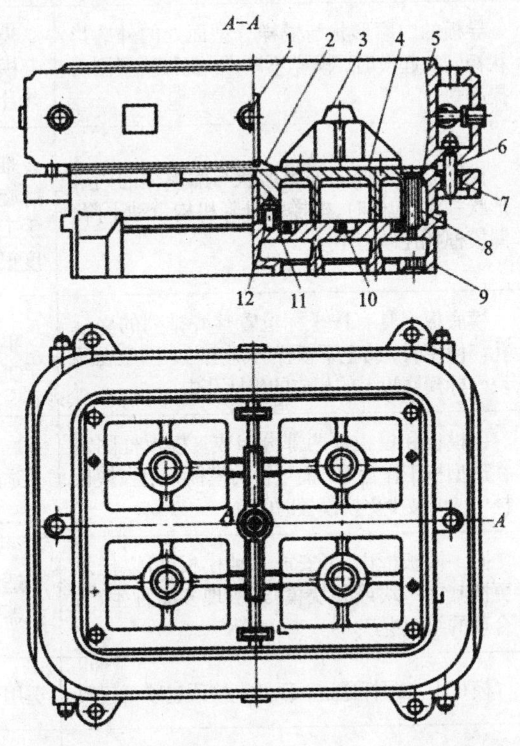

图6－5　水平分型造型用模样、模板及模板框

1—直浇道模；2—直浇道座；3—模样；4—模底板；5—上砂箱；6—合箱销；7—销套；8—紧固螺钉；9—模板框；10—电加热管；11—模板销套；12—模板定位销

2）模板的分类

模板的分类及其结构特点见表6－5所示。

表 6－5　模板的分类及其结构特点

分类方法	模板种类	结构特点	应用范围
按制造方法分	整铸式模板	模样和模底板连成一体铸出	成批大量生产时及各种类型的模样都可选用
	装配式模板	模板可和模底板分开制造，然后装配在一起，模样可以固定在模底板上，也可以是活动可换的	
按模板材料分	铸铁模板	材料：HT150、HT200、QT500－7	单面模板的模底板、模底板框
	铸钢模板	材料：ZG200－400、ZG230－450、ZG270－500	单面模板的模底板
	铸铝模板	材料：ZL101、ZL102、ZL104、ZL203	中小型的各种模板
	塑料模板	一般与金属骨架、框架联合使用	双面模板和小铸件的单面模板
按模板结构分	单面模板	上下模样分别位于两块上、下模底板上，组成一副单面模板	各种生产条件下，都可选用
	双面模板	上下模样分别位于同一块模底板的两面	小型铸件成批大量生产的脱箱造型
	导板模板	导板的内廓形状与模样分型面处的外廓形状相同。起模时，模样不动，导板和砂型同时提起	模板较高，起模斜度很小或无起模斜度的铸件，如大齿轮，散热片等
	漏模模板	模样分型面处的外廓形状与漏模框的内廓形状一致，起模时，模样由升降机构带动下降，漏模框托住砂型不动	难以起模的铸件，如斜齿轮、螺旋轮、麻花钻头、带轮等以及手工造型时，模样较高，起模斜度很小或无起模斜度的铸件
	坐标模板	模底板上具有按坐标位置整齐排列的坐标孔。使用时，将上下模样分别定位、固定在两块坐标模底板上的相应的坐标孔中	单件少量生产的机器造型或手工造型
	快换模板	由模板和模板框两部分组成。模板框固定在造型机工作台上，而可换的模板固定在模板框中，可减少更换模板时间	适用于成批生产的机器造型
	组合模板	同一模板框内，可安放多种模板，可以任意更换其中一块或几块模板，实现多品种生产，合理的组织生产	适用于多品种流水线生产的机器造型
按起模方式分	顶杆起模模板	模板上有顶杆通道，顶杆直接顶起砂箱起模	适用于中、小型上箱的模板
	顶框起模模板	模板外形尺寸与顶框内廓尺寸相适应，模底板的高度尺寸与顶框一致。起模时，顶杆通过顶框间接顶起砂箱	适用于大、中型上箱的模板
	转台起模模板	砂型紧实后，砂箱和模板一起翻转，使模板在上，砂箱在下。模板、砂箱和砂箱托板总高应小于造型机最大回转高度。模底板应设置夹紧装置	适用于下箱模板

续表 6－5

分类方法	模板种类	结构特点	应用范围
按造型机分类	高压造型模板	模板的强度、刚度要求较高，模底板一般为框形结构，加强筋间隔要密，模板底部有加热装置，吊胎处、不便起型的边角处应加排气塞	高压造型机上用模板
	射压造型模板		射压造型机上用模板
	气冲造型模板		气冲造型机上用模板
	静压造型	结构基本与高压造型基本相同,但模板上必须带有足够的排气塞,以便于排气	静压造型机上用模板

6.2.2　模底板结构设计

1) 模底板的结构及功能

模底板的结构见图 6－6 所示，由底板、吊轴、紧固凸耳、定位销耳、定位销及导向销等组成。底板用于装配模样、定位销及导向销等，并放置砂箱。定位销与砂箱的定位孔（或销套）配合，起到与砂箱的定位作用。导向销起导向作用，一般定位销与导向销在模板的两侧定位销耳上各有一个，由螺纹连接固定在底板上。吊轴是模板的吊运结构。紧固凸耳的功能是便于使用“T”形螺栓、压板和螺母将模板固定在造型机上。

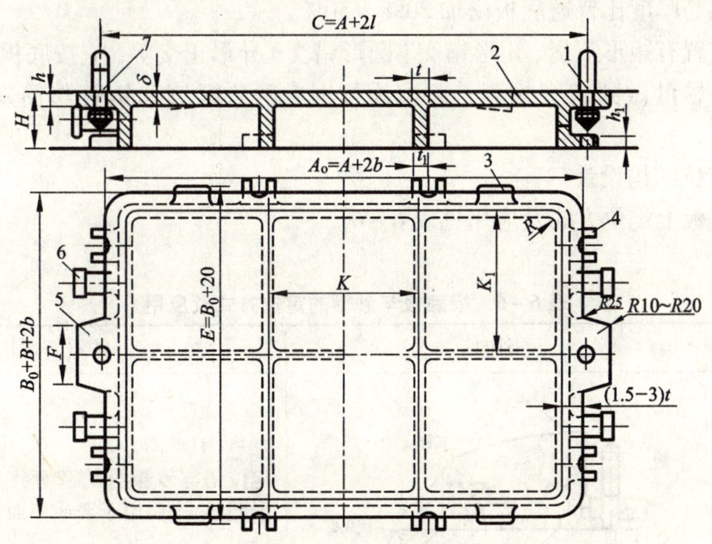

图 6－6　常用模底板结构

1—导向销；2—底板；3—固定砂箱用楔形块（翻台造型机模板用）；
4—固定于造型机上用的紧固耳；5—定位销耳；6—吊轴；7—定位销

2) 模底板材料

模底板常用的材料有铝合金（ZL101、ZL102、ZL104、ZL203）；铸铁（HT150、HT200）及球墨铸铁（QT500－7），铸钢、塑料和木材等。模底板材料是根据其平面尺寸大小、使用场合、铸件的生产批量和本厂车间加工能力来选定。

3)模底板的平面尺寸

模底板的平面尺寸是指模底板使用平面的长、宽尺寸($A_0 \times B_0$),确定模底板平面尺寸的方法是首先根据模样大小,考虑吃砂量以后计算砂箱尺寸,模底板平面尺寸则与配套使用的砂箱外廓尺寸相一致。机器造型用模底板尺寸取决于造型机型号以及所使用的砂箱大小。一般为砂箱内框尺寸加两倍砂箱边宽。

4)模底板的高度

模底板的高度 H 根据使用要求和选定的造型机来确定。

(1)普通模底板的高度。铸铝时,$H = 30 \sim 90$ mm,铸铁时,$H = 80 \sim 150$ mm。

(2)普通凹面式模底板。根据凹进去的深度决定。

(3)采用双层销耳的模底板。一般 $H > 100$ mm。

5)模底板的壁厚和加强筋

在保证模底板刚度和足够承载能力的前提下,应尽量减轻重量,节约金属,故模底板常采用框架结构。壁厚和加强筋厚度及其间距应根据模底板的平均轮廓尺寸$(A_0 \times B_0)/2$ 来确定,平均轮廓在 2000 mm 以下的铸铁模底板,一般壁厚取 10 ~ 16 mm,铸铝模底板厚度取 10 ~ 20 mm。

加强筋是在有效减轻重量和加工面积的情况下,提高底板刚度的。加强筋带有斜度,其厚度取底板厚度的 80% ~ 100%,根部取 100%,下部取 80%。筋的高度由底板的高度和材质确定,一般取 50 mm 左右,大模板可增加高度。筋的间距一般在 500 mm 以下。高压造型底板壁厚及加强筋厚度比普通底板增加 20% ~ 50%。

加强筋的布置有矩形正交、矩形错交、圆形错交、异形正交等,应按底板的形状、大小和吊轴位置确定,尽量做到规则排列。装配模样时,避免螺钉和销钉与筋发生干涉并便于操作。

6)模底板定位结构设计

砂箱在模底板上定位方式及应用见表 6 - 6。

表 6 - 6　模底板与砂箱的定位方式及应用

定位方式	型号	图例	特点及应用
直接定位	I	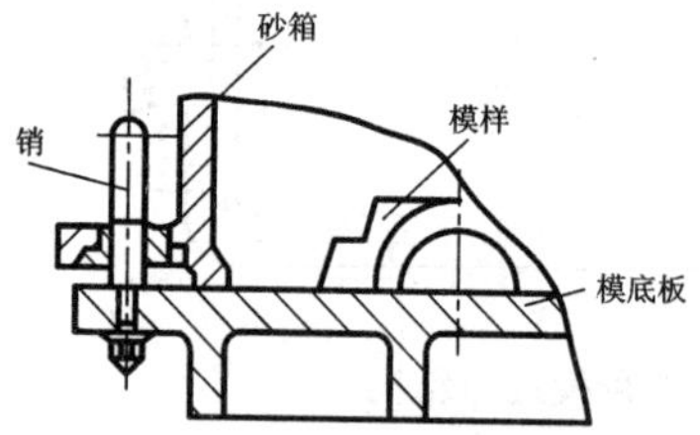	定位销与砂箱与销套直接定位,结构简单,误差小,主要用于普通单面模板
	II	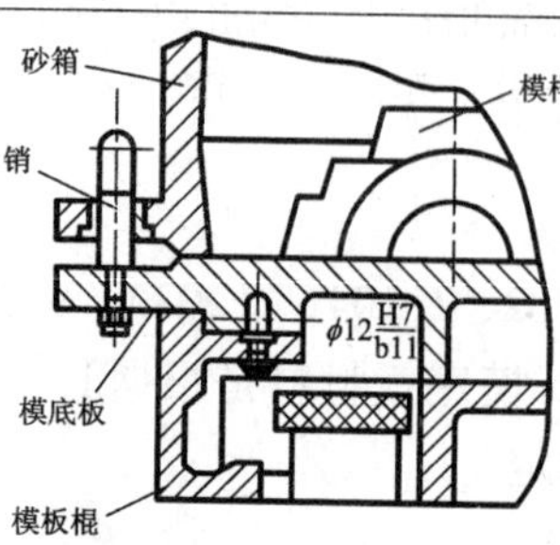	模底板置于模板框内,并与框定位。模底板与砂箱另外使用定位销和销套定位,比 I 型复杂。用于需要加热的快换模板

续表 6－6

定位方式	型号	图例	特点及应用
间接定位	Ⅲ	砂箱；模样；销；木质快换模底板；模底板	模板与砂箱不直接定位，都以模板框上的定位销定位。模板与砂箱之间形成间接定位，定位误差大，用于普通快换模板
	Ⅳ	砂箱；模底板；模板框；A－A；$\phi 12\frac{H8}{f7}$；$\phi 12\frac{H8}{k6}$	模底板与模板框用小小销子定位(精度要求高)，模板框再与砂箱形成二次定位。由于两次定位后存在误差累积，定位要求高，结构复杂。主要用于组合快换模板，也可用于普通快换模板

模板上的定位销和导向销都属于导销，定位销一般为圆截面弹头形，螺纹连接，常用结构见图 6－7 所示。导向销四面削边，也用螺纹连接，常用结构见图 6－8 所示。

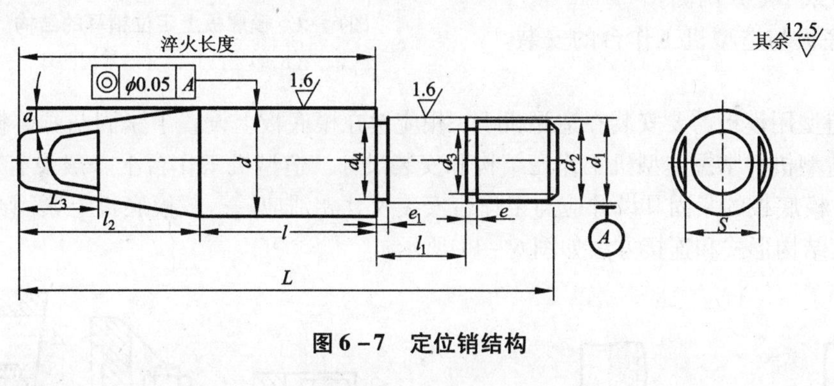

图 6－7　定位销结构

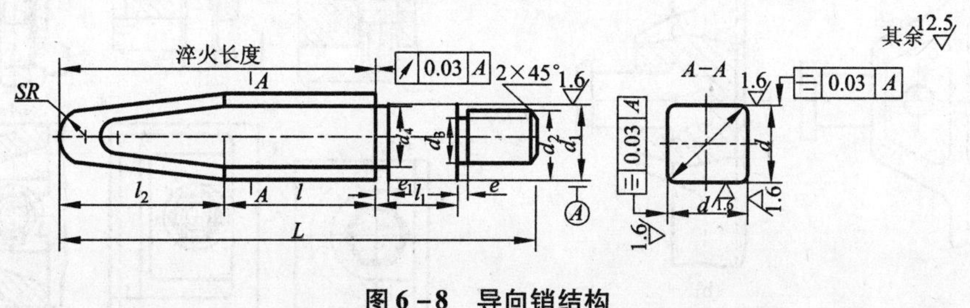

图 6－8　导向销结构

砂箱上与定位销对应的开设了圆形定位孔，与导向销对应的开设腰圆形孔。成批生产中，导向销也可采用圆形定位销。

导销与销套配合精度取决于铸件的精度要求和批量，合理的定位偏差应在铸件允许偏差的 1/5 ~ 1/4 以下。

两个导销或定位销安装孔之间的中心距与配套使用的砂箱的两个定位孔中心距一致，具体见图 6－6 中：

$$C = A + 2l \tag{6-3}$$

式中 C——导销或定位销安装孔的中心距，也即砂箱上两个定位孔的中心距；

A——砂箱内轮廓尺寸；

l——砂箱定位箱耳上定位孔中心到砂箱内壁的距离。

模底板上固定导销的凸耳结构见图 6－9 所示，安装导销用的孔径和技术要求应与导销相配合。

7）模底板的吊运结构

平均轮廓尺寸中、大型模底板为了翻型、起模和搬运，需要设置吊轴。常用吊轴见图 6－10 所示，有整铸式和铸接式两种。铸钢模底板用整铸式，而铸铁及铸铝模底板一般用铸接式。小于 500 mm 的小型模底板，可以只设手把，不设吊轴。一般模底板设两个吊轴，大型模底板可设四个吊轴，对称分布在模底板中心线或中心线两侧。

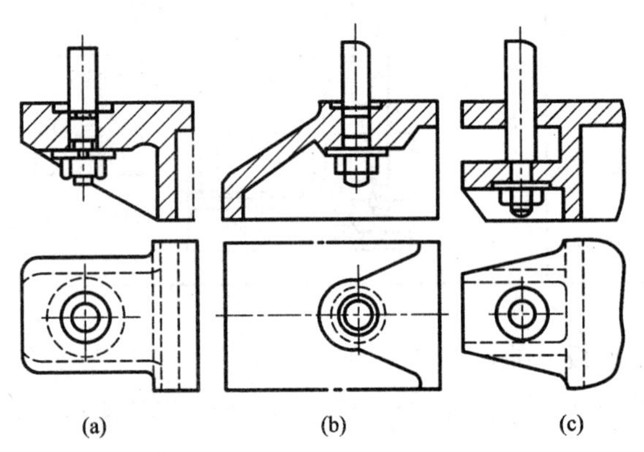

图 6－9 模底板上定位销耳的结构

（a）、（b）单层凸耳；（c）双层凸耳

8）模底板与造型机工作台的安装结构设计

机器造型用模板需要安装在造型机上，相应地在模底板上设置了紧固凸耳。模底板设计前应选定造型机并掌握造型机工作台结构和安装尺寸。造型机工作台上一般设有“T”形槽或者固定孔，模底板的紧固耳设计应与工作台安装尺寸相适应。一般模底板上紧固凸耳数量可取四个，其结构形式和连接方法如图 6－11 所示。

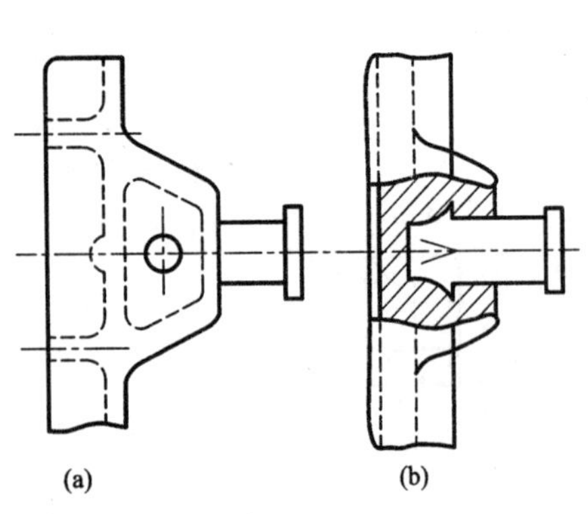

图 6－10 吊轴结构

（a）整铸式；（b）铸接式

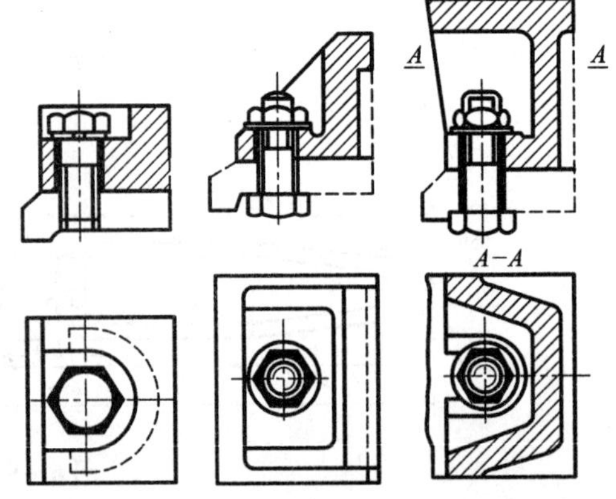

图 6－11 模底板紧固凸耳及连接结构

9)模底板的技术要求

(1)所有铸铁及铸铝模底板需经人工时效处理，铸钢模底板经退火处理。

(2)模底板工作表面平直度允差；与造型机工作台接触表面平直度允差；两平面间的平行度允差。

(3)模底板的铸造缺陷允许焊补，但工作表面应尽量避免焊补。

(4)双面模底板与砂箱接触的四边允许磨损量为0.4 mm；单面模底板与砂箱接触的四边允许磨损量为0.8 mm，超过此限，可铣去一层后再加耐磨铁片进行修复。

(5)不同部位的表面粗糙度要求。

6.2.3　模板设计

1)模样在模底板上的布置

模样在模板上布置的数量取决于生产现场条件及铸造工艺设计，考虑模样在模底板上的布置方式时应注意解决以下问题：

(1)保证合理的吃砂量，尽量利用模板的有效面积，可采用一箱多铸的方法。或者采用混合多铸的方法，将牌号相同的不同铸件模样布置在同一模板上，以提高生产效率。

(2)浇注系统位置在便于浇注的前提下，不能与箱带相碰。

(3)多个模样应尽量对称排列，使模板的重心适中，便于起模和搬运。图6－12是模样在模板上对称排列的实例。

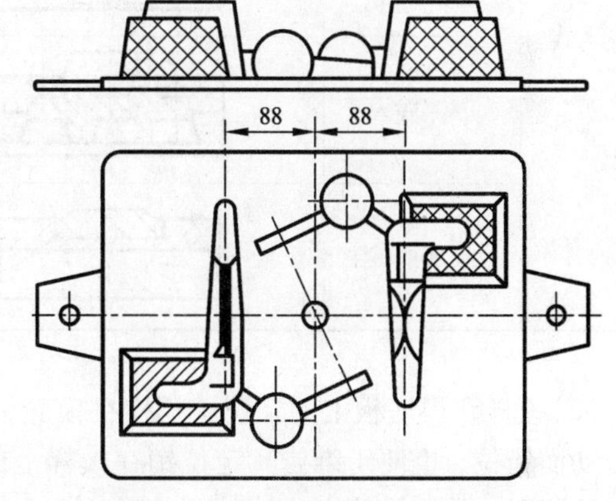

图6－12　模样在模底板上对称布置

(4)模底板上布置多个相同模样时，一般布置在横浇道一侧或对称布置在两侧；对于小型灰铸铁件，可采用水平串铸法多排对称布置，以增加模样数量，提高生产效率。

2)模样与模底板的装配

模样在模底板上的装配主要解决三方面的问题：模样在模底板上的装配形式、定位及紧固。

(1)模样在模底板上的装配形式。根据模样的大小、结构特点及加工条件等，模样的装配有平放式和嵌入式两种形式。平放式是模底板不必挖槽，将模样放置在模底板上进行定位和紧固。嵌入式是将模样下部嵌入模底板的凹孔后进行定位和紧固，主要用于具有下凹结构的模样，或特殊模样的装配。

金属模样的装配，一般利用模样上现成的凸缘或凸耳。又时为了装配方便，需要专门设计装配用的凸耳，开设定位孔和紧固螺钉孔。金属模样在模底板上的装配形式及凸耳结构见表6－7所示。

表 6－7　金属模样在模底板上的装配形式及凸耳结构

模样在模底板上的装配形式		图例	应用范围
平放式	利用内凸耳		适用于没有低于分型面以下凹坑的模样，有现成的外凸缘或外凸耳可以利用的情况
	设计内凸耳		适用于没有低于分型面以下凹坑的模样，没有现成的外凸缘或外凸耳可以利用的情况
嵌入式	浅嵌入		适用于分型面处有圆角，凸缘较薄或要求定位稳定、可靠的情况
	上深嵌入		适用于模样分型面以下有深坑，但有现成的凸耳可以利用的情况
	下深嵌入		适用于模样分型面以下有深坑，但没有现成的外凸耳可以利用的情况
	其他		模样壁厚较薄，加工和固定有困难

(2)模样在模底板上的定位。模样在模底板上的定位采用定位销定位，以防止模样因螺钉松动而错位，也便于维修。定位销在模样上的布置，一般选择在模样高度较低或靠近紧固螺钉的位置，并尽量使定位销的距离远一些。定位销常用圆柱销，当模样经常拆卸时可以使用圆锥销，此时圆锥销应从模样上向模底板方向装入，以免在造型过程中因震动而脱落。当模样需要经常拆装时，模样和模底板与定位销之间一个采用过盈配合，另一个则采用间隙配合。当模样不需要经常拆装时，均采用过盈配合。

一般地，平放式装配的每块模样上使用 2 个定位销定位。加工时，定位销孔数量最多不超过 4 个而对嵌入式装配的模样，则根据实际情况，可以利用模样外轮廓面定位，可减少或不用定位销定位。

(3)模样在模底板上的紧固。模样在模底板上的紧固有螺钉、螺栓紧固，以及铆钉或过盈配合紧固等几种方式。普遍使用的是螺钉固定，并且有上固定和下固定两种方法，见图 6－13 所示。图 6－13(a)为上固定法，螺钉或螺栓从模样上面穿过模底板进行固定，主要用于高度较小的模样。其优点是固定螺钉便于选择，钻孔加工方便，模样位置容易调整。缺点是螺钉孔容易对模样工作表面造成损伤，装配后留下的孔洞需要通过塑料或低熔点合金填补修平。

图 6－13(b)是下固定法，螺钉从底面穿过模底板将模样固定，用于模样较高的情况。其优点是不破坏模样工作表面。缺点是加工及装配操作不便。对于小型模样可用铆钉或销子以过盈配合方式加以紧固。

紧固用螺钉、螺栓、销钉、铆钉等大小及其尺寸查取相关铸造工艺装备设计手册。

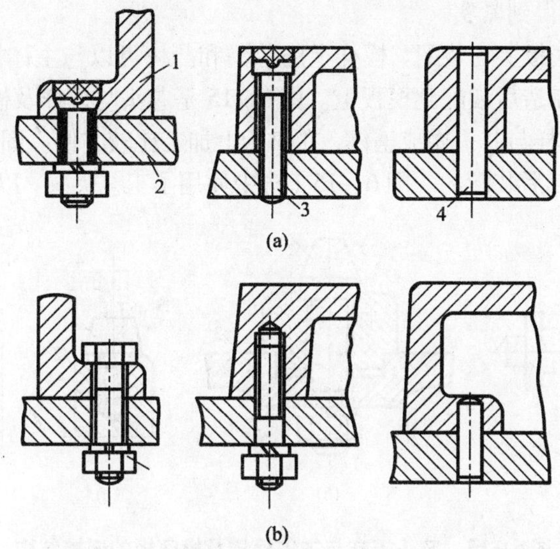

图6-13　模样在模底板上的定位及紧固方法

(a)上固定法；(b)下固定法

1—模样；2—模底板；3—螺钉；4—定位销

3)浇冒口和芯头模样在模底板上的装配

(1)浇冒口模样在模底板上的装配如图6-14所示，直浇道、冒口和出气冒口模样等，如果起模前需要单独从铸型顶面拔出时，这类模样与模底板使用销钉定位，不需要紧固。当冒口直径较大时，销钉数量适当增加，图6-14(a)是直浇道模样使用销钉定位实例。图6-14(b)是使用铆钉固定直浇道窝。横浇道和内浇道因为高度小，一般用螺钉或铆钉紧固，图6-14(c)是横浇道在模底板上使用螺钉固定的情况。

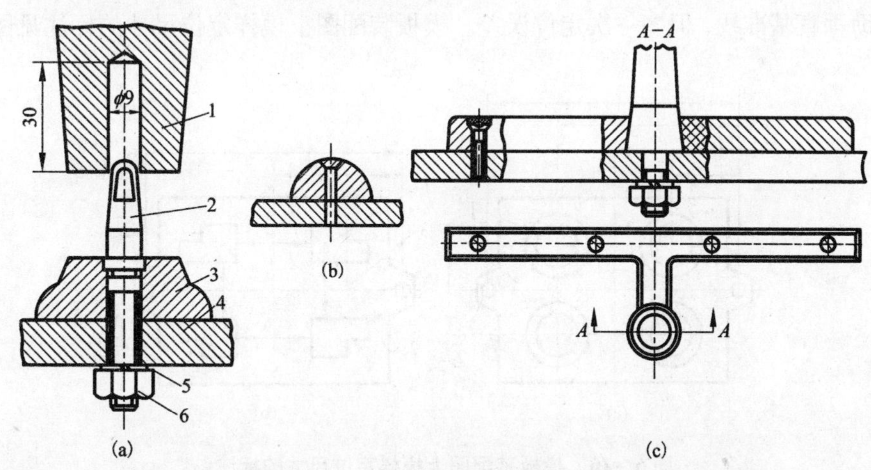

图6-14　直浇道模样使用销钉定位实例

1—直浇道模样；2—滑动销钉；3—浇口座；4—模底板；5—弹簧垫圈；6—螺母

在压实或震动造型用模板上，直浇道和冒口模样可以设计成带有弹簧、可压缩的连接，以保证浇口盆下面型砂得到紧实。

(2)芯头模样在模底板上的装配。模样上的芯头和凸块可以与主体模样一起铸出然后机械加工成形，也可以单独制造后装配到模板上。图6－15是芯头与模样及模底板之间连接的形式。图6－15(a)是旋转体模样与芯头做成整体，在车床上加工比较方便。图6－15(b)、(c)、(d)几种都是单独加工芯头，然后装配的。图6－15(c)中使用了工艺夹头，以便螺纹拧紧。

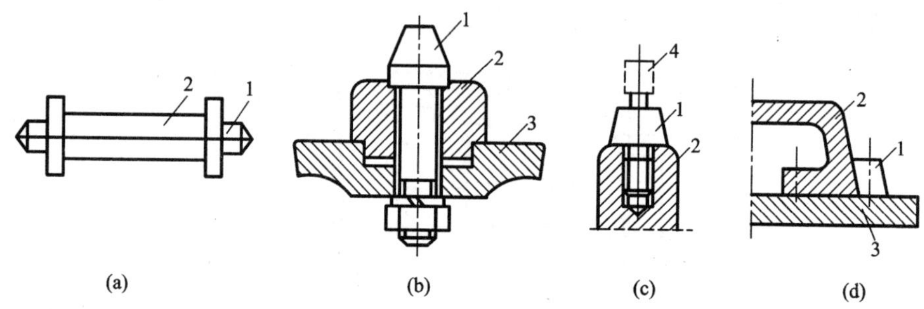

图6－15 芯头模样与主体模样及模底板的连接结构

1—芯头模样； 2—主体模样； 3—模底板； 4—工艺夹头

4)模板装配图的尺寸标注

模板设计时，装配图上应该标注安装尺寸、轮廓尺寸、装配尺寸及其配合、定位尺寸及其他重要的工艺尺寸。影响到加工制造、检验、安装、调修的尺寸需要提出公差及精度要求。

从造型工艺要求出发，模板上定位基准的选择及尺寸标注非常关键。双面模板的上、下两半模样或两块单面模板的上、下两半模样必须准确对位，才能保证铸件不致产生错型缺陷。上、下砂型是以模板上定位销和导向销为基准的，因此上、下模样在模底板上也必须依靠这一基准定位，符合基准统一原则。一般选用定位销的中心线为垂直定位基准线，定位销和导向销中心连线为水平定位基准线进行标注。也可以选用两定位销中心连线的中点作垂直线作为辅助垂直基准线，但多一次定位误差。模板装配图上模样定位尺寸的标注见图6－16。

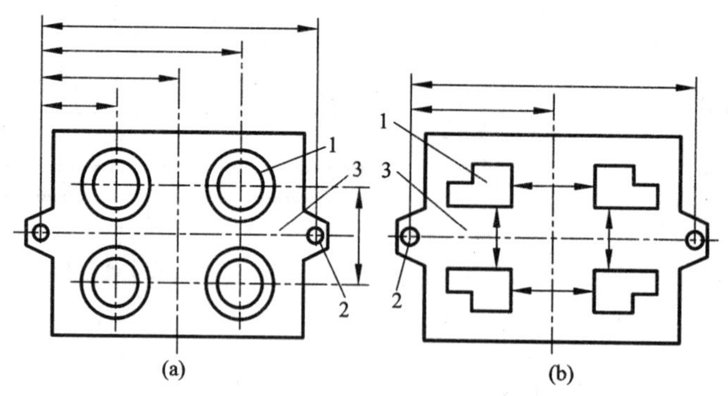

图6－16 模板装配图上模样定位尺寸的标注

(a)以定位销及其中心线为基准标注； (b)以定位销中心线的垂线为辅助基准标注

1—模样； 2—销孔； 3—模底板

5)模板的技术要求

模板设计时，其尺寸精度、形状及位置精度等技术要求一般通过标注的形式提出，对于不能或不方便标注的技术要求以文字的形式加以描述。模板设计还应考虑在加工制造、检验、安装、调修等使用过程中的工艺要求。模板的技术要求一般包括以下几个方面：

(1)定位销和导向销与模底板工作表面的垂直度允差。

(2)模样在模底板上的位置允差，包括上、下模样中心重合度允差，模样与模底板装配间隙允差，模样在模底板上装配的不平度允差等。

(3)也可对导销、模底板四边规定允许磨损的极限值。

(4)其他要求。如填补螺钉孔洞、防锈处理、着色、模板管理等等方面的技术要求。

图 6 – 17 是模板设计时加工装配允差要求实例，其中规定了间隙、不平度、对位误差和磨损量允差。

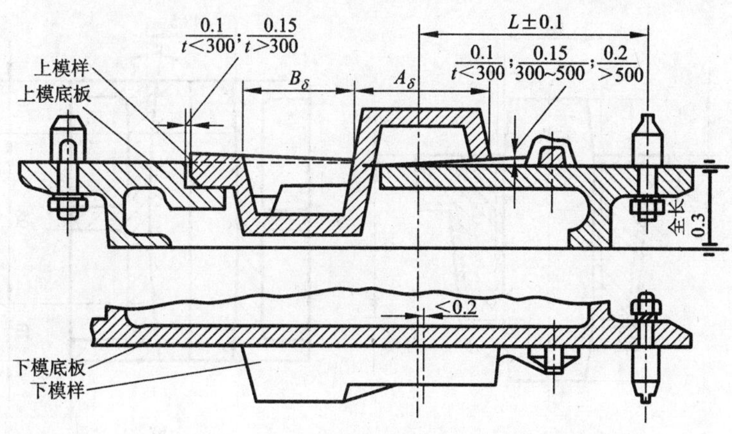

图 6 – 17　模样在模底板上加工装配允差实例

6.3　芯盒设计

6.3.1　芯盒材质的选择

芯盒材质有木质、金属、塑料及混合结构。由于木质芯盒和塑料芯盒制造周期短、成本低，一般用于手工制芯，有时也用于冷芯盒制芯。而大批量生产的铸造车间，为提高砂芯的尺寸精度，保持芯盒的耐用性，大多采用金属芯盒。小型金属芯盒用 ZL101、ZL102 和 ZL201 等铸造铝合金，中、大型金属芯盒则用 HT150、HT200 铸铁制造。

芯盒中的活块、镶嵌件材料一般与芯盒主体材料相同，常用铝合金。一些小的活块、镶嵌件可以铜合金或低碳钢材料。

6.3.2　芯盒内腔尺寸的确定

芯盒内腔尺寸是指形成铸件尺寸的有关尺寸，是确定芯盒设计的重要内容之一，它直接关系到型芯及铸件的尺寸精度。芯盒的内腔尺寸按 6 – 4 式计算确定。

芯盒内腔尺寸 = 铸件尺寸 ×(1 + 铸造线收缩率)

= (零件尺寸 ± 铸造工艺尺寸) ×(1 + 铸造线收缩率)　　(6-4)

公式中“+”号适用于因工艺尺寸使砂芯尺寸变大时；“-”号适用于因工艺尺寸使砂芯尺寸减小时；铸造工艺尺寸包括机械加工余量、起模斜度、工艺补正量等各种工艺参数等等以及铸造合金的线收缩率。

图 6-18 为法兰盘零件铸造工艺图和芯盒简图，对应于零件尺寸“55”及“90”，其芯盒内腔尺寸计算如下：

零件材质为灰铸铁，收缩率可按 1.0% 计算。

芯盒内腔尺寸 = (55 - 3.5 × 2)(1 + 1.0%) = 48.46 mm，取 48.5 mm。

砂芯长度尺寸 = (90 + 4 + 3)(1 + 1.0%) = 97.97 mm，取 98 mm。

芯盒主体结构尺寸及芯头长度等尺寸因不直接形成铸件尺寸，不计算线收缩率。

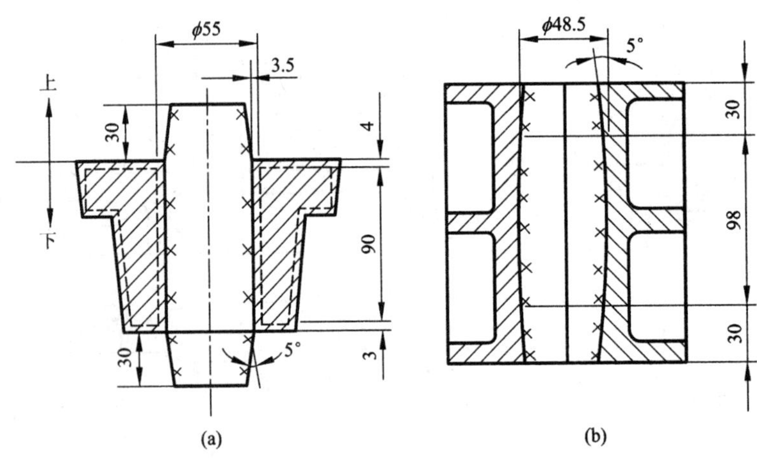

图 6-18　法兰盘零件铸造工艺图和芯盒简图

(a) 铸造工艺图；(b) 芯盒结构简图

6.3.3　芯盒结构设计

常用芯盒的组成包括本体结构和附具结构两部分。主体结构主要是指芯盒的壁厚、加强肋、边缘、活块及镶块等。对于这些结构要求具有足够的强度、刚度及耐磨性、合理的尺寸精度和表面粗粗度。附具结构主要是指定位装置、紧固装置、手把、吊轴以及在造芯机工作台上固定用的凸耳结构等等。

1) 芯盒本体结构设计

(1) 壁厚设计。芯盒壁厚一般按照芯盒平均轮廓尺寸和选用的材料强度来确定，既要保证强度和刚度，又要使用轻便。图 6-19 是确定铝合金芯盒壁厚的曲线，可供参考。

金属芯盒壁厚确定后，芯盒的外壁可随形设计，但要求便于加工制造。

(2) 芯盒本体加强筋设计。在芯盒薄壁、容易变形的位置可设加强筋，其布局方式遵循常规机械设计，筋的厚度一般不超过 15 mm。

(3) 芯盒边缘设计。芯盒边缘是指芯盒的刮砂面或分盒面的外轮廓边缘，应加宽加厚，以提高刚度，防止变形。

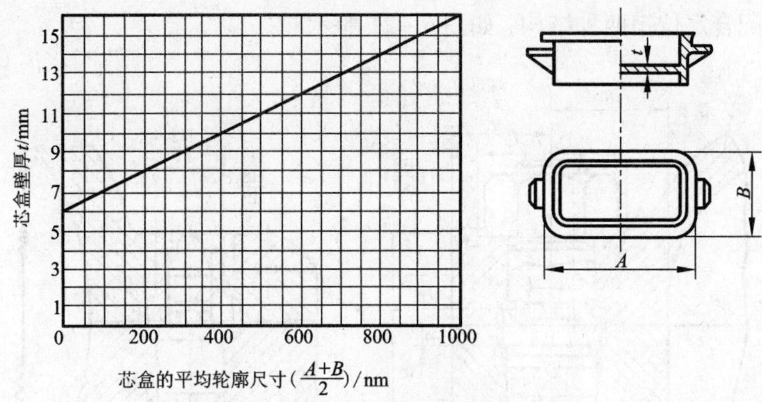

图6-19　确定铝合金芯盒壁厚的曲线

(4)耐磨片设计。芯盒的刮砂面或分盒面边缘应设计耐磨片，提高耐磨性。耐磨片一般用低碳钢钢板制成，厚度为3 mm，使用M5螺钉固定。螺钉头部应低于刮砂面，以免妨碍制芯操作。

(5)芯盒中的活块设计。芯盒中阻碍出芯或难以出芯的部分通常设置活块。取出芯盒中的活块有两种方式，一种是活块在出芯前取出，另一种是与砂芯同时取出，然后再脱离砂芯。

为了使活块便于取出，活块与芯盒常用的连接固定形式有滑座式、燕尾槽式和定位销式三种，其中滑座式使用最广泛。滑座式活块的固定和定位是依靠设置在芯盒本体上的窝座，芯盒和窝座应有很好的配合，以保证芯盒翻转180°后，活块能够自由落下。

(6)镶块设计。在芯盒制造时，将复杂结构拆分后加工，然后装配，这些装配结构称为镶块。芯盒中的圆柱体、球体及妨碍芯盒加工的局部结构经常做成镶块。镶块与芯盒之间的定位和固定方式有嵌入式和定位销式两种，其结构形式见图6-20。

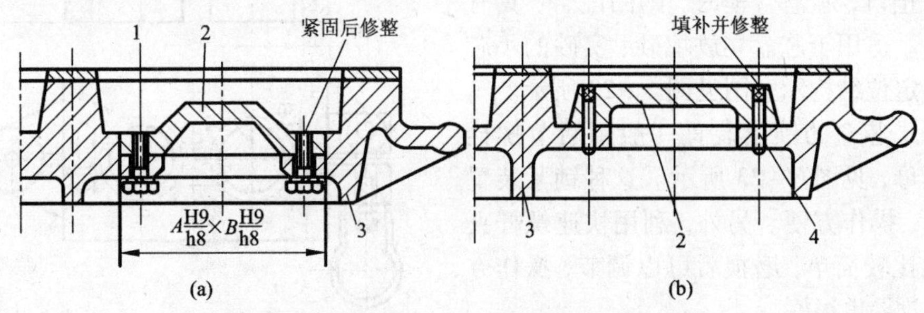

图6-20　镶块与芯盒本体装配的结构形式

(a)嵌入式；(b)定位销式

1—螺钉；2—镶块；3—芯盒本体；4—圆柱销

2)芯盒附具设计

(1)对开式芯盒的定位和锁紧。对开式芯盒在填砂前应合拢并锁紧，因此在芯盒上必须设计定位装置和锁紧装置。

对开式芯盒定位方式有定位销定位和止口定位两种类型。定位销定位方式采用可拆卸式定位销和过盈配合定位销两种结构，如图6－21所示。

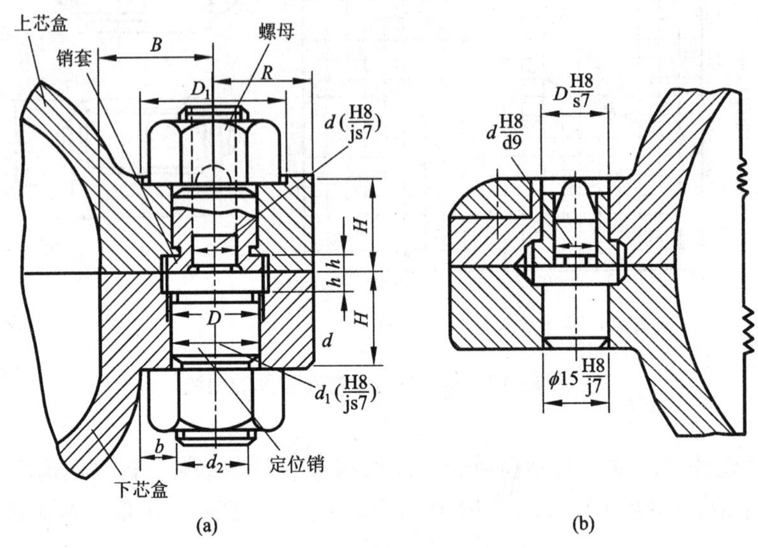

图6－21　对开式芯盒定位销定位

(a)可拆式定位销；(b)过盈配合定位销

图6－21(a)是可拆式定位销，设在芯盒两端，销子装在下芯盒，销套装在上芯盒，销子和销套各自用螺纹固定。这种定位方式结构简单，定位可靠，使用广泛。

图6－21(b)是过盈配合定位销，销子和销套均适用过盈配合。这种定位方式简单紧凑，使用也比较广泛。

止口定位是在两半芯盒分别开设凸阶止口和凹阶止口，芯盒合模时，凹凸配合，具有定位作用。适用于芯盒立放填砂、实砂的小芯盒。止口定位结构示意图见图6－22所示。

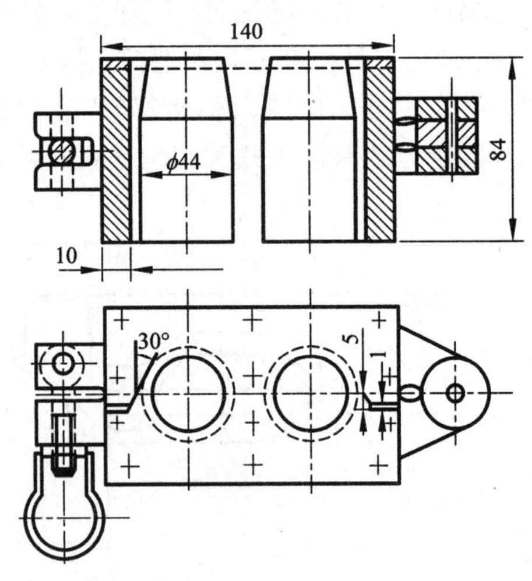

图6－22　对开式芯盒止口定位

对开式芯盒的锁紧装置一般用活节螺栓与蝶形螺母，见图6－23所示。这种锁紧装置结构简单，操作方便。另外，利用快速螺杆夹紧装置也比较简单，磨损后可以调节，操作方便，夹紧效果也很好。

(2)芯盒的手把和吊轴设计。手把和吊轴是为了搬运和造芯操作而设计的，一般中、小芯盒使用手把，中、大型芯盒使用吊轴。有些小芯盒利用锁紧凸耳当手把而不设手把。图6－24是常用的几种手把和吊轴结构。图6－24 (a)、(b)是整铸式结构，图6－24(c)、(d)是铸接式结构。

(3)芯盒在造芯机上固定的凸耳设计。机器造芯用芯盒需要设计相应的安装结构，利用凸耳可以将芯盒与造芯机连接固定。由于造芯机工作台一般设计有“T”型槽或固定孔，凸耳

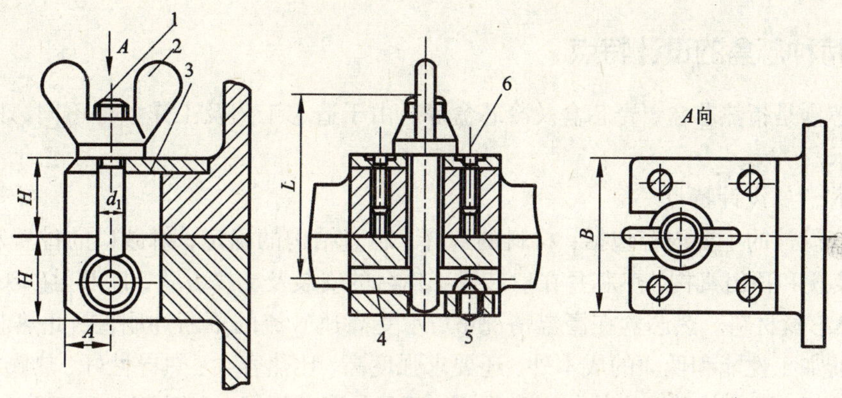

图6-23　活节螺栓与蝶形螺母夹紧装置

1—活节螺栓；2—蝶形螺母；3—镶片；4—销轴；5—放松螺钉；6—螺钉

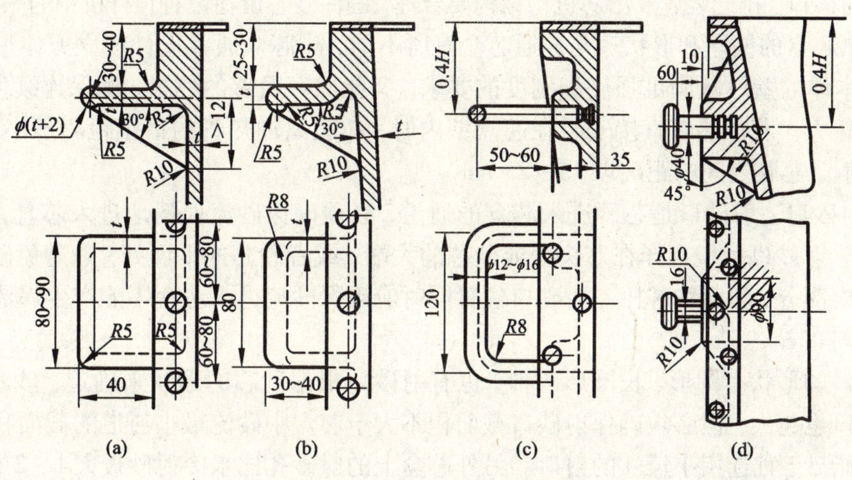

图6-24　手工造芯用芯盒手把和吊轴

(a)、(b)、(c)芯盒手把；(d)芯盒吊轴

设计时其尺寸一定要与造芯机相适应，其结构与模底板上的凸耳类似。

3)芯盒技术要求

(1)芯盒毛坯的材料，表面质量及尺寸公差应符合设计图和毛坯验收技术条件要求。

(2)为防止变形，金属芯盒本体要进行人工时效处理。

(3)芯盒的主要工作部位的尺寸公差一般为+0.1～-0.2 mm，芯盒工作面的尺寸偏差一般取负值，对于装配砂芯的装配部分尺寸公差，外芯内尺寸取正值，内芯外尺寸取负值。

(4)活块与芯盒活块窝座配合面在所有深度上紧贴接触，当芯盒翻转180°时活块自由落下，同时装配间隙一般取0.1～0.2 mm。

(5)合模间隙不大于0.1 mm。

(6)芯盒定位销的位置偏差不大于0.25 mm。

(7)芯盒所有工作面的表面粗糙度R_a值为1.6 μm。

(8)芯盒使用过程中工作部分允许的磨损量为0.2~0.3 mm。

6.3.4 特种芯盒的设计特点

特种芯盒是指热芯盒、壳芯盒及冷芯盒等。由于造芯工艺及工作条件不同，其结构具有不同的要求。

1)热芯盒的设计特点

热芯盒设计的主要内容包括：材料的选择，芯盒结构的确定，射砂口的位置和形式，定位、排气装置和顶出机构，热芯盒在射芯机工作台的安装及支撑方式，以及射砂头等。

(1)热芯盒材料。热芯盒在高温情况下，承受高速砂流的不断冲刷，因此热芯盒材料除应有良好的加工性能和低廉的成本外，还要求强度高、比热容大、热导性好、热膨胀小、耐磨及热稳定性好，因此热芯盒本体材料常选用HT200，而定位销、套用T8A和T10A制成，其他用45钢制作。

(2)热芯盒的结构。根据砂芯的形状确定芯盒的分盒面和结构形式。分盒面多采用平直的分盒面，射砂口、排气装置及出芯机构结构要合理，确保砂芯留在设有顶杆机构的一半芯盒中。

(3)热芯盒的壁厚和形状。与普通芯盒有所不同，热芯盒通常设计成立方体形的实体结构，芯盒本体的壁厚既满足强度和刚度的要求，又能储存足够的热量，确保连续生产，所以一般壁厚较大。若加热管直接安装在芯盒壁内时，芯腔离加热管的最小距离不小于10 mm，一盒多芯时，芯腔之间的距离取15~25 mm。

(4)射砂口。射砂口是芯砂进入芯盒的通道，必须确保砂流通畅地进入芯盒，有利于紧实和排气。射砂口一般选择在芯头处或砂芯的大端，或者砂芯的平面处，并避免砂流直接冲刷芯盒凸出部分、斜面和芯棒。射砂口位置同时应确保砂流进入芯盒不能产生涡流。射砂口对称且均匀布置。

射砂口的形状有圆形、长圆形两种，也有射砂口根据砂芯的形状来确定，砂芯越大，选用的射砂口也越大，但必须确保射砂口截面积不大于芯盒中砂流最小通道的截面积。对流动性好的树脂砂，宜选用小尺寸的射口。另外芯盒上的射砂孔比水冷射砂板大1~2 mm。

(5)热芯盒的定位。常用的定位装置是定位销和定位销套，定位销套与芯盒的装配形式类似于一般金属芯盒。

(6)出芯装置。必须在芯盒内设置专门的出芯机构，取出热芯盒内紧实固化的砂芯。出芯方式有两种：一种是顶出机构由顶芯杆、顶芯板、回位杆、顶杆紧固装置等组成。回位杆和顶芯杆均安装在顶芯板上，开盒时，依靠外力作用推动顶芯板，使顶芯杆将砂芯从芯盒中顶出。

顶芯杆的位置一般设置在动芯盒上，即形状复杂、起芯深度大、起模斜度小的芯盒上。顶芯杆顶芯表面的形状根据芯盒内腔表面形状进行修整，使两表面一致，如不能确定砂芯会附着在哪一片芯盒上时，可两边均设顶芯杆，水平分型的芯盒，上、下芯盒均设有出芯机构。

另外还有一种出芯机构是移动托板机构，当芯盒开启后，砂芯留在底座(托板)的芯棒上，直接或待托板外移后用手取出砂芯。此法适用于较厚大的砂芯，用芯棒使砂芯做成空心，如图6-25所示。而小砂芯用5°~10°锥度的针棒托住砂芯。

(7)热芯盒的加热装置。实际生产中以电加热较为普遍，通常加热管安装在芯盒壁内或加热板上。

2)壳芯盒的设计特点

壳芯盒与热芯盒工艺装备有许多共同之处，但由于制芯工艺过程有区别，芯盒及附具结构也有不同的特点和要求。

(1)吹砂口。覆膜砂进入芯盒的通道称为吹砂口。实际生产中，吹砂口布置在大端芯头处，有利于检查壳芯的内部缺陷，且棱角和拐角处结壳均匀。吹砂口形状有圆形、椭圆形、方形及长方形等。实际应用中可按吹砂口处砂芯的几何形状选定。

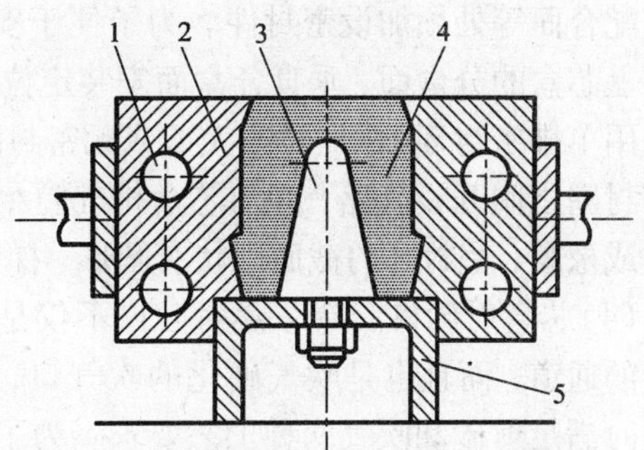

图6－25　托芯板出芯机构示意图

1—加热管；2—芯盒；
3—芯棒；4—砂芯；5—托板(底座)

(2)排气装置。为了确保砂芯获得良好的紧实度，壳芯盒必须开设排气道。由于壳芯制芯使用的吹砂压力较低，加之覆膜砂流动性极好，因此排气面积可小于热芯盒。排气道常开设在如下位置：深凹的型腔部分；吹砂方向的背面；按砂流方向在凸台的背面；砂流不易充填的部位。其排气装置的结构形式与热芯盒相似。

(3)吹砂板的结构。吹砂板安装在壳芯机的砂斗上，吹砂时与芯盒夹紧，所以采用带有水冷腔的中空式结构，通常是整铸式，材料为HT200，经机械加工制得，其结构尺寸与壳芯机的砂斗有关。

(4)加热装置。壳芯盒的加热有可燃气体加热和电加热两种，热源不同，则加热板的结构有所不同。

3)冷芯盒的设计特点

冷芯盒制芯使用的工艺装备与热芯盒大致相同，但是由于彼此硬化机理存在着差异，所以它又有自身的特点。

(1)芯盒材料的选择。冷芯盒制芯属于常温制芯工艺，芯盒无须加热，因此可选用各种材料。如铸铁、铝合金、塑料和木材等。而铸铁芯盒具有良好的使用性能，适用于成批大量生产，其他材质的用于小批量生产。

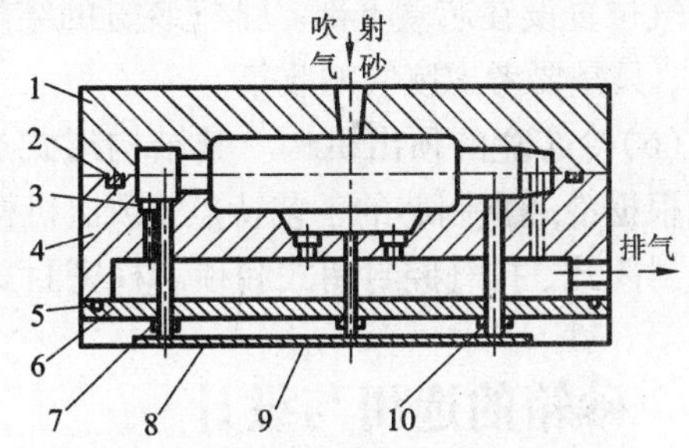

图6－26　冷芯盒的典型结构

1—上芯盒；2—密封环；
3—排气塞；4—下芯盒；
5—密封圈；6—排气腔盖板；
7—密封圈及盖板；8—顶杆板；
9—压板；10—顶芯杆

(2)芯盒本体结构。通常芯盒设计成立方体形的实体结构，同时为了汇集吹气硬化过程中从芯盒型腔排出的废气和粉尘，冷芯盒本体还应设置排气腔，腔体开设在芯盒的背部。用螺钉与排气腔盖板紧固。同时为确保配合面的密封性，应加设密封装置，如图6－26所示。如使用的冷芯盒射芯机是带密封防护罩的封闭式结构，则芯盒本体不需开设排气腔。由于CO_2气体可以直接排放，芯盒本体可不设置排气腔。

(3)密封装置。吹气硬化过程中硬化气体的泄漏不仅会减缓砂芯的硬化速度，降低砂芯的强度，增加硬化气体的消耗量，而且还会污染环境，因此必须保持芯盒工作时的密封性。在芯盒分盒面、吹气罩(板)与芯盒的接触面、芯盒与排气腔盖板的配合面以及顶芯杆与顶杆孔的配合面等处须加设密封件。为了便于安装和检查，密封环分别安装在吹气板的下平面、水平上芯盒的分盒面、垂直分盒面安装定位销套的盒体上以及排气腔的配合面上。中小型芯盒采用单排密封环结构，中、大型或无密封防护罩射芯机使用的芯盒应采用双排密封圈，双排密封圈之间开设气路，并与芯盒排气腔相通，以排出泄漏的废气。生产中密封材料通常是塑料或橡胶，密封环的截面形状有圆形、梯形和凸台多种。

(4)芯盒射砂口。冷芯盒射砂口不仅是芯砂进入芯盒的通道，而且也是吹气硬化的吹气口，故射砂口要同时满足射砂和吹气两种工艺要求。为了确保砂芯有良好的硬化效果，尽可能增大射砂口的面积，并将射砂口的位置设在砂芯深凹处及厚实的部位，确保硬化气体在砂芯中的平衡扩散。

由于SO_2在砂芯中的扩散穿透力强，吹气面积可小于三乙胺气雾冷芯盒法，而CO_2冷芯盒法射砂口的面积应大于其他两类冷芯盒法，因为水玻璃砂流动性较差。

(5)排气装置。冷芯盒排气装置不仅影响砂芯的紧实，而且直接关系到砂芯的硬化速度和硬化剂消耗量。实践证明，排气面积为进气面积的60%～80%。设置排气装置应尽量避免进、排气口直接相对。排气一般开设在深凹部位和厚大部位。对于垂直分盒芯盒的排气位置设在芯盒下部。排气装置的结构与热芯盒相似，只是要考虑废气的收集。

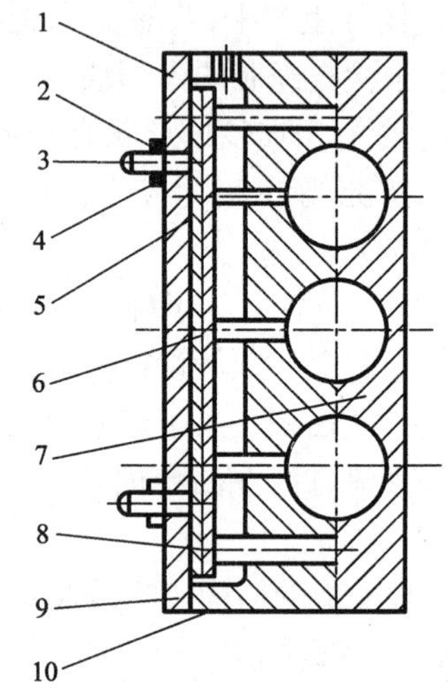

图6－27　排气腔封闭式顶出机构简图

1—排气腔盖；2—压盖；3—顶杆；4—密封圈；5—顶杆板；6—顶芯杆；7—静芯盒；8—回位杆；9—动芯盒；10—排气腔

(6)冷芯盒的顶出机构。其结构形式类同于热芯盒。根据冷芯盒制芯的工艺特点，顶出机构必须有良好的密封性。密封结构有三种形式：吹气罩封闭式、排气腔封闭式和顶芯杆密封式，图6－27所示为排气腔封闭式顶出机构简图。

6.4　砂箱的选用与设计

6.4.1　砂箱的使用要求与选用

1)砂箱的使用要求

砂箱的结构和尺寸对于铸件质量、生产效率、劳动强度有很大影响，砂箱的基本工艺要求包括：

(1)砂箱内壁和模样间留有足够的吃砂量，箱带不妨碍浇冒口的收缩，箱壁设有排气孔，利于铸型的烘干和浇注中排气。

(2)砂箱的箱壁、吊轴、吊环等结构要有足够的强度和刚度，确保安全生产，经久耐用，又要结构简单、轻便和容易制造。

(3)砂箱的定位装置要准确、使用方便。紧固装置要安全可靠。

(4)箱壁和箱带结构既要有利于附着型砂，又要便于落砂和脱出铸件。

(5)砂箱的规格尽可能标准化、系列化、通用化，以减少砂箱数目，降低铸件成本，便于使用和管理。

2)砂箱的选用

选用砂箱的总体原则是：砂箱大小和高度合适，重量轻，强度高，箱壁能很好地粘附型砂，易装配合型并保证定位准确，紧固方便可靠。

(1)砂箱大小的选择。砂箱长、宽(或直径)、高度尺寸的大小，主要根据模样的外形尺寸和浇注系统在砂型中的位置来确定。模样外形及浇注系统到砂箱四壁和顶面以及箱带位置都要留有合适的吃砂量。砂箱尺寸偏大，吃砂量过大，浪费型砂和烘干燃料，增加了砂型重量和舂砂时间。砂箱尺寸偏小，浇注系统无法安置，出现吃砂量过小现象，砂型烘干时易开裂，造成塌型或浇注时跑火，浇注时散热快而影响铸件质量。砂箱高度尺寸偏小，造成直浇道以及冒口太短，金属液压力不够，铸件容易出现浇不到、缩孔、缩松等缺陷或报废。

因此，砂箱尺寸大小的选择是非常重要的。表6－8列出了铸型各处吃砂量参考值，采用干砂型浇注时，铸型强度高一些，各处吃砂量可适当减小一些，可以节约烘干燃料和时间。供选用砂箱和制造砂箱时参考。

表6－8　铸型各处吃砂量参考值

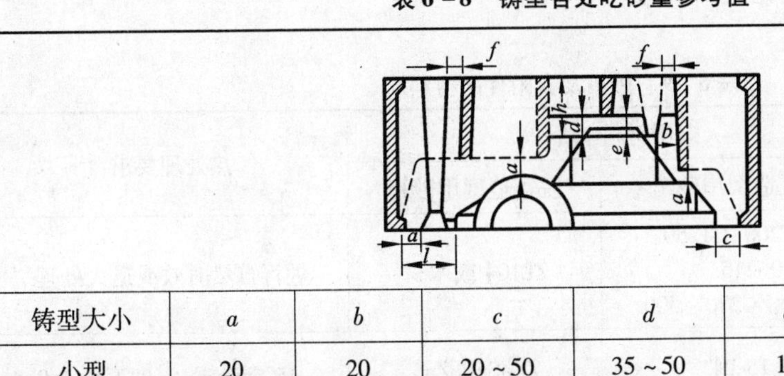

铸型大小	a	b	c	d	e	f	l
小型	20	20	20～50	35～50	15	20～30	60
中型	30	35	50～70	50～75	20	30～40	100
大型	50	55	100～150	75～100	40	40～50	200

(2)箱带的选择。微型砂箱和部分小型砂箱无箱带，其余大多数砂箱都设有箱带。箱带的作用是增加砂型强度和型砂附着力，提高砂箱强度和刚度，保证砂型翻转和吊运过程中不变形和损坏。错位十字形箱带和断口十字形箱带能减轻砂箱以及铸件在铸造过程中的内应力。砂箱箱带下端的吃砂量要适当，浇冒口与箱带和箱壁之间也要保持一定距离。箱带吃砂量过小，会因为箱带传热快而导致铸件和浇冒口系统迅速冷却，造成冷隔、浇不到、变形和缩孔等缺陷。

(3)砂箱外部结构的选择。砂箱外部结构主要指把手、吊轴、吊环、定位装置、紧固装置和箱壁透气孔等。微型和小型砂箱一般只设有把手和定位箱耳或箱卡凸台。把手用于人工翻型和般运，箱耳用于砂箱装插定位销套和定位销。大量生产的小型铸件选用有箱耳砂箱使合型定位快捷方便，箱卡凸台使砂型紧固方便。中型砂箱一般都设有吊轴、箱耳、箱卡凸台，有的还设有透气孔。吊轴便于翻转和吊运砂型。

大型砂箱除设有吊轴外，还设有吊环、透气孔，一般不设箱耳。吊轴和吊环便于起吊以及铸型合型紧固,砂箱上的透气孔便于砂型烘干和浇注时铸型内气体快速排出。大中型铸件的单件生产一般不用箱耳定位销套和定位销合型定位,而是用内箱锥定位,因此砂箱上可以不做出定位装置。

(4)砂箱质量选择。砂箱除了尺寸和结构形状选择适当外,不可忽视的还有砂箱质量选择。使用前仔细检查箱轴、吊环、箱角、箱壁等关键部位,发现有破裂和损坏等情况时应停止使用。要求铸钢材质的中型砂箱在长度方向箱壁的变形量,局部向外扩大不超过 15 mm,向内不超过 8 mm,其他砂箱适当增减。大中型砂箱上下平面的变形情况要放在平台上检查,其变形量不得影响定位、合型等质量要求。

6.4.2 通用砂箱的结构与设计

1)砂箱尺寸的确定

砂箱尺寸一般用分型面处砂箱内框的长度 A、宽度 B 及高度 H 来表示即 $A \times B \times H$ 表示(圆形砂箱用内框直径 D 表示)。确定砂箱尺寸的主要依据是铸造工艺图、模样、浇冒口及冷铁的布置,再加上合理的吃砂量。如为标准砂箱,则将尺寸取为系列尺寸。大量生产的专用砂箱,则不受砂箱系列尺寸的限制,但尽可能使最后一位数为 0 或 5。

2)砂箱及其附件的材料

砂箱各部分材料使用情况见表 6-9。

表 6-9 砂箱及其附件的材料

名称	选用材料		热处理要求
	手工和机械造型用砂箱	脱箱造型用砂箱	
砂箱本体	HT150、HT200、HT250 QT400-15 ZG230-450、ZG270-500	ZL104 或木材	进行自然时效或退火处理
定位销	45、20、15 钢	ZCuSnPbZn5	20、15 钢渗碳,深度不小于 0.8 mm,45 钢应淬火,硬度 45~50HRC
定位衬套	45、20 钢	ZCuSnPbZn5	
紧固箱卡 螺栓 手柄 吊轴	45、20、Q235-A 钢	箱耳、手柄、手柄架,用 ZCuSn1Pb1 滑块、滑座等用 20、Q235-A 钢	—

3)箱壁结构设计

(1)箱壁的截面形状和尺寸。箱壁的截面形状和尺寸是影响砂箱强度和刚度的决定性因素。图 6-28 是普通砂箱的常用截面形状,图 6-28(a)适用于小型砂箱,图 6-28(b)适用于中型砂箱,图 6-28(c)、(d)适用于大型砂箱。设计时应根据砂箱的工作条件、内框平均尺寸、高度和砂箱材料来确定。

砂箱壁有直壁和斜壁两种,应根据砂箱制造和造型条件确定。湿型机器造型,有翻箱要求,用落砂机落砂的砂箱最好采用斜壁。单件小批生产用直壁砂箱便于造型。

(2)箱壁厚度。砂箱的内框平均尺寸越大,砂箱越高,则箱壁厚度相应增大。在同等条件下,

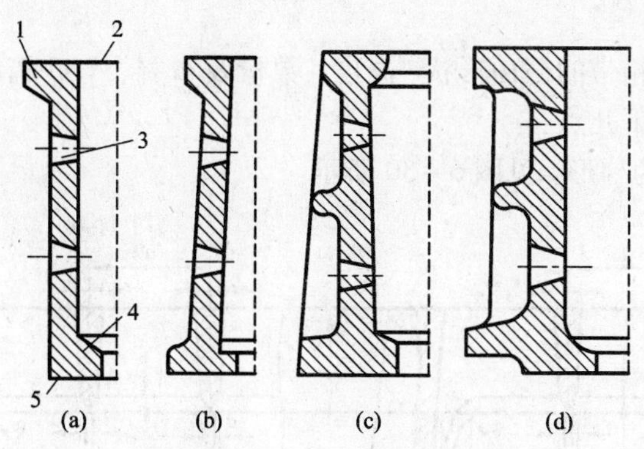

图6-28　砂箱箱壁截面形状

1—外凸缘；2—填砂面；3—排气孔；4—内凸缘；5—分箱面

制造材料强度较高时，壁厚相应减小；浇注铸钢件的砂箱比铸铁件和有色合金件用砂箱壁厚大些。

(3)箱壁凸缘。箱壁外凸缘一般砂箱都有，以提高砂箱刚度，增加与模底板的接触面积，减少单位面积上的压力。内凸缘设置在分箱面(分型面)上，可以防止塌箱。

为了减少机械加工量和便于清理砂箱箱口，大型砂箱箱壁外凸缘还应做出凸肩，即外凸缘与分箱面不处在同一平面上，如图6-28(d)所示。

(4)箱壁转角。铸造成形的砂箱转角容易产生应力集中，应采用圆角或倒角过渡。图6-29为砂箱四角的集中过渡形式。其中6-29(a)适用于简易砂箱，图6-29(b)、(c)适用于常规手工或机器造型用砂箱。

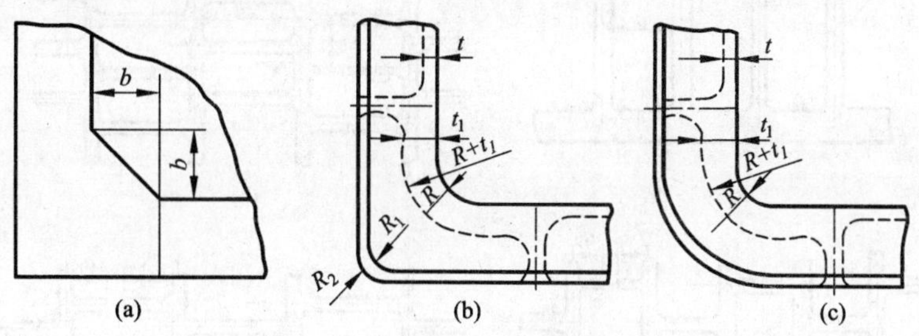

图6-29　砂箱转角部分结构

(a)简易型；(b)I型、圆角不同心；(c)II型、圆角同心

1—外凸缘；2—填砂面；3—排气孔；4—内凸缘；5—分箱面

(5)箱壁外侧加强筋。在箱壁外侧设纵向或横向加强肋，可提高箱壁的刚度和承载能力，同时又减小砂箱壁厚和重量。加强筋的厚度一般取壁厚的80%～100%。

加强筋的数量和布置根据砂箱的尺寸确定。对于内框尺寸小于750 mm的铸铁砂箱，可不设加强肋。对于高度小于300 mm的砂箱，可设竖向加强筋或只设一道横向加强筋。对于高度大于500 mm的大型砂箱，除设竖向加强筋外，还应设两道横向加强筋。

(6)箱壁排气孔。砂箱上开设排气孔，以便排出铸型烘干或浇注时产生的大量气体。孔的形状有圆形和椭圆形两种，而且设计成内小外大的锥孔，以便于砂箱毛坯的铸造，见图6-28所示。两排通气孔应交错排列，对于内框尺寸小于500 mm的砂箱可不设通气孔。在砂箱的箱带、转角及吊轴附近均不设通气孔。

4)箱带结构设计

箱带设计主要考虑箱带的截面形状、高度、数量及布置、与砂箱的连接过渡等。整铸式砂箱在设计时应注意以下几点：

(1)箱带截面一般为梯形，见图6－30所示。

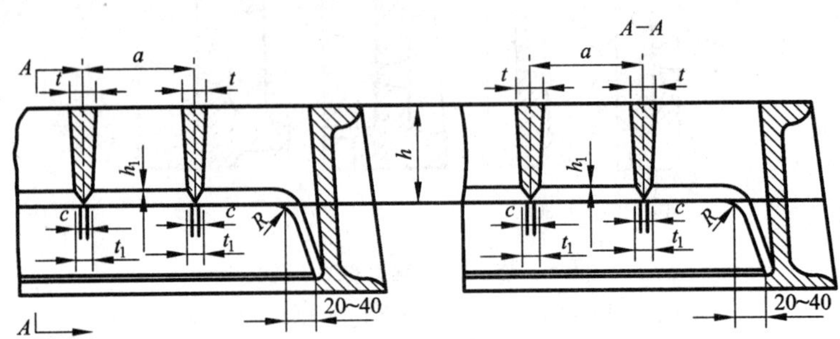

图6－30 砂箱箱带断面图

(2)对于手工造型500 mm×400 mm以下的砂箱，机器造型平均轮廓尺寸为700 mm×800 mm的砂箱可不设箱带；长度大而宽度小于500 mm的砂箱可设横向箱带，间距一般为150～200 mm；当砂箱宽度大于600 mm时，设横向和纵向箱带。纵向箱带间距可取130～180 mm。

(3)箱带与模样之间要有合理的吃砂量。

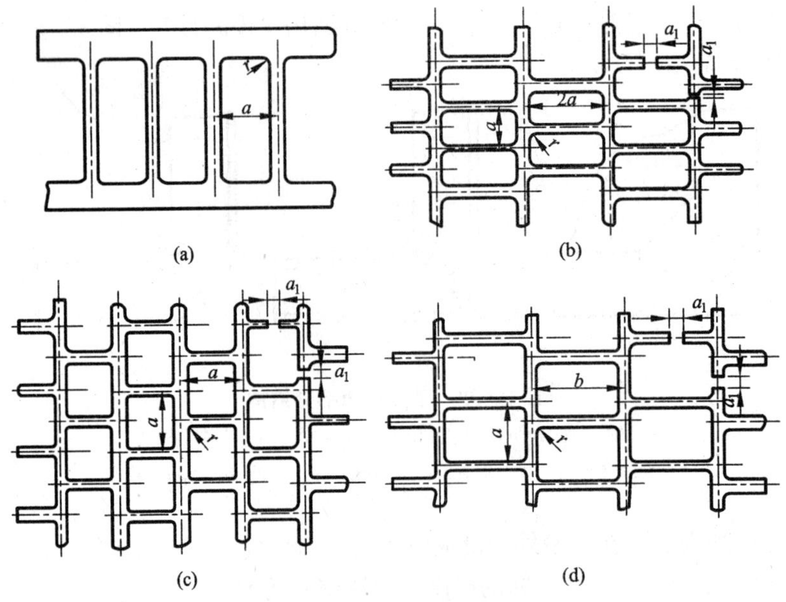

图6－31 砂箱箱带的布置

(a)I型；(b)II型；(c)III型；(d)IV型

(4)箱带的布置一般采用正交和错交两种布局，箱带与箱带、箱带与箱壁的连接均应圆角过渡，见图6－31。箱带不能妨碍浇冒口的安放，也不能妨碍铸件和浇冒口的收缩，还应预留出芯头及其他工艺位置。

(5)箱带厚度一般取箱壁厚度的75%～100%。

(6)对于大、中型砂箱，可在箱带设2～4处收缩断口，以减轻铸造应力。断口位置在砂箱四角附近。

焊接式砂箱的设计时，既要满足砂箱的使用性能，还应遵循结构件的设计原则及金属材料焊接性方面的要求。

5)砂箱的定位装置

砂箱的定位可用划泥号的方法，更主要的是使用定位装置。砂箱定位装置的设计主要有三种情况可供选择：

①一对砂箱上一个设置定位销(座销)，另一个则设置定位销套。

②模板上设置定位销，一对砂箱均设置定位销套，合型时两个砂箱使用插销(合型销)定位。

③砂箱上不设置定位装置，采用型内定位(活动定位)的方法。

砂箱上定位装置的功能是防止产生错箱缺陷，提高铸件尺寸精度。砂箱上的定位装置主要包括定位销和定位销套、箱锥和砂箱间的止口等。在很多湿型造型和机器造型时，广泛使用定位销和销套定位，合箱时用合型销及销套定位。这里重点介绍金属销及销套定位结构设计。

砂箱上金属销及销套定位装置由定位箱耳、定位销及销套组成。

(1)定位箱耳。定位箱耳是安装定位销及销套的凸耳。中小型砂箱定位箱耳都设置在砂箱长度方向的中心线上，一般为两个。大型砂箱则设置在砂箱两端的对角线上，一般为2～4个，但实际使用时根据操作者的位置就近使用对角的两个。砂箱箱耳布置见图6－32。

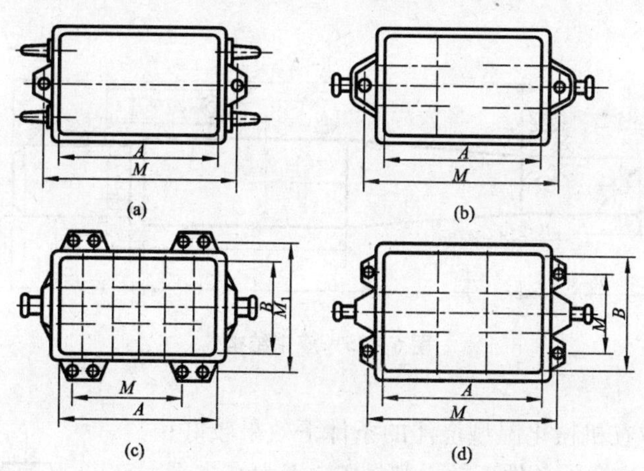

图6－32　砂箱定位箱耳布置示意图

(a)适用于手抬式小型砂箱；(b)适用于砂箱长度小于1000 mm
(c)适用于砂箱长度大于1000 mm；(d)适用于砂箱长度小于1000 mm的平作立浇砂箱

在设计定位箱耳时应注意以下几点：

①定位销与箱壁之间有一定的距离，便于加工和装配销套。

②定位销孔中心距尺寸M尾数尽量为0或5，有利于砂箱和模板标准化。

③箱耳应低于分型面，以防砂箱变形后导致造型时箱耳顶到模板工作面，或合型时上、下箱耳直接接触，影响定位精度。

（2）合型销。合型销分为插销和座销，使用情况见图 6－33。插销是合型时单独插在上箱销孔的销子，其结构见图6－34，适用于小批生产或合型高度小于500 mm 的小砂箱。插销工作长度为 120～300 mm。座销是放在下箱销孔中的销子，其结构见图 6－35，适用于高大砂箱或大批生产。

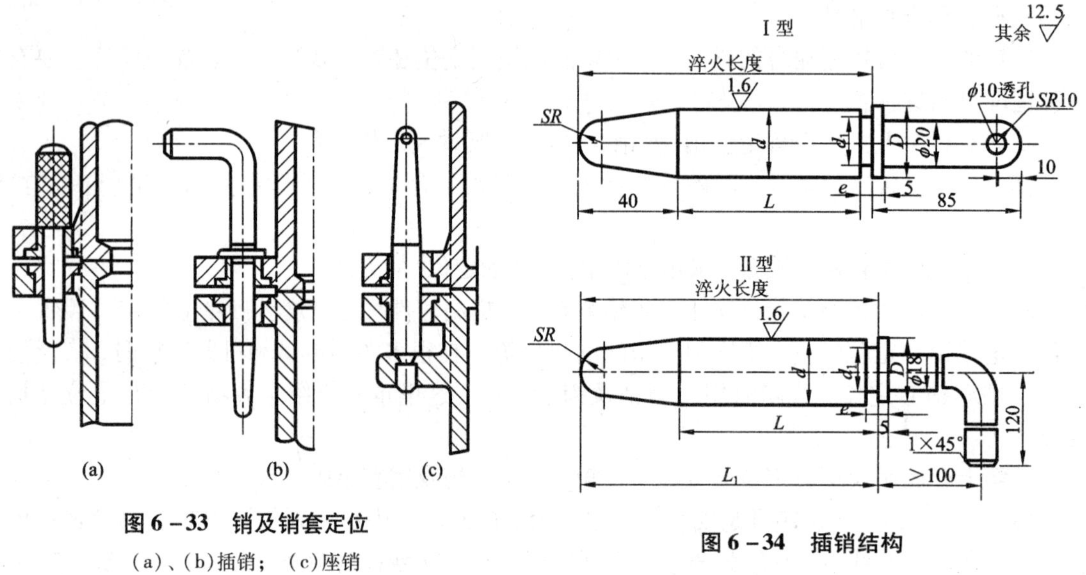

图 6－33　销及销套定位

（a）、（b）插销；（c）座销

图 6－34　插销结构

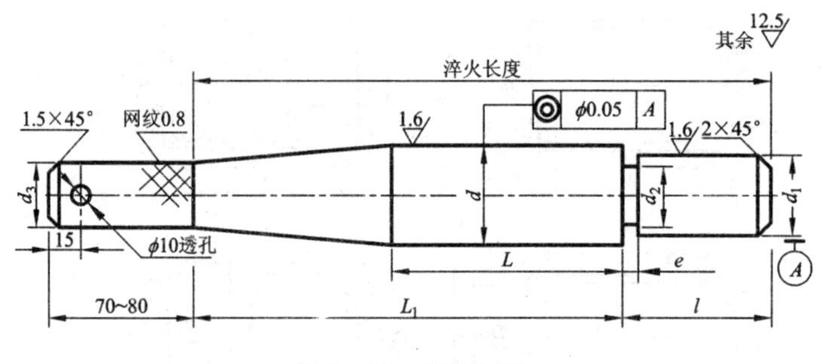

图 6－35　座销结构

用金属销套定位在机械化湿型浇注的条件下效果较好，但在手工造型、干型浇注的条件下效果则较差，因为在烘干砂型过程中，容易使销套生锈或变形，造成合型困难。目前，手工造型生产大中型铸件，广泛采用图 6－36 所示的型内合型销定位。用这种方法定位，砂箱上不再做出定位装置。造型时，将图 6－36（a）型内合型销半模放在底板上，在分型面上造出砂锥孔，分型时用图 6－36（b）腰鼓形型内合型销放在下箱的锥孔内，再造上砂型。合型时将腰鼓型销放在下型上，就能起导向定位作用。腰鼓形型内合型销可用钢和铸铁制成，也可用型砂制成。

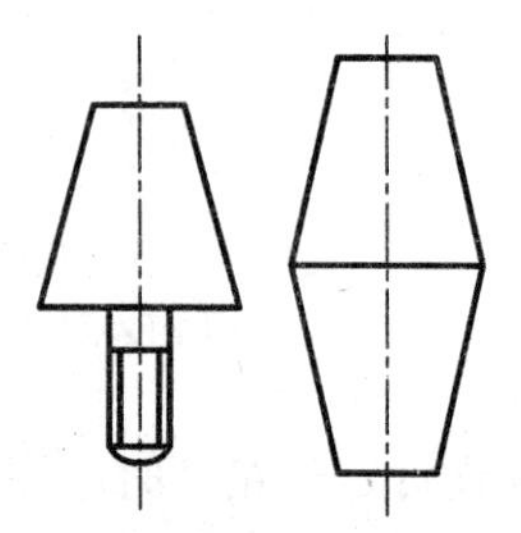

图 6－36　型内合箱销结构

（a）型内合箱销半模；

（b）腰鼓形型内合箱销

(3)销套。在箱耳内镶入销套，既能增加耐磨性，又便于更换。为了防止砂箱受热后膨胀造成卡销，一般将销套的一个内孔做成圆形的，成为定位套，其结构见图6-37。另一个则做成长圆形的，称为定向套，其结构见图6-38。安装定向套时，长圆孔的长轴应与砂箱两个销套孔中心线重合。

销套与箱耳孔采用基孔制配合，标准公差为IT7或IT8的过盈配合或过渡配合。

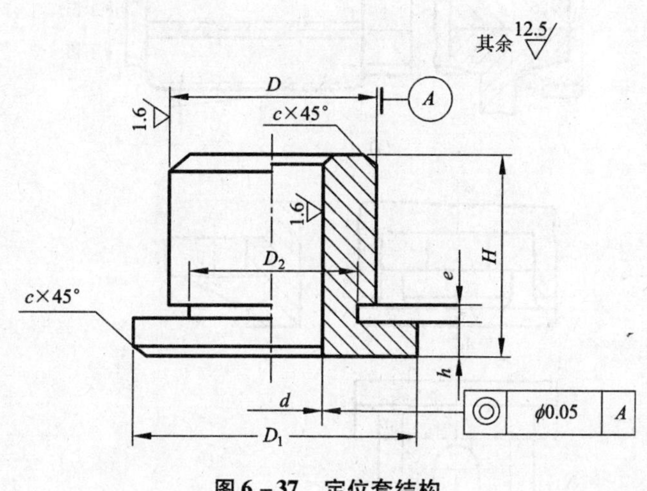

图6-37　定位套结构

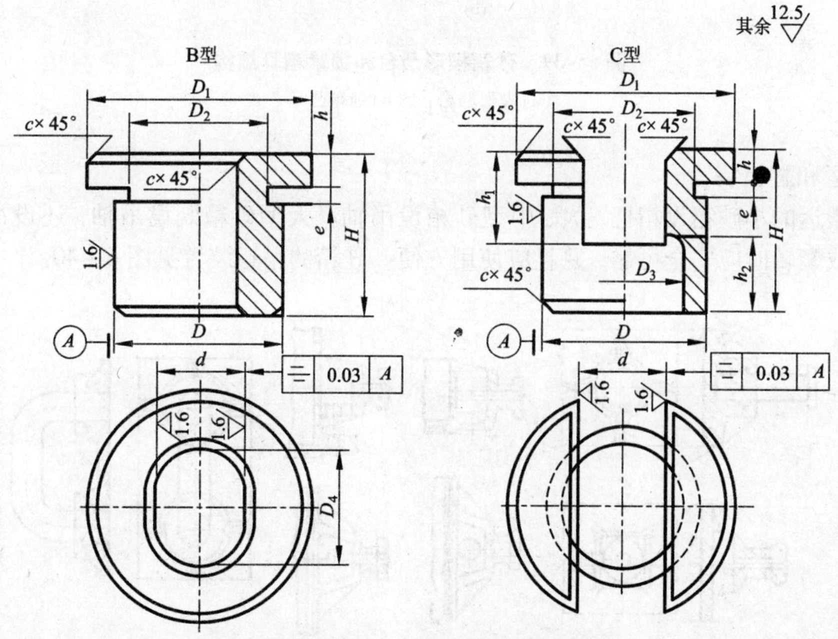

图6-38　定向套结构

6)砂箱的锁紧装置

合型后要将上下型锁紧，以防止搬运时错移和浇注时抬箱。因此，在砂箱上设置锁紧箱耳。图 6－39 是砂箱上楔形凸台和锁紧箱耳。一般在一个砂箱上应对称地设置四个锁紧箱耳或楔形凸台，且设在箱壁分型面的凸边上，位置略低于分型面平面，以便可靠锁紧。

锁紧箱耳或楔形凸台与箱卡、锁紧销及楔片、螺栓等配套使用进行锁紧。

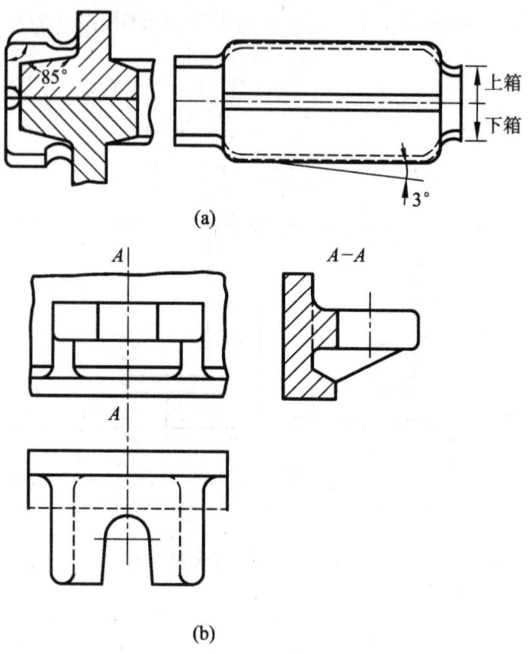

图 6－39　砂箱楔形凸台和锁紧箱耳结构

(a)楔形凸台；(b)锁箱凸耳

7)搬运和翻箱装置

人工搬运的小砂箱设箱把，大、中型砂箱设吊轴。大型砂箱既设吊轴，还设吊环，使砂箱的搬运或翻转时应安全可靠，并且应使用方便。砂箱的吊运装置见图 6－40。

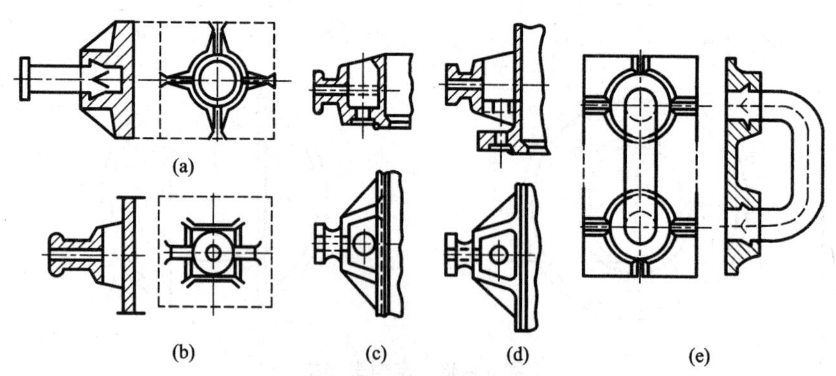

图 6－40　砂箱的吊运装置

(a)铸接吊轴；(b)、(c)、(d)整铸吊轴；(e)吊环

用钢材制成的箱把、吊轴及吊环，可用铸接方法与砂箱连接。其铸入端应加工出凹槽或

打倒刺，确保与砂箱本体连接牢固，如图6-40(a)、(e)所示。中、小型砂箱的吊轴也可与砂箱铸成一体，如图6-40(b)、(c)、(d)所示。为了防止缩孔、缩松及裂纹等缺陷，箱轴多设计成中空结构。

大型砂箱除设置吊轴外，再设置两个以上的吊环，如图6-40(e)所示。吊环使用钢经锻造成形后铸接在砂箱壁上。

8)砂箱设计的技术要求

砂箱在设计制造过程中，一般提出以下技术要求：

(1)规定砂箱铸坯的尺寸和重量公差。

(2)吊轴和吊环等与箱壁铸接部分要求很好的熔合，不得有裂纹和气孔等严重缺陷。

(3)砂箱铸坯经人工时效处理，以消除铸造内应力。

(4)具体提出加工精度要求，如分型面上的不平度允差；填砂面与分型面的平行度允差；销孔中心距允差；销孔轴线与分型面的垂直度允差等。

(5)各部分的表面粗糙度要求。

(6)规定箱高、箱壁、销子及销孔等使用过程中的允许磨损程度。

6.4.3　特殊砂箱

特殊砂箱是指自动线砂箱、劈箱造型用砂箱、脱落式砂箱、装配式砂箱、铸铝砂箱及钢板焊接式砂箱等。这里介绍以上几种砂箱的特点及设计要点。

1)自动线砂箱

自动线砂箱与自动化铸造生产线配套设计和使用的砂箱，与普通砂箱相比具有以下特点：一般地，一条生产线只用一种规格的砂箱，而且要适应不同的铸件的工艺要求；砂箱与生产线上的各个主机、辅机有较强的相关性，砂箱形状、尺寸应适应各种设备的要求；砂箱的定位精度要求较高，锁紧装置应实现自动化。

在设计时，应考虑以下因素：

(1)高压造型砂箱侧壁变形因素。高压造型时，砂箱侧壁承受很大的侧压力，侧压力的作用导致砂箱侧壁产生变形，特别是没有箱带时，变形将更严重。因此，砂箱必须有足够的强度和刚度，在使用中不应产生塑性变形。弹性变形量也应受到限制，这是因为随着压力载荷去除，箱壁向内弹回。砂箱的变形量越大，卸载后箱壁使砂型向砂箱中心部位的位移量也越大，这就会引起砂型变形甚至开裂、塌箱，给实现正常的起模造成困难。所以，有的工厂将震压造型机应用的模样改换在高压造型时，会出现铸件壁厚减薄，重量减轻的现象。砂箱侧壁沿长度方向的变形量必须限制在0.01%~0.03%的范围内。

从保证砂箱强度和刚度出发，砂箱材质多采用球墨铸铁或铸钢，并经消除应力后加工。高压造型砂箱断面，一般呈箱形或“T”字形，以提高其刚度。砂箱设计后，都要根据允许最大变形量来校核其刚度，或根据砂箱刚度，验算变形量是否超过许可值。

(2)砂箱的卡紧。自动线高压造型的压箱方式有以下三种：

①压铁法。此法较为通用，但需要许多压铁，使用比较麻烦。

②砂箱自重法。此法最为简便，而且合箱牢固，但砂箱较笨重。

③箱卡法。一般多用手工打箱卡。当用自动箱卡时，砂箱上应设有卡箱机构。

(3)砂箱的箱带。一般中小型砂箱都不设置箱带，这样对造型、落砂都有利。但如果不采用压铁而使用箱卡，当砂箱尺寸超过1.2 m时，则要考虑加设箱带，以防浇注时抬箱。此外，利用边辊输送砂型而又不使用砂箱底板时，下砂箱也应设有箱带，以免在输送过程中出现塌箱。从捅箱落砂看，尽量不用箱带较为简便。

2)劈箱造型用砂箱

劈箱造型用砂箱是针对大型复杂铸件设计的专用砂箱，一般由金属平板(下箱)、侧箱、端头、上箱组成，见图6－41。

劈箱造型用砂箱除了满足普通砂箱的工艺要求外，设计时应注意以下几点：

(1)劈箱造型时，大型复杂铸件选用了水平及垂直方向的多个分型面。劈箱造型用砂箱被劈分为几部分，取决于分型面的数量，劈分数量不宜过多。

(2)劈箱各部分之间定位装置及锁紧装置数量较多，定位精度要求较高，否则误差积累较大。

(3)劈箱各部分的设计均要考虑搬运及翻转装置，如吊轴、吊环等。

(4)结构设计应便于组装合型，简化操作。

3)滑脱式砂箱

滑脱式砂箱多用于小型铸件的大批量生产，与它配套使用的是双面模板。由于砂箱靠人工搬动，其内框一般在400 mm×300 mm范围之内。其结构一般有两种形式，一种是装配式，一种是整铸式。装配式制造容易，并可达到较满意的精度，但使用时易变形，需经常检修。整铸式制造困难，但使用寿命长。装配式滑脱砂箱见图6－42所示。

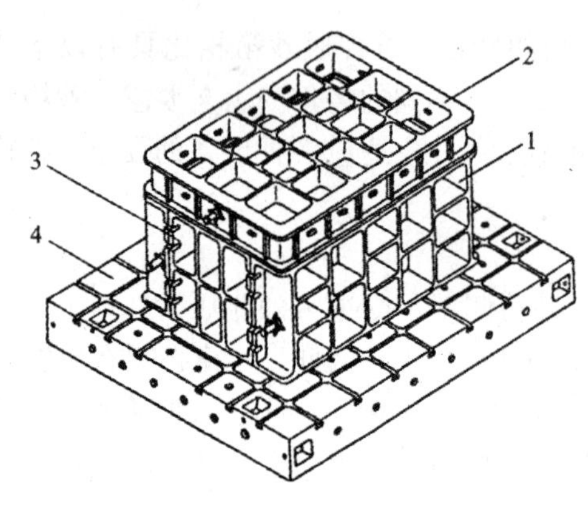

图6－41　劈箱造型用砂箱

1—侧箱；2—上箱；3—端头；4—金属平板

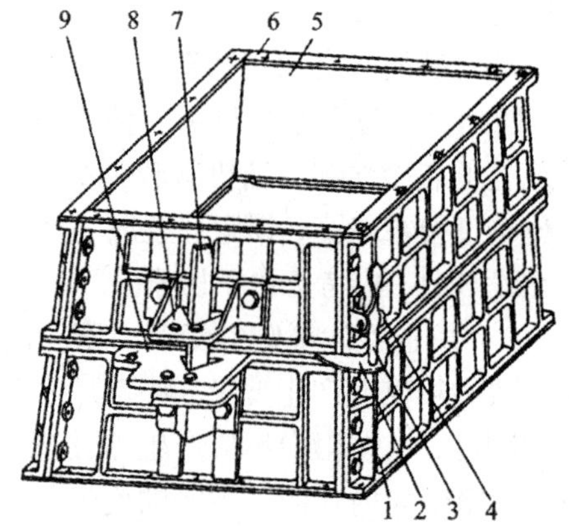

图6－42　装配式滑脱砂箱

1—下砂箱；2—挡砂滑片；3—拨动杆；4—支座；5—上砂箱；6—耐磨片；7—定位销；8—箱耳；9—模板

上砂箱下面装有挡砂滑片，在起模时防止砂型脱落，而在合型后将挡砂滑片推出，完成滑脱合型。

4)装配式砂箱

对于单件生产或小批量生产的大中型铸件，可采用装配式砂箱，见图6－43。采用装配式砂箱一般用HT200或HT150铸铁铸成箱板后，经加工装配而成。这种砂箱制造方便，成本较低。但由于用螺栓紧固，容易松动，强度和刚度比整铸式砂箱低，故使用较少。

5)铸铝砂箱和钢板焊接砂箱

铸铝砂箱具有重量轻、强度低，不耐磨、易受高温铁液损坏的特点，故箱壁和箱带的厚

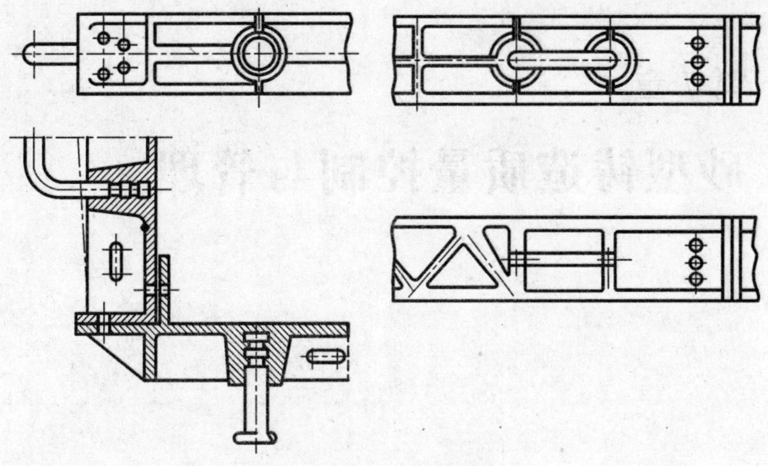

图6-43 装配式砂箱

度要比铸铁砂箱大，定位和紧箱结构要防止磨损，使用时要防止和高温铁液接触。

钢板焊接砂箱具有重量轻、强度高的优点。常用于特殊要求的砂箱，如用于临时简易砂箱及强度要求高、耐磨、耐用的大批量生产线上的砂箱。焊接砂箱必须保证焊缝的强度，所有焊缝不得有气孔，渣孔、裂纹等缺陷。用于大批量生产线上的钢板焊接砂箱，其尺寸偏差和形位公差，原则上不低于整铸式砂箱。

第 7 章

砂型铸造质量控制与管理

质量管理是企业管理的中心环节，其职能是制定并实施企业质量方针，对直接或间接影响产品质量的各种要素进行监控，以实现质量控制目标。铸造车间的产品是铸件，铸件质量是铸造企业各项管理水平的综合反映。

7.1 铸件质量与分等

7.1.1 现代铸件质量的内涵

现代铸件质量的内涵包括四个方面，可以用 QTSC 概括，其中 Q 是铸件的固有质量特性；T 是交货期及交付形式；S 是售后服务质量；C 是价格及性价比。

铸件的固有质量特性(Q)包括：

(1)铸件外在质量。铸件外在质量包括尺寸精度、形状精度、位置精度、表面粗糙度；重量误差、加工余量误差以及表面缺陷。

(2)铸件内在质量。铸件内在质量包括化学成分、金相组织、力学性能等材料质量以及内部缺陷等。

(3)铸件使用质量。铸件使用质量是指铸件在实际工作条件下的使用性能，如耐磨性、抗疲劳性、耐蚀性、耐热性、耐低温性、减震性等。

(4)铸件加工性能。铸件加工性能包括如可焊性、锻造性能、切削加工性能等。

(5)铸件在使用全寿命周期内的安全性、环保性、回用性及再制造性能。

7.1.2 铸件废品率、成品率的概念

1)铸件废品率

废品率是指在规定的时间内，铸件废品量(内废量)占合格铸件量和铸件废品量之和的百分比。

$$铸件废品率=\frac{废品量}{合格品量+废品量}\times 100\%$$

铸件质量是以合格铸件的使用特性来评判的，内废件没有出铸造车间，不具有任何使用特

性，所以废品率不是质量指标。它是企业生产废品多少的指标。废品率与检测标准的高低、检查的宽严及检查制度有关。废品率作为工艺过程质量控制的指标，反映企业的技术水平和管理水平。废品率影响企业的生产成本，因此，也作为企业对铸造车间的经济技术考核指标。

2）铸件成品率

成品率的概念是指合格铸件重量占所投入的金属炉料总重量的百分比。铸件成品率是反映铸造技术水平和金属炉料利用程度的指标。

$$\text{铸件成品率}=\frac{\text{合格铸件重量}}{\text{投入的金属炉料重量}}\times 100\%$$

7.1.3　铸件质量分等

我国铸件质量分等通则（JB/JQ82001—1990）中，将铸件分为“合格品”、“一等品”、“优等品”三个等级。

合格品只要求“质量达到标准规定，铸件生产过程质量稳定，用户评价铸件质量能满足使用性能要求”。

一等品则要求铸件质量“达到工业发达国家 20 世纪 70 年代末、80 年代初的水平，用户评价铸件质量达到国内先进水平”。

优等品要求铸件质量“达到国际同类铸件的当代先进水平，生产过程质量很稳定，用户评价铸件质量达到国际水平，并在国际市场上有竞争能力”。

在 JB/JQ82001—1990 中，质量等级以外的铸件称为不合格品。铸件作为商品，如不能满足订货合同规定的要求也是不合格品。不合格品也称不良品，可分为废品、次品、返修品和回用品（回炉料）等。

废品是指不符合规定要求，不能正常使用的产品，或是铸件缺陷无法修补或修补费用太高，经济上不合算的不合格品。在铸造生产中，废品还分为外废（件）与内废（件）。外废是指在铸造车间以外的场所（例如机械加工车间等）检验出来的废品。内废则是指在铸造车间内检查出来的废品，一般与回用品的意义相同。

次品是指存在缺陷但不影响产品主要性能。铸件缺陷、机械损坏或加工差错都可能导致次品。

返修品是指技术上可以修复，并从经济上考虑值得修复的不合格品。例如需焊补的铸钢件、铸铁件，需要浸渗修补渗漏的汽缸盖等。

回用品实质上就是废品，由本企业作为炉料熔化回收，再次投入本企业的生产中使用。

7.2　铸件缺陷的分类

7.2.1　按工序分类

我国一些企业为了便于从统计的角度进行质量管理，将铸件缺陷按工序进行分类如下：

（1）造型废。造型工操作疏忽造成的铸件缺陷。如合型时忘记吹净型腔，导致砂眼缺陷等。

（2）浇废。浇注工操作失误造成的缺陷。如浇包中金属液量不够而造成未浇满等。

（3）料废。金属炉料配比不当或原材料使用失误造成的化学成分不合格。

(4)毛坯废。毛坯在清理过程中产生机械损伤。

(5)芯废。制芯不当出现型芯尺寸不合格导致铸件尺寸不合格缺陷。

(6)混砂废。型砂、芯砂混制不当而使铸件产生的缺陷。如型砂配方不合适导致铸件表面粗糙缺陷等。

按工序分类意味着缺陷发生是由于这一工序控制不当或工艺参数不合理造成的，从管理的角度出发，可加强工段或班组管理，规范相应工序的操作规程，将缺陷控制在最低限度。

7.2.2 按缺陷的特征分类

铸件缺陷种类繁多，形貌各异，在GB/T5611—1998《铸造术语》中将铸造缺陷分为八大类102种，见表7-1。

表7-1 铸件缺陷的分类(GB/T5611—1998)

类别	序号	缺陷名称	缺陷特征
(1)多肉类缺陷	1	飞翅(飞边)	垂直于铸件表面上厚薄不均匀的薄片状金属突起物,常出现在铸件分型面和芯头部位
	2	毛刺	铸件表面上刺状金属凸起物。常出现在型和芯的裂缝处,形状极不规则。呈网状或脉状分布的毛刺称脉纹
	3	外渗物(外渗豆)	铸件表面渗出的金属物。多呈豆粒状,一般出现在铸件的自由表面上,例如明浇铸件的上表面、离心浇注铸件的内表面等。其化学成分与铸件金属往往有差异
	4	黏模多肉	因砂型(芯)起模时部分砂块粘附在模样或芯盒上所引起的铸件相应部位多肉
	5	冲砂	砂型或砂芯表面局部型砂被金属液冲刷掉,在铸件表面的相应部位上形成的粗糙、不规则的金属瘤状物。常位于浇口附近,被冲刷掉的型砂,往往在铸件的其他部位形成砂眼
	6	掉砂	砂型或砂芯的局部砂块在外力作用下掉落,使铸件表面相应部位形成的块状金属突起物。其外形与掉落的砂块很相似。在铸件其他部位则往往出现砂眼或残缺
	7	胀砂	铸件内外表面局部胀大,重量增加的现象。由型壁退移引起
	8	抬型(抬箱)	由于金属液的浮力使上型或砂芯局部或全部抬起、使铸件高度增加的现象

续表 7－1

类别	序号	缺陷名称	缺陷特征
(2)孔洞类缺陷	9	气孔	铸件内由气体形成的孔洞类缺陷。其表面一般比较光滑，主要呈梨形、圆形和椭圆形。一般不在铸件表面露出，大孔常孤立存在，小孔则成群出现
	10	气缩孔	分散性气孔与缩孔和缩松合并而成的孔洞类铸造缺陷
	11	针孔	一般为针头大小分布在铸件截面上的析出性气孔。铝合金铸件中常出现这类气孔，对铸件性能危害很大
	12	表面针孔	成群分布在铸件表层的分散性气孔。其特征和形成原因与皮下气孔相同，通常暴露在铸件表面，机械加工 1 ~ 2mm 后即可去掉
	13	皮下气孔	位于铸件表皮下的分散性气孔。为金属液与砂型之间发生化学反应产生的反应性气孔。形状有针状、蝌蚪状、球状、梨状等。大小不一，深度不等。通常在机械加工或热处理后才能发现
	14	呛火	浇注过程中产生的大量气体不能顺利排出，在金属液内发生沸腾，导致在铸件内产生大量气孔，甚至出现铸件不完整的缺陷
	15	缩孔	铸件在凝固过程中，由于补缩不良而产生的孔洞。形状极不规则、孔壁粗糙并带有枝状晶，常出现在铸件最后凝固的部位
	16	缩松	铸件断面上出现的分散而细小的缩孔。借助高倍放大镜才能发现的缩松称为显微缩松。铸件有缩松缺陷的部位，在气密性试验时可能渗漏
	17	疏松（显微缩松）	铸件缓慢凝固区出现的很细小的孔洞。分布在枝晶内和枝晶间。是弥散性气孔、显微缩松、组织粗大的混合缺陷，使铸件致密性降低，易造成渗漏
	18	渗漏	铸件在气密性试验时或使用过程中发生的漏气、渗水或渗油现象。多由于铸件有缩松、疏松、组织粗大、毛细裂纹、气孔或夹杂物等缺陷引起
(3)裂纹及冷隔类缺陷	19	冷裂	铸件凝固后在较低温度下形成的裂纹。裂口常穿过晶粒延伸到整个断面
	20	热裂	铸件在凝固后期或凝固后在较高温度下形成的裂纹。其断面严重氧化，无金属光泽，裂口沿晶粒边界产生和发展，外形曲折而不规则
	21	缩裂（收缩裂纹）	由于铸件补缩不当、收缩受阻或收缩不均匀而造成的裂纹。可能出现在刚凝固之后或在更低的温度
	22	热处理裂纹	铸件在热处理过程中产生的穿透或不穿透的裂纹。其断面有氧化现象
	23	网状裂纹（龟裂）	金属型和压铸型因受交变热机械作用发生热疲劳，在型腔表面形成的微细龟壳状裂纹。铸型龟裂在铸件表面形成龟纹缺陷
	24	白点（发裂）	钢中主要因氢的析出而引起的缺陷。在纵向断面上，它呈现近似圆形或椭圆形的银白色斑点，故称白点；在横断面宏观磨片上，腐蚀后则呈现为毛细裂纹，故又称发裂
	25	冷隔	在铸件上穿透或不穿透，边缘呈圆角状的缝隙。多出现在远离浇口的宽大上表面或薄壁处、金属流汇合处以及冷铁、芯撑等激冷部位
	26	浇注断流	铸件表面某一高度可见的接缝。接缝的某些部分熔合不好或分开。由浇注中断而引起
	27	重皮	充型过程中因金属液飞溅或液面波动，型腔表面已凝固金属不能与后续金属熔合所造成的铸件表皮折叠缺陷

续表 7－1

类别	序号	缺陷名称	缺陷特征
(4)表面类缺陷	28	表面粗糙	铸件表面毛糙、凹凸不平,其微几何特征超出铸造表面粗糙度测量上限,但尚未形成粘砂缺陷
	29	化学粘砂	锁紧箱耳铸件的部分或整个表面上,牢固地粘附一层由金属氧化物、砂子和黏土相互作用而生成的低熔点化合物。硬度高,只能用砂轮磨去
	30	机械粘砂(渗透粘砂)	铸件的部分或整个表面上粘附着一层砂粒和金属的机械混合物。清铲粘砂层时可以看到金属光泽
	31	夹砂结疤(夹砂)	铸件表面产生的疤片状金属突起物。其表面粗糙,边缘锐利,有一小部分金属和铸件本体相连,疤片状凸起物与铸件之间夹有一层砂
	32	涂料结疤	由于涂层在浇注过程中开裂,金属液进入裂缝,在铸件表面产生的疤痕状金属突起物
	33	沟槽	铸件表面产生较深(＞5mm)的边缘光滑的 V 型凹痕。通常有分枝,多发生在铸件的上、下表面
	34	粘型	熔融金属粘附在金属型型腔表面的现象
	35	龟纹(网状花纹)	磁力探伤时熔模铸件表面出现的龟壳状网纹缺陷,多出现在铸件过热部位。因浇注温度和型壳温度过高,金属液与型壳内 Na_2O 残留量过高而析出的"白霜"发生反应所致。因涛型型腔表面龟裂而在金属塑铸件或压铸件表面形成的网状花纹缺陷
	36	流痕(水纹)	压铸件表面与金属流动方向一致的,无发展趋势且与基体颜色明显不一样的微凸戎微凹的条纹状缺陷
	37	缩陷	铸件的厚断面或断面交接处上平面的塌陷现象。缩陷的下面、有时有缩孔。缩陷有时也出现在内缩孔附近的表面
	38	鼠尾	铸件表面出现较浅(≤5mm)的带有锐角的凹痕
	39	印痕	因顶杆或镶块与型腔表面不齐平,而在金属型铸件或压铸件表面相应部位产生的凸起或凹下的痕迹
	40	皱皮	铸件上不规则的粗粒状或皱褶状的表皮。一般带有较深的网状沟槽
	41	拉伤	金属型铸件和压铸件表面由于与金属型啮合或粘结,顶出时顺出型方向出现的擦伤痕迹
(5)残缺类缺陷	42	浇不到(浇不足)	铸件残缺或轮廓不完整或虽然完整但边角圆且光亮。常出现在远离浇口的部位及薄壁处。其浇注系统是充满的
	43	未浇满	铸件上部产生缺肉,其边角略呈圆形,浇冒口未浇满,顶面与铸件平齐
	44	型漏(漏箱)	铸件内有严重的空壳状残缺。有时铸件外形虽较完整,但内部的金属已漏空,铸件完全呈壳状,铸型底部有残留的多余金属
	45	损伤(机械损伤)	铸件受机械撞击而破损,残缺不完整的现象
	46	跑火	因浇注过程中金属液从分型面处流出而产生的铸件分型面以上的部分严重凹陷,有时会沿未充满的型腔表面留下类似飞翅的残片
	47	漏空	在低压铸造中,由于结晶时间过短,金属液从升液管漏出,形成类似型漏的缺陷

续表7-1

类别	序号	缺陷名称	缺陷特征
(6)形状及重量差错类缺陷	48	铸件变形	铸件在铸造应力和残余应力作用下所发生的变形及由于模样或铸型变形引起的变形
	49	形状不合格	铸件的几何形状不符合铸件图的要求
	50	尺寸不合格	在铸造过程中由于各种原因造成的铸件局部尺寸改全部尺寸与铸件图的要求不符
	51	拉长	由于凝固收缩时铸型阻力大而造成的铸件部分尺寸比图样尺寸大的现象
	52	挠曲	铸件在生产过程中，由于残余应力、模样或铸型变形等原因造成的弯曲和扭曲变形。铸件在热处理过程中因未放平正或在外力作用下而发生的弯曲和扭曲变形
	53	错型(错箱)	铸件的一部分与另一部分在分型面处相互错开
	54	错芯	由于砂芯在分芯面处错开，铸件孔腔尺寸不符合铸件的要求
	55	偏芯(漂芯)	由于型芯在金属液作用下漂浮移动，使铸件内孔位置、形状和尺寸发生偏错，不符合铸件图的要求
	56	型芯下沉	由于芯砂强度低或芯骨软，不足以支撑自重，使型芯高度降低、下部变大或下弯变形而造成的铸件变形缺陷
	57	串皮	熔模铸件内腔中的型芯露在铸件表面，使铸件缺肉
	58	型壁移动	金属液浇入砂型后型壁发生位移的现象
	59	舂移	由于舂移砂型或模样，在铸件相应部位产生的局部增厚缺陷
	60	缩沉	使用水玻璃石灰石砂型生产铸件时产生的一种铸件缺陷，其特征为铸件断面尺寸胀大
	61	缩尺不符	由于制模时所用的缩尺与合金收缩不相符而产生的一种铸造缺陷
	62	坍流	离心铸造时，因转速低、停车过早、浇注温度过高等引起合金液逆旋转方向由上向下流淌或淋降，在离心铸件内表面形成的局部凹陷、凸起或小金属瘤
	63	铸件重量不合格(超重)	铸件实际重量，相对于公称重量的偏差值超出铸件重量公差

续表 7－1

类别	序号	缺陷名称	缺陷特征
(7)夹杂类缺陷	64	夹杂物	铸件内或表面上存在的和基体金属成分不同的质点。包括渣、砂、涂料层、氧化物、硫化物、硅酸盐等
	65	内生夹杂物	在熔炼、浇注和凝固过程中，因金属液成分之间或金属液与炉气之间发生化学反应而生成的夹杂物以及因金属液温度下降，溶解度减小而析出的夹杂物
	66	外生夹杂物	由熔液及外来杂质引起的夹杂物
	67	夹渣	因浇注金属液不纯净，或浇注方法和浇注系统不当，由裹在金属液中的熔渣、低熔点化合物及氧化物造成的铸件中夹杂类缺陷。由于其熔点和密度通常都比金属液低，一般分布在铸件顶面或上部，以及型芯下表面和铸件死角处。断口无光泽，呈暗灰色
	68	黑渣	球墨铸铁件中由硫化镁、硫化锰、氧化镁和氧化铁等组成的夹渣缺陷。在铸件断面上呈暗灰色。一般分布在铸件上部、砂芯下表面和铸件死角处
	69	涂料渣孔	因涂层粉化、脱落后留在铸件表面而造成的，含有残留涂料堆积物质的不规则坑窝
	70	冷豆	浇注位置下方存在于铸件表面的金属珠。其化学成分与铸件相同，表面有氧化现象
	71	磷豆	含磷合金铸件表面渗析出来的豆粒或汗珠状磷共晶物
	72	内渗物（内渗豆）	铸件孔洞缺陷内部带有光泽的豆柱状金属渗出物。其化学成分和铸件本体不一致接近共晶成分
	73	砂眼	铸件内部或表面带有砂粒的孔洞
	74	锡豆	锡青铜铸件的表面或内部孔洞中渗析出来的高锡低熔点相豆粒状或汗珠状金属物
	75	硬点	在铸件的断面上出现分散的或比较大的硬质夹杂物，多在机械加工或表面处理时发现
	76	渣气孔	铸件浇注位置上表面的非金属夹杂物。通常在加工后发现与气孔并存，孔径大小不一，成群集结

续表7-1

类别	序号	缺陷名称	缺陷特征
(8)成分组织及性能不合格类缺陷	77	物理力学性能不合格	铸件的强度 硬度、伸长率、冲击韧度及耐热、耐蚀、耐磨等性能不符合技术条件的规定
	78	化学成分不合格	铸件的化学成分不符合技术条件的规定
	79	金相组织不合格	铸件的金相组织不符合技术条件的规定
	80	白边过厚	铁素体可锻铸铁件退火时因氧化严重在表层形成的过厚的无石墨脱碳层
	81	菜花头	由于溶解气体析出或形成密度比铸件小的新相，铸件最后凝固处或冒口表面鼓起、起泡或重皮的现象
	82	断晶	定向结晶叶片，由于横向温度场不均匀和叶片扭度较大等原因造成的柱状晶断续生长缺陷
	83	反白口	灰铸铁件断面的中心部位出现白口组织或麻口组织。外层是正常的灰口组织
	84	过烧	铸件在高温热处理过程，由于加热温度过高或加热时间过久，使其表层严重氧化，或晶界处和枝晶间的低熔点相熔化的现象。过烧使铸件组织和性能显著恶化，无法挽救
	85	巨晶	由于浇注温度高，凝固慢，在钢锭或厚壁铸件内部形成的粗大的枝状晶缺陷
	86	亮皮	在铁素体可锻铸铁的断面上，存在的清晰发亮的边缘。缺陷层主要是由含有少量回火碳的珠光体组成。回火碳有时包有铁素体壳
	87	偏折	铸件或铸锭的各部分化学成分或金相组织不均匀的现象
	88	反偏析	与正偏析相反的偏析现象。溶质分配系数 $K<1$ 且凝固区间宽的合金缓慢凝固时，因形成粗大枝晶，富含溶质的剩余金属液在凝固收缩力和析出气体压力作用下沿枝晶间通道向先凝固区域流动，使溶质集中在铸锭或铸件的先凝固区域或表层，中心部分溶质较少
	89	正偏析	溶质分配系数 $K<1$ 的合金凝固时，凝固界面处一部分溶质被排出到液相中，随着温度的降低，液相中的溶质浓度逐渐增加，导致低熔点成分和易熔杂质从铸件外部到中心逐渐增多的区域偏析
	90	宏观偏析	铸件或铸锭中用肉眼或放大镜可以发现的化学成分不均匀性。分为正偏析、反偏析、型偏析、带状偏析、重力偏析。宏观偏析只能在铸造过程中采取适当措施来减轻，无法用热处理和变形加工来消除
	91	微观偏析	铸件中用显微镜或其他仪器方能确定的显微尺度范围内的化学成分不均匀性。分为枝晶偏析(晶内偏析)和晶界偏析。晶粒细化和均匀化热处理可减轻这种偏析
	92	重力偏析	在重力或离心力作用下，因密度差使金属液分离为互不溶合的金属液层，或在铸件内产生的成分和组织偏析
	93	晶间偏析(晶界偏析)	晶粒本体或枝晶之间存在的化学成分不均匀性。由合金在凝固过程中的溶质再分配导致某些溶质元素或低熔点物质富集晶界所造成

续表 7-1

类别	序号	缺陷名称	缺陷特征
	94	晶内偏析（枝晶偏析）	固溶合金按树枝方式结晶时，由于先结晶的枝干与后结晶的枝干及枝干间的化学成分不同所引起的枝晶内和枝晶间化学成分差异
	95	球化不良	在铸件断面上，有块状黑斑或明显的小黑点，愈近中心愈密，金相组织中有较多的厚片状石墨或枝晶间石墨
	96	球化衰退	因铁液含硫量过高或球化处理后停留时间过长而引起的铸件球化不良缺陷
	97	组织粗大	铸件内部晶粒粗大，加工后表面硬度偏低，渗漏试验时，会发生渗漏现象
	98	石墨粗大	铸铁件的基体组织上分布着粗大的片状石墨。机械加工后，可看到均匀分布的石墨孔洞。加工面呈灰黑色，断口晶粒粗大。有这种缺陷的铸件，硬度和强度低于相应牌号铸铁的规定疽。气密性试验时会发生渗漏现象
	99	石墨集结	在加工大断面铸铁件时，表面上充满石墨粉且边缘粗糙的部位。石墨集结处硬度低，且渗漏
	100	铸态麻口	可锻铸铁的一种金相组织缺陷。其断口退火前白中带灰，退火后有片状石墨，降低铸件的力学性能
	101	石墨漂浮	在球墨铸铁件纵断面的上部存在的一层密集的石墨黑斑。和正常的银白色断面组织相比，有清晰可见的分界线。金相组织特征为石墨球破裂，同时缺陷区富有含氧化合物和硫化镁
	102	表面脱碳	铸钢件或铸铁件因充型金属液与铸型中的氧化性物质发生反应，使铸件表层含碳量低于规定值

7.3 铸件缺陷分析与防止

铸件缺陷的种类很多，铸件缺陷分析是铸件生产工艺过程控制的重要环节。经过检验，发现了铸件缺陷，首先从铸件缺陷的特征分析入手，借助多种检测手段，准确定位缺陷类型，这是分析的重点，也是难点。在此基础上，根据车间现场生产工艺条件，查找缺陷发生的具体原因，提出改进方案和措施。

1）气孔和针孔

（1）产生原因。气孔可根据形成的机理分为侵入气孔、析出气孔及反应气孔三种。

在金属液中溶解的气体，当浇注温度较低时，析出的气体来不及向上逸出；炉料潮湿、锈蚀、油污和带有容易产生气体的夹杂物；出铁水槽和浇包未烘干；型砂中的水分超标、透气性差；涂料中含有过多的发气材料；型芯未烘干或未固化，存放时间过长吸湿返潮，通气不良；湿型局部舂得太紧，排气能力差；浇冒口设计不合理，位置不合适，压头小，排气不良；浇注时有断流和气体卷入现象。

（2）防止方法。炉料要烘干、除锈、去油污；焦碳块度适中、固定碳含量高、含硫量低、

灰分少，以提高金属液的出炉温度；孕育剂、球化剂和所用的工具要烘干；防止熔炼过程中过度氧化；熔炼球墨铸铁时，尽量降低原铁水中的含硫量；型砂混制要均匀，严格控制型砂中的含水量；在保证强度的前提下，尽量减少黏土的加入量，以提高型砂的透气性；尽量减少型砂中发气物质的含量；在烘干型、芯的过程中，要控制其烘干程度；制造砂型时舂砂要均匀，型、芯排气要通畅；浇注系统设计要合理，增加直浇道高度，以提高液态金属的静压力；出气冒口要放在型腔的最高处和型腔中气体不易排出的地方。

2)缩陷、缩孔和缩松

(1)产生原因。合金的液态和凝固收缩大于固态收缩，且在液态和凝固收缩时得不到足够的金属液补充；浇注温度过高时易产生集中缩孔，浇注温度过低时易产生分散缩松；浇注系统和冒口与铸件连接不合理，产生较大的接触热节；铸型的刚度低，在液态金属压力和析出石墨时膨胀力的作用下，型壁扩张变形。

(2)防止方法。正确设计内浇道、冒口、冷铁的位置，确保铸件在凝固收缩过程中不断有液体金属补充；改进铸件结构，使铸件有利于补缩；保证铸型有足够的刚度，对较大的铸件采用干型，防止型壁移动。

3)冷裂

(1)产生原因。铸件壁厚相差悬殊，薄、厚壁之间没有过度，变化突然，致使冷却速度差别大，收缩不一致，造成铸件局部应力集中；金属液中含磷量高，增加了脆性；铸件内部的残留应力大，受到机械作用力时而开裂。

(2)防止方法。力求铸件壁厚均匀，使铸件各部分的冷却速度尽量趋于一致；尽量不使铸件收缩受阻；提高合金的熔炼质量，减少有害元素和非金属夹杂物；提高型、芯砂的质量，改善砂型、砂芯的退让性；延长铸件开箱时间，使铸件在型内缓慢冷却；对铸件进行时效处理，减少残余应力。

4)热裂

(1)产生原因。铸件壁厚变化突然，在合金凝固时容易产生应力集中；金属液中含硫量高，使金属材料产生热脆性；浇注系统阻碍了铸件的收缩；铸型和砂芯的退让性差，芯骨结构不合适，吃砂量太小等。

(2)防止方法。铸件设计要尽量避免壁厚的突然变化，铸件转角处圆角过渡，铸件中容易产生拉应力的部位和凝固较迟的部位可采用冷铁或工艺筋；单个内浇道截面不宜过大，要尽量采用分散的多个内浇道，内浇道与铸件交接处应尽量避免形成热节，浇冒口与铸件交接处要有适当的圆角，浇冒口形状和安放位置不要妨碍铸件的收缩；黏土砂中加入适量木屑或采用有机粘结剂，以改善型芯砂的溃散性；砂型和砂芯不应舂得过紧；改用刚度合适的芯骨，芯骨外部要有足够的吃砂量。

5)冷隔

(1)产生原因。金属液浇注温度低，流动性差；浇注系统设计不合理，内浇道数量少、断面面积小，直浇道的高度太低，金属液压头不够；金属液在型腔中的流动受到阻碍。

(2)防止方法。提高浇注温度，改善熔炼工艺，防止金属液氧化，提高流动性；改进浇注操作，防止大块熔渣堵塞浇口，浇注过程中不能断流；合理布置浇注系统，增大内浇道截面积，增多内浇道数量或改变其位置，采用较高的上箱或浇口杯；加强对合型、紧固铸型的检查，防止分型面和砂芯出气孔等处跑火；改变铸件浇注位置，薄壁大平面尽量放在下面或采用倾斜浇注；

铸件壁厚不能过小；提高型砂透气性，适当设置出气冒口。

6）夹砂结疤

（1）产生原因。造型时紧实不均匀；型砂的抗夹砂能力差；浇注位置不合适，液面上升速度过小，型腔表面受热辐射时间太长。

（2）防止方法。从减少砂型膨胀力入手，在型砂中加入煤粉、沥青、重油、木屑等，使砂型膨胀时有缓冲作用；湿型使用优质膨润土，以提高湿强度；型砂的粒度适当粗一些，以提高型砂的透气性，上砂型多扎气眼；造型时力求紧实度均匀，避免砂型局部紧实度过大；严格控制型砂水分，水分不宜过高；在易产生缺陷的砂型处可插钉加固，避免表层剥落；适当降低浇注温度，缩短浇注时间，使金属液快速均匀地充满型腔。

7）粘砂

（1）产生原因。粘砂根据形成机理可分为机械粘砂和化学粘砂。铸件表面金属氧化，氧化物与造型材料作用生成低熔点化合物；浇注时金属液压力过大渗入砂粒间隙；当金属液温度过高并在砂型中保持液态时间较长时，金属液渗入砂型的能力强，并容易与造型材料发生化学反应，造成粘砂；造型材料的耐火度低。

（2）防止方法。湿型在保证有足够透气性的前提下，尽可能选用粒度细的原砂；提高砂型的紧实度，尤其是高大砂型下部的紧实度；铸铁件湿型砂中可加入煤粉、重油和沥青等；适当降低浇注温度；减少吃砂量以提高粘砂层的冷却速度；避免型、芯局部过热；选用耐火度高或冷却能力强的造型材料。

8）夹渣

（1）产生原因。浇注前金属液上面的浮渣没有扒干净，浇注时挡渣不好，浮渣随着金属液进入铸型；浇注系统设计不合理，挡渣效果差，进入浇注系统的渣子直接进入型腔而没有被排出。

（2）防止方法。浇注系统要使金属液流动平稳，设置集渣包和挡渣装置；尽量降低金属液中硫的含量；尽量提高金属液的出炉温度；浇包要保持清洁，最好用茶壶式浇包；浇注前可加入除渣剂，如稻草灰、冰晶石等。

9）冲砂、掉砂、砂眼

（1）产生原因。砂型、砂芯的强度低，型、芯烘烤过度；液态金属流速太快，对型、芯的局部表面冲刷时间过长；分型面不平整，芯头间隙小，下芯、合型操作时型、芯局部被压破，在紧固铸型过程中受冲击碰撞，型、芯局部掉砂；型砂的水分过高且通气性差，浇注时有沸腾现象产生；砂型内散落的砂子没有清理干净，造成由散砂形成的砂眼。

（2）防止方法。提高型、芯的强度；防止型、芯烘烤过度；防止内浇道正对型壁或转角处；受金属液剧烈冲刷的部位，使用专门配制的耐冲刷及耐火材料制品；大的干型要预留合适的分型负数；砂型在合型、紧固铸型、放压铁和运输过程中，操作要小心，防止冲击碰撞；型、芯修补处和薄弱部位要采取加固措施（如插钉等）；下芯、合箱前要仔细检查，清理掉多余的砂子。

7.4 铸件缺陷的修补技术

有缺陷存在的铸件并不都是废品，若进行必要的修补，去除缺陷，只要能满足铸件的技术要求，大部分经修补后的铸件仍可作为成品使用。铸件修补的目的是将有缺陷的铸件修复，使其达到验收标准规定的外观质量和内在质量要求，从而不延误工期，提高产品合格率，提高经济效益。铸件缺陷修补是铸造生产过程中必不可少的一道重要工序。

铸件缺陷修补的原则是：修补后的铸件外观、性能和寿命均能满足要求，且经济上合算，即应修补。反之，技术上无把握，经济上得不偿失，就不进行修补。

铸件缺陷修补的方法很多，各种方法的适用范围也不同，应根据铸件材质、种类、缺陷类型来选择不同的修补方法。表7－2列出了常用的铸件修补方法及适用范围。

表7－2 铸件修补方法及适用范围

序号	修补方法		适用范围
1	矫正		主要用于塑性材料的铸件变形后校正。
2	焊补	电弧焊	主要用于铸钢件，其次用于铸铁与非铁合金铸件。
		气焊	多用于铸铁与有色合金，铸钢件用得很少。
		钎焊	修补铸铁件和有色合金铸件的孔洞与裂纹等，但零件使用温度不能过高。
3	熔补		多用于熔补铸铁件的大孔洞与浇不到等局部缺陷
4	浸渗		修补非加工面上的渗漏缺陷，用于承受水压检验压力不高的容器铸件，或渗漏不很严重的铸件。
5	填腻修补		修补不影响使用性能的小空洞与渗漏缺陷。零件使用温度低于200℃。
6	塞补		修补不影响使用性能的孔洞、偏析等缺陷。
7	金属喷镀		修补非加工表面上的渗漏处。修补后零件工作温度应低于400℃。
8	粘接		粘补不承受冲击载荷与受力很小的部位的表面缺陷。

7.4.1 矫正

通过手工、机械矫直机或热处理多种方法，并借助适当的模工，可以对变形的铸件进行矫正，使其成为合格产品。按照加热方法的不同，可将矫正铸件变形的方法分为冷态矫正、局部加热矫正、火焰矫正和整体加热矫正四种。

7.4.2 焊补

焊补法是修补铸件最常用的方法。对气孔、缩孔、裂纹、砂眼及冷隔等缺陷均可使用焊补法。按焊接工艺特点可分为冷焊和热焊。

冷焊法铸件不需预热，直接施焊。这种方法操作简单，劳动条件好，常用于焊补铸件非加工面上的缺陷。多用镍基或铜基铸铁焊条，以防铸件产生白口并减小应力。焊接时尽量采用小电流，避免由于温差过大而使铸件母体白口层增厚。凡承受动载荷的部位不允许用冷焊。

热焊法是将铸件预热后再施焊。焊补前将铸件预热至600℃左右(赤褐色)，快速施焊，焊后保温缓冷。这种方法虽然劳动条件差，但焊接质量比冷焊的好，所以常用于焊补铸件加工面的各种缺陷。一般采用高硅铸铁焊条，可获得灰口组织。

焊补技术要点如下：

(1)区分铸件材质。不同的金属材料其焊接性能不同，修补前应区别不同的材质，制定不同的焊接(焊补)工艺，包括选择焊接(焊补)方法，选用焊条或焊料、焊剂，焊接电流及其他工艺参数。

(2)清理缺陷部位。焊补前的清理包括去除铸件表面粘砂、氧化皮、油污，甚至铲除缺陷周边材料等。

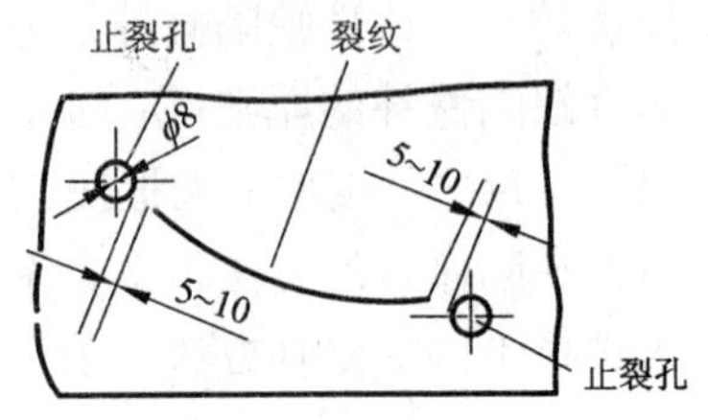

图 7-1　钻制止裂孔

(3)钻制止裂孔。为防止开坡口或焊接时裂纹的进一步扩展，在开坡口前应在裂纹两末端处钻孔，孔径为 ϕ8 mm，深度超过裂纹深度 2 ~ 3 mm，如图 7-1。

(4)加工坡口。根据缺陷的性质和铸件特点来决定铸件缺陷部位的坡口形状。铸钢件几种坡口形式见表 7-3 所示。坡口加工使用钳工或铣削的方法，应使焊补部位向外扩张，即上大下小，便于施焊。坡口底部及转角不允许存在尖角，坡口深度应保证露出完好的金属为止。

表 7-3　铸钢件的几种坡口形式

缺陷特征	坡口形式	说明
未穿透性裂纹	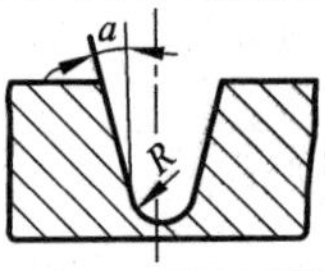	一般开 U 形坡口，a = 10° ~ 20°，R > 5mm
穿透性裂纹(裂纹处壁厚小于 50mm)	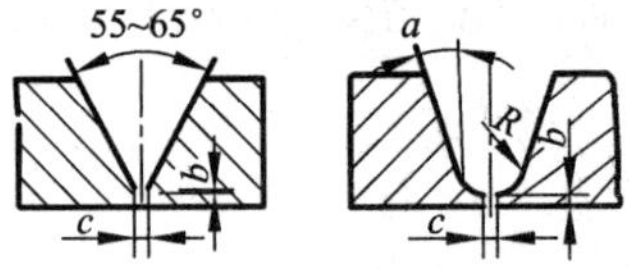	壁薄时开 V 形坡口，b = 2 ~ 4 mm，c = 3 ~ 6 mm。 壁厚时开带钝边 U 形坡口，a = 10° ~ 20°，R > 5 mm，2 ~ 4 mm，c = 3 ~ 6 mm。 若间隙 c 过大，焊补时可加垫板，焊后去除
穿透性裂纹(裂纹处壁厚大于 50mm 或裂纹间隙过大)	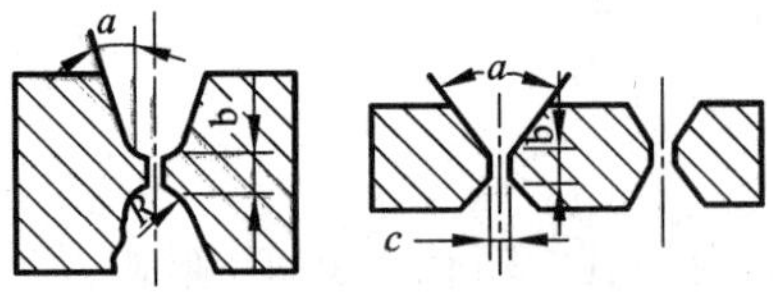	裂纹产生在厚壁处，应开设带钝边双面形或双 Y 形坡口，如坡口的形状和尺寸过大，在缝隙中间可用同钢种镶嵌块塞入中间，以减少焊补量。 a = 10° ~ 20°，b = 2 ~ 4 mm，c = 3 ~ 6 mm，R > 5 mm

(5)焊补操作注意事项。尽可能使铸件的焊补部位处于水平位置，以便于操作。为防止铸件产生裂纹或变形，应根据不同缺陷采用不同的焊补方法。坡口的叠合宽度应大于焊坡宽度的 1/3。焊补缺陷较大或未经预热的铸件时，为防止过热和产生裂纹，应焊完一段或一层后就消除焊肉表面的溶渣，当焊缝稍冷后，再继续焊补。焊补经预热的或高碳钢和合金钢铸件时，焊补后应将铸件置于炉内或覆盖石棉板，以防止铸件裂纹。当缺陷位于重要部位，焊

补面积又较大时，焊补后应立即进行退火处理，消除内应力。对机加工后的表面进行焊补时，非焊补面应用石棉板遮盖。在一铸件上有大小不同缺陷时，应由小到大或交替焊补。除第一层和最后一层焊缝外，每焊一层后可适当敲击，以减少内应力。焊缝或其周围如存在气孔或裂纹，应立即清理重焊。

7.4.3　熔补法

熔补是利用金属液的热量将铸件表面熔化，同时使铸件被修补处填满金属，并与其他部分熔接起来。为此，先按铸件残缺部分的形状制型或芯，烘干后置于铸件残缺处，周围用型砂填充、紧实，并留有金属液流出口，如图 7－2 所示。浇入金属液，金属液流经残缺部位后，从流出口流入下部的聚集槽 4 中，同时对铸件缺缺部位不断加热。用金属棒探测，待铸件残缺部位熔化后，立即将流出口堵住，继续浇注高温金属液，直至残缺部位充满为止，然后保温并缓慢冷却，直至凝固、熔接。

熔补操作应注意的事项：

(1)熔补前应检查残缺部位是否铲磨干净。

(2)为减少内应力，铸件最好预热。熔补结束后应使铸件缓慢凝固，凝固后需经热处理消除应力。

(3)浇入金属液应与铸件材质一致，灰铸铁浇注温度一般不应低于 1380℃。

(4)为使先浇入金属液不凝固，开始浇注速度要快，即开始浇入较多的金属液，然后使浇注速度缓慢下来。浇包应升得较高，以便使型内金属液产生机械搅动。

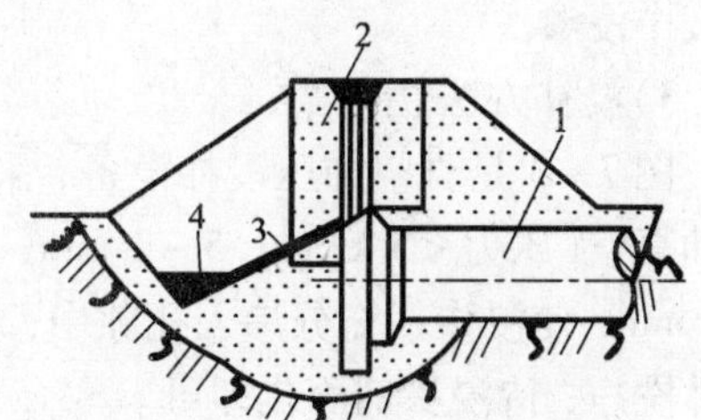

图 7－2　熔补工艺简图

1—铸件；2—砂型；
3—金属液流出口；4—金属液收聚集槽

(5)熔补后将修补处打磨，检查尺寸、形状及是否有无裂纹和变形。

7.4.4　浸渗修补

浸渗修补法是将呈胶状的浸渗剂渗入铸件的孔隙，浸渗剂硬化后与铸件孔隙内壁连成一体，以达到堵漏的目的。容器类铸件在一定压力下工作，经试验发现渗漏，首先应选择焊补。如无法焊补，其工作温度又较低(<250℃)时，可采用浸渗方法加以修补。

1)浸渗剂

常用的浸渗剂有水玻璃型浸渗剂、合成树脂型浸渗剂和厌氧型浸渗剂。

(1)水玻璃型浸渗剂。主要组成是水玻璃和超细度的金属或非金属氧化物。这种浸渗剂价格较低，工艺简单；在室温下就能固化；耐热、耐蚀性好，但性脆，易龟裂，收缩大。渗补直径 <0.15 mm 的孔隙。对较大孔隙往往要进行多次渗补。

类似的水玻璃浸渗液配方如：水玻璃 97%（密度 1.24～1.29 g/cm^3）、硫酸铝 7.2%、硫酸钡 0.15%、硅氟酸钠 0.25%、二氧化锰 0.3%、氧化钴 0.15%、氧化铋 0.1%、氧化锑 0.25%、碳酸钠 0.6%。配制过程是在搅拌机内进行，加料顺序如下：

水玻璃 $\xrightarrow{2\sim3\text{min}}$ 硫酸铝 $\xrightarrow{8\sim10\text{min}}$ 硫酸钡 $\xrightarrow{1\sim2\text{min}}$ 硅氟酸钠 $\xrightarrow{10\sim12\text{min}}$ 二氧化锰 $\xrightarrow{3\sim5\text{min}}$

氧化钴 $\xrightarrow{2\sim3\text{min}}$ 氧化铋 $\xrightarrow{2\sim3\text{min}}$ 氧化锑 $\xrightarrow{2\sim3\text{min}}$ 碳酸钠水溶液 $\xrightarrow{15\text{min}}$ 结束

(2)合成树脂型浸渗剂。表面张力小，收缩小，耐蚀、耐压，一次浸渗成功率高，可修补直径 <0.2 mm 的孔洞。固化温度为135℃(需在烘箱中烘1 ~2 h)，但有毒气，须有抽风系统。因树脂的膨胀率比金属大10倍，在固化聚合和冷却时收缩大，易使某些被修补部位未能被完全密封而出现渗漏。

(3)厌氧型浸渗剂。厌氧型浸渗剂(厌氧胶)有 Y-50，GY-340，ZY-801、802、80、804 等几种。其特点是粘度小、浸渗强、储存性好(一年以上)、用量少。但价格较贵，耐热性低(<150℃)，适用于铁、铝、铜及其他合金铸件的浸补。

2)浸补前的处理

为使浸渗剂能更好与铸件金属粘合，当铸件较小时，可将铸件浸入浓度2% ~4%、100℃左右的氢氧化钠水溶液中进行脱脂或清除杂质的净化处理。为使氢氧化钠水溶液能渗入铸件细小孔隙内，最好能将溶液加以搅动或将铸件上下运动。经处理后的铸件在淋干氢氧化钠水溶液后，再浸入100℃左右热水中10 ~15 min，去除表面附着的氢氧化钠，然后将铸件浸入堵漏液中浸渗。

3)浸补方法

图7-3是真空加压浸补设备，采用水玻璃型或合成树脂型浸渗剂。将铸件放入浸渗罐内抽真空(压力 <5 kPa)1.5 ~2 min，注入浸渗液淹没铸件并超过铸件顶面3 ~5 cm，静置3 ~5 min，使浸渗剂充分渗入孔隙中，然后通入0.5 ~0.7 MPa 的压缩空气，保压20 min，取出铸件洗净，待浸渗剂固化即可。

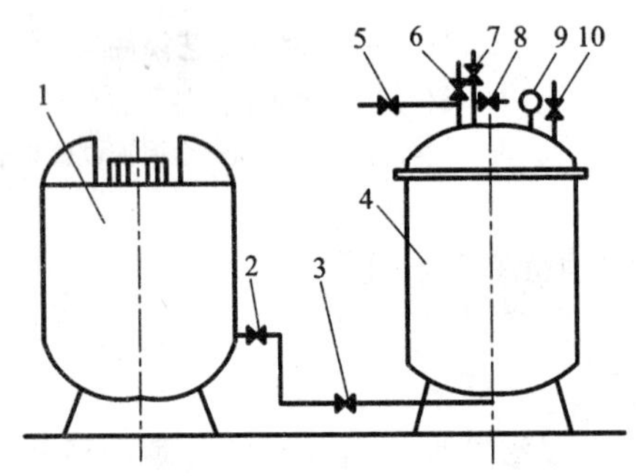

图7-3　整体浸渗设备

1—浸渗液搅拌罐； 2、3、6、7—阀；
4—浸渗真空罐； 5—真空泵接口阀；
8—压缩空气接口阀； 9—真空压力表；
10—安全阀

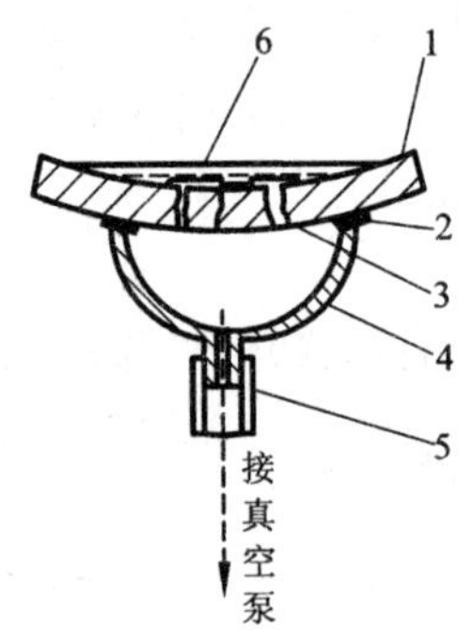

图7-4　浸渗穿透铸件壁孔隙的真空减压装置

1—铸件； 2—密封橡胶；
3—铸件孔隙； 4—有机玻璃罩；
5—软管； 6—堵漏液

图7-4是针对穿透型孔隙采用的真空减压浸渗装置。铸件与有机玻璃罩之间用橡胶密封，铸件上注满堵漏液。当罩内空气被抽走形成真空后，因压力差堵漏液就会渗入，填满铸件上的孔隙。当堵漏液已渗透到铸件下面，即可解除真空。

图7-5是针对不完全穿透铸件壁的孔隙采用的真空减压浸渗装置。当罩内形成真空后，由容器注入堵漏液，填满铸件孔隙。

厌氧型浸渗剂一般用于局部渗补，其工艺过程为：铸件经耐压试验找出渗漏点，打上标记，用氧气-乙炔或喷灯对渗漏点表面喷烧，温度控制在200℃以下。将蘸足厌氧胶的棉球

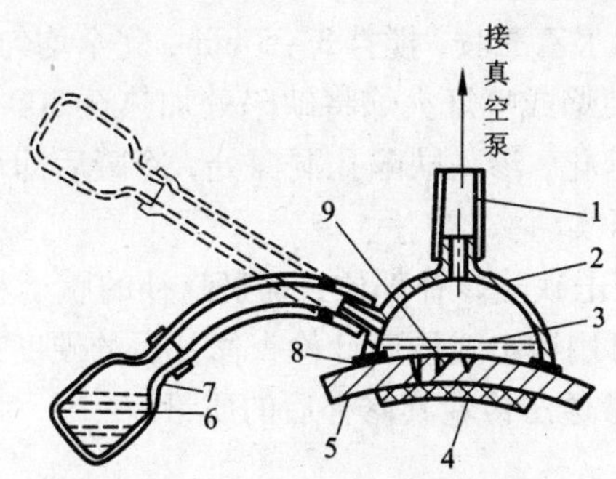

图 7-5　浸渗不穿透或个别穿透铸件壁孔隙的真空减压装置

1—软管；　2—有机玻璃罩；　3、6—堵漏液；
4、8—密封橡胶；　5—铸件；　7—容器；　9—铸件上孔隙

放置于渗漏点，胶水渗入孔隙后，绝氧固化，一般需 24 h 才能完全固化。再进行耐压试验，检查渗补质量。

4) 浸渗后处理

浸渗后应立刻去除存在铸件表面上的堵漏液。若室温在 20℃以上，擦净铸件表面，自然干燥。若室温在 20℃以下，擦净铸件表面，放入烘干炉在 180℃下，烘烤 2 h 脱水。最后可再次进行耐压试验，检查浸渗质量。

7.4.5　填腻修补

对于铸件不甚重要但有装饰意义的部位的孔洞类缺陷，可根据铸件的颜色，配制腻子来填补。腻子粘结剂种类很多，可根据铸件缺陷以及使用要求来选用。例如对于非受力部位的孔洞类缺陷，修补时可采用的腻子配方（质量分数）为：铁粉 75%、水玻璃 20%、水泥 5%。填补时，要将缺陷处清理干净，用刮刀压入腻子，修平即可。

对于铸件的非加工面和非重要部位的孔洞类缺陷均可使用环氧树脂粘结剂填补，其配方举例及填补工艺见表 7-4。用环氧树脂填补的部位硬度高，耐磨、耐蚀、耐酸，但不耐热（工作温度 <100℃）。

表 7-4　环氧树脂粘补剂配方

材料	配比	作用	材料	配比	作用
6101 环氧树脂	100 g	粘结剂	硅砂粉	40 g	填料、增加强度
（邻）苯二甲酸二丁酯	15 mL	增塑剂	氧化铝粉	20 g	填料、调颜色
还原铁粉	40 g	填料、增加强度	无水乙二胺	8 ~ 15 mL	固化剂

修补方法如下：

(1) 填补前先将缺陷处用錾子清理到露出金属基体为止，然后用丙酮将缺陷处擦洗。

(2) 称取环氧树脂，加入增塑剂，在小铁盆内调匀，用红外线灯烘烤至 45 ~ 50℃。再依

次加入还原铁粉、硅砂粉和氧化铁粉并调匀。

(3)填腻子。腻子加入无水乙二胺，搅拌3～5 min，完全均匀后倒入缺陷部位，并高出铸件1～2 mm。用氧－乙炔中性焰或喷灯火焰将缺陷处加热至300℃左右，然后将准备好的腻子涂抹于缺陷处。腻子遇热熔化，渗入缺陷孔洞深处，冷凝后即可堵塞渗漏。也可以用刮刀将各种腻子压入缺陷，刮平压实。

(4)修补后用尖嘴小锤振击缺陷修补部位，观察修补的腻子粘补剂是否有离层或剥落现象。对有硬度要求的部位，可用锤击式硬度计检查修补后的硬度是否与母体硬度相近。对耐压部位可用水压试验或煤油渗透法检验其修补后的质量。

7.5 砂型铸造生产工艺过程质量控制

7.5.1 影响铸件质量的因素

铸造生产工艺工序繁多，是一个复杂的过程，干扰因素来自很多方面。铸造生产当前普遍存在着铸件质量低(特别是内在质量)、生产成本高(效率低、能耗高)、环境污染严重等问题，其原因可归纳为以下几点。

(1)铸造用原材料质量难以保证。例如低硫低磷生铁、优质的铸造焦碳很难保证供应，铸造用砂没有统一的生产管理机构，质量无法保证，其他原、辅材料都有类似情况。没有高质量的原材料就很难生产出高质量的铸件。

(2)管理水平落后。在很长的一段时间内，有不少企业都把铸件的最终检验当成质量控制的主要手段，这是不符合质量控制程序的。正确的质量控制应该是检查和控制整个铸造生产过程，并利用统计学的原理，事先发现并控制生产过程中可能出现的不正常情况，从而达到不断稳定生产过程和提高铸件质量的目的。只有这样，才能提高产品质量和降低生产成本。

(3)工艺、技术水平相对落后。要提高铸件质量，首先要靠先进的科学技术和质量管理，从我国目前现状来看，当务之急是提高管理水平和科学技术水平。

(4)铸造测试技术缺乏。要提高铸件的质量，不仅要有高质量的原材料、先进的科学技术和严格的质量管理制度，还要靠先进的测试技术和手段。提高检测技术水平是铸造生产从经验型走向科学化的重要环节。

7.5.2 技术准备过程的质量控制

铸件结构和工艺方案及工装设计是否正确、合理，工装制造是否符合精度要求，对铸件质量起着重要的作用。因此，要控制铸造质量，首先就要控制工艺技术准备过程的质量。

1)质量标准的制定

制定并不断完善铸造质量标准，是保证和提高铸件质量的前提条件。主要有以下几方面的内容：

(1)铸造用材料标准。铸造用材料包括金属材料与非金属材料两大类：一般都有国家标准或行业标准。随着生产发展和市场对铸件质量要求的不断提高，这些标准也在不断修订和完善。材料的质量指标一般都分为若干等级，每个企业应根据铸件的质量要求及自身的具体情况，选用其中的一个或几个等级作为材料的质量标准。

(2)铸件质量标准。铸件材质标准均由国家标准或行业标准规定。铸造工作者应按产品图样中对材质的要求，严格按照标准规定对材质进行检验。由于力学性能和金相组织检查费用较高，可浇注单铸试样和附铸试样来控制铸件的力学性能和金相组织。

铸件精度标准包括铸件尺寸精度和铸件表面粗糙度等，是铸件质量的重要指标之一。铸件尺寸公差和铸件表面粗糙度比较样块的国家标准等效于国际标准 ISO8062—1984(E)《铸件尺寸公差制》和 ISO2632/Ⅲ—1979《表面粗糙度的比较样块 第三部分：铸造表面》，均有广泛的适用性，既适用于各种不同的造型方法，又适用于不同的铸造合金。

通常情况下，对于大多数铸件只能制定铸件表面及内部缺陷的企业标准，修补标准一般由产品设计部门根据产品中铸件的工作环境和使用条件来制定。但由于铸件的形状、结构及使用条件的千差万别，很难为铸件的表面及内部缺陷制定通用的标准。如果不允许铸件的表面和内部存在任何缺陷，就会大幅度提高铸件的生产成本。因此，对于影响铸件美观的表面缺陷，或经修补后不再影响铸件使用性能的其他缺陷，均可采取适当的补救措施对铸件进行修补，以降低生产成本。

2)铸件设计

一个铸件的设计是否合理，不仅对铸件质量有很大影响，而且对其生产成本也有很大影响。在接到要生产的铸件零件图(或铸件图)以后，首先要进行铸造工艺性审查，以便做到选材正确和结构合理。

(1)铸件用金属材质的选择。零件在工作时所处的环境(温度、周围介质的性质等)和承载的大小及特性(静态、动态、冲击、相关零件间有无滑动等)是选择铸件用金属材质的主要依据。在能满足工作条件的前提下，价格也是选材的重要依据。必须根据铸件的使用条件，提出其必须具备的性能，然后进行正确选材。

(2)铸件结构设计。结构不合理的铸件，在浇注过程中容易产生某些缺陷。由于各种合金的铸造性能有很大差别，故不同的合金对铸件结构有不同的要求。例如液态流动性差的合金，要求铸件的相对壁厚不能太薄或结构太复杂；铸件的壁厚应均匀，无明显热节，特别是不应在不同高度有多个孤立的热节，否则会给冒口补缩带来困难，导致铸件产生缩孔或缩松。

铸件结构不合理，可能会使铸造过程或铸造工艺装备变得复杂。铸件越复杂，就越容易产生铸造缺陷。应遵循在满足使用要求的前提下，铸件结构尽量简单的原则。应考虑从提高铸件承载能力，提高铸件质量和防止铸造缺陷，简化铸造工艺及工装，方便机械加工等方面，在不影响铸件使用性能的前提下，合理设计或修改铸件结构。

3)铸造工艺、工装设计及验证

(1)铸造工艺水平的确定。在确定铸造工艺方案前，首先要确定铸造工艺水平，即首先要确定采用什么铸造方法，砂型铸造还是特种铸造。如确定用砂型铸造，造型方法为手工造型还是机器造型；型砂采用黏土砂还是其他种类的型砂(如水玻璃砂、树脂砂等)；型芯采用油砂芯还是壳芯或热芯盒芯等。

确定铸造工艺水平的依据是必须保证铸件质量的要求，同时还要考虑生产成本和企业的具体条件。在一般情况下，铸造工艺水平越先进，工艺装备越完善，铸件质量就越容易保证，铸造废品率也越低。但另一方面，铸造工艺水平越高，用于一次性投资的费用也越多，故应作必要的经济分析。

(2)工艺及工装验证。由于铸造的生产过程复杂，在生产一个新产品或老产品需要修改工艺方案时，首先应对工艺方案进行验证，即先小批量试制，以便考查工艺方案能否满足铸件质量的要求。只有通过验证证明是正确的工艺方案，才能正式投入生产。如果通过试制，证明工艺方案不能满足要求时，则必须修改或重新制定工艺方案，再进行试制和验证，直至达到要求为止。

单件或小批量生产时，对工艺方案进行规范的验证有困难，也应当先生产一两件，并做出初步鉴定后，才能继续生产。

对大批量生产的复杂铸件，工艺验证分两步进行。一是工艺试验及鉴定，其目的是检查铸件的设计质量、工艺性、使用性能和所采用的工艺方案及工艺路线的合理性与经济性；二是试生产鉴定，其目的是检查生产稳定性。只有通过了工艺试验鉴定以后，才能进行试生产鉴定，工艺试验频率由试制铸件的复杂性和重要性、生产批量及尺寸大小等因素确定。

7.5.3 生产工艺过程的质量控制

1)设备及工装的质量控制

(1)设备。为确保设备和检测仪器的完好，应做到为每一台主要设备和仪器建立技术档案，制定并完善主要设备和仪器的操作规程和责任制度，精心维护和保养，并进行定期检查和调校。

(2)工艺装备。工艺装备对铸件质量(特别是铸件精度)有重要影响。工艺装备应由制造部门按照技术要求负责全面检查，使用部门进行复检验收。允许在试制过程中调整和修改工装，不允许未经检查和未作合格结论的工装直接投入生产。

工装在使用过程中会磨损变形，从而降低铸件精度，甚至出现废品。因此，要对工装定期进行检查和调修。

2)工艺过程的质量控制

生产过程的规范操作是保证铸件质量的重要条件，操作者的经验、责任心和精神状态都会给铸造生产带来影响。为确保铸件质量，就要保持生产过程的稳定，对铸造生产各主要工艺过程制定正确的操作规程(即工艺守则)和铸造工艺卡。

为使操作者严格执行操作规程，应当加强中间环节的督查，对每一道工序的质量(特别是主要工艺参数和执行操作规程的情况)进行严格的控制，使任何一道不合格的工序都消除在形成铸件之前。例如，不合格的型砂不用于造型；不合格的铁液不进行浇注，不正常的设备及工装不投放生产等。

要做到以上要求，需具备两个条件：

(1)建立完善的检查制度和执行这一职能的机构。前者包括质量责任制度(企业主要领导人的质量责任制度、质量管理职能机构的责任制度和班组与工人的责任制度)和质量管理制度(质量考核制度、铸件质量分级管理制度、质量分检制度、质量会议制度、自检与互检及专检相结合的制度等)；后者指在企业主要负责人领导下设立的专职质量管理职能机构，一般包括质量信息、质量计划和质量检查三个系统。

(2)要采用先进和科学的测试方法和手段，并对所测得的数据进行科学的分析处理。每一道工序的质量，要用准确可靠的数据来评定，对各工序进行及时而严格的控制，及时采取

改进和补救措施，使工艺过程一直保持稳定状态。

7.6　呋喃树脂砂在铸造生产中的应用及质量控制(案例)

呋喃树脂砂是近几十年来发展最快的铸造工艺之一，用呋喃树脂砂生产的铸件，尺寸精确、表面光洁、棱角清晰、废品率低，并能节约造型工时、提高生产效率、改善劳动条件和生产环境。××公司对铸造车间进行技术改造，建立了一条现代化的树脂砂生产线，在该条生产线正式投产前，公司做了大量细致的准备工作，通过对员工进行系统的技术培训，制定相关的规章制度和操作规范，顺利实现了由黏土砂生产工艺向树脂砂生产工艺的转变。通过两年多的生产实践发现，加强过程控制和现场管理，是提高产品质量的根本。下面对铸造生产各工序的过程控制从十个方面作一介绍。

7.6.1　铸造工艺的控制

呋喃树脂砂的特点是瞬间发气量大，高温溃散性好，易产生气孔、夹渣和冲砂缺陷。在设计浇注系统时，应坚持快速、平稳、分散的浇注原则。浇注系统的截面积要比黏土砂工艺稍大一些，内浇道要分散放置。为提高挡渣能力，可在浇注系统中放置过滤网；为避免冲砂，在中大型铸件的生产中，应采用陶瓷管做直浇道，直浇道下应放置耐火砖或陶瓷片。

树脂砂强度高、刚性好，铸铁件不易产生缩孔缺陷，故应采用相对较高的浇注温度，以避免出现气孔和夹渣缺陷，厚大铸铁件的浇注温度也不应低于 1320℃。

采用模板造型的产品，铸造工艺员应绘制模板布置图，将底板尺寸、模样和定位销的安装位置、浇注系统的尺寸、位置以及所选用的砂箱尺寸表示清楚，以便制作模样和造型生产。

对于关键产品，应制定详细的操作说明和生产注意事项，并在投产前向造型工进行宣贯。产品投产后，主管工艺员要现场跟踪，指导造型工按工艺规范操作，以减少因操作失误造成的废品。

7.6.2　模样质量的控制

制作模样底板时，应保证各支撑板高度一致，并用层胶板制作面板，以保证底板的平整度，对于大型底板，要用金属结构件加固，以避免底板变形。

为提高模样表面的平整度和强度，避免模样变形，在结构许可的情况下，模样的外表面和芯盒的内表面应包覆多层板，芯头和活块应尽可能采用多层板制作。

为保证模样的制作精度，所有样板在使用前必须经检验员检查确认，在车床上加工的模样在加工前，模样工应通知检验员复检。

为提高模样的定位精度，在模板上先画出“矩形方框线”，并以此为基准确定模样的定位中心线和定位销座的位置，安装和倒换模样时，应以“方框线”和模样的定位中心线作为测量基准。

加强现场管理，对模样制作过程中的不规范行为应及时制止，确保模样结构符合要求。加强模样后期处理工作，保证交付使用的模样表面平整光滑。

7.6.3 型砂质量的控制

1)原材料的选择及要求

(1)原砂。树脂砂工艺对原砂的要求很高，原砂的粒度应根据主要产品的壁厚来确定，由于公司主要以生产厚大铸件为主，且未配备原砂烘干设备，故选用了粒度为30/70的烘干擦洗砂。其技术指标见表7-5。

表7-5 擦洗砂技术指标

粒度	SiO_2含量	四筛含量	角形系数	含泥量	含水量
30/70	>90%	>96%	≤1.3	≤0.3%	≤0.3%

(2)树脂、固化剂。国内生产树脂、固化剂的厂家很多，但具有自主研发能力、具备完善的检测设备和严密可靠的质量保证体系的厂家屈指可数。经试验、对比，我们选用了济南圣泉集团股份有限公司生产的环保型呋喃树脂和磺酸固化剂，树脂加入量一般为原砂重量的0.9%~1.0%。呋喃树脂技术指标见表7-6。

表7-6 呋喃树脂技术指标

游离甲醛(%)	密度(g/cm^3; 20℃)	粘度(MPa/s; 20℃)	含氮量(%)
≤0.05	1.15~1.20	≤20	2.5~3.5

根据气温的变化，应选用不同总酸含量的磺酸固化剂，固化剂的加入量与固化剂的总酸含量、环境温度和型砂温度有直接关系，其加入量一般为树脂加入量的30%~65%。经过两年多的生产实践，初步确定了表7-7所示的固化剂总酸含量与环境温度的对应关系。

表7-7 固化剂总酸含量与环境温度的对应关系

环境温度(℃)	0~10	10~20	20~30	30~40
固化剂总酸含量(%)	28~32	24~28	18~24	13~18

2)型砂工艺参数的控制

(1)可使用时间。通常把型砂24 h的抗拉强度只剩下80%的试样制作时间称为型砂的可使用时间。在生产过程中，将型砂表面开始固化的时间作为型砂的可使用时间。一般情况下，型砂的可使用时间应控制在6~10 min，对于大型铸型或砂芯，可使用时间可延长至15 min，通过调整固化剂的加入量来控制型砂的可使用时间。

(2)砂型强度。初强度是指型砂在1 h的抗拉强度，砂型的初强度应控制在0.1~0.4 MPa。终强度是指型砂在24 h的抗拉强度，型砂的终强度应控制在0.6~0.9 MPa，决不要追求过高的终强度，否则会增加树脂的加入量、生产成本、气孔缺陷倾向，同时也会给旧砂再生处理增加麻烦。

(3)起模时间。起模时间与型砂强度、型砂温度、环境温度、湿度、砂箱温度、铸型的复杂程度等诸多因素有关。在生产过程中，往往以与砂箱接触的型砂强度作为判断依据，如果用通气针沿箱壁往下扎，扎入深度平均小于20 mm时，即可起模。随着季节和气温的变化，起模时间一般控制在0.5～1.5 h。

3)再生砂的质量控制

(1)灼烧减量的控制。灼烧减量过高会增加型砂的发气量，一般应将再生砂的灼烧减量控制在3%以下。可通过补加新砂、向铸型中填充废砂块、降低砂铁比等手段降低灼烧减量。在正常情况下，再生砂的灼烧减量每两周检测一次。为保证检测的准确性，要求在砂温调节器的筛网上、在不同的时间段分三次取样，以平均值作为判断依据。

(2)微粉含量的控制。微粉含量是指再生砂中140目以下物质的含量。微粉含量越高，型砂的透气性越差，强度越低。要控制微粉含量，必须保证除尘器处于良好的工作状态，并每天定期反吹布袋，清理灰尘。再生砂的微粉含量每两周检测一次，微粉含量应≤0.8%。

(3)砂温的控制。理想的砂温应控制在15～30℃，如砂温超过35℃，将使型砂的固化速度急剧加快，影响造型操作，导致型砂强度偏低，无法满足生产要求。

在夏季，环境温度最高会达到40℃，在此情况下将砂温降到30℃以下是十分困难的，因此必须采用水冷系统对再生砂进行降温。如果循环水的入水温度≤25℃，就能将砂温降到32℃以下，但当循环水的入水温度≥22℃时，降温效率将急剧下降，如配备冷冻机组，在炎热的夏季，就可将循环水的入水温度控制在7～12℃，砂温控制在25～30℃。

在冬季的正常生产情况下，砂温不会低于5℃(陕西)，不会出现因砂温偏低而影响生产的情况。

7.6.4　造型过程的质量控制

1)混砂过程的质量控制

开机前应检查压缩空气压力是否满足使用要求，液料罐中的液料是否足够，并按规范要求对设备进行检查、润滑和液料回流。按规范要求振打、反吹除尘布袋，及时清运除尘器中聚积的粉尘。每天清理1～2次混砂槽，每次清理完成后都应在混砂槽内壁和刀杆、刀片上刷脱模剂。混砂刀片的角度和刀片距混砂槽内衬的距离应符合规范要求。当混砂槽内衬和混砂刀片因过度磨损而无法正常使用时，应及时更换。当混砂过程出现异常时，应及时通知维修人员检修。

2)脱模剂涂刷过程的质量控制

由于树脂砂没有退让性，起模相对比较困难，因此，模样在首次使用前，必须刷脱模剂。在脱模剂未完全干燥前，严禁填砂造型，否则，型砂易和模样粘连在一起，难以起模。对于不易起模的模样，在每次造型前，均应刷脱模剂，相对容易起模的模样，应根据使用情况每隔一定次数刷一次脱模剂。刷脱模剂前，应将模样表面清理干净，打磨平整。

3)冷铁使用过程的质量控制

使用醇基涂料时，冷铁部位的涂料层不易点燃，极易在放置冷铁的部位产生蜂窝状气孔。为避免出现气孔缺陷，铸铁冷铁在使用的前一天或使用当天应进行抛丸处理，严禁使用表面锈蚀或有明显孔洞类缺陷的冷铁。冷铁在使用前应进行烘干处理，待使用的冷铁应放在支架上，以防吸潮。所有使用冷铁的铸型，在点燃涂料时应采用燃气喷枪对冷铁部位进行助燃、烘烤。合箱前，必须对铸型再次烘烤。

4）填砂过程的质量控制

潮湿的砂箱在使用前应进行烘干。造型前，应将模底板垫平、垫实，避免造型填砂时底板变形。当砂箱表面温度≥40℃时，严禁造型填砂，否则与砂箱相接触的型砂会因固化速度过快，导致型砂强度急剧下降。树脂砂虽然有良好的流动性，填砂时仍应用手或木棒对型砂进行紧实，以提高铸型的紧实度；特别是凹部、角部、活块、凸台下部以及浇注系统等部位，必须舂实，否则容易产生机械粘砂和冲砂缺陷。为降低生产成本，在吃砂量较大的空间应填充旧砂块，流到砂箱外面的型砂应作为背砂及时使用。为提高铸型（芯）的透气性，应严格按工艺要求放置冒口，铸型填砂完成后，应在砂箱表面扎通气眼，对体积较大或出气不畅的砂芯，制芯时应预埋通气绳或通气管。如砂芯的填砂面为工作面，应将该面压光或用砂轮片修光。

5）涂料涂刷过程的质量控制

由于树脂砂的高温溃散性好，对涂料的刷涂质量要求很高，如果涂料层不致密或涂料附着力不强，将极易造成冲砂或粘砂缺陷。因此，刷涂料时涂料层应致密，尤其要保证浇注系统和铸型侧面的刷涂质量。为提高铸件表面质量，应将非加工面的涂料层打磨平整，不能有明显的刷痕。为保证涂料能充分燃烧，点燃涂料时，要顺风、多点点燃，在冬季，要用燃气喷枪助燃。为保证铸型的表面强度，对于工艺许可的“当天造型，当天合箱”的小铸件的铸型，在起模 2 h 后方可刷涂料，其余产品的铸型应在造型次日刷涂料。

6）合箱过程的质量控制

对采用“一箱多件”生产工艺且单件重量≤50 kg 的薄壁小铸件，如在中午 12 点前起模，允许在造型当日合箱，其余产品必须在造型次日合箱，以减少产生气孔缺陷的几率。为避免铸型返潮、吸气，应尽可能缩短合箱到浇注的时间。合箱前，应将陶瓷管中和冒口根部的型砂清理干净。应按工艺要求选用合适的浇口箱或浇口杯。为避免铁液外溢，应在冒口部位放置冒口圈并用型砂固定。打卡子或紧固螺栓时，一定要插上定位销，以防错箱。合箱结束后，应向定位销套中灌散砂子，以防铁液流入。为便于浇注，相同材质的铸型要集中放置，砂箱间距要合适。合箱当日未浇注的铸型，如铸型或砂芯内放置冷铁，必须在第二天开箱烘烤，以避免出现气孔缺陷。

7.6.5 熔注过程的质量控制

为了保证铁液的熔炼质量，采用冲天炉和工频电炉双联熔炼工艺，用光谱仪现场测定铁液的化学成分，确保铁液成分符合工艺要求。为了提高灰铸铁的强度、降低铁液的收缩倾向，在配料时应加大废钢的使用量并在电炉内用增碳剂增碳。

由于树脂砂铸型的保温性能很好，而公司铸件又主要以厚大件为主，为避免孕育衰退，对高牌号灰铸铁采用 Si – Sr – Ba 复合长效孕育剂孕育，对球铁采用 Si – Ba 复合长效孕育剂孕育。

为保证球铁质量的稳定性，所有球铁件均采用电炉熔炼，所用废钢均为碳素废钢。不同牌号的球铁采用不同型号的球化剂。为避免产生石墨漂浮和石墨变异，厚大球铁件均采用钇基重稀土球化剂。因树脂砂发气量大，极易产生气孔和夹渣缺陷，故对熔注操作过程应严格控制，应坚持“高温熔炼，适温浇注”的原则。

应提高铁液包的修砌质量，修包时应将包壁上粘附的熔渣清理干净，铁液包在使用前应进行充分烘烤。

应严格控制每包铁液的浇注数量，以保证浇注温度符合工艺要求，浇注前，要认真扒渣，浇注时，要精心操作，避免熔渣浇入铸型，避免铁液溢流过多。

应按规定的数量和规格浇注试棒并转移铸造标识号，认真、如实地填写浇注记录，确保浇注包次、浇注顺序、浇注温度、浇注时间与实际相符。

7.6.6　清理过程的质量控制

应按工艺要求严格控制开箱时间，避免因开箱时间过早导致铸件变形。开箱时，要精心操作，及时将定位销套、冷铁和芯铁管捡出。

铸件在脱箱后应进行预抛丸清理，以清除附着在铸件表面的浮砂。应根据铸件的结构确定吊挂方式和抛打时间，预抛后的铸件内外表面不应有明显的粘砂、氧化皮及铁锈。

对于非全加工的铸件，在清铲、打磨及热处理工序完成后应进行二次抛丸清理，清理后的铸件内外表面不应有粘砂、夹渣、氧化皮、铁锈以及其他异物存在。抛丸清理后应将铸件中的铁丸清理干净。

7.6.7　落砂、再生过程的质量控制

为避免损伤铸件和砂箱，不允许将铸件带入落砂机，应尽量避免砂箱与落砂机台面的剧烈撞击，应及时将落砂机上的浇冒口、冷铁、定位销套等杂物清理干净。落砂时应避免将砂温≥150℃的型砂带入落砂机，以免损伤输送皮带。

加新砂时，严禁将湿砂加入提升机，如发现湿砂，应将其倒入落砂区并摊开，使其自然干燥。

砂再生系统启动前，操作者应将储气罐和油水分离器中的水全部放出，并按规定给所有润滑点加油；除尘器每天启动前都应进行反吹，除尘系统运行正常后，方可启动砂再生系统。除尘布袋应定期更换。

如果砂温调节器的工作效能有所降低，就应该用压缩空气对砂温调节器进行反吹，将散热片上粘附的灰尘和杂物清理掉，必要时要对砂温调节器的水路系统进行除垢处理。

7.6.8　树脂砂设备选型和改造过程中应注意的几个问题

除尘器的除尘能力至少要富裕 40%；应选择合适的过滤风速；优先选用布袋除尘器，避免使用滤筒式除尘器。

落砂机不要安装在地坑内；振动电机的位置应高于地面；振动电机的密封装置要安全可靠。

在场地许可的情况下，应优先选用移动混砂机。砂温调节器的能力至少要富裕 20%；必要时，应配备冷冻机；砂温调节器下部应安装反吹接头；应动态显示砂温调节器的进水和出水温度。

混砂机的混砂槽应选用对开式结构，混砂槽内应附衬套，衬套应分成 2 ~ 3 节。砂斗的储砂总量应满足 5 天以上的使用量。

在混砂机大臂驱动电机上应安装变频软启动装置，避免混砂时因频繁换向导致减速机

损坏。

在皮带机和斗式提升机的从动辊上应安装光电感应连锁保护装置，避免因皮带打滑导致型砂堆积。

7.6.9 存在的问题及对策

由于××公司产品种类繁多，毛坯重量≤50 kg 的小铸件有近千种，这些产品绝大多数都已采用底板造型。由于每个项目所需的产品种类和生产数量不尽相同，故需频繁倒换模样，模样的查找、拆装、定位十分费时，定位精度和生产进度不易保证。针对这种情况，通过建立由计算机管理的模样台帐，对模板进行编号，模样存放实行定置管理，并改进了底板结构及模样的定位和划线方法，使模样的定位精度和生产效率显著提高。

公司的主导产品是大型造纸机械，每台纸机的传动齿箱规格少则5～6种，多则10余种。以前，对主体结构不同的齿箱均要制作新模样，每台纸机往往要制作2～3种齿箱模样。由于市场变化，纸机的交货期越来越短。为了缩短模样的制作周期，在制作齿箱模样时采用了“积木组合式结构”，用一套模样生产不同规格形状的齿箱，使生产效率大大提高，也降低了模样的制作成本，在一个项目中实现了用一套模样生产了8种不同规格形状的齿箱。

以前使用的冷铁均为铸铁冷铁，虽然对冷铁的使用制定了专门的管理制度，但由于冷铁种类繁多，不同时期制作的冷铁混在一起，使冷铁的实际使用次数难以控制，经常出现因冷铁质量问题造成的气孔缺陷。为彻底解决冷铁质量问题，通过加强现场管理，规范冷铁的使用过程，强制淘汰表面有缺陷的冷铁，减少冷铁种类，逐步实现冷铁标准化，用石墨冷铁替代铸铁冷铁等措施，使冷铁的管理水平上了一个新台阶，基本消除了因冷铁质量问题造成的气孔缺陷。

虽然制定了大量的管理制度和操作规范，但由于操作者的技术水平和责任心参差不齐，对树脂砂的生产特性认识不足，操作随意性较大，违规操作现象时有发生，因操作不当造成的废品占到了总废品重量的三分之一。为解决该问题，我们重新制订了质量管理条例，加大处罚力度，设置了专职的造型过程检验员，对造型生产过程和铸件清理过程进行监督、检查。目前，违规操作现象已有所减少。

最初只储备一种型号的固化剂，在春秋季节，由于气温变化无常，使用单一酸值的固化剂难以满足生产要求，导致型砂强度和可使用时间波动较大。为此，改变采购策略，同时储备了两种酸值的固化剂，以适应气温的剧烈变化。为保证冬季造型生产的正常进行，应将填砂、造型时的砂箱温度控制在10～20℃。

7.6.10 经验和体会

没有必要刻意加大树脂砂用模样的起模斜度，只要模样表面光滑、平整，按规范使用脱模剂，掌握好起模时间，就能顺利起模。

将型砂和芯砂的终强度控制在0.6～0.9 MPa 就能满足生产需要。提高铸型和砂芯的紧实度，选择合适的涂料，保证涂料层均匀致密比一味地提高型砂和芯砂的终强度更重要。

对于生产数量较多的产品，在首次批量投产前，应进行工艺验证，避免产生批量废品。

在生产过程中如发现废品或铸造缺陷，应及时找出原因，对症下药，管理人员和技术人员应现场跟踪，保证各项改进措施能落到实处。

严格按计划组织生产，坚持均衡生产的原则，避免因生产组织不当造成废品。当产品质量与生产进度发生冲突时，应坚持质量第一的原则。

加强对设备的保养和维护，配备必要的备品、备件，认真贯彻执行设备点检制度，避免因设备停机造成的停产事故发生。

利用统计技术，及时汇总与产品质量相关的质量记录和信息，对产品的质量状况每周进行公布、每半年进行小结、每年进行总结。通过这种方式使广大员工和各级管理人员能及时了解生产过程中存在的质量问题，并通过加强现场管理和过程控制，逐步提高员工的质量意识，变被动管理为主动管理，通过提高生产过程的操作质量来保证产品的内在质量和表面质量。

参考文献

[1] 曹瑜强. 铸造工艺及设备(第2版)[M]. 北京：机械工业出版社，2008.
[2] 李魁盛，马顺龙，王怀林. 典型铸件工艺设计实例[M]. 北京：机械工业出版社，2007.
[3] 缪 良. 铸造企业管理[M]. 北京：中国水利水电出版社，2007.
[4] 姚青，等. 呋喃树脂砂在铸造生产中的应用及质量控制[J]. 铸造，2007(2).
[5] 李魁盛，侯福生. 铸造工艺学[M]. 北京：机械工艺出版社，2006.
[6] 中国机械工程学会. 铸造手册：第5卷铸造工艺(2版)[M]. 北京：机械工业出版社，2005.
[7] 于顺阳. 现代铸造设计与生产实用新工艺、新技术、新标准[M]. 北京：中国当代出版社，2005.
[8] 李昂，吴密，铸造工艺设计技术与生产质量控制实用手册[M]. 北京：金版电子出版公司，2003. [9] 机械工业技师考评培训教材编审委员会. 铸造工技师培训教材[M]. 北京：机械工业出版社，2001.
[10] 王晓江. 铸造合金及其熔炼[M]. 北京：机械工业出版社，1999.
[11] 刘喜俊. 铸造工艺学[M]. 北京：机械工业出版社，1999.